U0239017

土壤中铜的风险评估与污染防治

马义兵 等 著

中国农业出版社
北 京

图书在版编目（CIP）数据

土壤中铜的风险评估与污染防治/马义兵等著．—
北京：中国农业出版社，2018.11
ISBN 978-7-109-23885-5

Ⅰ.①土… Ⅱ.①马… Ⅲ.①土壤－铜污染－风险评价②土壤－铜污染－污染防治 Ⅳ.①X53

中国版本图书馆CIP数据核字（2018）第011329号

中国农业出版社出版
（北京市朝阳区麦子店街18号楼）
（邮政编码100125）
责任编辑 贺志清

北京通州皇家印刷厂印刷 新华书店北京发行所发行
2018年11月第1版 2018年11月北京第1次印刷

开本：787mm×1092mm 1/16 印张：15.25
字数：345千字
定价：98.00元

编 委 会

主　　著： 马义兵

副 主 著： 韦东普　陆　韬　陈世宝　颜增光
李　波　罗　磊　王学东　王小庆
周世伟　宋宁宁

参编人员： 段雄伟　徐　猛　周友亚　陈桂葵
李发生　华　珞　宋文恩　李　娜

前　言

中国是世界上最早发现和使用铜的文明古国之一。从3 000年前的青铜器时代，一直到15世纪前，我国炼铜及加工技术在世界上遥遥领先。直到今天，铜与铜合金产品在人们生产和生活中起着不可替代的作用。随着工业化和城市化的发展，铜的应用范围以及铜的需求量也随之增加。尤其在我国，精铜消费量约从1990年的73万t增至2013年的810万t。尽管铜是维持生命所必需的微量营养元素，但过量的铜会对生态环境和人类健康带来一定的风险，所以由含铜三废排放所导致的生态环境和人类健康问题越来越引起人们的广泛关注。中国环境保护部和国土资源部于2014年4月17日发布的全国土壤污染状况调查公报数据显示，我国土壤调查点位铜超标率为2.1%，且铜污染事件时常发生。因此，中国土壤环境中铜的来源、转化过程、风险评价、基准及防治措施和途径对环境保护和工农业稳定永续发展至关重要。

近年来，在环境科学、土壤化学、分析化学、风险评价、环境基准和污染防治等领域科研人员的共同努力下，我国对土壤环境中铜的研究取得了一系列显著的成就。尤其在国际铜业协会健康、环境与可持续发展项目、国家自然科学基金面上项目（污染土壤中铜的老化机理，40571071；土壤中铜对植物和微生物毒害的生物配体模型研究，20677077）、国家自然科学基金委员会重大国际合作项目（土壤中铜和镍的生物毒性及其主控因素和预测模型研究，40620120436）、国家农业行业专项（主要农产品产地土壤重金属污染阈值研究与防控技术集成示范）等资助下，在土壤中铜的风险评价与污染防治方面取得了一系列科研成果。在此基础上，本书系统地汇总和论述了土壤环境中铜对植物、动物、微生物的毒害，环境风险评价，基准推导，转化过程及模型，以及铜污染防治和修复等方面的研究成果，以期能够给从事相关研究的科研工作者提供一个集中交流的机会，进一步促进土壤环境中铜的研究。

全书共分10章。各章编写人员：第1章，宋宁宁、马义兵；第2章，李波、马义兵；第3章，段雄伟、颜增光、徐猛、周友亚、陈桂葵、李发生；第4章，韦东普、马义兵；第5章，周世伟、马义兵；第6章，罗磊、马义兵；第7章，王学东、马义兵、华珞；第8章，王小庆、马义兵；第9章，陆韬、马义兵；第 10 章，陈世宝、宋文恩、李娜。全书由马义兵、韦东普统稿。

在本书出版之际，对参与此项研究工作的专家学者、博士后、研究生等，对在科学研究和本书编写过程中国内外专家的指导和支持一并致以诚挚的谢意。

由于著者水平和时间有限，不妥之处，敬请批评指正。

著　者

2018 年 5 月 27 日

目　　录

第1章　铜污染土壤环境风险评价

近年来，伴随着矿产资源的大量开发利用，工业生产的迅猛发展和各种化学产品、农药及化肥的广泛使用，我国土壤面临的重金属污染问题日益显现。重金属污染具有普遍性、隐蔽性、长期性和稳定性等特点，成为最难治理的污染类型之一，由此引起的生态和健康问题也受到人们的高度重视。我国已经逐步开始对包括铜在内的重金属污染土壤进行环境调查与监测、风险评估及治理修复等相关工作。环境风险评价作为重金属污染土壤全过程管理中的重要组成部分，在现阶段土壤环境质量标准及导则的修订、场地评估中风险值的计算、治理修复中目标值的制定上均起着极其重要的作用。

本章节针对铜污染土壤的环境风险特征，以环境风险评价的基本步骤为主线，从生态风险评价和健康风险评价两个方面，简要介绍了铜污染土壤环境风险评价过程中所涉及的风险评价内容及方法，分析了目前环境风险评价存在的问题，并据此初步提出今后环境风险评价的发展方向和建议，从而为正在兴起的土壤重金属污染环境风险评价提供借鉴意义。

1.1　环境风险评价的定义及发展

1.1.1　环境风险评价的定义

环境风险评价（Environmental Risk Assessment，ERA）是衡量环境风险的方法，与环境风险同时存在的。环境风险评价广义上是指对人类的各种社会经济活动以及自然灾害所引发的危害进行评价，评价其对人体健康、社会经济发展、生态系统等所造成的风险，可能造成的损失，并以此进行管理和决策的过程。狭义上的环境风险评价通常是指对有毒物质（包括环境化学物、放射性物质等）危害人体健康和生态系统的可能程度进行概率估计，并提出减少环境风险的方案和决策。本文中的环境风险评价主要指狭义上的有毒害的化学物质造成的生态风险和人体健康评价。

1.1.2　环境风险评价的发展历程

1.1.2.1　国外发展历程

20世纪70年代以前，人们对于环境危害的研究主要集中在危害发生后的治理研究，但是很多毒害物质一旦进入环境，对人体健康和生态环境将造成长期的危害，且治理难度大，费用高。欧美等发达国家在付出了沉重的代价后，终于认识到风险评价的重要性，环境风险评价由此应运而生。

环境风险评估初期主要针对人类健康而言，采用毒理分析范式评估单一化学污染物经过食物链的传递最终可能对人类健康造成的风险[1]。20 世纪 70～80 年代为健康风险评价研究的高峰期，基本形成较完整的评价体系。美国在该时期取得了极为丰富的成果，1983 年美国国家科学院（NAS）出版被称为健康风险评价典范的红皮书《联邦政府的风险评价：管理程序》，该书将健康风险评价概述为 4 个步骤：危害鉴别、剂量—反应评估、暴露评估和风险表征，目前已被荷兰、法国、日本等许多国家和国际组织采用[2]。同时，美国国家环保局（USEPA）制定了包括《致癌风险评价指南》、《致突变风险评价指南》和《超级基金污染场地健康风险评价指南》等一系列风险评价指南和技术性文件[3～5]。自此，环境风险评价的科学体系基本形成，并处于不断发展和完善的阶段。

20 世纪 90 年代，环境风险评估的内容与热点逐渐从毒理风险、人体健康风险向生态风险转变，研究者开始尝试生态风险评估框架的构建与评估指南的编写。1990 年，美国国家研究委员会（NRC）成立的风险评估方法委员会在进行广泛案例研究的基础上，将人体健康评估与生态评估融入新的框架中，但生态风险评估尚未形成统一的评估标准与指南。直到 1992 年，美国国家环保局确定了一个生态风险评价框架，并提出土壤生态风险评价是为了分析和预测土壤生态系统对于外界胁迫的响应，并且指出这种胁迫可以是这些能对个体、种群、群落和土壤生态系统导致不利影响的化学的、物理的以及生物的反应[6]。1998 年，USEPA 正式颁布了《生态风险评估指南》，明确表述了生态风险评估的准则，并提出生态风险评估“三步法”，即提出问题、分析（暴露和效应分析）和风险表征[7]。目前，美国大部分生态风险评价仍然使用 1998 版《生态风险评估指南》作为研究标准。澳大利亚生态风险评价研究集中在对化学污染物和重金属对土壤的影响上，澳大利亚国家环境保护委员会于 1999 年也建立了一套比较完善的土壤生态风险评价指南，其 B5 部分是生态风险评价指南专题[8]。欧洲各国也相继制定了适应本国需求的环境风险评估指导性文件，其研究与美国的生态风险评价有较大不同，主要是在新化学品评价的基础上发展起来的，对高残留、高生物有效性物质予以特别关注[9]。其他国家比如加拿大、南非和新西兰等，其环境风险评价研究大多按照美国 1998 版《生态风险评价指南》展开，并在此基础上对评价流程和具体操作方法进行适合本国的调整和改进，构建适合本国实际的环境风险评价体系[10～11]。

此后，在 USEPA 的指导框架下，环境风险评估逐渐从人体扩展至种群、群落、生态系统乃至流域景观等更高层次，风险来源也由单一的化学污染物延伸至化学、物理、生物等多领域的复合风险源及可能造成生态风险的事件，并且开始考虑人类活动对生态系统的干扰[12,13]。

1.1.2.2 国内发展历程

与国外环境风险评价研究相比，国内的风险评价研究起步相对较晚，尚处于对我国环境风险评价基础理论和技术方法的探讨阶段，部分学者开始尝试引进国外生态风险理论和方法来研究我国环境中的风险问题，并取得了一定进展。曹云者等[14]分析了国际上石油烃污染场地环境管理方法的特点和发展趋势，并结合我国的实际情况，提出了在我国建立基于风险的石油烃污染场地环境管理模式的对策建议；赵沁娜等[15]以某区域土地置换开发为案例，结合区域未来土地利用类型，采用健康风险评价模型对土壤多环芳烃

(PAHs) 污染可能给未来入住人群带来的健康风险进行了评价；何巧力等[16]利用 ISO 推介的标准试验方法研究了蚯蚓回避行为试验在萘污染土壤生态风险评价中的应用。宣昊等[17]在地球化学基线的基础上利用潜在生态风险评价方法对江西省德兴铜矿周围土壤中 7 种重金属进行了评价，将研究区划分为轻微生态风险区、中等生态风险区和强生态风险区。陈鸿汉等[18]和堪宏伟等[19]分别对污染场地健康风险评价的理论和方法开展了探讨，提出了叠加风险和多暴露途径同种污染物人群健康风险的概念，并以常州市某厂有机溶剂洒落导致的土壤和地下水污染为例，综合评价厂区人群由于皮肤接触污染土壤与呼吸挥发性气体和厂区下游居民由于饮用地下水带来的非致癌健康风险，是针对具体污染场地开展的较为完整的健康风险评价。

从国内外研究进展来看，风险评估、风险分析方法和风险管理已经逐渐作为一种政策分析工具和管理手段广泛应用于解决复杂、困难的环境问题，特别是在污染土壤的治理方面。虽然在环境风险评价方面已经取得一些进展，但目前我国尚无权威机构发布诸如土壤环境风险评价技术指南或指导性文件。如何根据我国国情，在借鉴国外经验的基础上，探讨我国环境风险评价标准和风险管理制度，是今后环境保护工作面临的一个新的挑战。

1.1.3　生态风险评价与健康风险评价的区别

1.1.3.1　评价对象

生态风险评价的对象是一个复杂系统，需要综合物理、化学和生态过程及它们之间的相互关系，不是单一物种所遭受的危害，还包括生态系统的各个部分，如种群、群落乃至生态系统，更多的关注于多个物种所遭受的风险，强调种群和生态系统的过程和功能。健康风险评价则主要侧重于人体的健康风险，通过选择与人类类似的动物进行试验，以达到保护人类自身的目的。

1.1.3.2　评价范围

健康风险评价的范围可以是具有完整生态系统的片区，也可以是具有特定用途的地块，灵活性较强。而生态风险评价的范围则是以物种、种群甚至生态系统所处的区域，对于有限边界的土地适用性不强。

1.1.3.3　技术方法

健康风险评价起源于 20 世纪 30 年代，至今世界范围内已经建立起了比较完善的技术理论和方法标准；而生态风险评价起源于 20 世纪 90 年代，目前仅有美国环境保护局颁布了一套技术指南。因此，就技术上比较而言，健康风险评价更成熟一些。

1.2　铜污染土壤的生态风险评价

过量的铜以不同的途径进入到土壤中之后，会影响土壤微生物区系、生态物种和微生物过程，进而影响生态系统的结构与功能。铜污染土壤是否会对生态系统产生危害，需要通过灵敏和有效的方法如生态毒理实验对污染程度和污染效应进行予以诊断，并进行环境风险评价。根据铜污染土壤的生态风险的评价过程，本节内容将重点介绍生物受体和生态终点的选择，剂量效应关系、生态风险评价方法学及表征方法。

1.2.1 生态风险评价概述

对铜污染土壤进行生态风险评价是一个预测铜对整个土壤生态系统或者其中某些部分产生有害影响或者带来风险的可能性过程。根据 USEPA 于 1998 年提出的生态风险评价框架（图 1-1），对铜污染土壤进行生态风险评价需要由 3 个主要部分组成：①问题描述；②分析（暴露和效应分析）；③风险表征。

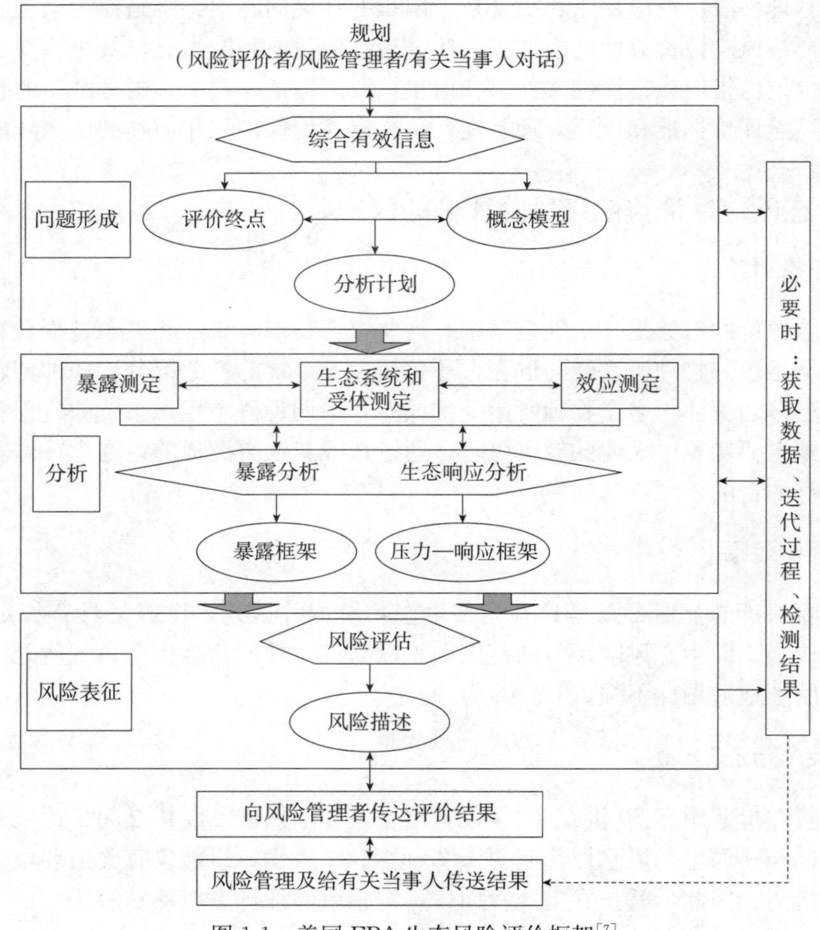

图 1-1 美国 EPA 生态风险评价框架[7]

1.2.1.1 问题描述

问题描述，是铜污染土壤生态风险评价的首要步骤，是指利用现有数据描述铜的理化性质及其在土壤中的分布，明确受到铜污染影响的生物种群，建立铜暴露途径的概念模型，明确风险评价的目标。简单来说，问题描述是一个对受体进行分析，对危险性进行界定的风险因素识别阶段，即对铜污染土壤可能存在的毒害及其影响范围进行判断。受体分析是问题描述部分的重要内容，能够提供可能受到铜危害的生物个体、种群、群落或生态系统的信息。受体分析的关键是要能选到研究一种或几种有代表性的生物，其受铜危害的情况可以反映整个生态系统中大多数生物受危害的程度和可能性大小。

1.2.1.2　暴露和分析

暴露分析是铜进入土壤环境到被生物所吸收，并对生态受体发生作用的过程进行评价。暴露分析提供铜在土壤中的形态、浓度分布及浓度变化过程，受体与铜的接触方式，铜对受体的作用方式及进入受体的途径，以及受体对铜暴露的定量分析。暴露分析是生态分析评价的重要内容，它直接关系到风险评价结果的可信程度。

效应分析通过一些敏感物种的实验结果，提供铜对不同生物的毒理作用方面的信息，如铜对受试生物的半抑制浓度（EC_{50}）等或者剂量效应的关系，来估计铜对生态系统产生危害的环境浓度，作为给定的铜浓度是否会对指示生物（或生态）因子的危害或者危害大小的判别依据。

1.2.1.3　风险表征

风险评价结果表征，是根据以上 4 个部分提供的信息进行综合分析，得到铜污染土壤有无风险或风险大小的结论，作为环保部门或规划部门的参考，作为生态环境保护决策的依据。由于实验数据和实际情况有差异，所以得出的结论不可避免地具有不确定性。

1.2.2　铜污染土壤风险评价受体和终点的选择

选择合适的受体和评价终点，进行生物毒性试验被认为是生态风险评价过程的关键。受体分析的内容由两方面决定：一方面是通过受体分析，确定什么受体为生态风险评价的代表受体，这种代表受体可以是生物个体、生物种群、生物群落或者生态系统；另一方面是确定评价的终点，即用什么指标反映有害物质对受体作用的效应，这些指标可以是生物个体的死亡、种群的丰度、生物多样性、生态系统的稳定性和持久性等。原则上终点选择要根据所关注的生态系统和污染物特性来进行，对生态系统和污染物特性了解得愈深刻，终点选择就愈准确。

评价铜污染土壤生态风险时，常用于生态毒理试验的受体一般应该能够反应铜在暴露过程中对土壤生态系统种生物的潜在总危害。生活在土壤中的陆生植物（根系）、土壤微生物和土壤无脊椎动物与土壤紧密接触并（或通过根系）从中获取物质和能量，因此能够比较及时、真实地反映土壤污染状况。长期以来，其中的一些物种由于对铜具有较好的敏感性，以及具备易于获取、培养和观察的特点，而成为评价铜污染土壤最主要的指示生物。下面对铜污染土壤生态风险时常用的代表性生物受体及评价终点方法进行简要介绍。

1.2.2.1 植物

进入土壤—植物系统的铜超过一定浓度时就会对该系统产生毒害影响，这种影响可以直接通过植物生长的状态得到表征。用于快速评价铜污染土壤状况的植物通常具有灵敏度好、生长周期短和易于培养的特点，具体的评价指标包括地上/地下部干重或鲜重、根伸长、种子发芽率等。Kjaer 等[20]的研究表明，旋花科植物 *Fallopia convolvulus* 种子萌发率随着铜浓度的增加而下降。赵树兰和多立安[21]通过研究表明，Cu^{2+} 递进胁迫下，高羊茅的生长在各处理浓度均不同程度上受到抑制，其抑制效应随重金属浓度增加而增强。齐雪梅等[22]通过发芽试验及幼苗生长试验研究了铜对大麦和玉米的生态毒性效应，研究发现玉米对铜胁迫比大麦稍微敏感，各项指标的敏感性依次为：根伸长＞根干重＞发芽率＞株高＞地上生物量，可以看出与其他指标相比根伸长最具有敏感性，可作为铜污染的生物标记物。薛艳等[23]采用室内培养方法研究 2 种不同耐性青菜种子发芽率和根伸长对铜响应的影响时，也发现根伸长和下胚轴生长对铜的响应要比种子萌发本身敏感，而根伸长较下胚轴生长更敏感。这可能是由于植物根系从一开始就与土壤紧密接触，是最直接和最先的受害器官，其生长和发育全过程受土壤铜浓度的影响最大，因此对铜污染的反应最为敏感。

研究重金属铜对高等植物的毒害作用的常用的生理指标主要集中在叶绿素含量、酶学系统、细胞结构、细胞分裂等的变化上。铜污染也会导致叶绿素含量的变化，可作为指示铜毒性的一个重要指标。王友保和刘登义[24]在研究 Cu、As 及其复合污染对小麦生理生态指标的影响时发现，小麦叶片叶绿素的下降与土壤中铜浓度的提高呈显著正相关。铜污染也会导致脯氨酸含量的变化，刘登义等[25]在研究铜尾矿对小麦生长发育和生理功能的影响时指出，小麦叶片游离脯氨酸含量随铜增加而增多，两者成显著正相关，说明脯氨酸的增加是对铜污染的一种适应性反应，其含量可作为鉴定植物铜抗性的指标。史吉平等[26]研究发现 SOD 与 Cu 关系密切，用 100mg/L Cu 处理小麦幼苗，叶片 SOD 活性先升后降，而根系 SOD 活性则一直下降。处理 24h 后，铜处理的根系 SOD 活性为对照的 38.3%，因此 SOD 活性被建议用作植物抗铜毒害的生理指标。在铜的胁迫下，植株叶片膜质过氧化作用增强的同时，还原型谷胱甘肽含量显著下降，氧化型谷胱甘肽所占百分比增加含巯基螯合物含量升高，这些都可作为植物受害的重要评价指标[27~29]。此外，铜污染会对植物细胞分裂产生很大影响，造成其他超微结构的破坏，尤其是根部细胞。Leep 等[30]研究发现，高浓度铜会导致根冠细胞分裂受抑，根生长停止，可能是铜的毒害作用致使分生区细胞核尤其是核仁变小，阻滞了根冠细胞的分裂。张莉等[31]利用蚕豆根尖细胞微核技术检测 Cu、As 污染的诱变性时发现，随铜浓度的增加蚕豆根尖细胞微核千分率升高，所受毒害作用增强，当达 400mg/L 时，根尖细胞有丝分裂严重受阻，分裂细胞数较对照下降 30%以上。微核试验正是根据环境中的铜能引起 DNA 损伤，诱发染色体畸变而形成微核，通过检测诱变物质对染色体损伤的可以有效评价环境铜污染的程度。

目前，用植物毒害风险评价方法得出的铜剂量与植物效应关系，主要建立在短期盆栽或者水培试验的基础上。在今后的风险评估中，需要考虑短期盆栽试验和长期田间试验的差别，从而增加土壤铜的生态风险评价的准确性[32]。

1.2.2.2　无脊椎动物

蚯蚓、线虫、跳虫、沙蚕和螨类等无脊椎动物是评价铜污染土壤毒性常用的动物材料，它们具有分布广泛、体积小、与土壤紧密接触、对污染物敏感和世代周期短等特点，因而适合作为土壤污染的指示生物[33]。使用敏感动物用来评价铜污染土壤效应时，存活率等指标常被用于评价致死效应，而其他描述生长生殖状况和生物活性的指标常被用于评价亚致死效应。

蚯蚓是常见的杂食性环节动物，在土壤生态系统中具有极其重要的地位，常被作为土壤污染的指示动物，广泛用于土壤生态毒性研究。其中，赤子爱胜蚓 *E. fetida* 是国际上公认的土壤毒理实验模式生物，经济合作发展组织[34]已建立了其急性致死与慢性体重抑制率的标准实验。蚯蚓的死亡率、增长率及繁殖率是常见指示铜污染土壤毒性的敏感指标。戈峰等[35]对赤子爱胜蚓在德兴铜矿废弃地生态恢复中的作用研究表明，含铜量为 2 524mg/kg 的铜矿复垦地中，蚯蚓生长率在不同的取样时间，均表现出负增长，随着时间推移表现出加速。Ma[36] 研究了暴露于铜污染土壤的砂土和壤土 6 周的欧洲正蚓 *Lumbricus rubellus* 的生长、繁殖以及凋落物的降解情况，发现高达 373mg/kg 的铜对死亡率没有显著影响，在砂土上的产卵数量和凋落物降解量均在铜含量为 131mg/kg 显著减少，体重则是在铜含量为 373mg/kg 时显著减少；而在壤土上蚯蚓的产卵数量和凋落物降解量在铜含量为 63 和 136mg/kg 时显著降低，铜含量到达 373mg/kg 时体重并没有受到影响。这说明不同的暴露环境下，需要根据需要选择对污染物响应灵敏的指标进行监测。Spurgeon 等[37]将赤子爱胜蚓 *E. fetida* 暴露于不同浓度的铜污染土壤中，培养 56d 后发现以存活率为指标计算的 LC_{50} 和 NOEC 分别为 555 和 210mg/kg，以产卵数量为指标计算得到的 LC_{50} 和 NOEC 分别为 53.3 和 32mg/kg。

土壤线虫因适应能力强、对环境变化敏感、提取与鉴定简单、实验周期短等诸多优点，已成为生态毒理学首选的另外一种模式生物，常被用来揭示土壤重金属污染状况和评价土壤环境质量。2002 年，ASTM（American Society for Testing and Materials）颁布了将秀丽隐杆线虫 *Caenorhabditis elegans* 用于土壤毒性评价的标准化指南，这意味着利用单一种线虫进行标准化毒性测试以评估环境污染物的影响已得到初步肯定。Doroszuk[38] 研究了铜对矮小拟丽突线虫 *Acrobeloides nanus* 的影响，发现其在施加铜污染 20 年的土壤（pH 为 4.0）中的繁殖能力和生物量比未添加铜的土壤显著降低，可作为铜污染土壤的敏感指标。Peredney & Williams[39~40]将秀丽隐杆线虫 *C. elegans* 暴露于不同浓度的包括铜在内的多种重金属的土壤中，发现 24h 的 LC_{50} 值大小依次为 $Cu<Cd<Zn<Pb<Ni$，与已有评估体系的模式生物赤子爱胜蚓 *E. fetida* 比较，结果显示二者对重金属的敏感性非常接近。此外，重金属污染能显著改变线虫群落组成的特性，线虫的群落组成及其生态指数可以作为生态系统环境状况和生态系统功能的指示参数用于评价土壤铜污染的毒理效应。Korthals 等[41]研究发现，当土壤中重金属铜浓度达到 200mg/kg，线虫种群以及许多反映线虫群落结构和多样性的参数都受到影响，并发生显著变化。Liang 等[42]在沈阳郊区研究发现重金属铜对土壤线虫群落结构产生了负效应，其中捕食和杂食线虫数量与全量铜呈显著负相关。

除蚯蚓和线虫外，一些土壤动物群落中的优势物种如跳虫和螨类等的死亡率、繁殖率和生长率也是用来评估土壤重金属的毒性效应的良好指标[43]。Krogh[44]研究显示标准土壤实验中重金属铜对跳虫 *Folsomia candida* 的 LC_{50} 平均值为 1 541μg/g（442～3 802μg/g），其实验有效性接近 80%，数据可靠；跳虫繁殖率的 EC_{50} 也具有很高的有效性，数值差异基本在一个数量级上。Denneman & Van Straalen[45]采用重金属食物投毒法研究了 30d 时间内铜暴露对甲螨 *Platynothrus peltifer* 的影响时，发现干重高达 2 000mg/kg 的铜浓度对其生存率没有显著影响，但是以生长率和繁殖率为指标计算的 NOEC 值分别为 408 和 168mg/kg，表明螨类对铜有好的耐受性，在高浓度铜污染土壤中，其生长率和繁殖率仍然可以作为检测毒性的敏感指标。

敏感动物体内的 P450 酶及抗氧化酶（如 SOD、CAT、GST）、热休克蛋白、金属硫蛋白、组织和超微结构变化、DNA 损伤、大分子加合物等作为生物标记物的亚急性致死指标已经在衡量环境铜的暴露及效应方面得到了应用。Stuher et al. 早在 1988 年就研究表明，在金属污染的环境中，跳虫的谷草转氨酶和谷丙转氨酶酶活和等位基因的表达特异性都会发生变化，该类酶活指标可以作为铜污染环境检测使用。杨晓霞等[46]以赤子爱胜蚓 *E. fetida* 为供试生物，通过人工污染草甸棕壤的方法研究暴露于含有亚致死剂量 Cu（100、200、300、400mg/kg）的土壤中 8 周时间内蚯蚓体内细胞色素 P450 含量、GST、SOD 及 CAT 活性变化，发现以上指标对铜的响应模式为：无显著变化→诱导→抑制，但各指标在对毒性的响应敏感性上存在差异，其中 P450 响应最为敏感，而 SOD、CAT 最不敏感，因此在生态毒性诊断时，应选择不同指标作为一套指标体系相互补充，以增强污染诊断的灵敏性及长期诊断性。当环境处在金属离子胁迫条件下，蚯蚓、跳虫等敏感动物体内的热激蛋白（Hsp）和金属硫蛋白（MT）不仅会大量表达，而且其在蛋白水平和 mRNA 水平的表达量都和环境某些因素的变换之间有一定的相关性[47～49]，因此热激蛋白和金属硫蛋白等其他一些敏感环境生物标志物可以作为指标对土壤铜污染进行早期预警和生态毒理评估。Kammenga 等[50]对暴露于铜中单性生殖线虫 *Plectus acuminatus* 体内的热休克蛋白 Hsp60 和 Hsp70 进行研究，发现 Hsp60 对重金属比 EC20 指标更为敏感。Sturzenbaum 等[51]研究线虫 *P. acuminatus* 体内诱发的 Hsp60 与土壤重金属污染的关系，发现该指标对土壤重金属污染具有敏感性，随着土壤中铜浓度增高，线虫体内 Hsp60 含量亦相应增加。除上述指标外，DNA 的损伤指标、肠道微生物区系指标等同样可以适用于无脊椎动物在土壤铜污染生态风险评价中。

1.2.2.3 土壤微生物

许多研究表明，土壤微生物对重金属的胁迫响应比植物及动物更为敏感，如在欧共体重金属农田土壤负荷标准之下，土壤微生物和微生物过程受到明显抑制[52～53]。微生物生物量、群落变化、生物活性等对铜污染具有较高的敏感度，因而常用于铜污染土壤生物毒性的评价。重金属污染能够显著土壤微生物群落结构，即土壤微生物多样性，已有研究表明微生物群落结构的变化能较早地预测土壤环境质量的变化过程，被认为是最有潜力的敏感性生物指标。Eric & Paula[54]用 DNA 的方法研究铜污染，通过分析 DNA 的不均匀性来反映种群的结构特性，根据单链 DNA 变性重组速率，可以检测种群的差异。BIOLOG

碳素利用法是近年来发展的能根据微生物利用碳源引起指示剂的变化，检测和判断不同的微生物群落结构，Knight 等[55]已成功将 BIOLOG 方法应用于评价重金属污染对微生物群落多样性的影响。杨元根等[56]研究发现伴随着土壤铜浓度的升高，微生物群落数量降低，生理活动增强，群落结构发生了变异，并且这种损伤具有长期性。土壤微生物量碳或氮转化迅速，能在土壤总碳或总氮被检测到变化之前表现出较大差异，是可以用于土壤铜污染评价的比较敏感的指标。Fliebbach & Martens[57]研究了长期施用含重金属（Cu、Zn、Cd、Ni）的污泥土壤中微生物数量与重金属浓度的关系，认为低浓度的重金属能刺激微生物的生长，而高浓度则导致土壤微生物量碳的明显下降。Brookes[58]采用氯仿熏蒸法测定了施用含重金属的污泥达 20 年的农业土壤中微生物的总量，认为重金属对土壤微生物总量有抑制作用，与其后采用直接显微计数法测定的结果一致。Chander & Brookes[59]采用氯仿熏蒸法测定了不同金属浓度对微生物生物量的影响，研究认为在 EC 标准（欧盟）附近的重金属浓度对微生物生物量没有大的影响，EC 标准 2.5 倍的 Cu、Zn 使生物量下降 40%，2～3 倍的 Ni 对微生物的生物量没有影响。重金属还会导致微生物呼吸强度的改变，它是微生物对逆境的反应机理，是反应重金属微生物效应的敏感指标。Brookes & Mcgrath[60]研究发现，重金属污染严重的土壤其基础呼吸比轻度污染的土壤要高很多。Bardgett[61]等测定草地表层土壤的基础呼吸时发现其大小则随着 Cu、Cr 和 As 浓度的增加而呈现显著的上升趋势。Fliebbach 等[62]研究土壤中施入含低浓度重金属和高浓度重金属的淤泥时，发现土壤中重金属含量与土壤呼吸作用呈正相关，当采用代谢商时相关性更好，研究认为代谢商（qCO_2）是评价重金属微生物效应的敏感指标。

土壤酶与土壤微生物密切相关，土壤中许多酶由微生物分泌并和微生物一起参与土壤中物质和能量的循环，研究发现重金属胁迫同样影响土壤酶活性，它们能够敏感地反应重金属对土壤生化反应的毒性效应，可以作为铜污染土壤风险评价中的早期诊断指标。目前提出的土壤酶监测指标有土壤脲酶、脱氢酶、过氧化氢酶、转化酶、磷酸酶等，但监测结果差异较大，其原因主要是由于酶类型、土壤性质等不同而导致的。Kandeler 等[63]报道了金属冶炼厂附近土壤遭到重金属污染后，与无污染土壤相比，土壤脱氢酶、蛋白酶、碱性磷酸酶和硫酸酯酶活性均受到明显抑制。杨红飞等[64]对铜污染对油菜生长和土壤酶活性的影响进行了研究，发现铜处理使土壤酶活性受到显著影响，过氧化氢酶和磷酸酶活性随铜浓度的增加而降低，脲酶和蔗糖酶活性随铜浓度的增加呈先增后降的趋势，时在铜浓度分别为 100 和 300mg/kg 时，脲酶和蔗糖酶活性达到最大。罗虹等[65]研究重金属复合污染对土壤酶活性的影响时发现，Cu、Cd、Ni 对 6 种土壤酶活性的影响效应不同，较为复杂。6 种土壤酶（脲酶、转化酶、蛋白酶、磷酸酶、过氧化氢酶和脱氢酶）活性与 Cu、Cd、Ni 复合污染之间均呈显著或极显著的相关关系，铜对脲酶表现出极显著的抑制作用，对脱氢酶及蛋白酶表现出显著的抑制作用，对过氧化氢酶和转化酶的抑制作用不显著，对磷酸酶具有显著的激活作用。不同种类的酶对土壤重金属污染的敏感性存在较大的差异，通常情况下，脱氢酶活性、磷酸酶活性、脲酶活性在重金属污染土壤中均表现出下降趋势，它们能够敏感地反应重金属对土壤生化反应的毒性效应。

除上面提及微生物指标外，发光细菌法的发光强度也可以用来对铜污染土壤的毒性进行监测。利用发光细菌来检测有毒物质，由于有毒物质仅干扰发光细菌的发光系统，发光强度的变化可以用发光光度计测出，费时较少且灵敏度高，操作简便，结果准确，所以利用发光细菌的发光强度来监测环境污染物的急性毒性备受重视在国内外越来越受到重视，我国于1995年将这一方法列为环境毒性检测的标准方法（GB/T15441—1995）。在水环境中发光细菌对金属毒性的监测和评价已有了比较广泛的应用和研究，但是由于土壤样品的复杂性，在应用时还需要考虑固相颗粒、固相样品的理化性质及提取方法的影响，许多研究是在不同提取剂提取的土壤溶液中进行重金属的毒性测定。Vulkan等[66]测定了22种在19～8 645mg/kg土壤中可溶性铜浓度和土壤孔隙水中的铜自由离子活度，荧光假单孢菌 *Photobacterium fluorescens* 10586r的毒性效应与土壤孔隙水中的铜离子活度的相关性好于与可溶性铜浓度的相关性。李彬等[67]应用明亮发光杆菌T3（*Photobacterium phosphoreum*）对重金属Cu、Cd、Zn、Pb单一和复合污染的土壤毒性进行诊断，研究表明单一重金属污染条件下，0.1mol/L HCl提取的重金属的投加量与发光菌的发光度间存在明显的相关性，复合污染条件下，由于金属的协同作用毒性明显增加。韦东普[68]对利用发光细菌海弧菌Q67（*Vibrio-qinghaiensis* sp. Q67）和潜在硝化速率法（Potential Nitrification Rate，PNR）两种微生物测试方法测定我国不同类型土壤的铜毒性进行了比较，结果表明利用Q67测定的土壤铜毒性EC_{50}值的范围在71～1 975mg/kg之间，和PNR测定的EC_{50}值范围在73～2 164mg/kg之间，两者较为接近，都能够很好地监测土壤中铜污染程度。鉴于发光菌法能给土壤中重金属生态风险评价提供快速廉价的诊断方法，今后应将发光菌毒性测试方法最佳化及标准化，以期更好地应用于土壤重金属毒性评价和监测中。

如上所述，目前用于评价铜污染土壤毒性的指标十分多样化，而且评价载体也不尽相同，有的研究采用土壤作为评价载体，也有的研究采用土壤水提取液作为评价载体。由于不同的生物指标对铜的敏感性不同，且不同载体形式也具有各自的优缺点，采用单一指标或单一载体进行毒性评价就显得过于片面。因而在进行较为全面的毒性评价时，需要选择多种指标或借助不同载体并综合计算某个指数用于评价铜污染土壤毒性。

1.2.3 生态风险评价方法学

生态风险评价是量化有毒有害化学物质生态危害的重要手段，其最终目的是得出一个浓度阈值或风险值，从为环境决策或与其相关的标准或基准的制定提供参考依据[69]。在生态风险评价中，比较常用的指标是预测环境浓度（predicted environmental concentration，PEC）和预测无效应浓度（predicted no effect concentration，PNEC）。PNEC需要根据无观察效应浓度（NOEC）来获得，由于缺乏大多数化合物的NOEC，目前生态风险评价中所用到的NOEC需要从急性毒性数据（LC_{50}或EC_{50}）来外推。

1.2.3.1 生态风险评价分类

生态风险评价中的风险受体能是个体水平、种群水平或生态系统水平。风险受体和空间尺度不同，无效应浓度PNEC的获得方法也有所不同。根据风险受体的数量与空间尺度，围绕着无效应浓度PNEC的评估，铜污染土壤的生态风险评价方法可以从以下3个层次考虑：

1.2.3.1.1　基于单物种测试的外推法

对于某一单个物种来说，在不同污染物剂量或浓度下产生的生态效应（如根伸长减少、生物量下降、存活率降低等），可用剂量—效应曲线来描述。对于整个生态系统来讲，不同浓度污染物引起的危害同样存在一定的关系，为了保护一个区域的种群，通常使用外推法来得到合适的化合物浓度水平（PNEC）。基于单物种测试的外推技术在评估毒害物质的效应时可以起到一个很好的预知作用，并且通过一定的假设能应用到对整个生态系统的风险评估，因此实际应用中最为广泛。

基于单物种测试的外推技术虽然在评估污染物的毒害效应时取得了很好的预知结果，并且通过一定的假设可以用到生态风险评价中。但是外推法自身也有不足之处，例如外推方法中没有考虑物种通过竞争和食物链相互作用而产生的间接效应。如果敏感的物种是关键的捕食者或是一个食物链的关键元素，那么这种间接作用的影响是非常显著的，从而有可能导致基于单物种测试外推技术得到的风险水平与根据生态系统物种依存关系获得的生态风险评估结果之间存在较大偏差[70]。

1.2.3.1.2　基于多物种测试的生态风险评价（微宇宙法）

生态系统一般认为需要从数量（生物数量和生产力）、质量（物种的组成和丰度）和稳定性（时间上的恒定性、对环境变化的抵抗能力以及受干扰后的恢复能力）3 个方面来表征，而单靠生物个体的毒性试验难以观测这些较高水平的影响。因此严格的生态风险评估应该从生态系统的角度来描述物种的存在和丰度、生态系统的结构或功能、污染水平和毒害效应，最终提供出空响应的基础数据。在生态系统层次上开展生态风险评价是一种理想状态，在实际工作中很难找到应激因子与生态系统改变之间关系的直接证据。而实验结果的代表性很大程度上取决于实验条件，因此实验室获得的数据与实际土壤条件下获得的数据可能存在差异。

为了克服两种研究方法的局限性，研究者采用了与生态系统过程相似的微宇宙（microcosm）生态模拟系统观察方法，从而表征污染物对种群水平或生态系统的影响。它是研究污染物对生态系统影响以及毒害作用的有效方法，是对实验室研究方法的一种有效补充和扩展。微宇宙或中宇宙法能对生态系统的生物多样性及代表物种的整个生命循环进行模拟，并能表征应激因子作用下物种间通过竞争和食物链相互作用而产生的间接效应，探讨物种多样性与生态系统生产力及其可靠度的关系，也能够实现在研究化学污染物质的迁移、转化及归宿的同时预测其对生态系统的整体效应。微宇宙法通常以生长抑制、繁殖能力等慢性指标或物种丰度来表征生态系统的健康状况，通过定义一个可接受的效应水平终点（HC_5 或 EC_{20}）可以实现一个区域生态系统水平上的生态风险评价[71]。由于微宇宙或中宇宙法比单一生物实验提供更完整的信息，可同时提供暴露和归宿的信息，所以近年来在多种毒物的生态风险评价中，微宇宙法的应用越来越普遍。

1.2.3.1.3　基于生态系统的生态风险评价（生态风险模型法）

微宇宙模拟生态系统虽然能观察到化合物的间接作用及物种间的相互关联[72]，但是有些情况下，只考虑种群变化还不能满足生态风险评价的需要。例如土壤微宇宙生态模拟系统中所用的物种多是易于培养的植物、无脊椎动物和微生物，而实际的生态系统通常涵盖很宽范围敏感度不同的物种。在一定意义上，微宇宙实验中采用的生物种也不符合生态系统随机采样的原则。因此在评估污染物生态效应时，在考虑真实生态系统的基础上，生态风险模型的出现使生态风险评价由单纯依靠生态毒理学实验工具向毒理学和模型模拟相结合转化。

生态风险分析模型主要是根据生态系统中各物种的生物量变化来表征风险。一般认为生态系统中的某个物种或种群在有毒物质与无毒物质存在下相比，其生物量从－20%～＋20%均是正常的，超过这个范围则认为偏离了正常值。近年来生态风险评价模型发展很快，包括提出问题的概念模型，用于获得 PEC 的暴露评估模型及用于获得 PNEC 的生态风险分析模型[71]。目前应用较成功的这类模型有 AQUATOX、CASM 等。生态风险分析模型已经有了一些应用案例。例如 Naito 等利用综合水生态系统模型（CASM2SUMA）评价了日本湖区污染物的生态风险，AQUATOX 模型目前被广泛用于北美地区水体中有机氯农药、多环芳烃、多氯联苯及酚类化合物的生态风险评估[73]。生态风险模型的优点在于能把暴露和生态效应之间的过程关系用数学公式进行量化，因此它的应用很灵活，它可以用一个简单的公式来表征一个简单的过程反应，也可以用一个复杂的公式来表征一个复杂的生态效应，因此种群或生态系统风险模型的应用为生态风险评价提供了广阔的发展空间。

1.2.3.2 阈值计算方法

生物个体的计量和毒性效应关系是生态毒理学研究和生态风险评价的基础。但是，由于生态系统极其复杂，生物群落和生态系统并不是生物个体的简单相加，还需要利用个体水平的实验数据，从短期急性毒性测试推测长期的亚致死效应，从单个物种的个体水平效应外推到种群、群落以至生态水平的效应，把实验室得到的研究结果外推到野外实际环境中。用于生物毒性阈值的外推，包括在物种之间、终点之间、暴露时间之间以及从个体到生物群落阈值的外推，从而可以得到对生物进行有效保护的毒性阈值 PNEC。两种最为普遍的外推方法是评估因子法和物种敏感分布曲线法。

1.2.3.2.1 评估因子法

当某个物种的可获得的毒性数据较少时，PNEC 的评估通常是应用评估因子（AF）来进行，就是由毒性效应数据（通常通过急性毒性数据和急、慢性毒性比值，ACR 获得）除以某个因子，来得到 PNEC。评估因子的确定主要是依赖对于最敏感的生物体来说可获得毒性数据的数量和质量，例如物种数目、测试终点、测试时间等，AF 的取值范围通常是 10～1 000[74]。

评估因子法较为简单，在许多国家的化学品生态风险评价的实践中得到了广泛发展，但是也存在一些不足。最主要的问题是各个评价因子的数值并不是基于试验研究的结果得到的，而是人为规定的，因此存在很大的不确定性。另外，该方法仅选取最小的效应浓度数值，即最敏感物种的毒性阈值进行计算，因此不能充分利用所收集到的毒理数据。

1.2.3.2.2 物种敏感度分布曲线法

当可获得的毒性数据较多时，物种敏感度分布曲线（SSD）能用来计算 PNEC。SSD 法是基于不同物种对于污染物敏感性差异提出的，该方法假设生态系统中不同物种对于某

一污染物的敏感性 EC_{10}（一定时间间隔内引起生物体10%毒害效应的浓度）或 LC_{50}（半数致死浓度）等毒性阈值能够被一个分布所描述，并假定有限的生物种是从整个生态系统中随机取样的，通过生物测试获得的有限物种的毒性阈值是来自于这个分布的样本，可用来估算该分布的参数，因此评估有限物种的可接受效应水平可认为是适合整个生态系统。

SSD法利用Log-normal、Log-logistic、Burr Ⅲ等不同的分布函数来拟合毒理学数据求出概率分布模型，定义最大环境许可浓度阈值（HC_X，通常取值 HC_5）。HC_5 表示该浓度下受到影响物种不超过总物种数的5%，或达95%物种保护水平时的浓度。SSD考虑了由于物种间的异质性产生的不确定性，体现了一种更直观、合理的效应评价方法，并得到了广泛应用。王小庆[75]基于SSD并结合铜的毒性预测模型，利用BurrⅢ拟合来源于中国土壤的21个物种的铜毒理学数据，构建了铜在不同类型土壤中的SSD曲线并比较了不同物种对铜毒害的敏感性差异，同时基于SSD曲线推导出铜的能够保护95%生物物种的浓度 HC_5，利用淋洗—老化因子校正 HC_5 以消除外源添加的人工污染与野外实际污染的差异，并获得老化 HC_5 值即土壤中铜的生态阈值。

1.2.3.3　风险表征方法

风险表征是对暴露于各种应激下的有害生态效应的综合判断和表达[7]，其表达方式有定性和定量两种。当数据、信息资料充足时，人们通常对生态风险实行定量评价。定量风险评价有很多优点：①允许对可变性进行适当的、可能性的表达；②能迅速地确定什么是未知的，分析者能将复杂的系统分解成若干个功能组分，从数据中获取更加准确的推断；③评价结果具有重现性，适合于反复的评价。目前可用于铜污染土壤的定量风险表征方法主要有以下几种：

1.2.3.3.1　商值法

商值法（RQ）应用较为简单，适应于单个化合物的毒理效应评估，当前大多数定量或半定量的生态风险评价是根据它来进行的。它是将实际监测或由模型估算出的环境暴露浓度（EEC或PEC）与表征该物质危害程度的毒性数据（预测的无效应浓度PNEC）相比较，从而计算得到风险商值（RQ）的方法[76]。比值大于1说明有风险，比值越大风险越大；比值小于1则安全。

商值法通常在测定暴露量和选择毒性参考值时都是比较保守的，它仅仅是对风险的粗略估计，其计算存在着很多的不确定性，例如化学参数测定的是总的污染物含量，假定总的浓度是可被生物利用的，但事实也并非完全如此。而且商值法没有考虑种群内各个个体的暴露差异、受暴露物种的慢性效应的不同、生态系统中物种的敏感性范围以及单个物种的生态功能。并且商值法的计算结果是个确定的值，不是一个风险概率的统计值，因而不能用风险术语来解释，商值法只能用于低水平的风险评价[77]。

1.2.3.3.2　潜在生态风险指数法

潜在生态风险指数法是以商值法为基础发展而来，是瑞典科学家Hakanson于1980年根据重金属性质及环境行为特点，从沉积学角度提出的对土壤或沉积物中重金属污染程度及其潜在生态危害评价的一种相对简便的方法。其计算公式如下：

$$C_f^i = C_D^i / C_R^i \text{ , } C_d = \sum_{i=1}^{m} C_f^i \text{ , } E_r^i = T_r^i \times C_f^i \text{ , } RI = \sum_{i=1}^{m} E_r^i$$

式中，C_f^i 为金属 i 污染系数；C_D^i 为金属 i 实测浓度值；C_R^i 为现代工业化以前沉积物中第 i 种重金属的最高背景值；C_d 为多金属污染度；T_r^i 为金属 i 的生物毒性系数；E_r^i 为金属 i 的潜在生态风险因子；RI 为多金属潜在生态风险指数。

由于分别计算 E_r^i 与 RI 的数值，潜在生态风险指数可以定量评价单一元素的风险等级，也可以评价多个元素的总体风险等级。郭平等[78]以长春市区土壤为研究对象，采用潜在生态危害指数法对土壤重金属的潜在生态危害进行了评价，结果表明 Cu、Pb 和 Zn 对长春市区土壤达到轻微生态危害。

1.2.3.3.3 概率法

概率风险评价是把可能发生的风险依靠统计模型以概率的方式表达出来，将每一个暴露浓度和毒性数据都作为独立的观测值，在此基础上考虑其概率统计意义。概率生态风险评价的两个重要评价内容是暴露评价和效应评价，其中。暴露评价是通过概率技术来测量和预测研究的某种化学品的环境浓度或暴露浓度，而效应评价则是针对暴露在同样污染物中的物种，用 SSD 法来估计的物种受影响时的污染物浓度，即 $x\%$ 的危害浓度（hazardous concentration，HC_X）。风险概率是由来自概率分布的两个随机变量暴露浓度和物种敏感度结合产生的。运用概率风险分析方法，考虑了环境暴露浓度和毒性值的不确定性和可变性，是一种更直观、合理和非保守的估计风险的方法，因此得到了广泛应用。概率风险评价法一般包括安全浓度阈值法和概率曲线分布法。

传统商值法表征的生态风险是一个确定的值，而非一个具有概率意义的统计值，不足以说明某种毒物的存在对生物群落或整个生态系统水平的危害程度及其风险大小。为保护生态系统内生物免受污染物的毒害，通常利用外推法来预测污染物对于生物群落的安全阈值。污染物的生态风险大小可以通过比较污染物暴露浓度和生物群落的安全阈值来表征。安全阈值是环境暴露浓度累积分布曲线上 90%处浓度与物种敏感度或毒性数据累积分布曲线上 10%处的浓度之间的比值，其表征量化暴露分布和毒性分布的重叠程度[79]。比值小于 1 表示对生物群落有潜在风险，大于 1 表明两分布无重叠、无风险。通过比较暴露分布曲线和物种敏感度分布曲线可以直观地估计某一污染物影响某一特定百分数生物的概率。

概率曲线分布法通过分析暴露浓度与毒性数据的概率分布曲线来考察污染物对生物的毒害程度，从而确定污染物对于生态系统的风险[69]。污染物的联合概率分布曲线是以毒性数据的累积函数和污染物暴露浓度的反累积函数作图得到的，它反映了各损害水平下暴露浓度超过相应临界浓度值的概率，体现了暴露状况和暴露风险之间的关系。概率曲线分布法是从物种子集得到的危害浓度来预测对生态系统的风险，一般可用作最大环境许可浓度的值是 HC_5 或 EC_{20}。概率曲线分布法将风险评价的结论以连续分布曲线的形式得出，不仅使风险管理者可以根据受影响的物种比例来确实保护水平，而且充分考虑了环境暴露浓度和毒性值的可变性和不确定性。

1.2.3.3.4 多层次的风险评价法

多层次的生态风险评价法是随着生态风险评价的发展而形成的，它把商值法和概率风险评价法进行了综合，连续应用低层次的筛选到高层次的风险评价。多层次的生态风险评价首先从低层次的筛选水平评价开始，低层次的评价其评价结果通常比较保守，预测的浓度往往高于实际环境中的浓度水平，但是它可以快速地为以后的工作排出优先次序，如果筛选水平的评价结果显示有不可接受的高生态风险，就进入更高层次的评价。为使评价结果尽可能接近实际的环境条件，更高层次的评价需要综合更多的数据与资料信息，使用更复杂的评价方法或手段，进一步确认筛选评价过程所预测的风险是否仍然存在，及风险的大小。一般来说，多层次的风险评价法包括初步筛选风险、进一步确认风险、精确估计风险及其不确定性、进一步对风险进行有效性研究4个层次。目前已有学者对这方面进行尝试性研究，如Weeks & Comber[80]提出的有关土壤污染物的生态风险“层叠式”评价框架，并为大多数环境学家所认同和接受。

1.2.4　低剂量刺激作用

剂量—效应关系一直是毒理学领域中的基本概念和生态风险评价研究中的重要问题之一。铜污染土壤的生态风险评价中的剂量—效应关系是指铜的受试剂量与受试物种不良发生率之间的关系，是获得毒性数据（LC_{50}或EC_{50}）的基础。铜的毒性效应一般随剂量的增加而增强，但是在铜剂量—效应关系中低剂量铜可能表现出对生物生长的一种刺激作用，也可以表述为与对照值相比生理或生殖适应性的增强，但随着铜暴露水平的提高会被抑制效应所替代，这一现象在评价受体和终点的选择中也有所提及。低剂量刺激效应（Hormesis效应）是一种有别于传统毒理学剂量—效应关系的特殊现象，研究表明，铜在低浓度作用条件下会表现出对机体的低剂量刺激效应。表1-1列举了生态系统中部分生物暴露于铜中时表现出的低剂量刺激效应。

表1-1　生态系统中的生物模型暴露于铜中时表现出的低剂量刺激作用的特征

有毒铜种类	实验模型	观测终点	NOAEL	最大刺激作用剂量	最大刺激效应	参考文献
$CuSO_4 \cdot 5H_2O$	水蚤 Daphnia	幼虫的数目	0.072	0.06	138	Winner，1976[81]
	猴子花 Monkey flowers	发芽率	0.207	0.076	131	Searcy & Mulcahy，1985[82]
$CuCl_2$	浮游植物 Phytoplankton	光合作用	0.206	0.07	140	Wood，1983[83]
Cu	跳虫 Springtail	生存率	1 074*	76*	135	Sandifer& Hopkin，1987[84]
	线虫 Nematodes	数量的增长	300*	200*	164	Parmelee et al.，1993[85]
CuO	咖啡驼孢锈菌 Hemileia vastatrix	发芽率	0.96	0.107	189	Nutman& Roberts，1962[86]

注：表中所列的剂量是用低剂量刺激作用模型对文献中的试验数据拟合后得到，剂量的单位除特别标明外，其单位为mg/L，其中带*的单位为mg/kg。

1.2.4.1 低剂量刺激作用的机理

目前，有关低剂量低剂量刺激作用的机制仍然不清楚。常见的有过度补偿理论、矫正过度理论及 DNA 损伤修复理论 3 种理论。现将几种可能的机理叙述如下：

Calabrese[87]认为，低剂量刺激作用显示了一种过度补偿效应，低剂量有毒物质刺激机体的有益反应，使机体的正常功能得以加强，从而更好地抵御之后的刺激。按照这一观点，生物体受到刺激，最初的抑制反应之后会出现一个补偿过程，使有益反应轻微地过度表达。过度补偿假说已有很久的历史。在大量分析了有关低剂量刺激作用及其机制的报道后，Calabrese & Baldwin[88]认为不同类型的低剂量刺激作用有着不同的生物学机制，而相同类型的低剂量刺激作用却未必有相同的生物学机制。这一分类为评估低剂量刺激作用提供了一个框架，能够区分不同毒性物质作用下特异的剂量/反应关系的相同点或不同点，该分类方法对揭示低剂量刺激作用毒理学机制有重要参考价值。

Stebbing[89]指出由于所有的有毒试剂在高浓度时都抑制生物的生长，低剂量刺激作用可能是生物体对于低剂量抑制的一种反应，是生物体的一种自我矫正。任何通过这样的控制机制对抑制的矫正过度都会导致低剂量刺激作用现象，而且该理论还指出在哺乳动物或单细胞生物体中出现的低剂量刺激作用，其机理应是亚细胞水平的。调节控制机制最有可能的方式是对生物合成速率进行调整，不仅表现在生物化学水平改变上，而且还表现在生物体发生低剂量刺激作用现象的整个过程中，低剂量刺激作用是调节生物体控制的副产品。

DNA 损伤是大多数有毒物质致机体损害作用的重要途径，机体对其修复能力的强弱直接关系到所受损害的大小。DNA 双链断裂被认为是电离辐射所致细胞 DNA 损伤的主要类型，低剂量辐射通过诱导某些 DNA 修复蛋白合成，增强 DNA 双链断裂修复能力，进一步表现为细胞对染色体畸变和基因突变的适应性反应。由于细胞 DNA 损伤修复是影响细胞存活的主要因素，目前认为低剂量刺激通过激活多种信号传导通路，最终激活 DNA 修复基因，使其转录。

研究表明低剂量刺激作用不可能用单一的机制来解释。在医学上，低剂量刺激作用的作用机制尤其是分子药理学家关注的焦点。通过已有的理论基础和实践，其中部分反应机制已经在受体水平被阐明，并且发现并不是单一的机制在起作用，而是多种机制共同作用的结果。但是在陆地生态系统中，大部分毒理学研究者虽然报道了低剂量刺激作用现象，然而并没有实验证据揭示出现这种剂量/反应的机理，另一方面由于出现低剂量刺激作用现象的生物以及化学和物理刺激物各种各样，而评价低剂量刺激作用的每个终点都会受到不同受体体系的影响，因此目前还没有被大家普遍接受的低剂量刺激作用的机理。

1.2.4.2 低剂量刺激作用曲线形状

剂量—效应关系是指不同剂量的外源化学物与其引起的质效应发生率之间的关系。剂量—效应曲线是通过以表示反应的百分率或比值为纵坐标，以剂量为横坐标，绘制散点图所得到的。不同毒物在不同条件下引起的反应类型是不同的，因此，在用曲线进行描述时可呈现不同类型的曲线（图 1-2）。①直线形，反应强度与剂量呈直线关系，即随着剂量的增加，反应的强度也随着增强，并成正比例关系。但在生物体内，此种关系较少出现，仅在某些体外实验中，在一定的剂量范围内存在。②S形，此曲线较为常见。它的特点是在低剂量范围内，随着剂量增加，反应强度增高较为缓慢，剂量较高时，反应强度也随之急速增加，但当剂量继续增加时，反应强度增高又趋于缓慢，成为S形状。③抛物线形，即随着剂量的增加，反应的强度也增高，且最初增高急速，随后变得缓慢，以致曲线先陡峭后平缓，而成抛物线形。④倒U形（J形），存在一个最大（或小）效应，高于或低于该效应浓度时均表现出效应减弱（或增强）。

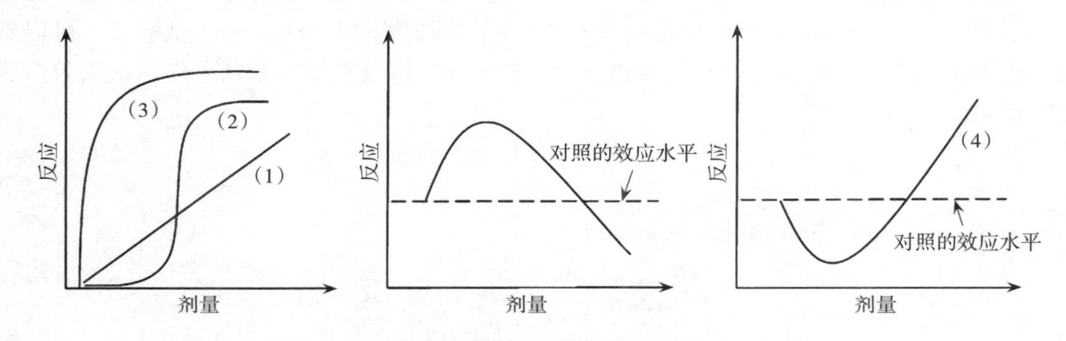

图 1-2　剂量/反应曲线的类型

(1) 直线形　(2) S形　(3) 抛物线形　(4) 倒U形（J型）

自 19 世纪末期，大量的毒理学文献报道的倒 U 形（J 形）曲线，认为是典型低剂量刺激作用。依据所检测的终点不同，低剂量刺激作用剂量—反应曲线可以是倒 U 形，也可以是 J 形。前者主要表现为外源性化学物或其他因子在低剂量时对机体的正常生命终点有轻微的刺激（兴奋）效应，优于对照组，在高剂量下则表现为抑制，如以生长情况或存活情况为观测终点时，其剂量/反应曲线呈倒 U 形；后者表现为外源性化学物或其他因子在低剂量时对机体所受损伤的抑制效应，其发病率低于对照组，而在高剂量时则相反，如以发病率为观测终点时，其剂量/反应曲线呈 J 形。无论选用什么样的试剂、生物模型和观测终点，低剂量刺激作用都具有一些共同特点，主要表现在低剂量刺激作用的最大刺激效应，以及低剂量刺激作用发生的剂量范围与未观察到毒性效应的剂量（NOAEL）的关系都具有一些相似的特征。在刺激作用的概念下，其实隐含着在广剂量范围内，呈现不同的毒性种类，最终导致表观上的不同类型的形状。

1.2.4.3　低剂量刺激作用的发生剂量

低剂量刺激作用实际上是传统剂量/反应中的一个组成部分，在高于 NOAEL 值时，低剂量刺激作用剂量—反应曲线和传统的S剂量—反应曲线是一样的，刺激作用出现在低于 NOAEL，即低于 NOAEL 才是低剂量刺激作用发生的剂量。通常最大刺激效应的剂量大部分（约占 70%）在 NOAEL 值的 1/10～1/5 倍的范围内[90]。然而，由于所选用的生物模型之间的差异，也有一些最大刺激效应的剂量在 NOAEL 值 1/50 倍范围内，有的甚至小于 1/500 倍[91～92]。由于 NOAEL 值随模型生物，所研究的体系和观测的终点而变化，但根据已有的数据表明刺激区的宽度并不随模型生物显著变化，而随所选择的观测终点变化很大，有近 20%免疫反应的最大刺激效应的剂量小于 NOAEL 值的 1/500 倍，大部分刺激区的宽度较窄最有可能是观测终点以及各处理组的实验条件变化不大的缘故，然而目前还不能从机理上解释刺激区宽度的变化。经常报道的低剂量刺激作用发生的剂量范围在 10^{-5}到 10^{-9} mol/L 范围内[90]。低剂量刺激作用的剂量范围是曲线的一个重要的特点，对于毒理学和风险评价具有重要的意义。

1.2.4.4 低剂量刺激作用最大刺激效应

在低剂量刺激作用的剂量—反应曲线中，其峰值表示最大刺激效应，一般是对照的 130%～160%，大约有 80%的刺激反应在 200%范围以内[90]（图 1-3）。从表 1-1 可以看出，铜在选用不同的模式生物和观测终点时，NOAEL 值以及低剂量刺激作用最大效应为 131%～189%。

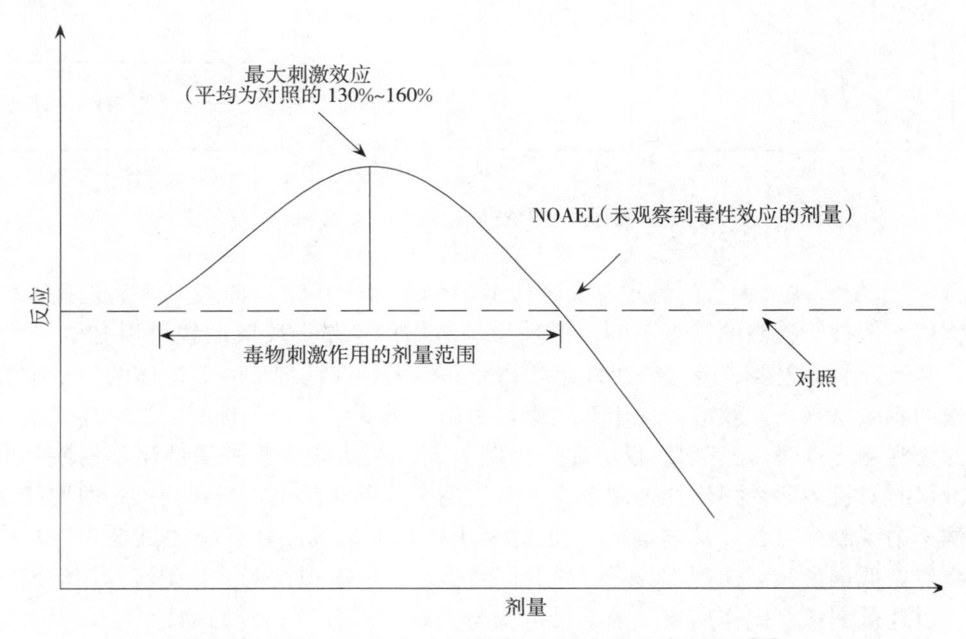

图 1-3　剂量—反应关系中低剂量刺激作用的定量特点[93]

1.2.4.5 低剂量刺激作用的模型拟合

长期以来，毒理学界使用传统的阈值模型（threshold model）和线性非阈值模型（linear non-threshold model，LNT）进行剂量—效应关系研究和污染物风险评价。但大量研究发现，污染物低浓度暴露引发的机体响应更符合低剂量刺激模型的双相剂量—效应关系。

既然已经证实低剂量刺激作用是一种客观存在的剂量/反应现象，那么对于数据的分析就需要功能强大的统计分析模型来检验刺激作用是否存在以及预测出现低剂量刺激作用时的特殊剂量。通常剂量/反应毒性数据符合 S 形曲线，可以用对数模型进行拟合。不同文献采用的方程形式略有差异，下面的方程（1）是常用的一种形式。

对数模型，log-logistic 模型：

$$E[Y|x]=\delta+\frac{\alpha-\delta}{1+\theta\exp(\beta\ln x)} \tag{1}$$

其中：$E[Y|x]$ 代表了在剂量为 x 时的平均反应；α 和 δ 分别是拟合曲线的反应上限值和下限值。参数 θ 和 β 分别与曲线的斜率及曲线的拐点有关。当 $\beta>0$ 时，反应的趋势是单调的递减的，模型拟合所得到曲线是关于拐点对称的曲线。

然而当出现低剂量刺激作用时，上述的模型并不能很好地拟合实验的数据。但在处理数据时，普遍的做法就是要么把出现低剂量刺激作用的数据点当作异常点去掉，要么仍用对数模型进行拟合。这样拟合的效果很差，对照的反应往往可能被过高的估计，而且会导致得到的 EC_x 估计值不正确。

Brain & Cousens 于 1989 年[94]对上述对数方程进行了修改，在分子上增加了一项 γx，来表示低剂量刺激作用的贡献，其提出的模型如下：

低剂量刺激作用模型（又称 Brain-Cousens 模型）：

$$E[Y|x]=\delta+\frac{\alpha-\delta+\gamma x}{1+\theta\exp(\beta\ln x)} \tag{2}$$

方程中各个参数的含义同上，其中 γ 是低剂量下反应初始速率增加的度量。由于方程是非线性的，通常用非线性回归来拟合实验的数据，从而给出包括 γ 在内的各参数的估计值及相应的标准偏差和置信区间。Caux & Moore[95]曾详细介绍了使用 Excel 软件对实验数据用模型（2）进行拟合的方法，也可以使用其他的非线性拟合统计分析软件，如 SAS、SPSS、Tablecurve、Origin 等。总的来说，这些软件能使统计分析过程大大简化。

在上述 Brain & Cousens 所提出的模型中，并不存在一些特殊剂量的简单表达式，如 EC_{50}，因此要知道出现低剂量刺激作用的剂量范围和最大刺激效应的剂量也是很困难的。Schabenberger 等[96]应用推广了 Brain-Cousens 模型，所建立的参数化模型能够同时考虑低剂量刺激作用和有效剂量的预测。这种模型已经开始应用到低剂量刺激作用的拟合，相信会得到广泛的应用。

最近 Cedergreen 等[97]指出，Brain-Cousens 模型在描述低剂量刺激作用时，由于要求参数 $\gamma>0$ 和 $\beta>1$，使用 Brain-Cousens 模型拟合实验数据有一定的局限性，如在某些情况下不能拟合实验数据。通过对低剂量刺激作用模型做了部分修改，他们提出了下述经验模型：

$$E[Y|x]=\delta+\frac{\alpha-\delta+\gamma(-1/x^{\alpha})}{1+\theta\exp(\beta\ln x)} \tag{3}$$

方程中各个参数的含义同上，其中 α 决定了刺激效应增加的速率。

并用上述 3 种模型对实验数据进行拟合比较，表明经验模型（3）比模型（2）能更好地拟合实验数据，而且功能更强大。但模型（3）也存在一定的缺点，一般在剂量/反应曲线低剂量端的数据有限，故不能通过常规的拟合程序来估计 α 值，而 α 值只能固定为 3 个水平上：0.25，0.5 或 1.0，另外不能直接通过模型中的参数获得有关低剂量刺激作用最大刺激效应和特殊的剂量值的问题依然存在。

1.2.4.6 低剂量刺激效应对生态风险评价的影响

由于在传统的毒理学论文和专著中涉及低剂量刺激效应的内容相对较少，因此低剂量刺激作用长期以来被忽视。此外，该效应作用机制不明确也从另一方面限制了对其研究的进一步发展。近年来，集中于该效应的诸多争论、其对基本剂量—效应关系构成的挑战以及对现行风险评价制度可能的冲击，使低剂量刺激效应再次引起研究者的广泛关注。

低剂量刺激效应对环境法规、风险评价中传统剂量—效应关系普遍使用的合理性提出了质疑。传统的污染物风险评价基于毒理学对高剂量污染物暴露的实验结果，采用剂量—效应关系线性外推模式获取污染物的安全阈值。这种风险评价方法将污染物暴露剂量与其引发的生物学效应间的关系简化为线性模式，认为随着污染物剂量的增加，其所引发的风险也随之增加。而大量研究表明，低剂量条件下污染物的浓度与其引发的效应间并不成线性关系，仅基于高剂量检测的结果进行线性外推会错误地评估低浓度污染物引发的生物学响应。低剂量刺激效应的存在意味着机体在污染物低浓度胁迫条件下，可能会表现出与传统风险评价研究结果完全不同的生物学响应，而根据毒理学传统理论将污染物剂量—效应关系简化为线性进行风险评价会造成严重偏差。从这一角度来说，传统的污染物风险评价模式已不再适应低剂量污染物风险评价的实际情况。

低剂量刺激效应将对现行的污染物的生态风险评价模式造成影响。由于低剂量刺激效应存在的普遍性，风险评估机构应慎重考虑将低剂量刺激效应引入风险评价程序以更准确评估污染物造成的生态环境风险。一旦低剂量刺激效应理念被环境管理部门接受，当前的污染物风险评价模式将发生重大改变，比如进行生物毒理实验时，应据具体特征剂量—效应关系进行模拟分析，而非简单延续传统风险评价的线性外推；实验设计时，应加入低浓度组实验，选用更为宽泛的剂量范围以考察低剂量刺激效应的影响。这些根本性的改变将成为污染物风险评价进程中的里程碑。

低剂量刺激效应的双相剂量—效应关系，对毒理学及风险评价相关领域的研究工作都将产生深远影响。当前“浓度越低越好”的风险评价指导思想并非普遍正确，它会造成人类环境治理实践中的资源浪费。对低剂量刺激效应剂量—效应关系的认可，代表了整个生物学领域剂量—效应概念的模式转变。它会在设计研究、选择模型、风险评估等方面影响今后的相关研究。由于低剂量刺激效应存在的普遍性，如何将低剂量刺激效应模型引入包括铜在内的污染物风险评价程序，从而改进和完善现行铜的风险评价方法体系也是今后亟待解决的问题之一。

1.3 铜污染土壤的健康风险评价

世界卫生组织将健康定义为一种在身体上、精神上的完满状态，以及良好的适应力。本文提及的健康体现为遭受环境污染物影响而产生不良反应的人体生理状态与各器官功能损害，以及人体血液、神经、骨骼产生各种病症和身体机能下降的一种状态。所以，健康风险还可表示为人体机能是否因为遭受环境污染产生不良健康反应以及概率的大小。本节从健康风险评价的内容、铜对人体的毒性、人体摄取铜的机制和“剂量—反应”关系几个方面简单介绍了铜污染土壤的健康风险评价中所涉及的概念和方法。

1.3.1　铜污染土壤的健康风险评价概述

可用于铜污染土壤健康风险评价的方法很多，如美国科学院（NAS）公布的四步法、生命周期分析和 MES 法等。在这些方法中，NAS 的四步法使用最为普遍。它包括：危害鉴定、剂量—反应评估、暴露评价、风险表征（图 1-4），该方法广泛应用于空气、水和土壤等环境介质中有毒化学污染物质的人体健康风险评价。

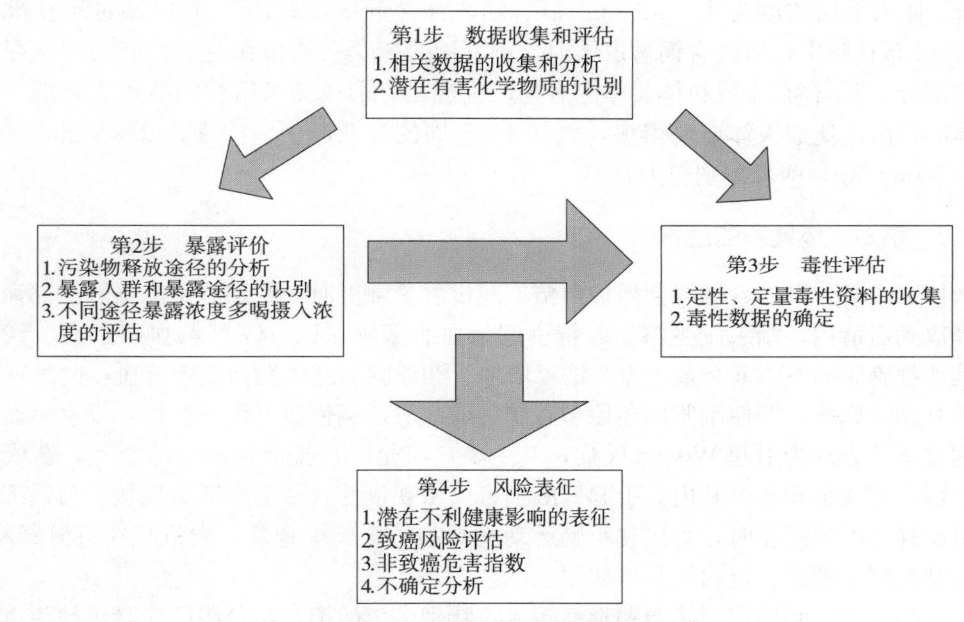

图 1-4　美国 NAS 的人体健康风险评价四步法

危害识别旨在鉴定风险源的性质及强度，它是风险评价的第一步，危害是风险的来源，指污染物能够造成不利影响的能力。对土壤中铜进行危害识别就是根据铜的生物学和化学资料，判定其是否对人类健康造成危害，需要收集大量完整的可靠的资料。

剂量反应评估是对有害因子暴露水平与暴露人群疾病发生率间的关系进行定量估算的过程，是进行风险评定的定量依据。其主要内容包括确定剂量—反应关系、暴露途径、反应强度、作用机制和人群差异等。

暴露评价指定量或定性估计或计算暴露量、暴露频率、暴露期和暴露方式。接触人群的特征鉴定与被评物质在环境介质中浓度与分布的确定，是暴露评价中不可分割的两个组成部分。铜污染土壤暴露评价的目的是估测铜污染区域内人群接触铜的程度或可能程度。

风险评估是根据前面 3 个阶段所获取的数据，估算不同暴露条件下可能产生某种不良健康反应的强度或是发生不良健康反应概率的过程。风险评估两方面内容：第一是定量估算有毒有害因子的风险大小；第二是对评价结果进行分析与讨论，尤其是对前 3 个阶段存在的不确定性进行评估，即对风险评价结果本身做出风险评价。其中评定结果的分析与评价过程的讨论是风险评价过程中至关重要一步，尤其是对评价过程中各环节的不确定性分析。

1.3.2 铜与人体健康

1.3.2.1 铜是人体的必需元素

铜是人体必需的元素，广泛分布在人体的脏器组织。血中铜存在于血清和血红细胞中，铜先与血清蛋白松散结合，由于易透过细胞膜，可与组织交换。人体中含铜总量大约100mg，体内平均浓度为1.4mg/kg。肝、脑、肾含铜量较高，约有10%的铜分布在肝脏，8%分布在脑中，肌肉含铜量占体内含铜总量的35%。在肝细胞内，65%的铜存在于可溶性部分，8%存在于线粒体。体内有些产生能量、形成结缔组织的酶也含有铜。一般新生体的铜浓度比成人体要高得多，例如1～7周的婴儿肝中铜浓度达230mg/kg，而成人只有35mg/kg，两者差别很大。

1.3.2.2 铜对人体健康的危害

人体铜过量，肝内含铜时会增加数倍，超过忍受限度时，红细胞不能摄取全部铜，铜突然释放到血清内，结果发生溶血，铜引起溶血有多种原因。Cu^{2+}与血红蛋白、红细胞以及其他细胞膜的SH基有亲合力，结果增加了红细胞的通透性而发生溶血，此外，铜抑制谷胱甘肽还原酶，并使细胞内还原型谷胱甘肽减少，铜使血红蛋白变性，发生溶血性贫血。铜过量还表现为引起Wilson氏症，其主要症状是胆汁排泄铜的功能紊乱，造成组织中铜贮留，首先蓄积于肝脏内，引起肝脏损害，出现慢性、活动性肝炎症状。当铜沉积于脑部引起神经组织病变时，则出现小脑运动失常和帕金氏综合症。铜沉积在近侧肾小管，引起氨基酸尿、糖尿、蛋白尿和尿酸尿。

铜盐的毒性以醋酸铜、硫酸铜毒性较大，特别是硫酸铜，经口服即使微量往往也引起急性中毒，大量食入可发生肝小叶中心区坏死。对于人体，即使内服铜0.1～0.15g，也导致胃、肠等消化系统的各种症状。如果内服0.1～1.0g，便引起严重腹痛、呕吐、下痢、血尿、意识不清等症状，甚至有死亡的可能性，有时还并发黄疸，当其他症状消失后，肝症状往往遗留。在作业现场，曾发生急性铜中毒，最明显的是黄铜热，这是由于吸入青铜和黄铜微细粉尘而引起的发热及其他并发症状的病态，如升高血清铜水平，肝肿大。在美国，曾有儿童吸入粉饰圣诞节贺片的青铜粉末，引起咳嗽、呕吐、恶寒、发绀、下痢，随后发生急性支气管炎及肺水肿，终至死亡，根据解剖所见，肾脏尿道毛细管发生坏疽。

1.3.3 人体摄入铜的机制与剂量表示

通过皮肤接触暴露、呼吸暴露和饮食暴露三类方式进入人体中的铜，经过时间的积累和各种生化反应，其剂量和毒性会不断的增加或者变异发展，铜的变化不但与其自身的特性有直接关系，还和人结构、组织器官有直接关系。体现铜在人体中发生数量变化，通常使用潜在剂量、实用剂量、内部剂量、传递剂量和有效剂量来描述污染物质在人体各种器官与结构里的数量改变图 1-5 为暴露方式与不同剂量之间的关系示意图。

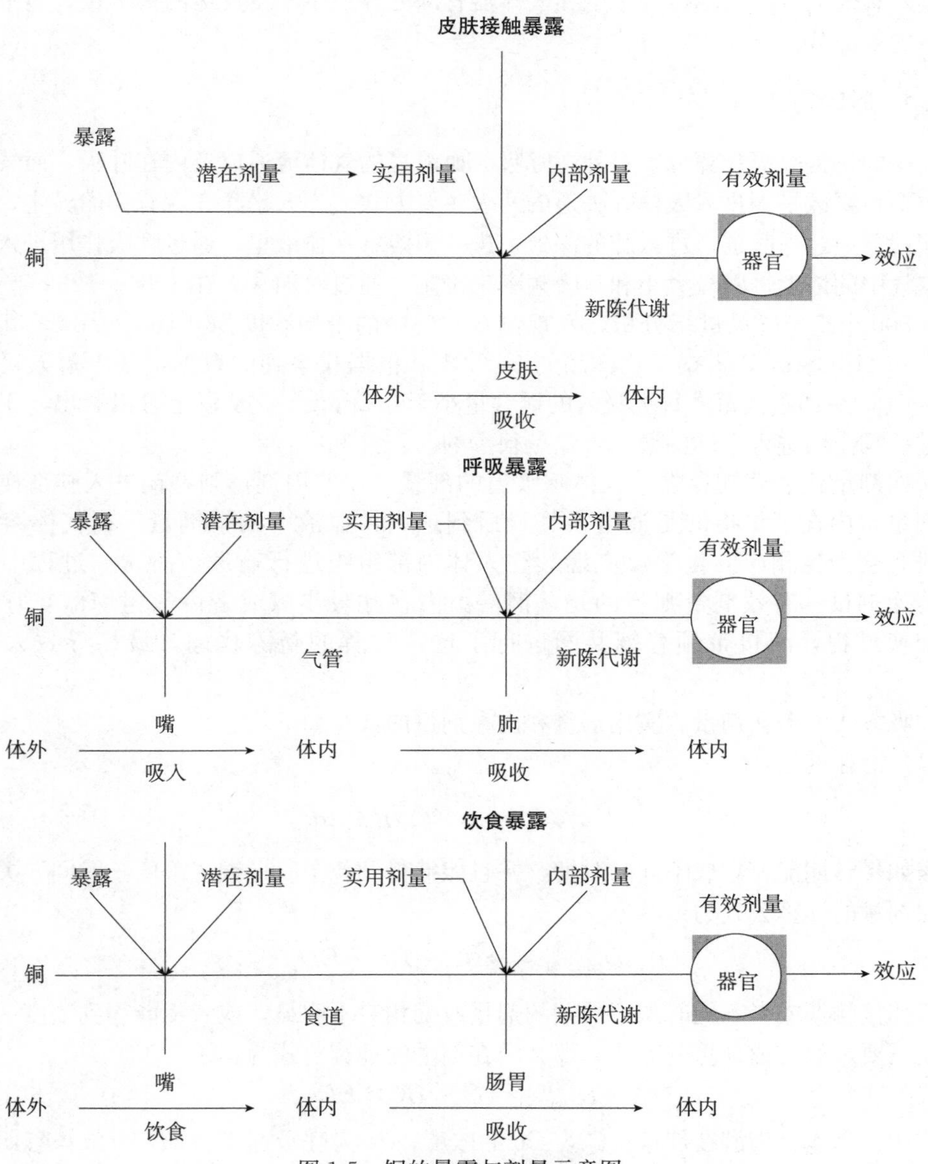

图 1-5　铜的暴露与剂量示意图

（1）潜在剂量：是指可能被人体吸收的铜剂量。

（2）实用剂量：是指达到人体皮肤、呼吸系统和消化系统的交换边界上可被吸收或利用的剂量。因为人体的器官组织能够将部分化学物质进行有机吸收，所以，实用剂量往往比潜在剂量少。

（3）内部剂量：代表摄入人体内能够和人体细胞进行相互反应的铜剂量，在皮肤接触途径中也称为吸收剂量。

（4）传递剂量：指运输至人体组织和器官的铜剂量，这部分剂量可能仅仅只占了内部剂量很小的成分。

（5）有效剂量：实际达到细胞和人体器官深处并产生不良反应的铜剂量，属于传递剂量其中的一部分。

1.3.3.1 呼吸方式

人体的正常呼吸步骤分别是外在呼吸、血液里的气体流通以及内在呼吸，而气体扩散和微小颗粒飘散是铜进入人体呼吸道的两大主要方式。当人暴露在含有铜的粉尘、烟雾中时，铜就会通过呼吸道，进入肺的深处，进一步溶解在血液里。通过呼吸作用进入人体的铜由空气中的浓度，颗粒大小和呼吸频率来确定。通过对加拿大在1984—1993年29个地点的3 800个空气样品进行分析，发现铜在空气中的平均浓度为0.014$\mu g/m^3$，其中最高浓度为0.418$\mu g/m^3$，占据了总样品的66%[98]。根据收集到的数据，基于每人每天呼吸22m^3空气，在加拿大每人每天吸入的铜含量小于0.28μg[99]。从以上可以看出，正常情况下通过呼吸作用进入人体的铜的含量是很少的。

潜在剂量代表着铜存在于人体呼吸道的剂量，而实用剂量则是铜进入肺部换气过程中的剂量，内在剂量指的是通过换气最后到达人体血液中的铜剂量。在气体溶解在血液中时，会产生相应的化学反应继续往人体内部组织进行输送，而这一过程中铜含量叫做传递剂量。有效剂量则指的是，铜借由内在呼吸步骤或者内部组织器官呼吸产生气体交换过程，间接带领着铜共同进行了这一过程的新陈代谢，最终导致人体机能受损。

呼吸方式的潜在剂量、实用剂量和内在剂量的计算如下：

（1）潜在剂量：

$$D_{\text{potential}} = \int_{t1}^{t2} C(t)\, IR(t)\, dt$$

假如暴露期能够划成不同的时期，并且能够得到各个时期铜“浓度—时间”关系，那么潜在剂量的计算公式为：

$$D_{\text{potential}} = \sum_i C_i \cdot IR_i \cdot ED_i$$

假如接触期或者不同时期中的铜的剂量改变相对不明显，或者不能得到浓度—时间关系，就需要采取均值计算的方法，那么潜在剂量的计算公式为：

$$D_{\text{potential}} = \bar{C} \times \bar{IR} \times ED$$

式中：$D_{\text{potential}}$为潜在剂量；$\bar{C}$为Cu的浓度；$\bar{IR}$为呼吸速率；ED为总暴露期中某一暴露阶段。

（2）实用剂量：实用剂量为潜在剂量与呼吸过程中铜减少量的差值：

$$D_{\text{applied}} = D_{\text{potential}} - D_{\text{loss}}$$

式中：D_{applied}为实用剂量；D_{loss}为减少量。

（3）内部剂量：内在剂量的方法较为复杂，往往是通过实用剂量和吸收系数（Absorption Fractionate，AF）相乘来表示，污染物质不同时，吸收系数也会出相应的差别。

$$D_{\text{internal}} = D_{\text{applied}} \times AF$$

当用潜在剂量代表实用剂量时，内部剂量可表示为：

$$D_{\text{internal}} \approx D_{\text{potential}} \times AF$$

1.3.3.2　饮食方式

人体通过饮食途径摄入铜的方式主要为饮水和食物。铜广泛分布于食品，各国的食品和饮料的铜的实际含量变化很大，主要取决于原料生长条件（土壤和水含铜量及含铜肥料和杀菌剂的使用）和食品加工过程（pH，铜器使用情况）[100]。常见食品中，动物内脏和海鲜中含有高浓度的铜（10～100mg/kg），而奶制品则处于相对低的水平（0.06～0.54mg/kg），其他食物含有量远小于 10mg/kg[101～102]。通过膳食途径进入人体的铜含量一般为 0.5～2.2mg/d，在某些情况下偶尔会超过 5mg/d[99,102]。国际原子能机构对铜的膳食摄入量展开全球性的文献调查，初步数据已经汇总出版[103]。当所有的数据被考虑进时，报告显示约 10%的成年男性铜日均摄入量低于基底值 1.2mg/d，约 25%的个体铜日均摄入量低于人均摄入量基底值 1.4mg/d。一般情况下，个体通过饮水深入的铜量低于 0.1mg/d，但是当铜水管被腐蚀时，摄入量会增大到几毫克。

通过饮水摄入的铜可以通过消化系统的流通，直接进入人体的新陈代谢过程中去，而食物大部分是在消化系统里被吸收消化的，并主要通过小肠肠壁黏膜进入血液，参与人体新陈代谢。在这一系列的摄入过程，铜剂量伴随着食物与水进入人体内是潜在剂量，而进入到肠胃里的铜剂量就成了实用剂量，经过消化后进入人体血液的铜数量为内部剂量，而在通过血液流动进入人体内部细胞组织的铜剂量则是传递剂量，最后对人体内细胞组织形成不良反应的铜剂量也就是有效剂量。口腔摄入的数量的计算公式大致和呼吸道摄入一样，仅是在计算实用剂量过程里减少量的意义不一样，口腔摄入的减少量基本体现在无法为人体分解，最后被人体排出体外的污染剂量。

1.3.3.3　皮肤接触方式

一般情况下，人体通过皮肤接触方式吸收的铜是很少的。人类身体直接接触铜的皮肤区域基本体现在四肢与五官，如手、手臂、脚、腿、脸和眼睛等。人体皮肤接触的铜的媒介通常有：受污染的水体、土壤以及空气。当人体皮肤和遭受污染的土壤进行直接接触时，有可能被皮肤接触到的铜总量就是潜在剂量，而实质被皮肤直接碰触到污染物剂量就称为实用剂量。因为要计算实用剂量是非常复杂的过程，往往都是通过潜在剂量和转换系数来计算出实用剂量的，但至今尚未有这方面科研成果的报道，所以，现阶段只能假定实用剂量与潜在剂量相同。潜在剂量和实用剂量的关系公式为：

$$D_{\text{potential}} \approx D_{\text{applied}} = C_s \times F_{\text{adh}}$$

式中，C_s 为土壤中铜含量（mg/kg）；F_{adh} 为土壤对皮肤的黏附因子（mg/cm^2），其他参数与前面一致。

计算皮肤接触土壤中的铜相对于人体接触污染水体的计算过程要繁琐许多，它不仅包括铜向皮肤的扩散，还包括土壤中铜解吸和扩散过程。当土壤黏附于皮肤上时，其中的铜需经过解吸和扩散作用，才能到达皮肤表面。在到达皮肤表面之前，可能由于摩擦、冲洗等导致大部分土壤离开皮肤，这就使得直接侵入皮下组织的铜数量少于实际数量。为估计皮肤的实际吸收剂量，研究人员引用皮肤吸收因子（ABS）概念，即实际进入皮肤组织的污染物剂量与皮肤接触总污染物剂量的比值。因此，铜的吸收剂量计算方法可表示如下：

$$D_{\mathrm{absorbed}} = C_s \times F_{\mathrm{adh}} \times ABS$$

皮肤吸收因子通常由动物活体实验或人体皮肤切片体外实验获得，但由于试验条件与实际暴露情形往往差别较大，因此在实际的暴露评价中，实验数据的应用受到极大的限制。

1.3.4 剂量—反应关系

铜污染的健康风险评价中的剂量—反应关系是指铜的受试剂量或暴露剂量与受试物种或暴露人群不良发生率之间的关系，是开展铜毒性评估的基础。通过建立受试物的剂量—反应关系，采用科学、合理的方法，可以获得估算暴露人群的健康风险评价指标。

1.3.4.1 基础数据资料

人类临床学、动物试验学研究、体外模拟法的相关研究是研究铜的剂量—反应关系的基础和主要的资料。

1.3.4.1.1 人类数据

人类数据主要指临床研究或病例报道。临床学主要是分析人群中疾病的分布和影响疾病分布的因素，获得的数据是建立剂量—反应关系的关键基础。然而，目前与铜暴露有关的临床学数据并不充分，只有在极少数情况下，比如在 $CuSO_4$ 治疗烧伤时，可以观察到铜的吸收及毒性发生[104]。有限的临床数据还受暴露人群的年龄、生活习惯、地域区别等因素的干扰影响，因此建立完善的“剂量—反应”关系是有相当大难度的。

1.3.4.1.2 动物试验数据

现代毒理学认为哺乳类动物和人体对污染物的接触后产生的病症相似，其试验数据可以用来建立“剂量—反应”关系。当铜的人体临床学资料不完整或者没有相关的研究报道时，在实际的科学试验中可以通过借助动物模型法来进行相关的科研分析。

常用于进行铜毒性试验的哺乳动物有白鼠、兔子、猴子等，IPCS[99]汇总了如下部分已经获得的研究数据。大鼠和兔子因皮肤接触铜的半致死浓度 LD_{50} 值分别为 1 124 和 2 058mg/kg。暴露在含铜量为 1.3g/m^3 的空气中 1h 后，豚鼠的呼吸功能受到严重损伤。随着 $CuSO_4$ 使用剂量的升高，在小鼠肝细胞中的非常规 DNA 合成发现了增加的现象。经过 15d 的日口服剂量为 305mg/kg 的 $CuSO_4$ 之后，大鼠出现贫血、肝脏损伤和肾、肺功能下降的现象，未观测效应浓度为 23mg/kg。小鼠孕后 8d 静脉内给予最低中毒剂量 3.2mg/kg，可以导致中枢神经系统、心血管系统发育畸形。小鼠微核试验显示，在静脉注射 $CuSO_4$ 达到 1.7mg/kg 时，染色体断裂数量显著增加。大鼠和小鼠每天在 138mg/kg 和 1 000mg/kg（体重）的长期暴露下，除了在生长量上出现与剂量相关的减少以外，并没有出现明显的中毒现象。大鼠的无观测不良效应水平（NOAEL）为 17mg/kg，雄性小鼠和雌性小鼠的无观测不良效应水平（NOAEL）分别为 44 和 126mg/kg，症状为肝脏出现炎症，肾小管上皮细胞变性。

1.3.4.1.3　体外模拟试验数据

除动物模型法外，另外一种获得土壤—人途径中暴露评估数据和参数的方法是体外模拟法。体外模拟法是利用体外模拟装置模拟人体消化系统进行的，分别取胃和小肠阶段反应液样本，经离心过滤后检测其重金属含量并计算其生物可给性，根据重金属生物可给量进行健康风险评价。许多研究发现体外模拟法与动物模型法的生物有效性有很好的相关性，由于体外模拟法操作简单，经济实用，宜于控制，已受到国际社会越来越多的关注。其计算方法如下：

计算重金属元素在胃或小肠阶段的生物可给性：

$$BA(\%)=C_{IV}V_{IV}/C_sM_s\times 100$$

式中，BA 为特定重金属的生物可给性（%）；C_{IV}为体外模拟实验的胃或小肠阶段反应液中特定重金属的可溶态总量（mg/L）；V_{IV}为各反应器中反应液的体积（L）；C_s为土壤样品中特定重金属的总量（mg/kg）；M_s为加入反应器中的土样的重量（kg）。

估算重金属摄入量（日均通过土壤—人的途径摄入的重金属量）

$$W_m=C_m\times W_{soil}$$

式中，W_m为金属元素的摄入量（μg/d）；C_m为土壤中重金属的含量（μg/g）；W_{soil}为日均土壤摄入量，成人为 0.105g/d，儿童为 0.12g/d。

重金属生物可给量的计算，每日摄入体内重金属中可被吸收的金属量

$$W_A=W_m\times BA$$

式中，W_A为日可吸收的重金属量（μg/d）；W_m为重金属元素的日摄入量（μg/d）；BA 为特定重金属的生物可给性（%）。

1.3.4.2　污染物剂量与人体反应关系的建立

不同铜剂量与不良反应关系的定量研究是分析铜剂量—不良反应关系的基础，人类流行病学数据是最具有说服力的，其次是生物活体实验与体外模拟实验。在使用生物活体实验资料的时候，必须得对实验资料的关联性与数据精确性进行判断，尽量使用毒理作用、污染物实验病症和人体特征一致的生物活体研究资料。倘若上述资料不够完善，那么可以依照人体与活体实验的病症相似性，选择病症最为明显的研究资料为第一资料。

1.3.4.2.1　试验数据剂量—反应关系的建立

建立动物实验的剂量—不良反应关系资料往往会选择毒效动力学方法或经验模型。毒效动力学主要是分析产生病变的不同病发阶段与不同阶段出现生物转化反应，能够实质性的体现出内部剂量与生物体发生病变的关系，常用的模型如 Two-Stage Colonel Expansion 模型[105]。当生物体的实验方式和病理症状的模式相对明确时，就可以选择毒效动力学方法来建立实验动物的化学物质暴露剂量与不良反应关系。数据模型实质上是一种统计领域的统计法，用来计算不同污染物剂量下发病的症状与概率。

通过毒代动力学模型能够相对全面的体现出实用剂量和内部剂量之间的关系，是建立铜暴露剂量与不良反应关系的一个良好方法。为了更加全面的体现出这一转化过程，通常会模拟血液在生理腔之间的流动，建立实用剂量和内部剂量的关系。在呼吸摄入铜的过程

中，毒代动力学模型能够还原出铜在人体呼吸道里的流动模式以及其转化的全过程。因为不同生物体的呼吸方式与生理结构都有所不同，因此在对比各种生物之间的消化方式时，该模型可以起到至关重要的效用。

1.3.4.2.2 低剂量外推法

当处于实际受污染的环境中，人体接触铜的剂量是相对较少的，但在生物活体实验或者流行病实验中使用的铜剂量通常是比较高的，所以，通常都是利用实验获得的关系模型来推测人体在实际环境中的试验数据剂量—反应关系的模型，也就是常用的低剂量外推。进行低剂量外推时，首先要确定外推的出发点，主要是通过分析实验数据中体现的铜的暴露剂量—不良反应关系得来，然后模拟低剂量的条件下进行推导，建立低剂量条件下的“剂量—反应”关系。出发点通常使用发病几率为15%时所对应的铜剂量的95%的双侧置信区间的下限是实验资料中最接近现实环境中低剂量条件下的剂量计算值。

进行低剂量外推时，经常使用的模型为法线性和非线性两种模型。确定使用模型的依据在于化学物质的作用机理。当出发点的铜剂量高出与实际暴露中的铜剂量时，则可以选择线性模型。如果数据不够完善，并且对铜的作用机理不够清楚时，可选择线性模型进行分析。如果确认铜不会引发突变，并且其作用模式被证实不存在线性关系，这种情况下，可使用非线性模型进行分析。由于部分铜可以引发多个器官产生病变，那么就需要同时使用到两种模型。另外，如果有充分的数据证明在各种不同剂量的铜中，能够就相同的器官进行线性与非线性的接触方式，那么可以将两种模式综合起来使用。

1.3.5 铜污染土壤健康风险评价中的不确定性

目前，有关铜的大部分健康效应数据是基于动物实验得到的，其剂量通常比人类从环境暴露的高很多，因此需要应用外推方法。由动物推测到人类，由高剂量推测到低剂量，来估计潜在的人体健康效应。建立在大量假设、专业判断及不完全的研究数据的基础上的估算结果存在一定程度上的不确定性。

根据铜污染的饮用水在胃肠道反应，基于成人的基本需求和对铜的吸收及存储变化所得出的成人可接受的日口服摄入铜量下限为20μg/kg（体重），在婴儿期，日口服摄入铜量下限为50μg/kg（体重）。成人的可接受的日口服摄入铜量的上限是不确定的，但是允许每天吸收的量在2～3mg左右[103]。因为由摄入铜污染食物造成人体危害数据的缺乏性，更为精确的最大允许日口服摄入铜量无法获得。

由于评估模型是否适用于人体的不确定性，从铜对动物的毒性试验得出的数据对于确定可接受的日口服摄入铜量的上限没有任何帮助。此外，传统的健康风险评价在由毒性动物试验资料推导到人的过程中使用了不确定因子，还还不能很好的反应外推的合理性，而且也有充分考虑到铜等必需元素的特殊性。

尽管现有的铜污染土壤健康风险评价模式还不能给我们提供评价日口服摄入铜量的上限，但是铜摄入不足的问题更值得关注。从世界各地特别是欧美的暴露人群得来的数据来看，铜摄入不足对健康的影响比摄入过量的铜存在着更大的风险[102]。因此，对目前对铜污染土壤进行的环境风险评价应该更侧重于铜对生态系统的影响和危害。

参 考 文 献

[1] Cairns Jr J，Dickson K L，Maki A W. Estimating the hazard of chemical substances to aquatic life，STP 657 [J]. Philadephia PA：American Society for Testing and Materials，1978.

[2] NAS（National Research Council）. Risk Assessment in the Federal Government：Managing the Process [M]. Washington DC：National Academy Press，1983.

[3] USEPA（United States Environmental Protection Agency）. Guideline for Carcinogen Risk Assessment [J]. Federal Register，1986，51（185）：33992-34003.

[4] USEPA（United States Environmental Protection Agency）. Guidelines for Mutagenicity Risk Assessment [J]. Federal Register，1986，51（185）：34006-34012.

[5] USEPA（United States Environmental Protection Agency）. Risk Assessment Guidance for Superfund，Volume：Human Health Evaluation Manual（Part A）[J]. Interim Final. EPA/540/1-89/002，1989.

[6] USEPA（United States Environmental Protection Agency）. Framework for Ecological Risk Assessment [J]. EPA/630/R-92/001，1992.

[7] USEPA（United States Environmental Protection Agency）. Technical protocol for evaluating natural attenuation of chlorinated solvents in ground water [J]. Washington DC：Office of Research and Development. EPA/600/R-98/128，1998.

[8] AG（Australian Government）. 1999. Assessment of Site Contamination NEPM：Schedules B（5）[J]. Adelaide，Australia：National Environmental Protection Council，1999.

[9] Clarkson J，Glaser S，Kierski M，et a1. Application of risk assessment in different countries. In：Linkov I，Palma，Oliveira J（eds）. Assessment and Management of Environmental Risks：Cost-efficient Methods and Applications [J]. Dordrecht，The Netherlands：Kluwer Academic Publishers，2001，17-27.

[10] Claassen M，Strydom W F，Murray K，et al. Ecological risk assessment guidelines [J]. TT 151/01. Pretoria，South Africa：Water Research Commission，2001.

[11] Taylor KW，Chenier R. Introduction to ecological risk assessments of priority substances under the Canadian Environmental Protection Act [J]. Human and Ecological Risk Assessment，2003（9）：447-461.

[12] Hayes E H，Landis WG，Regional risk assessment of a near shore marine environment：Cherry Point，WA [J]. Human and Ecological Risk Assessment，2004，10（2）：299-325.

[13] Zhou SJ. Griffiths SP. Sustainability assessment for fishing effects（SAFE）：A new quantitative ecological risk assessment method and its application to elasmobranch by catch in all Australian trawl fishery [J]. Fisheries Research. 2008，91：56-68.

[14] 曹云者，施烈焰，李丽和，等．石油烃污染场地环境风险评价与风险管理 [J]. 生态毒理学报，2007，2（3）：265-272.

[15] 赵沁娜，徐启新．城市土地置换过程中土壤多环芳烃污染的健康风险评价 [J]. 长江流域资源与环境，2009，18（3）：286-290.

[16] 何巧力，颜增光，汪群慧，等．利用蚯蚓回避试验方法评价萘污染土壤的生态风险 [J]. 农业环境科学学报，2007，26（2）：538-543.

[17] 宣昊，滕彦国，倪师军，等．基于地球化学基线的土壤重金属污染潜在生态风险评价 [J]. 矿物岩

石，2005，25（4）：69-72.

[18] 陈鸿汉，谌宏伟，何江涛，等．污染场地健康风险评价的理论和方法［J］．地学前缘，2006，13（1）：216-223.

[19] 谌宏伟，陈鸿汉，刘菲，等．污染场地健康风险评价的实例研究［J］．地学前缘，2006，13（1）：230-235.

[20] Kjaer C，Pedersen M B，Elmegaard N. Effects of soil copper on black bindweed（Fallopia convolvulus）in the laboratory and in the field［J］. Archives of environmental contamination and toxicology，1998，35（1）：14-19.

[21] 赵树兰，多立安．Cu^{2+}，Zn^{2+}递进胁迫下高羊茅的初期生长效应及生态阈限研究［J］．生态学报，2002，22（7）：1098-1105.

[22] 齐雪梅，李培军，刘宛，等．Cu对大麦和玉米的毒性效应［J］．农业环境科学学报，2006，25（2）：286-290.

[23] 薛艳，周东美，郝秀珍，等．两种不同耐性青菜种子萌发和根伸长对铜响应的研究［J］．农业环境科学学报，2006，25（5）：1107-1111.

[24] 王友保，刘登义．Cu，As及其复合污染对小麦生理生态指标的影响［J］．应用生态学报，2001，12（5）：773-776.

[25] 刘登义，谢建春，杨世勇，等．铜尾矿对小麦生长发育和生理功能的影响［J］．应用生态学报，2001，12（1）：126-128.

[26] 史吉平，董永华．重金属胁迫对小麦幼苗超氧物歧化酶活性的影响［J］．国外农学：麦类作物，1996（3）：33-34.

[27] 刘文彰，孙典兰．铜对黄瓜幼苗生长及过氧化物酶和吲哚乙酸氧化酶活性的影响［J］．植物生理学通讯，1985，12（3）：22-22.

[28] Grill E，Winnacker E L，Zenk M H. Phytochelatins：the principal heavy-metal complexing peptides of higher plants［J］. Science，1985，230（4726）：674-676.

[29] De Vos C H，Vonk M J，Vooijs R，et al. Glutathione depletion due to copper-induced phytochelatin synthesis causes oxidative stress in Silene cucubalus［J］. Plant Physiology，1992，98（3）：853-858.

[30] Leep N W. Copper. Effect of Heavy Metal Pollution on Plants. Vol I：Effects of Trace Metal on Plant Function. London and New Jersy：Applied Science Publishers，1981，111-143.

[31] 张莉，刘登义，王友保．利用蚕豆根尖细胞微核技术检测Cu，As污染的诱变性［J］．应用生态学报，2001，12（5）：777-779.

[32] Lock K，Janssen C R. Influence of aging on copper bioavailability in soils［J］. Environmental Toxicology and Chemistry，2003，22（5）：1162-1166.

[33] Markwiese J T，Ryti R T，Hooten M M，et al. Toxicity bioassays for ecological risk assessment in arid and semiarid ecosystems［J］. Reviews of environmental contamination and toxicology，2001，168：43-98.

[34] OECD（Organization for Economic Co-operation and Development）. Proposal for Updating Guideline 207：Earthworm，Acute Toxicity Tests2 OECD Guideline for Testing of Chemicals 207［R］. Paris：European Committee，1984.

[35] 戈峰，刘向辉，潘卫东，等．蚯蚓在德兴铜矿废弃地生态恢复中的作用［J］．生态学报，2001，21（11）：1790-1795.

[36] Ma W. Sublethal toxic effects of copper on growth，reproduction and litter breakdown activity in the

earthworm *Lumbricus rubellus*, with observations on the influence of temperature and soil pH [J]. Environmental Pollution Series A, Ecological and Biological, 1984, 33 (3): 207-219.

[37] Spurgeon D J, Hopkin S P, Jones D T. Effects of cadmium, copper, lead and zinc on growth, reproduction and survival of the earthworm *Eisenia fetida* (Savigny): Assessing the environmental impact of point-source metal contamination in terrestrial ecosystems [J]. Environmental Pollution, 1994, 84 (2): 123-130.

[38] Doroszuk A. Populations under stress: Analysis on the interface between ecology and evolutionary genetics in nematodes [M]. Wageningen Universiteit, 2007.

[39] Peredney C L, Williams P L. Comparison of the toxicological effects of nitrate versus chloride metallic salts on *Caenorhabditis elegans* in soil [C] //Price F, Brix V, Lane K. Environmental Toxicology and Risk Assessment: Recent Achievements in Environmental Fate and Transport. West Conshohocken, PA: American Society for Testing and Materials, 2000a: 256-268.

[40] Peredney C L, Williams P L. Utility of *Caenorhabditis elegans* for assessing heavy metal contamination in artificial soil [J]. Archives of Environmental Contamination and Toxicology, 2000, 39 (1): 113-118.

[41] Korthals G W, Bongers M, Fokkema A, et al. Joint toxicity of copper and zinc to a terrestrial nematode community in an acid sandy soil [J]. Ecotoxicology, 2000, 9 (3): 219-228.

[42] Liang W J, Li Q, Zhang X K, et al. Effect of heavy metals on soil nematode community structure in Shenyang suburbs [J]. American-Eurasian Journal of Agricultural & Environmental Sciences, 2006 (1): 14-18.

[43] Menta C, Maggiani A, Vattuone Z. Effects of Cd and Pb on the survival and juvenile production of *Sinella coeca* and *Folsomia candida* [J]. European Journal of Soil Biology, 2006, 42 (3): 181-189.

[44] Krogh P H. Toxicity testing with the collembolans Folsomia fimetaria and *Folsomia candida* and the results of a ringtest [J]. Danish EPA Report Series, 2008, 1-44.

[45] Denneman C A J, Van Straalen N M. The toxicity of lead and copper in reproduction tests using the oribatid mite Platynothrus peltifer [J]. Pedobiologia, 1991, 35 (5): 297-304.

[46] 杨晓霞，张薇，曹秀凤，等．亚致死剂量铜对蚯蚓 P450 酶和抗氧化酶活性的长期影响 [J]. 环境科学学报，2012，32 (3)：745-750.

[47] Staempfli C, Slooten K B V, Tarradellas J. Hsp70 instability and induction by a pesticide in Folsomia candida [J]. Biomarkers, 2002, 7 (1): 68-79.

[48] Nadeau D, Corneau S, Plante I, et al. Evaluation for Hsp70 as a biomarker of effect of pollutants on the earthworm *Lumbricus terrestris* [J]. Cell stress & chaperones, 2001, 6 (2): 153-163.

[49] Sterenborg I, Roelofs D. Field-selected cadmium tolerance in the *springtail Orchesella cincta* is correlated with increased metallothionein mRNA expression [J]. Insect Biochemistry and Molecular Biology, 2003, 33 (7): 741-747.

[50] Kammenga J E, Arts M S J, Oude-Breuil W J M. HSP60 as a potential biomarker of toxic stress in the nematode Plectus acuminatus [J]. Archives of environmental contamination and toxicology, 1998, 34 (3): 253-258.

[51] Stürzenbaum S R, Arts M S J, Kammenga J E. Molecular cloning and characterization of Cpn60 in the free-living nematode *Plectus acuminatus* [J]. Cell stress & chaperones, 2005, 10 (2): 79-85.

[52] Dahlin S, Witter E, Martensson A. et al. Where's the limit? Changes in the microbiological

properties in agricultural soils at low levels of metal contamination [J]. Soil Biology and Biochemistry，1997，29（9-10）：1405-1415.

[53] Hemida S K，Omar S A，Abdel-Mallek A Y. Microbial populations and enzyme activity in soil treated with heavy metals [J]. Water Air Soil Pollut，1997，95（1-4）：13-22.

[54] Eric S，Paula L. Detection of shift s in microbial community structure and diversity in soil caused by copper contamination using amplified ribosomal DNA rest riction analysis [J]. FEMS Microbiology Ecology，1997，23：2492-2611.

[55] Knight B，Knight B P，McGrath S P，Chaudri A M. Biomass carbon measurements and substrate utilization patterns of microbial populations from soils amended with cadmium，copper，or zinc [J]. Applied and Environmental Biology，1997，63（1）：39-43.

[56] 杨元根．重金属铜的土壤微生物毒性研究 [J]. 土壤通报，2002，33（2）：552-601.

[57] Fliebbach A，Martens R. Soil microbial biomass and activity in soil treated with heavy metal contaminated sewage sludge [J]. Soil Biology and Biochemistry，1994，26（9）：1201-1205.

[58] Brooke PC. The use of microbial parameters in monitoring soil pollution by heavy metals [J]. Biology and Fertility of soils，1995，19（4）：269-279.

[59] Chander K，Brookes P C. Microbial biomass dynamics during the decomposition of glucose and maize in metal-contaminated and non-contaminated soils [J]. Soil Biology and Biochemistry，1991，23（10）：917-925.

[60] Brooks P C，McGrath S P，Effects of metal toxicity on the size of the soil microbial biomass [J]. Journal of Soil Science，1984，35：341-346.

[61] Bardgett R D，Speir T W，Ross D J，et al. Impact of pasture contamination by copper，chromium，and arsenic timber preservative on soil microbial properties and nematodes [J]. Biology and Fertility of Soils，1994，18（1）：71-79.

[62] Fliebbach A，Mart ens R，Reber H H，Soil microbial biomass and activity in soils treated with heavy metal contaminated sewages ludge [J]. Soil Biology and Biochemistry，1994，26：1201-1205.

[63] Kandeler E，Luxhøi J，Tscherko D，et al. Xylanase，invertase and protease at the soil-litter interface of a loamy sand [J]. Soil Biology and Biochemistry，1999，31（8）：1171-1179.

[64] 杨红飞，严密，姚婧，等．铜、锌污染对油菜生长和土壤酶活性的影响 [J]. 应用生态学报，2007，18（7）：1484-1490.

[65] 罗虹，刘鹏，宋小敏．重金属镉，铜，镍复合污染对土壤酶活性的影响 [J]. 水土保持学报，2006，20（2）：94-96.

[66] Vulkan R，Zhao FJ，Barbosa Jefferson V，et al. Copper speciation and impacts on bacterial biosensors in the pore water of copper-contaminated soils [J]. Environmental Science and Technology，2000，34：5115-5121.

[67] 李彬，李培军，王晶，等．重金属污染土壤毒性的发光菌法诊断 [J]. 应用生态学报，2001，12（3）：443-446.

[68] 韦东普．应用发光细菌法测定我国土壤铜、镍毒性的研究 [D]. 北京：中国农业科学院，2009.

[69] Glenn W，SuterII. Applicability of indicator monitoring to ecological risk assessment [J]. Ecological Indicators，2001，1（2）：101-112.

[70] 雷炳莉，黄圣彪，王子健．生态风险评价理论和方法 [J]. 化学进展，2009，21（2-3）：350-358.

[71] Brain R A，Sanderson H，Sibley P K，et al. Probabilistic ecological hazard assessment：Evaluating pharmaceutical effects on aquatic higher plants as an example [J]. Ecotoxicology and Environmental

Safety，2006，64：128-135.

[72] De Laender F ，De Schamphelaera KA C，Peter A. Is ecosystem structure the target of concern in ecological effect assessments? [J] Water Research，2008，42：2395-2402.

[73] Park R A，Clough J S，Wellman M C. AQUATOX：Modeling environmental fate and ecological effects in aquatic ecosystems [J]. Ecological Modeling，2008，213：1-15.

[74] Aldenberg T，Slob W. Confidence limits for hazardous concentrations based onlogistically distributed NOEC toxicity data [J]. Ecotoxicology and Environmental Safety，1993，25：48-63.

[75] 王小庆．中国农业土壤中铜和镍的生态阈值研究 [D]. 北京：中国矿业大学，2012.

[76] EMEA. Committee for Medicinal Products for Human Use（CHMP）：Guideline on the Environmental Risk Assessment of Medicinal Products for Human Use. European Medicines Agency Pre Authorization Evaluation of Medicines for Human Use，London，UK，2004.

[77] Solomon K R，Giesy J P，Jones P，Probabilistic risk assessment of agrochemicals in the environment [J]. Crop Protection，2000，19：649-655.

[78] 郭平，谢忠雷，李军．长春市土壤重金属污染特征及其潜在生态风险评价 [J]. 地理科学，2005，25 (1)：108-112.

[79] Solomon K R ，Baker D B ，Richards R P ，et al. Ecological risk assessment of atrazine in North American surface waters [J]. Environmental Toxicology and Chemistry，1996，15：31-76.

[80] Weeks J M，Comber S D W. Ecological risk assessment of contaminated soil [J]. Mineralogical Magazine，2005，69 (5)：601-613.

[81] Winner R W. Toxicity of copper to daphnids in reconstituted and natural waters [M]. Ecological Research Series. EPA-600/3-76-051. 1976.

[82] Searcy K B，Mulcahy D L. The parallel expression of metal tolerance in pollen and sporphytes of *Silene dioica* （L.）Clairv.，*Silene. alba* （Mill.）Krause and *Mimulus guttatus* DC [J]. Theoretical and Applied Genetics，1985，69：597-602.

[83] Wood A M. Available copper ligands and the apparent bioavailability of copper to natural phytoplankton assemblages [J]. The Science of the Total Environment，1983，28：51-64.

[84] Sandifer R D，Hopkin S P. Effects of temperature on the relative toxicities of Cd，Cu，Pb，and Zn to Folsomia candida (Collembola) [J]. Ecotoxicology and Environmental Safety，1997，37 (2)：125-130.

[85] Parmelee R W，Wentsel R S，Phillips C T，et al. Soil microcosm for testing the effects of chemical pollutants on soil fauna communities and trophic structure [J]. Environmental Toxicology and Chemistry，1993，12 (8)：1477-1486.

[86] Nutman F J，Roberts F M. Stimulation of two pathogenic fungi by high dilutions of fungicides [J]. Transactions of the British Mycological Society，1962，45 (4)：449-456.

[87] Calabrese E J. Overcompensation stimulation：a mechanism for hormetic effects [J]. Critical Reviews in Toxicology，2001，31 (4-5)：425-470.

[88] Calabrese E J，Baldwin L A. A general classification of U shaped dose/response relationships in toxicology and their mechanistic foundations [J]. Human & Experimental Toxicology，1998，17 (7)：353-364.

[89] Stebbing A R D. Hormesis the stimulation of growth by low level of inhibitors [J]. The Science of the Total Environment，1982，22：213-234.

[90] Calabrese E J. Paradigm lost，paradigm found：The re-emergence of hormesis as a fundamental dose

response model in the toxicological sciences [J]. Environmental Pollution, 2005, 138 (3): 379-412.

[91] Calabrese E J. Hormesis: changing view of the dose response—a personal account of the history and Current status [J]. Mutation research, 2002, 551 (3): 181-189, 92.

[92] Calabrese E J, Baldwin L A. Applications of hormesis in toxicology, risk assessment and chemotherapeutics [J]. Trends Pharmacological Science, 2002, 23 (7): 331-337.

[93] Calabrese E J. Hormesis: Why it is important to toxicology and toxicologists [J]. Environmental Toxicology and Chemistry, 2008, 27 (7): 1451-1474.

[94] Brain P, Cousens R. An equation to describe dose responses where there is stimulation of growth at low doses [J]. Weed Research, 1989, 29 (2): 93-96.

[95] Caux P Y, Moore D R J. A spreadsheet program for estimating low toxic effects. Environmental Toxicology and Chemistry, 1997, 16 (4): 802-806.

[96] Schabenberger O, Tharp B E, Kells J J, et al. Statistical Tests for Hormesis and Effective Dosages in Herbicide Dose Response [J]. Agronomy Journal, 1999, 91 (4): 713-721.

[97] Cedergreen N, Ritz C, Streibig J C. Improved empirical models describing hormesis [J]. Environmental Toxicology and Chemistry, 2005, 24 (12): 3166-3172.

[98] Dann T. PM 10 and PM 2.5 concentrations at Canadian sites: 1984-1993 [M]. Environmental Technology Centre, PMD 94-3, 1994.

[99] IPCS (International Programme on Chemical Safety). Environmental Health Criteria No. 200: Copper. Geneva: World Health Organization, 1998.

[100] Murrell J A, Portier C J, Morris R W. Characterizing dose-response I: Critical assessment of the benchmark dose concept [J]. Risk Analysis, 1998, 18 (1): 13-25.

[101] Jorhem L, Sundström B. Levels of lead, cadmium, zinc, copper, nickel, chromium, manganese, and cobalt in foods on the Swedish market, 1983-1990 [J]. Journal of food composition and analysis, 1993, 6 (3): 223-241.

[102] NFA (Australian National Food Authority). The 1992 Australian market survey-A total diet survey of pesticides and contaminants [R]. Canberra, Australian National Food Authority, 1993, 96.

[103] WHO (World Health Organization). Copper. In: Trace elements in human nutrition and health [R]. Geneva, World Health Organization, Chapter 7, 1996, 123-143.

[104] Eldad A, Wisoki M, Cohen H, et al. Phosphorous burns: evaluation of various modalities for primary treatment [R]. J Burn Care Rehabil, 1995, 16: 49-55.

[105] Moolgavkar S H, Knudson A G. Mutation and caneer: a model for human carcinogenesis [J]. Journal of the National Cancer Institute, 1981, 66 (6): 1037-1052.

第2章　土壤中重金属铜的植物毒害

随着矿产开发、污水灌溉以及各种化学产品和农药的广泛使用，大量含有重金属的工业废水、废气、废渣和生活垃圾不断输入到土壤，导致土壤污染日益加剧。据报道，目前全国受重金属污染的耕地面积近2 000万 hm^2，耕地土壤点位超标率为19.4%。全国每年被重金属污染的粮食达1 200万t，造成的直接经济损失超过200亿元。特别是镉、铅、铬、砷、汞、铜等重金属对人类和动植物具有较强的毒害作用，在一些地区已成为危害严重的农田污染物[1~2]。

在重金属元素中，铜是植物生长的必需微量营养元素，对植物正常的生理代谢、产量的提高和品质的改善起非常重要的作用。由于铜自身的价态特点，使它成为植物体内多种酶系统如多酚氧化酶、氨基氧化酶、抗坏血酸氧化酶、细胞色素氧化酶、超氧化物歧化酶等的重要辅基，参与生物体氧化还原反应。此外，铜也是光合系统中质体蓝素的重要组分，参与碳水化合物及蛋白质的合成以及代谢。尽管如此，作为重金属元素，过多的铜会对植物的生长发育造成危害，干扰植物体内正常生理代谢，致其发生紊乱，产生胁迫。铜在植物可食用部位积累后，通过食物链进入人体，并与人体内有机组分形成金属螯合物，严重威胁到人类健康。

2.1　植物铜胁迫诊断

2.1.1　表观症状诊断

铜对植物的毒害可体现在营养生长与生殖生长两个方面。由于根是植物接触铜的最初部位，被植物吸收的铜大多停留在根部，导致根部铜素过量，表现出根长抑制、总生物量下降、侧根减少变短、次生根增多、根毛减少、畸形、粗短，形成鸡爪根、褐色根以及腐烂等症状。根部吸收的大量铜素，一方面限制了其他矿质元素的吸收，一方面加速其在茎叶组织中的蓄积，导致植物地上部分生长受抑制[3]。主要表现为株高与茎叶生物量下降、分蘖数减少、老叶枯萎、嫩叶失绿、叶柄和叶背出现紫红色等症状。从外表来看，植物铜中毒很像缺铁。进入到植物营养器官中的铜可进一步向植物生殖器官转移，造成植物果实数量减少、色泽加深、品质降低等现象。

国际上，可根据植物遭受毒害反应的程度来定义植物毒害发生的临界指标，一般认为铜胁迫下植株高度、生物量或作物产量发生显著性降低或减少10%时，视为植物开始遭受铜的毒害。由于植物对铜胁迫的反应快速、灵敏、简单易见，环境毒理学上通常把植物种子发芽、幼苗生长、根系伸长、茎叶生长等生物学指标作为植物铜毒害的诊断指标[4~5]。

2.1.2 浓度指标诊断

2.1.2.1 植物体内铜浓度

一般情况下，认为植物体内铜浓度（以干重计）1～5mg/kg为缺乏，6～12mg/kg为丰富，大于20～30mg/kg就会产生毒害[6~7]。我国食品中铜限量卫生标准（GB15199—1994）中规定粮食、叶菜类蔬菜中铜含量不得超过10mg/kg，豆类食品中铜含量不得超过20mg/kg；英国和德国规定食品中铜含量不得超过20mg/kg。2011年，我国卫生部参考了国际食品卫生标准，考虑到铜、锌、铁的微量营养元素作用，重新修订了我国铜、锌、铁的食品卫生标准，不再将其作为污染物，并废止了食品中铜、锌、铁的限量卫生标准。

2.1.2.2 土壤中铜的浓度

土壤是植物赖以生存的基础，植物体内铜含量与土壤胶体所负载的铜总量显著相关。避免土壤遭受污染是保证植物免受铜胁迫的前提。土壤总铜的最大允许浓度的确定方法有两种，一是地球化学法：主要应用统计学方法，根据环境中铜元素地球化学含量状况、分布特征来推测环境中的铜临界浓度。一般以环境背景值的算术平均值加2～3倍标准差来计算[8]，我国土壤环境质量标准（GB15618—1995）的一级标准基本上是参考这个方法制定的。二是生态环境效应法：基于土壤—植物体系、土壤—微生物体系、土壤水体系或其中任何一种体系的环境质量标准推算的土壤中铜元素的最高允许浓度，其指标包括：①产量指标，将农作物产量（可食用部分）减少5%～10%的土壤中铜浓度作为临界浓度；②微生物和酶学指标，当土壤微生物数量减少10%～15%或土壤酶活性降低10%～15%土壤中铜的浓度作为临界浓度；③食品卫生标准指标，即当作物可食部分铜含量达到食品卫生指标限量时，相应土壤中浓度为临界浓度；④环境效应指标，包括流行病学法和血液浓度指标。将上述指标进行综合分析比较，采用最低浓度作为土壤中铜的临界浓度[9]，即土壤中的铜对植物和环境不造成危害和污染的影响，我国土壤环境质量标准（GB15618—1995）的二级标准的制定就是参照以上标准完成的[10]。

然而我国现行的土壤环境质量标准仍不完善，主要存在以下几个方面的问题：①标准以土壤应用功能分区分级制定，主要基于对农业用地的保护，未有针对具体保护对象的多目标限量值。应划分典型土地利用方式，分别考虑土壤污染物对生态受体的毒理学效应及人体暴露于土壤污染物的健康风险，建立多层次标准值；②标准过于统一，缺乏区域性的或土壤类型对应的标准，可操作性较差。如孙权[11]基于植物、微生物试验得出铜在黄红壤、青紫泥和小粉土的铜临界指标分别为198、185和71mg/kg，而按照国家标准黄红壤和青紫泥（pH＜6.5）的土壤铜临界值应为50mg/kg，小粉土（pH＞7.5）的土壤铜临界值应为100mg/kg。康立娟等[12]在吉林砂壤水稻土上的试验表明，以水稻食品卫生标准确定的铜临界指标为819mg/kg，水稻籽粒减产10%的临界指标为187mg/kg，两种指标都显著高于国家标准100mg/kg；③污染物形态单一，部分标准值设置不合理。现行标准中的铜元素均以总量为指标，并未考虑其在不同类型土壤中的毒性差异，无法准确判定土壤中铜的真实污染情况；④缺乏土壤环境基准的系统研究，尚无完善的标准制定程序。我国土壤环境质量标准（GB15618—1995）是二十几年前在基础数据很不完备的情况下制定的，缺乏土壤环境质量基准的理论指导，很难满足当前土壤环境良性、可持续发展的需要，以保护生态系统、人体健康为目标而确定的土壤污染物临界含量（基准值），是制定土壤环境质量标准的基础依据[13]。

2.2　植物铜胁迫的影响因素

2.2.1　品种异质性

2.2.1.1　品种敏感性差异

不同植物品种由于其自身的遗传异质性，对铜胁迫的响应有很大差别。按照不同植物品种对铜的敏感程度，Poschenrieder 等[14]将植物分为：①铜敏感植物（铜临界浓度70mg/kg 土）；②铜不敏感植物（300mg/kg 土）；③铜较抗性植物（950mg/kg 土）；④铜高抗性植物（6000mg/kg 土）。按照植物的食用功能分类，不同植物品种对铜的敏感性规律一般表现为叶菜＞茎菜类＞果菜＞粮食作物。例如以根长抑制为毒性终点，供试植物对铜的敏感性为白菜＞萝卜＞番茄[15]。Li 等[16]研究了我国 17 种代表性农业土壤上几种植物对铜的敏感性规律，发现小白菜茎叶生长＞大麦根长生长＞番茄茎叶生长，其结果基本符合食用功能分类的一般规律。对于同一食用功能类别的植物来说，不同植物品种之间也存在显著差异，例如同为叶菜类的菠菜与油菜，对铜敏感性为菠菜显著高于油菜[17]。同属禾本科粮食作物，高粱、小麦、玉米对铜敏感性则呈依次递减顺序[18]。即使对于同一种植物，其基金型的差异也可导致铜耐受型与敏感性品种对铜的忍耐程度相差 10 倍以上。刘红云[19]比较了 167 个水稻品种的根系伸长指标在铜胁迫下的反应，筛选出了一个对铜耐性的水稻品种和一个铜敏感的水稻品种，其毒性阈值相差 10 倍以上。

2.2.1.2　吸收分配差异

植物对铜的积累受遗传控制，具有植物种间和生态型的显著差异。若以食用功能区分，铜在植物体内的含量基本为叶菜类＞茎菜类＞瓜果类，而叶菜类又以苋菜、小白菜的富集作用较强，包菜较弱[20]。Li 等[21]分析了不同蔬菜品种苗期茎叶铜的含量，发现菠菜＞小白菜＞芥菜＞芹菜＞番茄，基本符合按食用功能区分的整体规律。一般来说，粮食作物比蔬菜作物含铜量高。而粮食作物种间而言，则为豆类＞大麦＞小麦＞高粱＞谷子＞水稻＞玉米。

植物对铜胁迫反应与铜在其体内的分布密切相关。根是植物接触铜的最初部位，由于根系内大量的纤维素、半纤维素的存在，使铜较易被固定在根系内，限制其向地上部分的转运。因此，铜在植物体内的积累量为根系＞茎叶＞果实或籽粒。例如在紫云英体内，铜的浓度为根系＞茎叶＞果实[22]；在水稻植株内，依旧为根系＞茎叶＞籽粒，根与籽粒中含铜量差近 10 倍[23]。Poschenrieder 等[14]发现 32 种植物中大多数植物的根系铜含量显著高于茎叶。Liu 等[24]也指出玉米根系铜含量比茎叶高 1.86 倍。若把植物茎秆与叶分开比较，铜在不同器官之间的分配规律不明显，某些植物叶片铜浓度高于茎秆，如紫云英、小青菜、玉米[3,25~26]；某些植物茎秆铜浓度高于叶片，如莴苣、水稻[27~28]。铜在植物生殖器官内的分配也因植物基因型差异而不同，如杨居荣等[29]指出水稻籽粒中铜含量为糠层>谷壳>精米；而徐加宽[28]却发现糠层>精米>谷壳。此外，植物体内的铜含量与植物生育时期具有相关关系，一般为幼苗期最高，成熟期最低，幼苗期茎秆含量高，成熟期叶片含量高[3]。

2.2.2 土壤性质的影响

2.2.2.1 土壤性质与植物铜胁迫的关系

土壤对铜的负载能力因土壤的矿物结构、酸碱度、有机质含量等因素的不同而差异显著。我国农田土壤环境质量二级标准的铜基准值（GB15618—1995）主要依据土壤 pH 的分级而制定，即 pH<6.5 的土壤，允许铜含量为 50mg/kg；pH>6.5 的土壤，允许铜含量为 100mg/kg。事实上该标准的制定存在诸多不足与局限性。近年来，关于土壤性质与植物铜胁迫的关系已被广泛研究[30~32]，其结果进一步确定了土壤 pH 与土壤有机质含量的重要作用。Li 等[16,21]通过我国 17 种土壤的植物铜胁迫试验发现，大麦根长、小白菜以及番茄茎叶生长在 17 个土壤上的毒害表现相差 17 倍、9 倍与 7 倍，使用土壤 pH 与有机质含量表征的植物毒性与实际毒性相关程度可达 75%以上，而土壤 pH 表征的植物毒性的相关程度仅为 30%。其结果说明仅以土壤 pH 作为铜基准值的评价指标缺乏合理性。Rooney 等[33]研究了 17 个欧洲土壤上铜对大麦根伸长和番茄生长影响，同样发现测试终点在不同土壤中的毒害程度相差 14 倍与 38 倍，土壤阳离子交换量是影响铜毒性的最关键因子。尽管供试土壤背景不同，得出的主控因子不同，然而欧洲土壤的 pH、有机质含量、黏粒含量与其阳离子交换量之间的相关性达 82%以上，间接地肯定了土壤 pH、有机质含量对植物铜胁迫的重要影响。

2.2.2.2 土壤有效态铜含量与植物铜胁迫的关系

土壤总铜含量并不能很好地代表其植物有效性，而土壤有效态铜含量与植物所吸收铜的相关性较好[34~36]。土壤总铜含量可分解成水溶态、可交换态、有机结合态、碳酸盐结合态、铁锰氧化物结合态、残渣态几个部分[37]。水溶态和可交换态铜容易被植物吸收利用，通常被认为是有效铜的主要形态，占土壤全铜的 1%左右，有机结合态铜是有效铜的直接补充来源，残渣态铜难被植物吸收利用认为是无效态铜，其他几种形态的铜在一定条件下可以相互转化。植物利用以上几种形态铜的能力是依次递减的[38]。目前，土壤有效铜的提取方法大体上可以归为以下五类：①缓冲或未缓冲的盐溶液，如 NH_4OAc、$CaCl_2$、$NaNO_3$、NH_4NO_3 等；②螯合剂或强酸，如乙二胺四乙酸（EDTA）、二乙烯三胺五乙酸（DTPA）、HCl 等；③混合提取剂，如 M3（0.2mol/L HAc、0.25mol/L NH_4NO_3、0.05mol/L NH_4F、0.013mol/L HNO_3、0.001mol/L EDTA）[39]；④离子选择交换树脂技术，如树脂薄膜梯度扩散技术（DGT）。然而，土壤中有效态铜的提取受提取剂选择的限制[40]，鲜有方法能迎合简单稳定、费用低、应用性广的要求[35]。Brun

等[41]认为0.01mol/L $CaCl_2$提取态铜为植物有效态铜。而Schramel等[42]认为0.05mol/L EDTA与0.43mol/L HAC提取态铜为植物有效态铜，1mol/L NH_4NO_3和0.01mol/L $CaCl_2$只能提取以电性吸附的弱结合态铜。孙权等[11]对去离子水、1mol/L NH_4OAc、0.5mol/L DTPA、0.1mol/L HCl提取态铜与水稻植株中铜含量进行相关性分析发现，DTPA提取态铜为最佳的植物有效态铜，4种提取剂的提取能力为依次递增的顺序。林芬芳[43]也发现相对于0.1mol/L HCl与0.05mol/L EDTA，DTPA（DTPA-$CaCl_2$-TEA，0.005mol/L DTPA＋0.01mol/L $CaCl_2$＋0.1mol/L TEA）提取态铜是最好的植物有效态铜。目前美国常用的有效态铜提取方法为DTPA法，而欧盟国家更倾向于EDTA法，我国较多使用DTPA法[44]。近年来，应用DGT技术提取态铜表征土壤有效态铜研究逐渐增多，该方法提取态铜与植物毒性表现相关性很好[45~46]，但由于操作繁琐，费用相对较高，目前还没有被广泛应用。

近年来，很多研究者从分析土壤孔隙水角度来分析植物有效性铜的形态。由于土壤孔隙水中水溶性铜被认为是直接和植物根系作用的部分，因而与植物毒性反应具有很好的相关性[46]。然而由于溶液中大量的铜离子被可溶性有机质螯合活性下降，相关研究提出系统中自由态的铜离子（free Cu^{2+}）是有效铜的直接作用形态，并模拟了铜离子与植物根系作用关系，建立了自由离子活度模型。由于早期建立的自由离子活度模型存在很多不足，如忽略了其他共存离子（如Ca^{2+}、Mg^{2+}）的竞争作用及高pH条件下其他形态铜离子（$CuOH^+$）的活性[47]以及溶解性有机质的络合比例等，相关学者提出了陆地生物配体模型，该模型考虑了铜离子与生物配体（测试终点）的所有作用因子，很好地诠释了铜在土壤系统中与植物根系的相互关系，有望成为陆地系统中铜生物有效性评价的机理模型[48~49]。

2.3　植物铜胁迫的机理

重金属铜对植物体产生胁迫的生物学途径主要有3个方面：一是大量的铜离子进入植物内，干扰了离子间原有的平衡系统，造成正常离子的吸收、运输、渗透和调节等方面的障碍，最终导致代谢过程的紊乱；二是较多的铜离子进入植物体内后，不仅与核酸、蛋白质和酶等大分子物质结合，而且还可取代某些酶和蛋白质行使其功能时所必需的特定元素，使酶和蛋白质变性或失活；三是铜离子能直接或间接地诱导形成大量活性氧自由基（ROS）的产生，ROS能损伤主要的生物大分子，如蛋白质和核酸，引起膜脂过氧化。多数研究者认为，植物体内的过氧化胁迫铜为植物毒害的主要途径[50~51]。

2.3.1　铜对植物细胞结构的影响

铜对植物细胞结构的影响主要体现在细胞壁、细胞膜以及细胞器的质膜破坏上。植物的细胞壁虽然没有选择吸收的功能，但它是植物的骨架，给植物体以强度和形态，对细胞内含物起到保护和支持作用。当细胞壁的形态和结构发生变化时，直接影响到细胞的分化、组织形成和植物体的发育。倪才英[52]报道，随着土壤铜浓度的增高紫云英根细胞结构变化明显，细胞壁厚薄不均，出现变形、断离，质壁分离，壁内呈空腔等现象。由于细胞质膜是有机体与外界环境接触的界面，所以重金属首先影响细胞质膜的结构与功能。铜能够与膜蛋白的疏基或磷脂类物质反应，造成膜蛋白磷脂结构改变，并且铜会参与Haber-Weiss循环，能够诱发ROS的产生，引起细胞质膜和细胞器的膜脂过氧化，膜透性增大，细胞内容物大量外渗，细胞发生死亡[53~54]。由于细胞膜对铜害比较敏感，也可将其作为鉴定植物是否遭受铜胁迫的依据。De Vos等[53]的研究表明，无论是抗性的还是敏感的麦瓶草（*Silene cucublus*）种群，过量的铜胁迫均会引起膜脂过氧化，使膜透性上升，K^+大量外渗，且K^+渗漏与根生长抑制率高度正相关。刘红云[19]也发现铜处理后，显著增加敏感性水稻品种地上部和根系电解质渗漏率以及丙二醛（MDA）含量。

铜胁迫在亚细胞水平上表现为叶绿体、线粒体等细胞器的结构破坏。司江英（2007）发现高铜浓度下，玉米叶肉细胞叶绿体外膜结构消失，基粒片层解体，类囊体模糊不清，线粒体膜完全消失，脊突肿胀模糊，内容物开始分解。Eleftheriou与Karataglis[55]也发现在铜污染的土壤中小麦叶片中叶绿体明显减少和淀粉粒的数目明显增加。此外，过量的铜也可以改变豌豆初生叶片中叶绿体的超微结构[56]。

2.3.2 铜对植物光合作用的影响

叶片中的铜大部分结合在细胞器中，其中约有70%的铜结合在叶绿体中。因此，光合作用对铜胁迫很敏感。光合作用的光化学过程主要在叶绿体中类囊体的基质膜上进行，高浓度铜能破坏类囊体的结构，引起光合作用生物膜的过氧化作用[57]。铜胁迫还会影响植物叶绿素合成，降低叶绿素a/b的比值或荧光效率[58]。叶绿体中有一种含铜的蓝色蛋白质，被称为质体蓝素（也称为蓝蛋白）。在光系统Ⅰ（PSⅠ）中，质体蓝素可通过铜化合价的变化传递电子，完成光合作用。然而，过高的铜即会成为电子传递的抑制因子。铜胁迫还会使光反应系统PSⅠ和光系统Ⅱ（PSⅡ）的感光系统活性降低，阻断PSⅠ与PSⅡ之间的联系。研究发现高铜对光合作用的抑制位点在PSⅡ的氧化侧端，使原初电子受体的还原效率下降[58~59]。此外，过量铜还可以抑制光合作用暗反应中关键酶如1，5-二磷酸核酮糖羧化酶（RuBPcase）和磷酸烯醇式丙酮酸羧化酶（PEPase）的活性。近年来，国内曾以光合作用受金属抑制的程度及光合速率的下降来鉴别污染物的毒性强度。

2.3.3 铜对植物养分吸收的影响

根系是铜离子进入植物体内的屏障，铜毒害会损伤植物根系细胞结构的完整性，抑制根系生长，影响植物对养分的吸收与运输[54,59]。必需营养元素的平衡失调是植物受铜毒害的集中反应。在甜菜生育期内，N、P、K在幼苗期含量最高，随着对铜、锰的吸收增加而显著下降[60]。对紫云英来说，土壤铜过多时对N、P、K的吸收均有抑制作用，受抑程度为P＞N＞K[3]。铜主要通过抑制亚硝酸还原酶的活性来抑制N的吸收和利用。过量的铜会使紫云英茎叶含氮量明显降低，这可能是铜抑制了根系对N的吸收，或是抑制了根瘤的形成与固氮作用[52]。铜浓度与植株的含磷量亦呈显著负相关，小麦铜胁迫时，根部和地上部的磷浓度随外源铜浓度升高而下降[61]。过量的铜还会抑制虹豆生长，引起其K、Ca、Mg、Fe等营养元素的缺乏[62]。此外，司江英[54]也发现外源铜的增加对玉米吸收铁的影响尤为严重。由此可见，铜对植物养分吸收的影响，不仅体现在大量元素上，还包括中微量元素。

2.3.4 铜对植物酶活性的影响

铜离子在细胞内不仅可与酶活性中心或蛋白质中的巯基结合，导致生物大分子构象改变，还能取代金属蛋白中的必需元素（如 Ca^{2+}、Mg^{2+}、Zn^{2+}、Fe^{2+}），使酶活性丧失进而干扰细胞的正常代谢[50]。目前有关铜胁迫对酶活性影响的研究大多集中在对植物体内保护酶类、氮代谢酶类、光合酶类等酶的活性影响上。就保护酶类而言，酶活性一般会呈现先升高后降低的趋势。低浓度范围内，铜刺激过氧化物底物以及活性氧的产生，植物自身的防卫系统能够在一定范围内清除过氧化物及活性氧，保护植物细胞免受伤害。然而随着铜浓度的升高，植物自身的修复能力达到极限，保护酶系统遭到破坏。如过氧化物酶（POD）、超氧化物歧化酶（SOD）、过氧化氢酶（CAT）等酶活性随铜浓度的升高而显著下降[63~64]。对于氮代谢酶类来说，刘永厚[3]等人指出，土壤外源铜量大于60mg/kg时，紫云英固氮菌活性开始受抑制，固氮活性与铜浓度呈显著负相关，其结果可能与紫云英光合作用下降，固氮所需的ATP和还原剂减少有关。另外，高铜含量还会显著抑制大豆幼苗中PEPase活性，间接阻碍 NH_4^+ 向谷氨酸转化，造成 NH_4^+ 在体内积累而损伤根部[65]。在光合酶方面，Doncheva[66]发现过量铜影响植物三羧酸（TCA）循环，玉米叶片中的6-磷酸-葡萄糖脱氢酶、异柠檬酸脱氢酶的活性严重受到高铜抑制。雷虎兰等[67]也发现小麦茎中的蔗糖酶活性明显受铜胁迫抑制。邱栋梁等[68]的研究表明，铜对淀粉酶、脱氧核酸酶、硝酸还原酶和多酚氧化酶等也有抑制作用，但这些方面的研究还很少，有待于进一步加强。

2.4 植物耐铜生理机制

植物对铜的耐性主要有以下两条途径，一是铜排斥性，即铜吸收到植物体内以后又被排出体外，或铜在植物体内的运输受到阻碍；另一途径是铜富集，但可自行解毒，即铜在植物体内以不具生物活性的解毒形式存在，如结合到细胞壁上，主动运输进入液胞，与蛋白质或有机酸结合等。

2.4.1 细胞壁钝化作用

细胞壁也是铜离子进入植物细胞的第一道屏障，它主要是由纤维素、半纤维素以及少量果胶质、蛋白质等组成，它能吸附一定量的铜离子使其穿过质膜的能力下降，降低细胞原生质中铜离子数量及危害。一般植物细胞壁所含果胶成分为蛋白质的7～10倍，而果胶中的糖醛酸残基是铜离子结合的主要位点。Konno等[69]发现蕨类植物所积累的铜主要与细胞壁果胶的半乳糖醛酸聚糖相结合。刘婷婷[70]通过对铜耐性植物海州香糯的研究也发现细胞壁是铜的主要积累位点（68%），其次为液泡（26.6%），只有少量的铜分布在叶绿体等细胞器中。超富集植物如紫花香糯、海洲香蕾的细胞壁是铜离子结合的主要位点[52,71~72]。根系中大部分的铜是结合在细胞壁上的[73]，绝大部分铜与细胞壁上含 N、S、O 的有机配位基团强烈结合，少部分通过静电吸附在带负电荷的结合位点上[74]。刘红云[19]发现水稻根系中的铜有 70%～90%与细胞壁相结合，结合的主要位点是根尖部的细胞壁果胶成分。

2.4.2 质膜的选择性排斥

植物可通过限制铜离子跨膜运输来降低细胞内铜离子浓度。质膜的透性大小是决定铜离子进入细胞主要因素。植物的细胞膜处于动态变化，其膜脂组分会随着环境的变化而变化。膜脂完整性与植物对铜的耐性成正相关。De Vos 等[53]对两个铜耐性不同的麦瓶草 *Silene cucubalus* 种群进行比较，发现耐性强的植物中铜含量明显低于敏感植物，主要因为耐性种群的根细胞原生质膜对铜有排斥作用。维持质膜结构完整是铜耐性生态型植物的独特机理[75]。Berglund 等[76]用 50μmol/L 的铜处理小麦幼苗发现，铜胁迫下的根细胞质膜组成发生了改变，磷脂酰丝氨酸与磷脂酰乙醇胺的质量比值由 0.7 降至 0.3，不饱和脂肪酸、脂类/蛋白质的质量比值亦下降，此时质膜的透性明显减小，铜离子进入细胞质受阻，此外，质膜主动向细胞外泵出过量的铜也是植物抗逆性的一种机制，然而这种现象在高等植物细胞中比较少见，仅在藻类植物中出现过。

2.4.3 细胞质的螯合作用

植物细胞中能与重金属结合的有机化合物包括有机酸、氨基酸等小分子物质以及植物螯合肽（PCs）以及金属硫蛋白（MTs）等[77~78]。氨基酸可通过其中的巯基、氨基、羧基与铜结合，形成稳定的螯合物而起到解毒的作用。植物螯合肽是一种由半胱氨酸、谷氨酸和甘氨酸组成的含巯基螯合多肽，分子量一般 1～4 kDa，是植物体内一种重要的金属配位体，在许多单子叶植物、双子叶植物、裸子植物和藻类植物中均发现有植物螯合肽的存在[79]。植物体内铜胁迫诱导形成植物螯合肽后，通过巯基（—SH）络合过量的铜离子，从而减少其对细胞的伤害。黄玉山和邱国华[80]从紫羊茅根中分离纯化得到了铜结合肽，从而证明了结合肽在耐铜毒机理中的作用。植物体内产生的螯合肽根据其分子量的大小和螯合能力，可分为高分子量复合物和低分子量复合物两种，低分子复合物是铜离子从细胞质向液泡中转运的主要形式，高分子复合物是铜在液泡中积累的主要形式。植物螯合肽络合铜离子，将过量的金属离子贮存于液泡中，保护重金属敏感性酶如 Rubisco、硝酸还原酶、乙醇脱氢酶、脲酶等免遭伤害[81]。金属硫蛋白是一种低分子量、富含半胱氨酸残基的金属结合蛋白，在特定条件下，如重金属处理时即可表达，翻译成特定的蛋白质，金属硫蛋白与铜离子螯合形成无毒的化合物而降低细胞内游离重金属离子的活性，从而起到减轻或解除重金属离子的毒害作用。

2.4.4　液泡的区隔化作用

液泡里含有的各种蛋白质、糖、有机酸、有机碱等都能与重金属结合解毒，因此液泡常被认为是重金属离子贮存的主要场所。对耐性植物而言，其液泡中常带有大量的重金属，而非耐性植物只有在高浓度重金属生长基质中生长时才会如此。超富集植物能有效地把细胞质内的重金属离子运至液泡中加以贮存，且转运的能力与细胞质中螯合剂的数量、液泡膜上重金属载体系统以及液泡重金属容量的大小有关[81]。Lidon 和 Henriques[82]研究发现高浓度铜胁迫下水稻根系吸收的过量铜大多数都以细颗粒状随机分散在液泡里。铜处理后两种野生胡萝卜品种（*Daucus carota*）的总铜含量无显著差异，细胞壁结合的铜也无显著差异，但铜矿区生长品种的液泡中铜含量却是非污染区野生胡萝卜品种的 1.5 倍[83]，这些研究进一步肯定了耐铜品种的液泡具有很强的富集与解毒能力。

2.4.5　抗氧化酶体系活性增强

铜胁迫可以导致植物体内产生大量的活性氧（ROS），包括超氧阴离子（O_2^-）、过氧化氢（H_2O_2）、羟自由基（OH·），引起膜脂过氧化以及细胞代谢系统的紊乱、抗氧化系统酶活性的下降甚至失活[84]，而植物中的多种抗氧化防卫系统能够在一定范围内清除活性氧，保护细胞免受氧化胁迫的伤害。胁迫的强度取决于 ROS 的产生速率以及植物自我修复的能力。植物抗氧化系统主要由过氧化物酶（POD）、超氧化物歧化酶（SOD）、过氧化氢酶（CAT）及还原型谷胱甘肽—抗坏血酸（GSH-AsA）循环中的各种抗氧化酶和抗氧化物质组成。在一定范围内，SOD 和 CAT 共同作用，能把潜在危害的 O_2^- 和 H_2O_2 转化为无害的 H_2O 和 O_2，并且减少高活性的氧化剂 OH·的形成，而 CAT 和 POD 共同作用于 H_2O_2的清除。通常，在铜胁迫初期，活性氧清除系统的酶活性会有所上升，但当胁迫强度增大后，仍会导致自由基净余量不断增加，进而对植物造成危害。葛才林等[85]研究了铜胁迫随水稻幼苗叶片 CAT 活性和同功酶表达的影响，结果表明，CAT 活性随铜浓度的增高表现为先下降，再略有升高，然后明显下降的趋势。在水稻愈伤组织中也发现 H_2O_2 能够瞬时诱导细胞质中抗坏血酸过氧化物酶（APX）的表达[86]。Chen 等[87]发现铜处理增加水稻幼苗中 SOD、APX 和 POD 的活性。来自非污染区与铜矿污染区的两种野生胡萝卜被高浓度铜处理后，前者的 MDA、H_2O_2 含量显著上升而 SOD、CAT、APX 活性显著下降，而后者的 MDA、H_2O_2 含量维持着较低水平而 SOD、CAT、APX 活性升高[83]。相对于敏感性品种，耐铜水稻品种叶片中的 CAT、APX、SOD 和 POD 的活性均显著提高，叶片和根系中的 GSH 的氧化程度较低，表明耐性品种消除氧化胁迫的能力高于敏感性品种[19]。除了抗氧化酶系统外，脯氨酸含量也是植物对外界胁迫应急反应的重要指标，脯氨酸含量的增加对维持膜的完整性和降低膜透性也具有重要作用[88]。铜胁迫导致小白菜、水稻等植株叶片脯氨酸含量增加已被证实[11,19]，然而还无法使用其含量作为鉴定铜胁迫强度的指标。

参 考 文 献

[1] 韦朝阳，陈同斌．重金属超富集植物及植物修复技术研究进展 [J]. 生态学报，2001，21（7）：1196-1203.

[2] 赵其国．土地资源大地母亲——必须高度重视我国土地资源的保护、建设与可持续利用问题 [J]. 土壤，2004，36（4）：337-339.

[3] 刘永厚，黄细花，赵振纪，等．铜对紫云英固氮作用及养分吸收的影响 [J]. 土壤肥料，1993（5）：23-27.

[4] Organisation for Economic Co-operation and Development（OECD）. Guideline for the Testing of Chemicals：Terrestrial Plant Test，No. 208 and No. 227（draft documents）[J]. Paris，France，2003.

[5] United States Environmental Protection Agency（USEPA）. In OPPTS Harmonized Test Guidelines：Series 850 Ecological Effects Test Guidelines，Guideline 850-4150 [J]. US government Printing Office，Washington，DC，1996.

[6] Marschner H. Mineral nutrition of higher plants [M]. New York：Academic Press，1995.

[7] 常红岩，孙百晔，刘春生，等．植物铜素毒害研究进展 [J]. 山东农业大学学报（自然科学版），2000，31（2）：227-230.

[8] 陈怀满，郑春荣，周东美，等．土壤环境质量研究回顾与讨论 [J]. 农业环境科学学报，2006，25（4）：821-827.

[9] 夏增禄．中国主要类型土壤若干重金属临界含量和环境容量的区域分异的影响 [J]. 土壤学报，1994，31（2）：161-169.

[10] 夏家淇．土壤环境质量标准详解 [M]. 北京：中国环境科学出版社，1996.

[11] 孙权．粮—菜轮作系统铜污染的作物和土壤微生物生态效应及诊断指标 [D]. 杭州：浙江大学，2007.

[12] 康立娟，赵明宪，赵成爱．铜对水稻的影响及迁移积累规律的研究 [J]. 广东微量元素科学，1999，6（4）：43-44.

[13] 夏家淇，骆永明．我国土壤环境质量研究几个值得探讨的问题 [J]. 生态与农村环境学报，2007，23（l）：1-6.

[14] Poschenrieder C，Bech J，Llugany M，Pace A. Copper in plant species in a copper gradient in Catalonia（North East Spain）and their potential for phytoremediation [J]. Plant and Soil，2001，230：247-256.

[15] 宋玉芳，许华夏，任丽萍，等．土壤重金属污染对蔬菜生长的抑制作用及其生态毒性 [J]. 农业环境科学学报，2003，22（1）：13-15.

[16] Li B，Ma Y B，McLaughlin M J，et al. Influences of soil properties and leaching on copper toxicity to barley root elongation [J]. Environmental Toxicology and Chemistry，2010，29：835-842.

[17] 刘庆，李文庆，王欣英，等．菠菜和油菜对铜的吸收及化学结合形态研究 [J]. 江西农业大学学报，2005，27（1）：150-153.

[18] An Y J. Assessment of comparative toxicities of lead and copper using plant assay [J]. Chemosphere，2006，62：1359-1365.

[19] 刘红云．水稻耐铜品种的筛选及其耐性机理研究 [D]. 南京：南京农业大学，2007.

[20] 叶云山．铜对蔬菜的毒害效应及土壤铜临界值研究 [D]. 福州：福建农林大学，2009.

[21] Li B, Zhang H T, Ma Y B, et al. Relationships between soil properties and toxicity of copper and nickel to bok choy and tomato in chinese soils [J]. Environmental Toxicology and Chemistry, 2013, 32 (10): 2372-2378.
[22] 倪才英，陈英旭，骆永明．红壤模拟铜污染下紫云英根系表形态及其组织和细胞结构变化 [J]. 环境科学，2003，24 (3)：116-121.
[23] 陈怀满，郑春荣，王慎强，等．不同来源重金属污染的土壤对水稻的影响 [J]. 农村生态环境，2001，17 (2)：35-40.
[24] Liu D H, Wu S J, Hou W Q. Uptake and accumulation of copper by roots and shoots of maize (Zea mays L.) [J]. Journal of Environmental Sciences, 2001, 13 (2): 228-232.
[25] 袁霞．铜对小青菜生长和保护酶活性的影响 [D]. 杨凌：西北农林科技大学，2008.
[26] Guo X Y, Zuo Y B, Wang B R, et al. Toxicity and accumulation of copper and nickel in maize plants cropped on calcareous and acidic field soils [J]. Plant and Soil, 2010, 333: 365-373.
[27] 涂丛，青长乐．紫色土壤中铜对莴苣生长的影响及其临界值指标的研究 [J]. 农业环境保护，1990，9 (4)：13-17.
[28] 徐加宽．土壤 Cu 含量对水稻产量和品质的影响及其原因分析 [D]. 扬州：扬州大学，2005.
[29] 杨居荣，查燕，刘虹．污染稻、麦籽实中 Cd、Cu、Pb 的分布及其存在形态初探 [J]. 中国环境科学，1999，19 (6)：500-504.
[30] Weng L P, Wolthoorn A, Lexmond T M, et al. Understanding the effects of soil characteristics on phytotoxicity and bioavailability of nickel using speciation models [J]. Environmental Science & Technology, 2004, 38: 156-162.
[31] Smolders E, Buekers J, Oliver I, et al. Soil properties affecting toxicity of zinc to soil microbial properties in laboratory-spiked and field-contaminated soils [J]. Environmental Toxicology and Chemistry, 2004, 23: 2633-2640.
[32] 李丹，袁涛，郭广勇，等．我国不同土壤铜的生物可利用性及影响因素 [J]. 环境科学与技术，2007，30 (8)：6-9.
[33] Rooney C P, Zhao F J, McGrath S P. Soil factors controlling the expression of copper toxicity to plants in a wide range of European soils [J]. Environmental Toxicology and Chemistry, 2006, 25: 726-732.
[34] Allen H E. The significance of metal speciation for water, sediment, and soil quality standards [J]. Science of Total Environment, 1993, 134 (5): 23-45.
[35] McLaughlin M J. Bioavailability of metals to terrestrial plants. In Allen HE (Ed.). Bioavailability of metals in terrestrial ecosystems. Influence of partitioning for bioavailability to invertebrates [M]. Pensacola, FL: SETAC Press, 2000: 39-67.
[36] Nolan A L, Lombi E, McLaughlin M J. Metal bioaccumulation and toxicity in soils: Why bother with speciation? [J]. Australian Journal of Chemistry, 2003, 56: 77-91.
[37] Tesser A, Campbell P G C, Bisson M. Sequential extraction procedure for the speciation of particulate trace metals [J]. Analytical Chemistry, 1979, 51 (7): 844-851.
[38] 张维蝶，林琦．不同铜形态在土壤—植物系统中的可利用及其活性诱导 [J]. 环境科学学报，2003，23 (3)：376-381.
[39] Mehlich A. Mehlich 3 soil test extractant: A modification of Mehlich 2 extractant [J]. Communications in Soil Science and Plant Analysis, 1984, 15: 1409-1416.
[40] Pueyo M, López-Sánchez J F, Rauret G. Assessment of $CaCl_2$, $NaNO_3$ and NH_4NO_3 extraction

procedures for the study of Cd, Cu, Pb and Zn extractability in contaminated soils [J]. Analytica Chimica Acta, 2004, 504: 217-226.

[41] Brun L A, Maillet J, et al. Relationships between extractable copper, soil properties and copper uptake by wild plants in vineyard soils [J]. Environmental Pollution, 1998, 102 (2-3): 151-161.

[42] Schramel O, Michalke B, Kettrup A. Study of the copper distribution in contaminated soils of hop fields by single and sequential extraction procedures [J]. The Science of the Total Environment, 2000, 263: 11-22.

[43] 林芬芳. 福建省主要蔬菜对土壤铜富集规律的研究 [D]. 福州：福建农林大学，2006.

[44] 程浩. 施用猪粪及钝化剂对铜在水稻土—作物中迁移转化的影响 [D]. 杭州：浙江大学，2011.

[45] Zhang H, Davison W. Diffusional characteristics of hydrogels used in DGT and DET techniques [J]. Analytical Chimica Acta, 1999, 398: 329-340.

[46] Zhao F J, Rooney C P, Zhang H, et al. Comparison of soil solution speciation and diffusive gradients in thin-films measurement as an indicator of copper bioavailability to plants [J]. Environmental Toxicology and Chemistry, 2006, 25 (3): 733-42.

[47] Wang X D, Ma Y B, Hua L, et al. Identification of $CuOH^+$ toxicity to barley root elongation in solution Culture [J]. Environmental Toxicology and Chemistry, 2009, 28: 662-667.

[48] Thakali S, Allen H E, Di Toro D M, et al. A Terrestrial Biotic Ligand Model. 1. Development and application to Cu and Ni toxicity to barley root elongation in soils [J]. Environmental Science & Technology, 2006. 40: 7085-7093.

[49] 李波，马义兵，王学东. 我国土壤中重金属铜的生物配体模型的建立与应用 [J]. 生态毒理学报，2014, 9 (4): 632-639.

[50] Luna C M, Gonzalez C A, Trippi V S. Oxidative damage caused by an excess of copper in oat leaves [J]. Plant Cell Physiol, 1994, 35: 11-15.

[51] 葛才林，杨小勇，金阳，等. 重金属胁迫对水稻不同品种超氧化物歧化酶的影响 [J]. 核农学报，2003, 17 (4): 286-291.

[52] 倪才英. 海州香糯（*E. splendens*）和紫云英（*A. sinicus*）对铜胁迫的响应及根际活化机制 [D]. 杭州：浙江大学，2004.

[53] De Vos, C H R, Schat H, De Waal M A M, et al. Increased resistance to copper-induced damage of the root cell plasmalemma in copper-tolerant Silene Cucubalus [J]. Physiological Plantarum, 1991, 82 (4): 523-528.

[54] 司江英. 玉米对铜胁迫的响应 [D]. 扬州：扬州大学. 2007.

[55] Eleftheriou E P, Karataglis S. Ultra-structural and morphological characteristics of Cultivated wheat growing on copper-polluted fields [J]. Plant Biology, 2015, 102 (2): 134-140.

[56] Maksymiec W, Bednara J, Baszyński T. Responses of runner bean plants to excess copper as a function of plant growth stages: effects on morphology and structure of primary leaves and their chloroplast ultrastructure [J]. Photosynthetica, 1995, 31: 427-435.

[57] Barón M, Arellano J B, López Gorgé J. Copper and photosystem II: A controversial relationship [J]. Physiological Plantarum, 1995, 94: 174-180.

[58] Ouzounidou G, iamporová M, Moustakas M, Karataglis S. Responses of maize (*Zea mays* L.) plants to copper stress-I. Growth, mineral content and ultrastructure of roots [J]. Environmental & Experimental Botany, 1995, 35 (2): 167-176.

[59] 田生科，李廷轩，杨肖娥，等. 植物对铜的吸收运输及毒害机理研究进展 [J]. 土壤通报，2006,

37 (2)：387-394.
[60] 于海彬，蔡葆，孙丽英．甜菜对铜和锰营养的吸收及积累动态的初步分析［J］．中国甜菜，1995 (2)：30-34.
[61] Adalsteinsson S. Compensatory root growth in winter wheat：effects of copper exposure on root geometry and nutrient distribution［J］. Journal of Plant Nutrition，1994，17 (9)：1501-1512.
[62] Kopittke，P M，Dart P J，Menzies N W. Toxic effects of low concentrations of Cu on nodulation of cowpea (Vigna unguiculata). Environmental Pollution，2007，145 (1)：309-315.
[63] 朱云集，王晨阳，马元喜，等．铜胁迫对小麦根系生长发育及生理特性的影响［J］．麦类作物，1997，17 (5)：49-51.
[64] 王友保，刘登义．Cu、As 及其复合污染对小麦生理生态指标的影响［J］．应用生态学报，2001，12 (5)：773-776.
[65] McBride M B. Toxic metal accumulation from agricultural use of sludge：are USEPA regulations protective?［J］. Journal of Environmental Quality，1995，24：5-18.
[66] Doncheva S. Ultrastructural localization of Ag-NOR proteins in root meristem cells after copper treatment［J］. Journal of Plant Physiology，1997，151 (2)：242-245.
[67] 雷虎兰，高发奎，杨晓辉，等．灰钙土重金属污染对农作物生理生化作用的影响［J］．农业环境保护，1994，13 (1)：12-17.
[68] 邱栋梁，黄水菊，李丽萍，等．$CuSO_4$ 对枇杷生长的影响［J］．福建农林大学学报（自然科学版），2006，35 (1)：111-112.
[69] Konno H，Nakashima S，Katoh K. Metal-tolerant moss Scopelophila cataractae accumulates copper in the cell wall pectin of the protonema. Journal of Plant Physiology，2010，167 (5)：358-364.
[70] 刘婷婷．细胞壁在海州香薷铜耐性中的作用及解毒机理研究［D］．杭州：浙江大学，2014.
[71] 杨明杰．海州香莆对铜的超积累机理［D］．杭州：浙江大学，2002.
[72] 彭红云．香蕾植物耐高铜毒害的机制及修复植物材料资源化利用探索［D］．杭州：浙江大学，2005.
[73] Lolkema P C，Donker M H，Schouten A J，et al. The possible role of metallothioneins in copper tolerance of Silene Cucubalus［J］. Planta，1984，162：174-179.
[74] Jung C，Maeder V，Funk F，et al. Release of phenols from Lupinus albus L. roots exposed to Cu and their possible role in Cu detoxification［J］. Plant and Soil，2003，252：301-312.
[75] Meharg A A. The role of the plasmalemma in metal tolerance in angiosperms［J］. Physiologia Plantarum，1993，88 (1)：191-198.
[76] Berglund A H，Norberg P，Quartacci M F，et al. Properties of plant plasma membrane lipid models-bilayer permeability and monolayer behavior of glucosylcermide and phosphatidic acid in phospholipids mixtures［J］. Physiologia Plantarum，2000，109 (2)：117-122.
[77] Yang M J，Yang X E，Rmheld V. Growth and nutrient composition of Elsholtzia splendens Nakai under copper toxicity［J］. Journal of Plant Nutrition，2002，25 (7)：1359-1375.
[78] Rauser W E. Structure and function of metal chelators produced by plants［J］. Cell Bioche and Biophys，1999，31：19-48.
[79] 娄来清，沈振国．金属硫蛋白和植物螯合肽在植物重金属耐性中的作用［J］．生物学杂志，2001，18 (3)：1-4.
[80] 黄玉山，邱国华．紫羊茅根中铜结合肽的分离和纯化［J］．应用与环境生物学报，1998，4 (4)：335-339.

[81] 王松华，杨志敏，徐朗莱．植物铜素毒害及其抗性机制研究进展［J］. 生态环境，2003，12（3）：336-341.
[82] Lidon F C，Henriques F S. Role of rice shoot vacuoles in copper toxicity regulation［J］. Environmental and Experimental Botany，1998，39：197-202.
[83] Ke W S，Xiong Z T，Xie M J，et al. Accumulation，subcellular localization and ecophysiological responses to copper stress in two Daucus carota L. populations［J］. Plant and Soil，2007，292：291-304.
[84] Dietz K J，Baier M，Kramer U. Free radicals and reactive oxygen species as mediators of heavy metal toxicity in plants. In：Prased MNY，Hagemeyer J（eds），Heavy Metal Stress in Plants：from Moleculaes to Ecosystems［M］. Berlin：Springer-Verlag，1999，73-97.
[85] 葛才林，杨小勇，朱红霞，等．重金属胁迫对水稻叶片过氧化氢酶活性和同功酶表达的影响［J］. 核农学报，2002，16（4）：197-202.
[86] Morita A，Horie H，Fujii Y，et al. Chemical forms of aluminum in xylem sap of tea plants（Camellia sinensis L.）［J］. Phytochemistry，2004，65：2775-2780.
[87] Chen L M，Lin C C，Kao C H. Copper toxicity in rice seedlings：Changes in antioxidative enzyme activities，H_2O_2 level，and cell wall peroxidase activity in roots［J］. Botanical Bulletin-Academia Sinica Taipei，2000，41：99-103.
[88] 徐磊．铜胁迫时小白菜生理生化指标的毒害作用［D］. 福州：福建农林大学，2003.

第3章　土壤环境中铜对土壤动物的毒害效应

土壤铜（Cu）污染是国内外均较为突出的一个环境问题。火山喷发、风蚀扬尘、大气沉降、森林火灾等自然源，矿山开采、金属冶炼与加工、电子废物拆解与堆存、垃圾填埋与处置等工业活动源，以及污泥应用、氮磷施肥、畜粪入田、农药使用等农业源均可导致土壤发生铜污染。铜不易被水淋溶，且不能被土壤中的微生物分解，因此易在土壤中积累，从而导致土壤活性和肥力下降[1]。此外，土壤中的铜可通过食物链在动物和人体内蓄积和残留，严重影响人体健康。人体摄入过量的铜将刺激和腐蚀黏膜，并引起中枢神经系统及肝、肾的中毒，铜在人体肝脏内大量积累，可导致“肝豆”等铜代谢疾病[2]。铜污染土壤可对陆地生态系统中的动物、植物和微生物产生不利影响，如抑制微生物增殖和降低土壤酶活性与呼吸功能，干扰植物光合作用和抑制植物根、芽的生长，影响动物（如蚯蚓、跳虫、线虫等）的生殖与生长，在高浓度下甚至直接引起土壤动物和植物的死亡[3]。鉴于铜在土壤环境中的赋存与残留对生态系统的潜在威胁与危害，许多国家或地区制定了针对保护土壤动物、植物、微生物（包括功能与过程）以及野生动物（主要为鸟类和哺乳动物）的铜的土壤生态基准值（表3-1），从而为铜污染土壤的生态风险评估和环境管理提供了参考标准。

表3-1　部分国家或地区制订的铜的土壤生态基准值

<table>
<tr><th rowspan="3">基准名称</th><th rowspan="3">国家（地区）</th><th colspan="5">铜的土壤生态基准值（mg/kg）</th></tr>
<tr><th rowspan="2">植物</th><th rowspan="2">土壤无脊椎动物</th><th colspan="2">野生动物</th><th rowspan="2">微生物</th></tr>
<tr><th>鸟类</th><th>哺乳动物</th></tr>
<tr><td>土壤生态筛选值</td><td>美国环保局</td><td>70</td><td>80</td><td>28</td><td>49</td><td></td></tr>
<tr><td>土壤生态筛选值</td><td>美国环保局4区</td><td colspan="5">40</td></tr>
<tr><td>土壤生态筛选值</td><td>美国环保局5区</td><td colspan="5">5.4</td></tr>
<tr><td>毒理学基准</td><td rowspan="2">美国能源部橡树岭国家实验室</td><td>100</td><td>50</td><td colspan="2"></td><td>100</td></tr>
<tr><td>生态终点
初步修复目标值</td><td colspan="5">60（终点为蚯蚓）</td></tr>
<tr><td>目标值
干预值</td><td>荷兰</td><td colspan="5">36
190</td></tr>
<tr><td>土壤生态调查值</td><td>澳大利亚</td><td colspan="5">100</td></tr>
<tr><td>下限指导值
上限指导值</td><td>芬兰</td><td colspan="5">150
200</td></tr>
<tr><td>土壤生态毒理
质量基准</td><td>丹麦</td><td colspan="5">30</td></tr>
<tr><td>土壤质量指导值</td><td>加拿大</td><td colspan="5">63（农业用地）</td></tr>
</table>

然而，与水生生物生态毒理研究相比，铜对土壤生物尤其是土壤无脊椎动物的毒性研究还相对比较薄弱。目前，国际上针对铜对土壤动物的毒性研究大多集中于蚯蚓（Earthworm）、跳虫（Springtail）、线蚓（Pot worm）、线虫（Nematode）这四大类无脊椎动物（表 3-2），其中赤子爱胜蚓（*Eisenia fetida*）、安德爱胜蚓（*Eisenia andrei*）和白符䖴（*Folsomia candida*）等物种因有国际标准化测试方法作支撑，在铜的毒性测试和毒理研究上大多被采用。我国目前已开展的铜对土壤动物的生态毒理研究，绝大多数采用蚯蚓作为代表性受试生物，而少量针对跳虫开展的铜的毒性研究，却多采用食物染毒的方法来测定和评价铜的毒性，不能客观反映跳虫在现实土壤环境中对铜的真实暴露情景。铜对线虫、线蚓等典型土壤动物的毒性、毒理研究目前国内只有极个别的研究报道，从而也警示我们针对不同类群土壤动物的生态毒理研究亟待加强。本文以我国已开展的铜对土壤动物（主要是蚯蚓）的生态毒理研究为基础，结合作者近年来开展的中国典型土壤中铜对蚯蚓的毒性效应研究结果，从铜的急性和慢性毒性、蚯蚓对铜污染土壤的回避行为反应、土壤动物在种群和群落水平上对铜污染的响应、土壤动物对铜的生理生化和生物标志物反应等方面，较为系统地综述我国土壤中铜对蚯蚓、跳虫、线虫等土壤动物的毒害效应，希冀能为我国制订针对保护土壤无脊椎动物的铜的土壤生态基准提供参考资料，也为将来我国开展重金属（包括铜）对土壤动物的生态毒理研究提出设想和建议，从而希望其对推动我国土壤动物生态毒理研究有所裨益。

表 3-2　国内外报道的已用于测定土壤中铜的生态毒性的土壤动物

动物类群	物　种	标准化测试方法	物种的适用性
蚯蚓 (Earthworm)	赤子爱胜蚓（*Eisenia fetida*）	ISO 11268-1 ISO 11268-2 ISO 17512-1 OECD 207（1984） OECD 222（2004）	适用于多数温带土壤，但酸性过强(pH<3)和碱性过强（pH>7.5）的土壤不太适用
	安德爱胜蚓（*Eisenia andrei*）		
	红正蚓（*Lumbricus rubellus*）		适合于开展蚯蚓生物富集试验
	陆正蚓（*Lumbricus terrestris*）	ISO 11268-3（1999） ASTM E1197（1993）	适合于开展蚯蚓回避行为试验
	背暗流蚓（*Aporrectodea caliginosa*）		适合于测定农药毒性（对农药敏感）
	背暗异唇蚓（*Allolobophora caliginosa*）		
	绿色异唇蚓（*Allolobophora chlorotica*）		
	结节流蚓（*Aporrectodea tuberculata*）		
	威廉环毛蚓（*Pheretima guillelmi*）		
	白颈环毛蚓（*Pheretime cabfornica*）		
	次红枝蚓（*Dendrobaena rubida*）		
	辛石蚓（*Octolasium cyaneum*）		

（续）

动物类群	物　种	标准化测试方法	物种的适用性
跳虫（Springtail）	白符蛛（*Folsomia candida*）	ISO 11267 ISO 17512-2 OECD 232（2009）	适用于各种土壤类型
	短角跳虫（*Folsomia fimetario*）		行两性生殖，适合于研究化合物对跳虫生殖的影响
	菜白棘跳虫（*Onychiurus folsomi*）		
线蚓（Pot worm）	线蚓（*Enchytraeus crypticus*）	ISO 16387 OECD 220（2004）	适用于多数温带土壤
线虫（Nematode）	秀丽隐杆线虫（*Caenorhabditis elegans*）	ASTM E2172（2001）	
	尖突绕线虫（*Plectus acuminatus*）		

3.1　铜对蚯蚓的毒性效应研究

3.1.1　铜对蚯蚓的急性毒性

蚯蚓是土壤中生物量最大的无脊椎动物，其在地球物质循环和陆地生态系统食物链物质传递中担负重要功能，是最易受到环境有毒有害物质伤害的土壤动物之一，因而也是开展土壤污染生态风险评估的重要指示生物，其中以赤子爱胜蚓和安德爱胜蚓的急性毒性和慢性毒性试验应用最为广泛[4]，且已有相关的国际标准化测试方法可供参考[5~8]。蚯蚓生态毒理试验已广泛应用于对土壤生态环境进行监测和评价，尤其在污染土壤环境风险分级、污染物土壤质量标准与基准的制定、特定污染场地环境风险评估、污染场地修复效果评估等方面有重要的应用价值[9]。

目前，我国已开展了较多有关铜对蚯蚓的急性毒性研究（表3-3），主要采用的测试物种为赤子爱胜蚓和安德爱胜蚓，个别也采用了我国的本土物种威廉环毛蚓（*Pheretima guillelmi*）。铜在我国的红壤、棕壤、黄土、潮土、紫色土、灰漠土、水稻土和黑土等典型土壤中对蚯蚓急性毒性（LC_{50}）的变化范围为100～1000mg/kg，不同土壤类型间铜的毒性差异最大可达8倍。然而现有的研究仅局限于少数几种土壤类型，还不能全面覆盖和综合考虑我国土壤类型及性质的区域差异或地带性特点，甚至还有相当比例的研究采用的是滤纸或猪粪作为测试介质（表3-3），使用滤纸或畜粪作为测试介质对评价新化合物的潜在毒性更有意义，但并不能客观反映蚯蚓在现实污染土壤中的真实暴露情景，因此其获得的毒理数据在制定土壤生态基准或环境管理上的作用十分有限。

表3-3　我国研究报道的铜对蚯蚓的急性毒性

化合物	蚯蚓	测试介质	pH	有机质含量（%）	试验周期（d）	LC_{50}（mg/kg）	参考文献
$CuCl_2$	赤子爱胜蚓	黄土＋牛粪			2	633	郭永灿等[10]

（续）

化合物	蚯蚓	测试介质	pH	有机质含量（%）	试验周期（d）	LC_{50}（mg/kg）	参考文献
$CuSO_4$	赤子爱胜蚓	草甸棕壤	6.22	1.65	14	400～450	宋玉芳等[11]
$CuSO_4$	赤子爱胜蚓	滤纸			2	118.70	梁继东等[12]
$CuSO_4$	赤子爱胜蚓	黑土	6.58	3.78	14	626.7	梁继东等[13]
$CuSO_4$	赤子爱胜蚓	滤纸			2	176.12	贾秀英等[14]
$CuSO_4$	赤子爱胜蚓	猪粪			14	646.68	贾秀英等[15]
$CuSO_4$	赤子爱胜蚓	黄泥土	6.2	2.64	14	387～555	刘德鸿等[16]
$CuSO_4$	威廉环毛蚓	黄泥土	6.2	2.64	14	412～653	刘德鸿等[16]
$CuSO_4$	安德爱胜蚓	滤纸			2	584.93	赵丽等[17]
$CuSO_4$	安德爱胜蚓	人工土壤	6		14	116.91	赵丽等[17]
$CuSO_4$	赤子爱胜蚓	滤纸			2	192.1	陈志伟等[18]
$CuSO_4$	赤子爱胜蚓	滤纸			1	207.7mg/L	李志强[19]
$CuSO_4$	赤子爱胜蚓	人工土壤	7.26	5.86	14	867.0	周娟[20]
$CuSO_4$	赤子爱胜蚓	湖南红壤	3.73	1.74	14	134.4	周娟[20]
$CuSO_4$	赤子爱胜蚓	重庆紫壤	7.26	1.13	14	480.1	周娟[20]
$CuSO_4$	赤子爱胜蚓	河南潮土	7.02	1.20	14	553.2	周娟[20]
$CuSO_4$	赤子爱胜蚓	吉林黑土	6.72	2.38	14	715.2	周娟[20]
$CuSO_4$	赤子爱胜蚓	浙江水稻土	6.81	1.85	14	824.4	周娟[20]
$CuSO_4$	赤子爱胜蚓	新疆灰漠土	7.69	0.72	14	649.5	周娟[20]
$CuSO_4$	赤子爱胜蚓	北京潮土	7.28	1.13	14	557.7	周娟[20]
$CuSO_4$	赤子爱胜蚓	陕西黄土	7.59	1.64	14	953.6	周娟[20]
$CuSO_4$	赤子爱胜蚓	滤纸			2	3.6μg/cm^2	胡艳[21]
$CuSO_4$	赤子爱胜蚓	浙江土壤	6.77	3.5	14	1047.6	胡艳[21]
$CuSO_4$	赤子爱胜蚓（驯化）	黄棕壤	6.91	0.99	14	321.8～542.5	徐池等[22]
$CuSO_4$	赤子爱胜蚓	黄棕壤	6.91	0.99	14	230.8～342.9	徐池等[22]
$CuSO_4$	赤子爱胜蚓	人工土壤			14	1347	吴声敢等[23]

3.1.2 铜对蚯蚓的慢性毒性

虽然我国已开展了较多铜对蚯蚓的急性毒性研究，但对生态上更为相关的慢性毒性少有涉及，而且以往的研究大多局限于在单一土种上开展试验，没有比较说明铜在不同类型土壤中可能存在的毒性差异。铜在不同类型土壤中因受土壤理化性质（如 pH、有机质含量和阳离子交换量等）的影响可导致其毒性存在较大的差异，一般随土壤 pH 的升高，铜的毒性趋于减弱[24]，而在有机质含量较高的土壤中，铜能被有机质所固定，降低了它的生物有效性，从而也降低了其对生物的毒性[25]。因此，通过开展铜在不同类型土壤中对土壤动物的毒性差异及其机制研究，对制定铜的土壤生态基准以及开展特定场地铜污染土壤的生态风险评估均具有重要的意义。

作者以分布于我国 15 个省（自治区、直辖市）的 15 种典型土壤为代表（图 3-1），研究测定了铜（$CuSO_4$）在 15 种土壤中对赤子爱胜蚓体重变化和产茧量的影响，结果表明，低浓度铜对蚯蚓体重无显著抑制或稍有促进作用，但随着铜浓度的增加，铜对蚯蚓生长的抑制作用明显（图 3-2）。胡艳[21]等的研究结果也表明，无论测试介质是滤纸还是土壤，

图 3-1　用于测定铜对蚯蚓慢性毒性的 15 种中国土壤

①新疆灰漠土　②黑龙江黑土　③吉林黑土　④北京潮土　⑤河北潮土　⑥河南潮土　⑦山西褐土
⑧陕西黄土　⑨青海灰钙土　⑩重庆紫壤　⑪江苏水稻土　⑫江西红壤　⑬湖南红壤　⑭广西红壤　⑮海南赤红壤

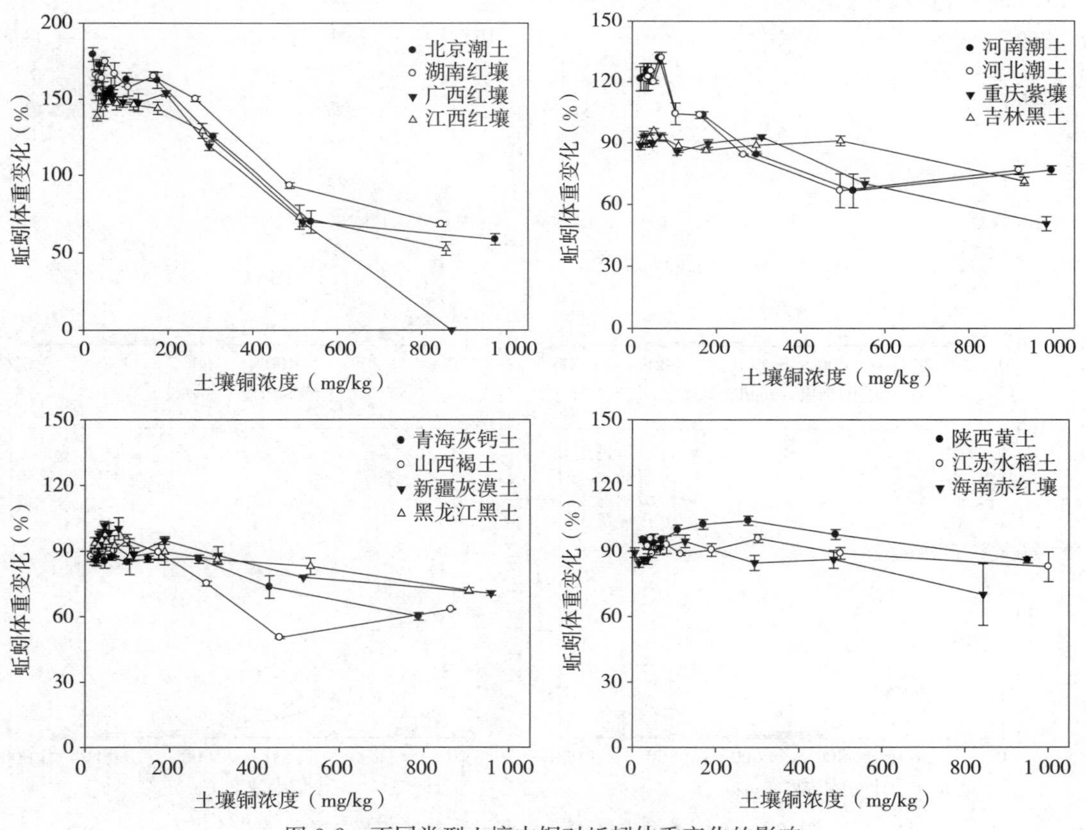

图 3-2　不同类型土壤中铜对蚯蚓体重变化的影响

铜对蚯蚓体重的抑制效果均十分明显，这种抑制影响有明显的剂量—效应和时间—效应关系，其中，滤纸测试中，浓度为10μg/cm²的处理组在48h后，蚯蚓体重的抑制率比空白组高出95.19%，表明铜对蚯蚓体重有显著的抑制效果。李志强[19]等通过铜污染对蚯蚓体重的影响与蚯蚓体内铜富集特征的研究，发现蚯蚓体重与土壤铜污染浓度呈抛物线关系，低浓度的铜对蚯蚓生长有促进作用，铜浓度大于60mg/kg时对其生长有抑制作用，超过100mg/kg后铜污染浓度提高与污染接触时间延长均会加剧抑制程度，严重时出现负增长。何巧力[26]等通过在人工土壤和北京潮土中测定铜对蚯蚓体重的影响也得出了类似的结论。

15种土壤中铜对赤子爱胜蚓产茧量的影响见图3-3，相应的效应浓度值见表3-4。不同土壤类型中铜对蚯蚓产茧量的影响相差较大，以抑制产茧量50%的效应浓度（EC_{50}）为例，铜在河南潮土中的EC_{50}为27.7mg/kg，而在黑龙江黑土中则为383.7mg/kg，两者间差别达10余倍，表明土壤类型（性质）对铜的生物有效性及生态毒性有重要的影响，在制订国家土壤环境基准或标准时，不同区域间土壤类型差异对污染物生态毒性的影响必须加以考虑。目前我国针对铜影响蚯蚓生殖（如产茧量）的研究还相对偏少，以往只有极少量的研究报道，如周娟[20]等利用湖南红壤、吉林黑土、北京褐潮土以及人工土壤作为测试介质，测定了铜对赤子爱胜蚓产茧量的影响，发现土壤铜浓度与蚯蚓产茧量之间有显著的剂量—效应关系，不同土壤间铜的毒性效应（EC_{50}值）也有较大的差异。

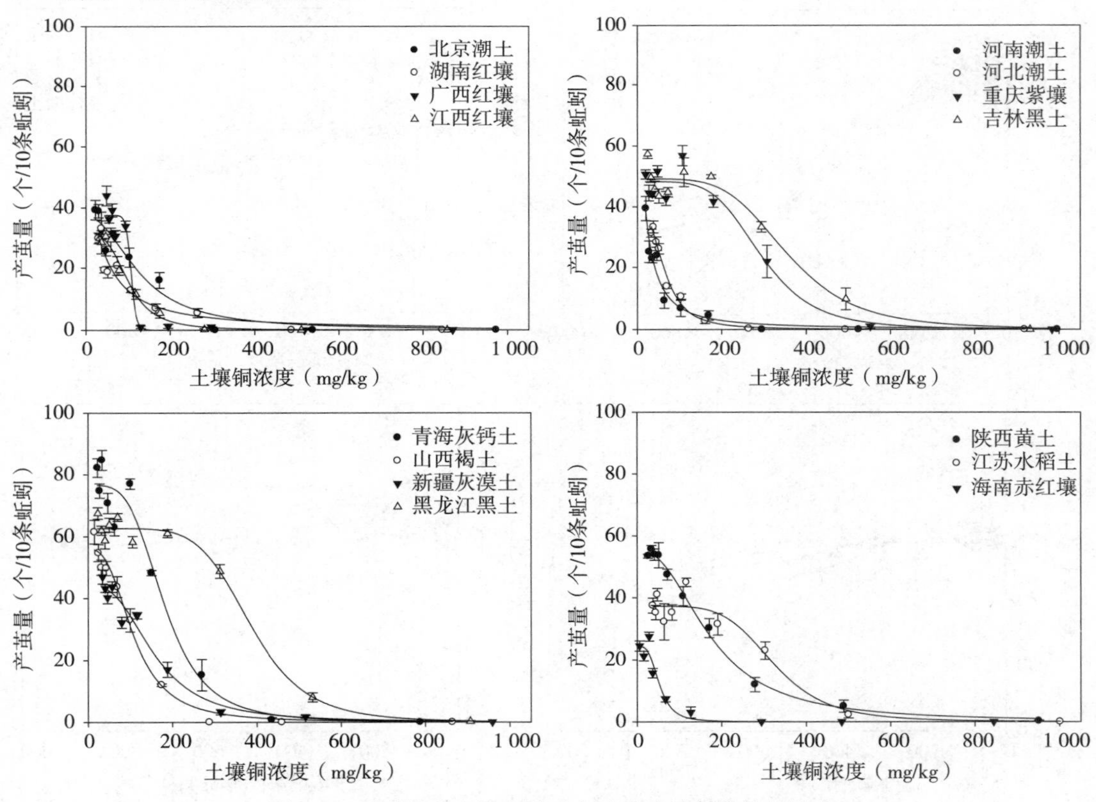

图3-3 不同类型土壤中铜对赤子爱胜蚓产茧量的影响

表 3-4 我国 15 种典型土壤中铜对赤子爱胜蚓产茧量的抑制效应浓度值

序号	土壤	pH	有机质含量（%）	CEC（cmol/kg）	EC_{10}（mg/kg）	EC_{20}（mg/kg）	EC_{50}（mg/kg）
1	新疆灰漠土	8.28	0.78	10.2	80.7	102.6	159.6
2	黑龙江黑土	7.96	5.27	40.0	269.8	306.2	383.7
3	吉林黑土	6.45	1.92	36.8	215.3	255.9	349.1
4	北京潮土	8.48	1.35	12.5	60.5	80.2	135.5
5	河北潮土	7.88	1.60	14.5	31.8	40.6	64.3
6	河南潮土	8.5	1.55	9.7	10.0	14.0	27.7
7	山西褐土	7.03	0.97	9.4	54.7	69.5	108.4
8	陕西黄土	6.56	1.54	16.3	75.3	100.5	172.2
9	青海灰钙土	8.2	2.12	12.0	105.4	127.1	178.2
10	重庆紫壤	8.05	1.48	29.5	105.7	136.5	218.3
11	江苏水稻土	8.08	3.01	26.2	218.8	252.3	323.6
12	江西红壤	5.76	0.63	13.2	54.0	67.1	100.2
13	湖南红壤	4.66	2.01	13.4	19.1	28.2	62.4
14	广西红壤	3.95	2.37	14.7	94.0	98.2	106.2
15	海南赤红壤	6.88	0.24	1.4	28.9	35.2	50.8

3.1.3 蚯蚓对铜污染土壤的回避行为反应

动物可通过化学信息感知不利的栖息环境或有毒有害物质，且往往会对超出其忍受范围的不利条件和因素表现出回避行为反应。从功能上看，动物的回避行为反应可以直接指示土壤质量功能的下降或已受到了限制，间接表明土壤可能已经受到污染或具有潜在的生态风险[27]。因此，ISO 制订了利用蚯蚓回避试验方法评价土壤环境质量与生态功能的测试方法[28]，以蚯蚓 48h 的行为选择反应作为测试终点，评价土壤的栖息功能和污染物对蚯蚓的行为效应。由于具有操作简单，成本低廉、易于观测、实验周期短、反应灵敏度高、测试终点具有生态相关性等许多优点，蚯蚓回避行为试验被认为是一种有力而实用的毒性评价工具，在污染土壤生态风险评价上有广阔的应用前景[29]。

蚯蚓对铜污染土壤的回避行为反应已有较多的报道，Wentsel 和 Guelta[30] 证明陆正蚓（*Lumbricus terrestris*）对 38mg/kg 的黄铜粉污染土壤表现出明显的回避反应。在几种天然土壤中，陆正蚓（*Lumbricus terrestris*）和安德爱胜蚓（*Eisenia andrei*）对铜污染土壤的回避反应呈明显的剂量—反应关系[31]。Van Zwieten 等[32] 发现赤子爱胜蚓对 4～34mg/kg 的铜污染果园土壤表现出明显的回避反应，在污染浓度为 553mg/kg 时，回避反应率达到 90%以上。其他动物，如线蚓（*Cognettia sphagnetorum*）等，也对铜污染土壤表现出明显的回避反应[33]。

作者利用吉林黑土、北京潮土、湖南红壤和 OECD 人工土壤，按照 ISO 的标准试验方法[28]，通过蚯蚓二室行为选择装置（图 3-4）研究了赤子爱胜蚓对外源添加铜污染土壤的回避行为反应。结果表明，蚯蚓对铜污染土壤的回避反应呈典型的剂量—反应关系（图

3-5)，在湖南红壤、北京潮土、吉林黑土和 OECD 人工土壤中，外源铜引起蚯蚓产生50%回避反应的有效中浓度（EC_{50}）分别为 18.7、10.2、18.8 和 41.8mg/kg（表 3-5），证明在我国的几种典型土壤中，即使是 50mg/kg 以下的外源铜污染输入，也有可能影响到土壤作为动物栖息场所的基本生态功能，同时也表明蚯蚓回避试验方法可用于铜污染土壤的早期筛查与诊断。

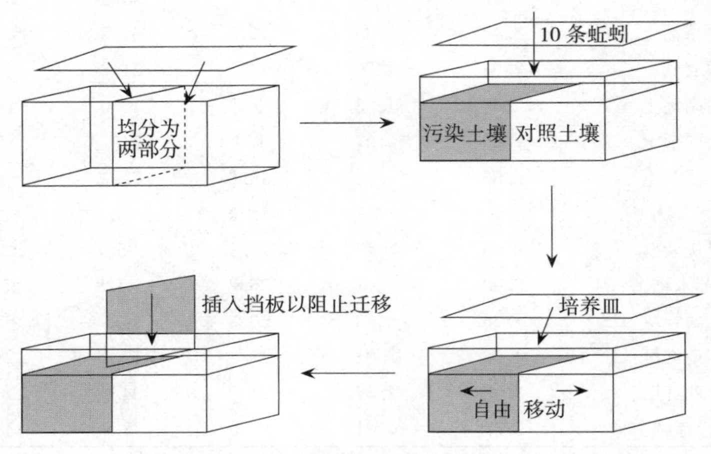

图 3-4 蚯蚓回避行为试验原理与过程

［根据 Schaefer（2003）[29]，略有改动］

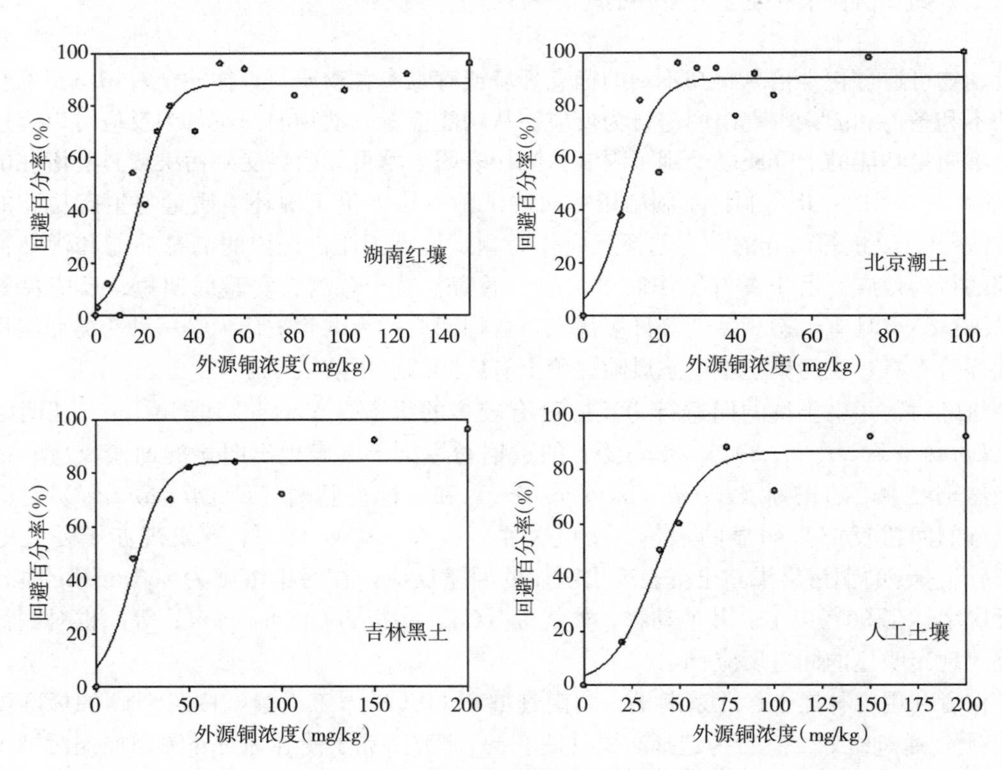

图 3-5 4 种土壤中外源添加铜浓度与赤子爱胜蚓回避百分率之间的剂量—反应关系

表 3-5　铜引起蚯蚓产生 50%回避反应的有效中浓度（EC_{50}）

土　壤	回归方程	EC_{50}（mg/kg）	95%置信区间
湖南红壤	$y=-2.59+2.03x$	18.7	12.2～25.7
北京潮土	$y=-2.16+2.14x$	10.2	1.4～16.6
吉林黑土	$y=-1.86+1.46x$	18.8	2.0～33.7
人工土壤	$y=-3.92+2.42x$	41.8	26.6～55.8

3.2　铜对跳虫的毒性效应研究

跳虫是土壤生态系统中分布极广的一类小型至微型节肢动物，其在土壤物质循环、土壤发育及微团聚体的形成、土壤理化特性和土壤生物群落的维护等方面都发挥着重要的作用[34]。土壤中跳虫的多样性以及群落结构、物种组成等都反映了土壤的质量和污染状况，跳虫的群落结构、种群特征、生存率、生长率、繁殖率、行为反应以及金属硫蛋白和酶活性指标等都可作为土壤生态毒理评价的终点[35～36]。然而与国际上蚯蚓和跳虫生态毒理研究并行发展的现状与趋势不同，长期以来我国利用跳虫开展污染土壤毒性评价和毒理研究的报道相对较少，且部分研究采用食物染毒的方式来研究重金属（如铜）对蚯蚓的毒性效应，所取得的毒理学阈值并不能代表土壤环境中污染物的真实暴露情景和毒性效应，其对环境管理的参考意义大大削弱。迄今为止，我国有关铜对跳虫生态毒理效应的研究只有零星的几篇报道，李晓勇等[37～38]较为集中地研究了铜对白符跳的毒性，包括滤纸接触急性毒性和回避试验、标准土壤中铜的急性毒性试验、生长率和繁殖率影响等慢性毒性试验等（表 3-6），以及白符跳通过食物吸收和排泄铜的行为与过程。结果表明，暴露时间小于 10h，白符跳死亡率没有明显变化；当暴露时间大于 10h（特别是暴露时间大于 46h），铜暴露时间、暴露浓度与白符跳死亡率显著相关，其生长率、繁殖率也被抑制，产卵时间延迟，且白符跳能够对低于 LC_{50} 的铜污染土壤产生回避反应，表明行为反应对铜污染十分敏感。李晓勇等[39]采用食物染毒暴露的方式研究还表明，跳虫对铜可能有较高的耐受性，其中褪皮和排卵是跳虫排泄铜的重要途径，跳虫对铜具有较低的吸收率（8.13%）和较高的排泄率（57.3%）。岳丽蕊等[40]认为白符跳在中国并非优势物种，从而选择似少刺齿跳（*Homidia similis*）、小原等节跳（*Proisotoma minuta*）和紫跳（*Ceratophysella duplicispinosa*）这 3 种我国大部分地区均为优势种的跳虫作为材料，采用食物染毒的方式进行铜的毒性试验研究，发现低浓度的铜能促进 3 种跳虫的生长和繁殖，但 3 种跳虫对于铜的反应存在较大差异，似少刺齿跳敏感性最强，小原等节跳耐受性最强，尤其在2 300mg/kg浓度下各项指标与对照组比较均无显著差异，但因其研究方法采用的是铜污染食物喂养的方式，与实际土壤中铜对跳虫的暴露情景不尽相符，因此研究结果对阐明土壤中铜对跳虫的生态毒理效应参考意义有限。此外，也有研究发现，在上海青浦的一种农业土壤中，800mg/kg 的铜污染水平可导致曲毛裸长角跳（*Sinella curviseta*）死亡率显著高于对照，而铜引起该跳虫生殖率下降一半的有效中浓度（EC_{50}）为 442mg/kg[41]。

表 3-6 我国研究报道的铜对跳虫的生态毒性

化合物	土壤动物	测试介质	pH	试验周期（d）	反应终点	50%效应浓度（mg/kg）	参考文献
$CuSO_4$	白符䖴 *Folsomia candida*	滤纸		3	死亡率/LC_{50}	1579	李晓勇等[37]
$CuSO_4$	白符䖴 *Folsomia candida*	石膏＋活性炭		21	生长率/EC_{50}	2325	李晓勇等[38]
$CuSO_4$	白符䖴 *Folsomia candida*	石膏＋活性炭		21	繁殖率/EC_{50}	1175	李晓勇等[38]
$CuSO_4$	紫䖴 *Ceratophysella duplicispinosa*	石膏＋活性炭	6.0±0.5	28	体长增长/EC_{50}	812.5	岳丽蕊等[40]
$CuSO_4$	小原等节䖴 *Proisotoma minuta*	石膏＋活性炭	6.0±0.5	28	体长增长/EC_{50}	900.8	岳丽蕊等[40]
$CuSO_4$	似少刺齿䖴 *Homidia similis*	石膏＋活性炭	6.0±0.5	28	体长增长/EC_{50}	450	岳丽蕊等[40]

3.3 铜对土壤动物群落结构的影响

在群落水平上，王世斌等[42]通过小麦盆栽模拟试验研究了外源添加铜（50、100、200 和 400mg/kg）对潮棕壤中土壤线虫群落结构的影响，发现不同浓度铜处理土壤中线虫多样性降低，而优势度增加，线虫不同营养类群对铜的响应在小麦拔节期比较明显，捕食/杂食性线虫的数量在外源添加 400mg/kg 铜的土壤中显著低于对照，而不同浓度铜对食细菌线虫和食真菌线虫的影响则表现为低浓度促进高浓度抑制。同时，Wang 等[43]还利用 PCR-DGGE 技术，研究了小麦盘栽土壤中铜对线虫多样性的影响，发现 800mg/kg 的铜可明显引起土壤线虫多样性的下降。张永志等[44]通过盆栽试验研究了铜对土壤动物群落结构及其生态学指标的影响，发现随着铜污染程度的增加，土壤动物的种类数和个体数密度急剧减少，以重金属污染指数来表征铜的污染程度时，土壤动物多样性指数、种类数、均匀度指数都随着污染指数的增大而减小，呈显著负相关。

野外条件下实际污染土壤中铜对土壤动物的影响也有少量的研究报道。在南京某废弃铜矿周边的土壤中，调查发现土壤性质与 7 种蚯蚓，包括梯形流蚓（*Aporrectodea trapezoides*）、赤子爱胜蚓（*Eisenia fetida*）、微小双胸蚓（*Bimastus parvus*）、直隶腔蚓（*Metaphire tshiliensis*）、湖北远盲蚓（*Amynthas hupeiensis*）、威廉腔蚓（*Metaphire guillelmi*）和日本杜拉蚓（*Drawida japonica*）的种群密度及生物量均没有明显的相关性，但土壤铜浓度与蚯蚓组织中铜的浓度呈明显的线性相关关系，因此蚯蚓体内铜浓度可作为表征土壤中铜的生物有效性的指标[45]。朱永恒等[46]调查了安徽铜陵市杨山冲铜尾矿自然废弃地及其外围林地土壤动物的群落组成和多样性，发现自铜尾矿自然废弃地中心到外围林地，土壤动物多度、丰富度、DG 指数和 Shannon-Wiener 指数呈递增趋势，表明铜尾矿自然废弃地及其外围林地土壤动物群落之间具有明显的差异性。同时，朱永恒等[47]等还对铜陵市林冲尾矿复垦地及其外围林地的土壤动物群落多样性和结构特征进行了调查研究，发现复垦地土壤动物个体总数、类群数和中小型土壤动物密度皆明显低于外围林地，而大型土壤动物密度无显著差异；此外，研究还表明复垦地蚁科和鞘翅目成虫个体数随铜含量增加而增加，弹尾目和蜱螨目昆虫个体数随铜含量增加而减少，线虫变化不明显，表明铜尾矿污染对不同的土壤动物类群有不同的影响。同样是在安徽省铜陵市，查书平等[48]早期调查了铜尾矿地6种生境中的土壤动物群落，研究不同弃置堆放时间的铜尾矿地土壤的动物群落结构及其与尾矿基质理化性质、植被状况等生境条件之间的关系，表明因尾矿堆放时间、区位地貌和植被状况的不同，以及尾矿基质的理化性质发生变化，导致土壤动物的种类组成和数量分布具有明显差异，土壤动物的种类和个体数随着尾矿弃置时间逐渐增加呈递增趋势，土壤的物理结构越稳定、持水持肥能力越强、基质结构越好，其土壤动物越丰富多样。

3.4　铜与其他污染物复合污染对土壤动物的联合毒性

铜与其他污染物尤其是农药和其他重金属的复合污染及其生态环境效应也是近年来深受关注的研究方向。铜复合污染的影响往往不是简单的毒性叠加，而是依据具体复合污染情况表现出不同的交互作用，包括增效、拮抗等相反的复合效应，例如，铜与农药的复合污染，既可因农药的存在改变铜对土壤动物的毒性，也可因铜的污染而改变蚯蚓等对农药降解的影响。刘廷凤等[49]在铜与草甘膦（glyphosate）单一及复合污染对蚯蚓的急性毒性研究中发现，复合污染状态下草甘膦对铜的急性毒性存在拮抗作用，草甘膦的存在能够在一定程度上降低铜对土壤生态系统的潜在危害。周垂帆等[50]的研究也表明，草甘膦能减少蚯蚓对铜的吸收，而梁继东等[13]对甲胺磷（methamidophos）、乙草胺（acetochlor）和铜单一及复合污染对蚯蚓的毒性效应研究表明，低浓度铜与高浓度铜对甲胺磷的毒性均有增强作用，低浓度铜对乙草胺的毒性有削弱作用，但高浓度铜对乙草胺的毒性有增强作用。在人工土壤中添加铜［$Cu(NO_3)_2$］进行蚯蚓毒性试验，发现蚯蚓体内铜含量随着土壤中铜浓度的升高而升高，土壤中50～200mg/kg的铜污染水平即可引起赤子爱胜蚓体重和产茧量的明显下降，但在草甘膦和铜复合污染的土壤中，草甘膦的存在降低了铜对赤子爱胜蚓的毒性[51]。同样是农药和铜复合污染，在300mg/kg铜污染的东北黑土中，甲胺磷的自然降解和蚯蚓促进的甲胺磷降解均有所下降，说明铜污染对蚯蚓促进的土壤微生物降解农药的功能有所影响，铜胁迫可延缓和降低农药的生物降解[52]。

铜与其他重金属的复合污染在土壤环境中也较为普遍，其复合毒性效应在土壤动物中也常见报道，作用方式也十分复杂，如陈志伟等[53]运用滤纸试验法探讨了铜、镉单一及复合污染对蚯蚓血细胞微核的影响，表明铜对蚯蚓血细胞微核有显著的影响，随铜浓度的升高，微核率呈现先上升后下降的趋势，而铜、镉复合污染对蚯蚓血细胞微核的影响具有显著的交互作用，复合效应小于单一效应之和，说明复合污染对毒性具有明显的拮抗作用。贾秀英等[14]以滤纸作为测试介质，通过开展铜、铬（Ⅵ）复合污染对蚯蚓的急性毒性效应研究，表明重金属铜、铬（Ⅵ）复合污染对蚯蚓具有明显的协同作用，而这种协同作用与各污染物的不同浓度组合有关，低浓度铜对铬（Ⅵ）的毒性没有影响，中、高浓度的铜则显著增强铬（Ⅵ）对蚯蚓的毒性效应。同时，贾秀英等[15]还在研究高铜、高锌猪粪对蚯蚓的急性毒性效应时发现，铜和锌在不同浓度组合条件下复合污染，两种污染物的交互作用截然不同，铜浓度为250和500mg/kg时，铜、锌复合污染表现为协同效应；铜浓度为750mg/kg时，铜、锌复合污染表现为拮抗效应。宋玉芳等[11]有关土壤重金属污染对蚯蚓的急性毒性效应研究结果也指出，在草甸棕壤中铜、锌、铅、镉4种重金属存在极强的协同效应，选择铜、锌、铅、镉单一污染引起10%蚯蚓死亡的浓度进行复合毒性实验，该复合污染却可导致蚯蚓100%死亡。野外条件下，在株洲冶炼厂附近镉、铅、砷、锌、汞、铜等重金属复合污染的土壤中，污染区白颈环毛蚓（*Pheretime cabfornica*）胃肠道黏膜上皮细胞发生损伤，表现为上皮细胞的核周腔扩大，甚至解体；同时可见到线粒体肿胀，凝聚及线粒体嵴消失呈空泡变，高尔基复合体、内质网扩张，溶酶体增生等病变[54]。

3.5 土壤动物对铜的生理生化反应及生物标志物研究

近年来，生物标志物的研究得到了迅速的发展，并被强烈推荐用于对环境中污染物的暴露评估或毒性效应检测[55]。生物标志物可用于土壤污染早期预警[56]，在检测铜污染暴露上，尤其以蚯蚓生物标志物的研究和使用最为普遍，常见的蚯蚓生物标志物包括溶酶体、金属硫蛋白、热激蛋白、多功能氧化酶（P450）、解毒酶（如谷胱甘肽转移酶）、抗氧化酶系和DNA损伤产物等。目前，国内针对铜影响蚯蚓的各种生化酶系做了较多的研究，部分涉及铜对蚯蚓胃肠道黏膜上皮细胞、血细胞微核和体腔细胞溶酶体等靶器官的影响（表3-7），针对金属硫蛋白、热激蛋白和DNA损伤也有个别的研究报道。

表3-7 蚯蚓对铜的生理生化和病理反应

土壤动物	测试介质	作用靶标	反应症状	参考文献
白颈环毛蚓	Cd、Pb、As、Zn、Hg、Cu复合污染土壤	胃肠道黏膜	胃黏膜出现溃烂，并穿孔现象；胃微绒毛萎缩；肠黏膜上纤毛发生紊乱以及萎缩、纤毛顶端发生融结膨大现象	郭永灿等[57]
白颈环毛蚓	Cd、Pb、As、Zn、Hg、Cu复合污染土壤	胃肠道黏膜上皮细胞	核周腔扩大，甚至解体；线粒体肿胀、凝聚；线粒体峪消失呈空泡变；高尔基复合体、内质网扩张；溶酶体增生	郭永灿等[54]
赤子爱胜蚓	Cu污染滤纸	血细胞微核	随铜浓度的升高，微核率呈现先上升后下降	陈志伟等[53]
秀丽线虫（野生型品系N2）	Cu污染NGM培养基	遗传缺陷	寿命缩短，生长发育受到抑制，出现产卵器发育畸形，世代时间延长，后代数目降低，运动行为也发生缺陷，且缺陷具有浓度依赖性，很大程度上可遗传给后代，且一些特定缺陷会在下一代被加重	汪洋等[58]
赤子爱胜蚓	Cu污染人工土壤	体腔细胞	黏附细胞吞噬活性与细胞吞饮作用减弱；中性红保持时间与剂量成负相关	李帅章等[59]
赤子爱胜蚓	Cu污染人工土壤	谷胱甘肽（GSH）、丙二醛含量（MDA）	铜可诱导蚯蚓谷胱甘肽和丙二醛含量上升，均存在显著的剂量效应关系	卜元卿等[60]

（续）

土壤动物	测试介质	作用靶标	反应症状	参考文献
赤子爱胜蚓	重金属污染农田土壤	谷胱甘肽（GSH）、丙二醛含量（MDA）	谷胱甘肽和丙二醛含量与土壤铜全量呈显著相关，且谷胱甘肽含量变化对土壤重金属响应的敏感度要高于丙二醛含量变化	卜元卿等[60]
安德爱胜蚓	Cu污染人工土壤	CAT、SOD、GSH-PX	低浓度铜对蚯蚓CAT、SOD酶有一定的激活作用，且酶活随着染毒时间，呈现先降低后升高的变化；铜会引起蚯蚓体内GSH-PX活性变化，但并不规律；三种酶活性变化与铜不存在剂量依赖关系	赵丽等[61]
赤子爱胜蚓	Cu污染草甸棕壤	P450、GST、SOD、CAT	各指标在暴露1周时均无显著变化；P450含量在第2周在100mg/kg剂量水平下显著诱导；SOD、CAT在第3周100mg/kg剂量水平下出现诱导效应，GST在200mg/kg出现诱导效应；第8周各指标均受到显著抑制	杨晓霞等[62]
赤子爱胜蚓	Cu污染黄棕壤	体腔细胞基因损伤	400mg/kg铜离子对蚯蚓具有一定的胁迫作用，体腔细胞彗星电泳图中细胞的尾长、尾部DNA含量以及尾矩呈非正态分布，在11和14d时，驯化后的蚯蚓基因损伤程度明显比未驯化蚯蚓低；利用细胞尾部DNA含量评价铜对体腔细胞DNA的损伤程度更为精确	徐池等[22]
赤子爱胜蚓	Cu污染人工土壤	SOD	SOD酶活性呈现出先抑后扬的现象，且SOD活性变化程度与铜浓度没有明显的相关性	何应森等[63]

何应森等[63]通过研究土壤铜污染与蚯蚓体内超氧化物歧化酶（SOD）活性变化的响应关系，表明随着铜暴露时间的延长，超氧化物歧化酶呈现短暂抑制后明显被激活，但超氧化物歧化酶活性变化程度与铜浓度没有明显的相关性。杨晓霞等[62]研究了亚致死剂量铜（100、200、300、400mg/kg）对赤子爱胜蚓体内P450酶和谷胱甘肽-S转移酶（GST）、超氧化物歧化酶及过氧化氢酶（CAT）活性的长期影响，发现铜暴露8周后，蚯蚓体内P450含量及各抗氧化酶活性均受到一定的抑制，其中P450的响应最为敏感，而超氧化物歧化酶和过氧化氢酶则相对不敏感。也有研究铜（$CuSO_4$）在人工土壤中对安德爱胜蚓体内过氧化氢酶、超氧化物歧化酶和谷胱甘肽过氧化物酶（GSH-PX）活性影响的报道，发现低浓度的铜对蚯蚓体内过氧化氢酶有一定的激活作用，且酶活性随着染毒时间呈现先降低后升高的变化；而随着铜在蚯蚓体内的累积，对超氧化物歧化酶呈现短暂抑制后，明显激活的作用；铜也会引起蚯蚓体内谷胱甘肽过氧化物酶活性变化，但没有明显的剂量—效应和时间—效应关系[61]。在人工土壤中从暴露2～28d，100～400mg/kg的铜均可诱导赤子爱胜蚓体内谷胱甘肽（GSH）和丙二醛（MDA）含量的显著升高，铜污染浓度与蚯蚓体内谷胱甘肽和丙二醛含量之间存在显著的剂量—效应关系，尤其以赤子爱胜蚓的谷胱甘肽含量变化对铜的反应较为敏感，且受暴露环境因子影响较小，特异性强，有

潜力成为指示污染土壤生态风险的预警性生物标志物[60]。熊文广等[64]的研究也表明，铜暴露下蚯蚓体内过氧化氢酶、超氧化物歧化酶和谷胱甘肽过氧化物酶，以及谷胱甘肽和丙二醛浓度变化均表现不同程度的时间、剂量依赖关系。其他研究也有报道200mg/kg的铜污染土壤对赤子爱胜蚓体内超氧化物歧化酶和过氧化氢酶有显著的抑制作用，脂质过氧化产物丙二醛的含量也明显升高，表明铜胁迫对蚯蚓机体组织具有一定的氧化损害效应[51]。

我国有大量使用动物粪便作为农田肥料的传统与习惯，而动物粪便中高含量重金属（如铜）对农田土壤的污染和对生态环境的破坏也受到了相当的关注[65]。其中，兽药添加剂中铜对蚯蚓的潜在影响也有所涉及。将赤子爱胜蚓暴露于200mg/kg和400mg/kg的铜（$CuSO_4$）污染土壤中，可诱导蚯蚓体内过氧化氢酶、过氧化物酶和超氧化物歧化酶等抗氧化酶活性的升高，也可诱导金属硫蛋白（MT）和热激蛋白（Hsp70）表达量的上升，但对谷胱甘肽-S转移酶的活性没有明显的影响，表明蚯蚓抗氧化酶系对铜胁迫有较强烈的响应，而热激蛋白水平的变化可在分子水平上作为铜胁迫的生物标志物[66]。

蚯蚓体腔细胞溶酶体膜稳定性［利用中性红染色保持时间（NRRT）来判断］是常用于诊断土壤污染物生态毒理效应的生物标志物[67～68]。在人工土壤中，将赤子爱胜蚓暴露于0、200、400、600和800mg/kg的铜（$CuSO_4$）污染土壤中，随着暴露时间（2、7、14d）的延长和铜浓度的升高，蚯蚓体腔细胞溶酶体中性红保持时间相应减少，表明NRRT可用于铜污染土壤的早期预警与诊断[59]。

单细胞凝胶电泳（彗星电泳）是研究污染物遗传毒性的常用技术，其中蚯蚓彗星电泳已被证明可用于灵敏指示多环芳烃、农药、重金属等污染物的潜在遗传毒性和早期暴露效应[69～71]。徐池等[22]利用彗星试验检测了铜对赤子爱胜蚓的基因损伤，发现400mg/kg的铜污染土壤对蚯蚓基因有一定的损伤作用，认为蚯蚓DNA损伤可以作为指示铜等重金属污染胁迫的生物标志物。

结　束　语

土壤铜污染在我国乃至世界范围内是一个比较突出的环境问题，如欧洲的一些果园区域由于长期使用铜制剂农药而导致果园土壤铜含量高达100～1 500mg/kg[72～73]，我国江西德兴铜矿周边耕地土壤的铜含量也达到462.8mg/kg，该地区河底底泥的铜含量则高达500～10 000mg/kg[74～75]。鉴于土壤环境中铜对生态受体和生态系统服务功能的潜在危害，国际上已开展了大量有关铜对植物、动物和微生物的生态毒理研究，从而也为欧盟、美国、加拿大、澳大利亚等国家制订铜的土壤生态基准奠定了重要的基础[76]。我国近年来也在铜对植物（尤其是作物）和土壤微生物的毒性毒理研究方面开展了许多前沿性的研究工作，并取得了一批重要的学术成果[77～79]，目前正在探索构建基于本土植物（少量涉及微生物）生态毒理数据的铜的土壤生态基准值[80]。然而与铜对植物的毒性研究相比，我国在铜对土壤动物的毒性评价和毒理研究方面严重滞后，目前已开展的毒性测试主要涉及铜对蚯蚓的急性毒性，对生态上更为相关的慢性毒性少有涉及，而且大多数研究局限于在单一土种上开展试验，未能系统说明铜在我国不同土壤类型中对动物的毒性差异。此外，尽管我国的土壤动物种类非常丰富[81]，但利用本土物种开展的生态毒理研究却十分匮乏。以蚯蚓为例，有报道中国（包括香港、澳门、台湾地区）陆栖蚯蚓（寡毛纲：后孔寡毛目）共9科28属306种（含亚种）[82]，最近的种类记述则补充到了9科31属314种14亚种[83]，但目前我国开展的蚯蚓毒性研究却极少涉及本土物种，对其他本土土壤动物类群（如跳虫、线虫等）的研究其情况也与此类似。显然，目前我国针对本土土壤动物开展的重金属（包括铜）生态毒理研究还远远不足，未来一定时期内应加强以下几个方面的工作：

（1）土壤生态毒理研究代表性物种的筛选：筛选和建立适合本国或区域土壤特点的生态毒理评价代表性物种是开展土壤污染物生态风险评估，科学确定土壤环境基准与标准的重要前提与保障。美国、英国、荷兰、加拿大等国家对土壤生态毒理评价代表性物种的筛选十分重视[84~87]，而我国至今尚未开展相关的筛选和研究工作。长期以来，我国开展土壤生态毒理研究一贯沿用赤子爱胜蚓、白符䖴等国际通用的标准测试物种，但赤子爱胜蚓、白符䖴等均非我国本土物种，其在我国土壤生态系统中的作用与功能并不占主导地位。因此，近期我国应以主要土壤生物类群和生物量大、生态功能突出的优势物种为重点考察对象，参考国际标准化组织（ISO）、经济合作与发展组织（OECD）、美国试验与材料学会（ASTM）、欧盟（EU），以及美国、英国、荷兰和加拿大等国家筛选生态毒理学研究模式生物的方法，从物种的区域代表性、土壤类型适应性、生态相关性、毒性敏感性和实际可操作性等角度进行综合考察与评估，筛选出适用于我国土壤生态毒理研究的代表性物种，建立适合我国土壤特点的生态毒理评价代表性物种名录。

（2）土壤动物生态毒理评价标准化测试方法的构建：目前我国推荐使用或规定使用的生态毒理研究或化学品毒性测试方法[88]，几乎全是等效采用ISO、OECD等组织颁布的国际标准方法，基于本土物种和本地环境特点提出的国家标准测试方法仅有个别的案例，如《化学品稀有鮈鲫急性毒性试验》（GB/T 29763—2013）。近来，利用我国本土物种东洋棘䖴（*Onychiurus yodai*）评价土壤中化学物质生态毒性的方法已申请了国家专利（专利申请号：201310559787.0）（柯欣等，个人通讯），将来有望发展成为第一个基于我国本土物种的土壤动物生态毒性测试方法。然而与欧盟、美国、加拿大等发布有大量自主研发的土壤生态毒理评价标准化测试方法的发达国家（或地区）相比，我国在本土化生态毒理评价代表性物种筛选和标准化测试方法的构建等方面还十分滞后，与我国环境管理过程中对符合国情的本土化生态毒理评价方法与技术的需求相去甚远。因此，近期应针对我国典型地带性土壤和本土代表性物种，开展代表性物种的生物学特性观察、土壤类型适应性研究和对污染物毒性响应敏感性测定，从中选择数种毒性响应敏感、土壤适应范围广、毒性试验过程可操作性强的物种，逐步建立部分物种的标准化毒性测试技术与方法，包括研发反映群落结构效应的测试方法、研究与土壤功能效应相关的测试方法、研究室内、半天然和野外土壤生态毒理试验方法、研究室内、室外长期暴露毒性观测试验方法、研究土壤生态毒理批试验方法与技术标准（要求）等，为我国化学品生态效应评估、土壤污染生态风险评估和土壤环境基准研究等提供技术支持。

（3）不同类型土壤中重金属环境行为和生态毒理研究：土壤性质对重金属的毒性影响很大，铜、镍在不同土壤中对同一种生物的毒性可以相差十几甚至几十倍，土壤性质（如pH、有机质含量、阳离子交换量和黏土含量等）是影响铜、镍生物有效性和毒性的主要因素[24,89~92]。我国地域辽阔，土壤类型多样，不同土壤的理化性质和元素背景浓度差异很大。因此，针对我国典型地带性土壤和本土代表性物种，系统开展典型污染物的基础生态毒理研究，明确铜等重金属在不同类型土壤中对不同生态受体的毒性差异及程度，是科学确定污染物生态毒理阈值、制订土壤环境基准和开展土壤污染生态风险评估的迫切需求。

（4）重金属对土壤动物的暴露过程和毒理机制研究：虽然目前国内对铜、镍等重金属对植物、动物和微生物等生态受体的毒性效应已开展了比较广泛和深入的研究，但关于土壤动物如何对重金属进行吸收、累积和响应的过程与机理还知之甚少。因此，研究和阐明重金属通过动物皮肤和胃肠道等系统发生穿透、吸收、转运、分配和蓄积的过程与机理，建立可预测土壤中重金属生物有效性/生物可利用性的机理模型，对阐明重金属污染物长期暴露的过程、机理及其生态学效应具有重要的意义[93]。同时，还应加强土壤动物对重金属污染暴露的生理生化反应研究，甚至从基因组学、蛋白质组学和代谢组学等水平和层次上去深入探讨和阐明铜、镍等重金属诱发土壤动物发生中毒和病理变化的分子机制，从而较为全面地认识和了解土壤动物对重金属的系统响应过程与机理，相关工作国内在镉对蚯蚓的毒性影响方面已进行了一些初步探索[94]。此外，从风险评估和环境管理等需求与应用上，应加强土壤动物对重金属响应的生物标志物研究，建立反应灵敏、稳定、特异性强的生物标志物及可操作性强的诊断技术或检测方法，从而用于对重金属污染土壤低剂量长期暴露进行风险筛查及早期预警。

参 考 文 献

[1] Chander K, Brookes P C. Residual effects of zinc, copper and nickel in sewage sludge on microbial biomass in a sandy loam [J]. Soil Biology and Biochemisty, 1993, 25: 1231-1239.

[2] United States Department of Health and Human Services. Toxicological profile for copper [R]. United States Department of Health and Human Services, 2004.

[3] International Programme on Chemical Safety. Copper. Environmental Health Criteria No. 200 [R]. Geneva, Switzerland: World Health Organization, 1998.

[4] Eijsackers H. Earthworms in Environmental Research [M]. In: Edwards C A (ed.). Earthworms Ecology. Boca Raton, FL: CRC Press, 2004, 321-342.

[5] Organisation for Economic Co-operation and Developmen. Guideline for testing of chemicals No 207. Earthworm, Acute Toxicity Tests [S]. Paris: Organisation for Economic Cooperation and Development, 1984.

[6] Organisation for Economic Co-operation and Developmen. Guideline for testing of chemicals No 222. Earthworm Reproduction Test (*Eisenia fetida*/*Eisenia andrei*) [S]. Paris: Organisation for Economic Cooperation and Development, 2004.

[7] International Organization for Standardization. ISO 11268-1: 1993. Soil Quality-Effects of Pollutant on Earthworms (*Eisenia fetida*). Part 1: Determination of Acute Toxicity Using Artificial Soil Substrate [S]. Geneva: International Organization for Standardization, 1993.

[8] International Organization for Standardization. ISO 11268-2: 1998. Soil Quality-Effects of Pollutant on Earthworms (*Eisenia fetida*). Part 2: Determination of Effects on Reproduction [S]. Geneva:

International Organization for Standardization，1998.
[9] 颜增光，何巧力，李发生．蚯蚓生态毒理试验在土壤污染风险评价中的应用 [J]. 环境科学研究，2007，20（1）：134-142.
[10] 郭永灿，王振中，张友梅，等．重金属对蚯蚓的毒性毒理研究 [J]. 应用与环境生物学报，1996，2：132-140.
[11] 宋玉芳，周启星，许华夏，等．土壤重金属污染对蚯蚓的急性毒性效应研究 [J]. 应用生态学报，2002，13：187-190.
[12] 梁继东，周启星．甲胺磷、乙草胺和铜单一与复合污染对蚯蚓的毒性效应研究 [J]. 应用生态学报，2003，14（4）：593-596.
[13] 梁继东，周启星．甲胺磷、乙草胺和铜单一与复合污染对黑土环境安全的胁迫研究 [J]. 环境科学学报，2004，24（3）：474-481.
[14] 贾秀英，李喜梅，杨亚琴，等．CuCr（VI）复合污染对蚯蚓急性毒性效应的研究 [J]. 农业环境科学学报，2005a，24：31-34.
[15] 贾秀英，罗安程，李喜梅．高铜、高锌猪粪对蚯蚓的急性毒性效应研究 [J]. 应用生态学报，2005b，16：1527-1530.
[16] 刘德鸿，刘德辉，成杰民．土壤 Cu、Cd 对两种蚯蚓种的急性毒性 [J]. 应用与环境生物学报，2005，11：706-710.
[17] 赵丽，邱江平，沈嘉林，等．重金属镉、铜对蚯蚓的急性毒性试验 [J]. 上海交通大学学报（农业科学版），2005，23：366-370.
[18] 陈志伟，李兴华，周华松．铜、镉单一及复合污染对蚯蚓的急性毒性效应 [J]. 浙江农业学报，2007，19：20-24.
[19] 李志强．蚯蚓对铜离子的富集及其对人工土壤铜锌形态的影响 [D]. 泰安：山东农业大学，2009.
[20] 周娟．我国典型土壤中铜和镍对赤子爱胜蚓（*Eisenia fetida*）的毒性效应研究 [D]. 郑州：河南农业大学，2009.
[21] 胡艳．1，2，4-TCB 和 Cu、Pb 单一和复合污染对蚯蚓的分子毒性机理研究 [D]. 杭州：浙江工业大学，2012.
[22] 徐池，陈剑东，徐莉，等．利用彗星试验检测 Cu^{2+} 对驯化蚯蚓的基因损伤 [J]. 生态学杂志，2012，31（7）：1791-1797.
[23] 吴声敢，王彦华，吴长兴，等．6 种重金属对赤子爱胜蚓的急性毒性效应与风险评价 [J]. 生物安全学报，2012，21（3）：221-228.
[24] Alva A K，Huang B，Paramasivam S. Soil pH affects copper fractionation and phytotoxicity [J]. Soil Science Society of America Journal，2000，64：955-962.
[25] Lukkari T，Taavitsainen M，Väisänen A，et al. Effects of heavy metals on earthworms along contamination gradients in organic rich soils [J]. Ecotoxicoloty and Environmental Safety，2004，59：340-348.
[26] 何巧力．土壤中萘和铜对赤子爱胜蚓的毒理效应研究 [D]. 哈尔滨：哈尔滨工业大学，2007.
[27] Aldaya M M，Lors C，Salmon S，et al. Avoidance bio-assays may help to test the ecological significance of soil pollution [J]. Environment Pollution，2006，140：173-180.
[28] International Organization for Standardization. ISO 17512-1：2008. Soil quality-Avoidance test for determining the quality of soils and effects of chemicals on behaviour—Part 1：Test with earthworms (*Eisenia fetida* and *Eisenia andrei*) [S]. International Organization for Standardization，Geneve，2008.
[29] Schaefer M. Behavioural endpoints in earthworm ecotoxicology-Evaluation of different test systems in

soil toxicity assessment [J]. Journal of Soils and Sediment，2003，3：79-84.

[30] Wentsel R S，Guelta M A. Avoidance of brass powder-contaminated soil by the earthworm，*Lumbricus terrestris* [J]. Environmental Toxicology and Chemistry，1988，7：241-243.

[31] Aquaterra Environmental，Ltd. and ESG International Inc. Assessment of the biological test methods for terrestrial plants and soil invertebrates：Metals? [M]. Aquaterra Environmental，Ltd.（Orton，On）and ESG International Inc.（Guelph，ON）for the method Development and Applications Section，Aquaterra Environmental and Ecological Service Group，Environment Canada，Ottawa，ON，2000.

[32] Van Zwieten L，Rust J，Kingston T，et al. Influence of copper fungicide residues on occurrence of earthworms in avocado orchard soils [J]. Science of the Total Environment，2004，329：29-41.

[33] Salminen J，Haimi J. Life history and spatial distribution of the enchytraeid worm *Cognettia sphagnetorum*（*Oligochaeta*）in metal-polluted soil：below-ground sink-source population dynamics? [J]. Environmental Toxicology and Chemistry，2001，20：1993-1999.

[34] 陈建秀，麻智春，严海娟，等．跳虫在土壤生态系统中的作用 [J]. 生物多样性，2007，15（2）：154-161.

[35] 许杰，柯欣，宋静，等．弹尾目昆虫在土壤重金属污染生态风险评估中的应用 [J]. 土壤学报，2007，44（3）：544-549.

[36] 刘玉荣，贺纪正，郑袁明．跳虫在土壤污染生态风险评价中的应用 [J]. 生态毒理学报，2008，3（4）：323-330.

[37] 李晓勇，骆永明，柯欣，等．土壤弹尾目昆虫 *Folsomia candida* 对铜污染的急性毒理初步研究 [J]. 土壤学报，2011a，48（1）：197-201.

[38] 李晓勇，骆永明，柯欣，等．污染食物喂养实验中铜对白符跳毒性的连续监测 [J]. 土壤，2011b，43（5）：776-780.

[39] 李晓勇，骆永明，柯欣，等．土壤跳虫（*Folsomia candida*）对食物中铜污染物的吸收和排泄 [J]. 生态毒理学报，2012，7（4）：395-400.

[40] 岳丽蕊，贾少波，赵岩，等．重金属铜对 3 种跳虫的影响 [J]. 生物学通报，2011，46（1）：51-54.

[41] Xu J，Ke X，Krogh P H，et al. Evaluation of growth and reproduction as indicators of soil metal toxicity to the Collembolan，*Sinella Curviseta* [J]. Insect Science，2009，16：57-63.

[42] 王世斌，张晓珂，李琪．线虫群落结构对外源添加不同浓度铜污染物的响应 [J]. 土壤通报，2008，39（2）：406-410.

[43] Wang S B，Li Q，Liang W J，et al. PCR-DGGE analysis of nematode diversity in Cu-contaminated soil [J]. Pedosphere，2008，18（5）：621-627.

[44] 张永志，徐建民，柯欣，等．重金属 Cu 污染对土壤动物群落结构的影响 [J]. 农业环境科学学报，2006，25（增刊）：127-130.

[45] Wang Q Y，Zhou D M，Cang L，et al. Indication of soil heavy metal pollution with earthworms and soil microbial biomass carbon in the vicinity of an abandoned copper mine in Eastern Nanjing，China [J]. European Journal of Soil Biology，2009，45：229-234.

[46] 朱永恒，张平究，张衡，等．铜尾矿自然废弃地土壤动物的迁居与恢复 [J]. 应用与环境生物学报，2013，19（3）：459-465.

[47] 朱永恒，张小会，沈非，等．铜尾矿复垦地与外围林地土壤动物群落结构 [J]. 生物多样性，2012，20（6）：725-734.

[48] 查书平，丁裕国，王宗英，等．铜陵市铜尾矿土壤动物群落生态研究 [J]. 生态环境，2004，13 (2)：167-169.
[49] 刘廷凤，刘振宇，孙成．Cu^{2+} 与草甘膦单一及复合污染对蚯蚓的急性毒性研究 [J]. 环境与污染防治，2009，31 (6)：3-6.
[50] 周垂帆，王玉军，俞元春，等．铜和草甘膦对蚯蚓的毒性效应研究 [J]. 中国生态农业学报，2012，20 (8)：1077-1082.
[51] Zhou C F，Wang，Y J，Li C C，et al. Subacute toxicity of copper and glyphosate and their interaction to earthworm (*Eisenia fetida*) [J]. Environmental Pollution，2013，180：71-77.
[52] Zhou Q X，Wang M，Liang J D. Ecological detoxification of methamidophos by earthworms in phaiozem co-contaminated with acetochlor and copper [J]. Applied Soil Ecology，2008，40：138-145.
[53] 陈志伟，李兴华．铜镉单一及复合污染对蚯蚓血细胞微核的诱导 [J]. 农业环境科学学报，2006，25 (5)：1193-1197.
[54] 郭永灿，王振中，张友梅，等．重金属对蚯蚓胃肠道上皮细胞超微结构损伤的研究 [J]. 生态学报，1997，17 (3)：282-287.
[55] Weeks J M. The value of biomarkers for ecological risk assessment：academic toys or legislative tools? [J]. Applied Soil Ecology，1995，2：215-216.
[56] Depledge M H，Fossi MC. The role of biomarkers in environmental assessment (2) invertebrates [J]. Ecotoxicology，1994，3：161-172.
[57] 郭永灿，颜亨梅，赖勤，等．土壤中重金属污染对白颈环毛蚓 (*Pheretime califonica*) 胃肠道黏膜损伤的扫描电镜观察 [J]. 电子显微学报，1994 (2)：84-88.
[58] 汪洋，王大勇．铜中毒引起的秀丽线虫世代间可传递的缺陷 [J]. 安全与环境学报，2007，7 (2)：10-14.
[59] 李帅章，孙振钧，王冲．铜砷单一污染对蚯蚓体腔细胞的影响 [J]. 农业环境科学学报，2008，27 (6)：2382-2386.
[60] 卜元卿，骆永明，滕应，等．赤子爱胜蚓谷胱甘肽和丙二醛含量变化指示重金属污染土壤的生态毒性 [J]. 土壤学报，2008，45 (4)：616-621.
[61] 赵丽，邱江平，李凤．铜离子污染胁迫对蚯蚓重要抗氧化物酶活性的影响 [J]. 中国农学通报，2011，27 (26)：266-269.
[62] 杨晓霞，张薇，曹秀凤，等．亚致死剂量铜对蚯蚓 P450 酶和抗氧化酶活性的长期影响 [J]. 环境科学学报，2012，32 (3)：745-750.
[63] 何应森，徐晓燕，高晓玲．土壤 Cu 污染与蚯蚓体内 SOD 活性变化的响应关系 [J]. 江苏农业科学，2013，41 (6)：328-330.
[64] 熊广文，白玲，邹梦佳，等．铜、锌暴露胁迫对土壤蚯蚓的分子生态毒性的初步研究 [C] //中国毒理学会兽医毒理学与饲料毒理学学术讨论会暨兽医毒理专业委员会第 4 次全国代表大会会议论文录，2012.
[65] Xiong X，Li Y X，Li W，et al. Copper content in animal manures and potential risk of soil copper pollution with animal manure use in agriculture [J]. Resources，Conservation and Recycling，2010，54：985-990.
[66] Xiong W G，Ding X Y，Zhang Y M，et al. Ecotoxicological effects of a veterinary food additive，copper sulphate，on antioxidant enzymesand mRNA expression in earthworms [J]. Environmental Toxicolog and Pharmacology，2014，37：134-140.

[67] Maboeta M S, Reinecke S A, Reineckeb A J. The relationship between lysosomal biomarker andorganismal responses in an acute toxicity test with *Eisenia Fetida* (Oligochaeta) exposed to the fungicide copper oxychloride [J]. Environmental Research, 2004, 96: 95-101.

[68] Hankard P K, Svendsen C, Wright J, et al. Biological assessment of contaminated land using earthworm biomarkers in support of chemical analysis [J]. Science of the Total Environment, 2004, 330: 9-20.

[69] Krauss M, Wilcke W. Biomimetic extraction of PAHs and PCBs from soil with octadecyl-modified silica disks to predict their availability to earthworms [J]. Environmental Science & Technology, 2001, 35: 3931-3935.

[70] Reinecke S A, Reinecke A J. The comet assay as biomarker of heavy metal genotoxicity in earthworms [J]. Archives of Environmental Contamination and Toxicology, 2004, 46: 208-215.

[71] Verschaeve L, Gilles J. Single cell gel electrophoresis assay in the earthworm for the detection of genotoxic compounds [J]. Bulletin of Environmental Contamination and Toxicology, 1995, 54: 112-119.

[72] Schramel O, Michalke B, Kettrup A. Study of the copper distribution in contaminated soils of hop fields by single and sequential extraction procedures [J]. The Science of the Total Environment, 2000, 263: 11-22.

[73] Brun L A, Maillet J, Hinsinger P. Evaluation of copper availability to plants in copper contaminated vineyard soils [J]. Environmental Pollution, 2001, 111: 293-302.

[74] 黄长干，邱业先．江西德兴铜矿铜污染状况调查及植物修复研究 [J]. 土壤通报，2005，36 (6)：991-992.

[75] 谢学辉，范凤霞，袁学武，等．德兴铜矿尾矿重金属污染对土壤中微生物多样性的影响 [J]. 微生物学通报，2012，39 (5)：624-637.

[76] U. S. Environmental Protection Agency. Ecological Soil Screening Levels for Copper (Interim Final). U. S. Environmental Protection Agency [J]. OSWER Directive 9285. 2006, 7-68.

[77] Guo X, Zuo Y B, Wang B R, et al. Toxicity and accumulation of copper and nickel in maize plants cropped on calcareous and acidic field soils [J]. Plant Soil, 2010, 333: 365-373.

[78] Li B, Ma Y B, McLaughlin M J, et al. Influences of soil properties and leaching on copper toxicity to barley root elongation [J]. Environmental Toxicology and Chemistry, 2010, 29: 835-842.

[79] Li X F, Sun J W, Qiao M, et al. Copper toxicity thresholds in Chinese soils based on substrate-induced nitrification assay [J]. Environmetal Toxicology and Chemistry, 2010, 29: 294-300.

[80] 王小庆，韦东普，黄占斌，等．物种敏感性分布法在土壤中铜生态阈值建立中的应用研究 [J]. 环境科学学报，2013，33 (6)：1787-1794.

[81] 尹文英．土壤动物学研究的回顾与展望 [J]. 生物学通报，2001，36 (8)：1-3.

[82] 黄健，徐芹，孙振钧，等．中国蚯蚓资源研究：Ⅰ．名录及分布 [J]. 中国农业大学学报，2006，11 (3)：9-20.

[83] 徐芹，肖能文主编．中国陆栖蚯蚓 [M]. 北京：中国农业出版社，2011.

[84] U. S. Environmental Protection Agency. Guidance for developing ecological soil screening levels [R]. U. S. Environmental Protection Agency, OSWER Directive 9285. 2005, 7-55.

[85] Römbke J, Jänsch S, Scroggins R. Identification of potential organisms of relevance to Canadian boreal forest and northern lands for testing of contaminated soils [J]. Environmental Reviews, 2006, 14: 137-167.

［86］ Jänsch S，Amorim M J，Römbke J. Identification of the ecological requirements of important terrestrial ecotoxicological test species [J]. Environmental Review，2005，13：51-83.

［87］ Roast S，Ashton D，Leverett D，et al. Guidance on the use of Bioassays in Ecological Risk Assessment [M]. Environment Agency，United Kingdom. 2008.

［88］ 国家环境保护总局《化学品测试方法》编委会．化学品测试方法 [M]. 北京：中国环境科学出版社，2004.

［89］ Daoust C M，Bastien C，Deschênes，L. Influence of soil properties and aging on the toxicity of copper on compost worm and barley [J]. Journal of Environmental Quality，2006，35：558-567.

［90］ Weng L P，Wolthoorn A，Lexmond T M，et al. Understanding the effects of soil characteristics on phytotoxicity and bioavailability of nickel using special models [J]. Environmental Science and Technology，2004，38：156-162.

［91］ Rooney C P，Zhao F J，McGrath S P. Phytotoxicity of nickel in a range of European soils：Influence of soil properties，Ni solubility and speciation [J]. Environmental Pollution，2007，145：596-605.

［92］ Semenzin E，Temminghoff E J M，Marcomini A. Improving ecological risk assessment by including bioavailability into species sensitivity distributions：An example for plants exposed to nickel in soil [J]. Environmental Pollution，2007，148：642-647.

［93］ Li L Z，Zhou D M，Peijnenburg，W J G M，et al. Uptake and pathways and toxicity of Cd and Zn in the earthworm *Eisenia fetida* [J]. Soil Biology and Biochemistry，2010，42：1045-1050.

［94］ Wang X，Chang L，Sun Z J，et al. Analysis of earthworm Eisenia fetida proteomes during cadmium exposure：An ecotoxicoproteomics approach [J]. Proteomics，2010，10：4476-4490.

第4章　土壤中重金属铜的微生物毒害

随着工业的高速发展，重金属铜通过各种途径进入土壤，并对土壤中的生物体产生不良效应，进而对整个生态系统产生危害，因此，研究重金属铜的生物毒性及其在生态系统的潜在危害是非常重要的。

利用生物测试法对土壤中重金属的毒性进行研究，如植物[1~2]、动物[3~4]、微生物[5~6]等，可以获得重金属对生物产生效应的直接证据，但水生生物、植物和动物的试验周期都比较长，费用也较高，需要特殊的仪器装置和专业的操作人员，而且在试验的标准化方面也存在一些问题[7]；微生物测试法与其他高等生物试验法相比具有很多优点，如简便、快速、灵敏[8~9]等，因此受到越来越多的重视。

4.1　土壤中铜污染的微生物毒性诊断方法

4.1.1　土壤硝化势

土壤的微生物特性常常用作评价土壤质量和土壤健康的指标[10]。利用微生物特性的各种指标进行土壤重金属污染毒性评价研究时，科学家们建议利用多个终点评价生物效应，主要包括：土壤生物量、土壤呼吸、酶活性、硝化势（硝化势通常指土壤中基质饱和时的硝化速率）和固氮等指标，其中硝化势被作为较为敏感的指标而被广泛应用[11~12]。国际标准委员会[13]利用100mg NH_4^+－N/kg土壤添加量下培养28d后形成的NO_3^-量作为危害评价的终点指标。孙晋伟等[14]和Li等[15]的研究表明，随着添加铜浓度的升高，土壤PNR均逐渐下降，以硝化势表示的我国17个土壤铜的微生物毒性差异高达30倍，土壤性质对铜的毒性影响显著，土壤pH和土壤黏度是影响硝化势的重要土壤性质。

4.1.2　土壤酶活性

土壤酶是土壤中的生物产生的具有加速土壤生化反应速率功能的蛋白质，土壤酶活性的大小与重金属污染程度存在一定的相关性[16~17]，土壤酶测定方法不但能反映土壤的新陈代谢能力而且能反映其机理差异[18]。Pradip等[19]通过连续提取法测定长期污水灌溉的土壤重金属的形态发现，水溶态和可交换态的重金属（Cu、Cd、Cr）对脲酶、磷酸酶活性等生化参数有较强的抑制效应。Wang等[20]对中国浙江铜冶炼厂附近土壤中重金属对土壤微生物的活性与群落结构的影响进行了研究，结果表明随着铜水平的升高土壤磷酸酶的活性显著降低，在距冶炼厂采样点50m到600m处的土壤磷酸酶活性升高了约2倍，且和土壤NH_4NO_3提取态铜呈负相关。因此，土壤酶活性可以作为一种微生物指标，反映土壤受重金属污染的程度。

4.1.3 发光细菌法

利用微生物传感器测定水体中重金属的毒性在国内外都有很多报道，但在土壤中应用的报道还较少，发光微生物传感器是目前生物毒性测试中研究最多的微生物传感器之一。Amin-Hanjani[21]等科学家将荧光基因 luxCDABE 导入荧光假单胞菌（*Psoudomonas fluorescens*）和大肠杆菌（*E. coli*），所构建的重组发光菌 *Ps. fluorescens* 10586s pUCD607 和大肠杆菌 *E. coli* HB101 pUCD607 的发光性能增强，检测灵敏度提高。Paton 等英国科学家[22~24]将这两种重组发光菌应用于水体和土壤环境中有机和无机污染物的生物毒性测定，得到了较好结果，同时，证明了基因重组发光菌法优于脱氢酶法、ATP 荧光素一荧光酶法、Microtox 法和磷发光细菌 844。由于基因重组发光菌测定土壤提取液的毒性时，不需要改变测定条件，所以应用到土壤生态毒性的研究时优于来源于海洋的弧菌属细菌（*Vibrio fischeri*）。细菌和单细胞海藻对环境中的铜有较高的灵敏度及重现性[25]，微生物传感器法有望成为快速廉价的土壤中重金属微生物毒害的测定方法。

4.2 土壤中铜微生物毒性的影响因素

4.2.1 土壤性质

土壤性质对铜的微生物毒性有较大的影响。Broos 等[26]测定了澳大利亚土壤中金属铜的微生物毒性，发现土壤 pH 是影响铜对微生物毒性的主要因素，随 pH 的增加，底物诱导硝化法（SIN）测定的铜毒性降低。Oorts 等[27]调查了欧洲土壤中金属铜的微生物毒性，发现 CEC 影响铜毒性的最主要影响因子。Ascoli 等[28]的研究表明，意大利土壤中有机碳是影响土壤酶活性的主要因素，同时土壤有机碳也减弱了铜的毒性。

表 4-1 不同国家和地区土壤性质比较

国家和地区	pH	OC（g/kg）	DOC（mg/L）	文献来源
中国	4.9～8.9	6～42.8		
加拿大	5.5～7.6		6～170	Daoust 等[29]
澳大利亚	4.0～7.6	9～56		Broos 等[26]
法国	4.5～8.3	10.0～24.9		Brun 等[30]
欧洲	3.4～7.5	3.8～233.3		Rooney 等[31]

通过进一步比较不同国家的主要土壤性质，发现某些欧洲土壤中有机质含量较高[27,31～32]（表 4-1），表中欧洲土壤有机碳最大含量为 233.3g/kg，中国及澳洲土壤的有机质含量相对较低，本文中我国土壤有机碳含量最高为 42.8g/kg。有研究表明石灰性土壤中影响植物根系铜的有效性的主要土壤性质是土壤有机质[33]，对于有机碳含量高的土

壤，如某些欧洲土壤，有机碳对铜的微生物毒性和土壤微生物的影响较大。因而我们可以得出有机质高含量的土壤，土壤中的有机配体是控制铜的生物有效性或毒性的主要土壤性质，有机质含量相对较低的土壤，如我国和澳大利亚土壤中，pH是控制铜毒性（或有效性）的主要影响因素，在孙晋伟等[14]和Li等[15]对硝化势的研究中也证明了这一结论。

土壤性质对微生物的作用也会对毒性产生影响。pH升高会促进生物体对铜的吸收，从而增加铜的毒性。有研究表明，*E. coli* 对铜的吸收不是主动运输，主要的毒性效应可能是由于细胞壁的吸附造成的[34]。对于藻类的研究也得到相近的结果，淡水藻的生长抑制与结合在海藻细胞表面的金属的数量有关，Wilde等[35]测定了淡水藻细胞外的铜含量，在高pH时，较多的铜吸附在淡水藻细胞的表面，导致细胞内的铜增加，结果是铜对淡水藻的毒性随pH的增加而增加。另一方面H^+会与Cu^{2+}竞争生物体表面的结合位点，从而降低其毒性（或生物有效性）[36~37]。

4.2.2 土壤中铜的形态

重金属的形态对土壤中微生物的毒性有较大影响。与重金属全量相比，有效态重金属对土壤酶活性影响更大[18,38]。研究表明，土壤溶液中自由Cu^{2+}比全量铜或可溶性铜与毒性之间有更好的相关性。Vulkan等[39]测定了22种土壤中可溶性铜浓度和土壤孔隙水中的铜自由离子活度，利用荧光假单孢菌10586r测定土壤中铜的毒性效应，发现自由Cu^{2+}活度比水溶性铜与假单胞荧光菌的发光抑制率有更好的相关性，自由Cu^{2+}活度比水溶性铜能更好地表示铜的毒性。

Oorts等[27]报道了用铜自由离子活度（Cu^{2+}）表示的微生物的毒性阈值随土壤溶液pH的增加而显著降低，用全铜表示的毒性值和土壤pH没有相关性。自由铜离子（Cu^{2+}）的溶解度高度依赖pH，pH每下降1个单位，自由铜离子（Cu^{2+}）的溶解度增加100倍[40]，当土壤pH低于6.9时，土壤溶液中的铜以自由铜离子（Cu^{2+}）为主，pH大于6.9时主要为$Cu(OH)_2^0$，还有一些$Cu(OH)^+$离子。$CuSO_4^0$和$CuCO_3^0$也是铜的两种重要形态。Vulkan等[39]也得到了相同结果，自由铜离子（Cu^{2+}）占可溶性铜的百分数在0.02%～96%之间，当土壤孔隙水的pH＞6时，自由铜离子占可溶性铜的百分数不到1%。

在早期的研究中，认为金属自由离子是对生物体产生毒性（或有效性）的主要形态，Morel[41]提出了预测金属毒性的自由离子活度模型，该模型的原理是自由金属离子可以和细胞表面的物理活性位点结合，然后跨过细胞膜对生物产生毒性，该模型在预测植物对金属的吸收[42]和重金属对微生物[39,43]的影响方面取得了较好的效果。

越来越多的研究表明，土壤溶液中的自由离子活度与金属对生物体的生物有效性、毒性之间是否存在确定的关系还需要进一步探讨。因而逐步发展建立了生物配体模型（biotic ligand model，BLM），该模型假设金属的毒性是由自由金属离子（或其他活性金属形态）和生物体—水表面的结合位点反应形成的结果。这些结合位点可能是产生直接的生物学效应的生理学活性位点，也可能是运输金属进入细胞的转运位点，产生的是间接的生物学效应[44]。在生物配体模型理论中，金属和生物配体形成络合物从而对生物体产生毒性，因此，影响金属－生物配体络合物产生的因素都会影响金属的毒性。

自由 Cu^{2+} 与铜对生物体的毒性之间并不总是具有相关性，说明土壤溶液中还有铜的其他毒性形态[45]。Allen & Hansen[46]研究发现有机结合态铜没有毒性，羟基铜和碳酸盐结合态铜呈现一定的毒性，$CuOH^+$ 和 $CuCO_3$ 对水蚤和鱼类都表现出毒性[47~48]。当土壤中可溶性有机碳浓度（DOC）高时，土壤溶液中的 Cu 主要是以有机配位结合为主要形态[49]。通过对加拿大 Montreal 的城市土壤中铜的形态进行研究，发现铜主要以有机铜络合物（Cu-FA）的形式存在，由于土壤中高浓度的 DOC（最大值为 30.4mg C/L），土壤溶液中几乎没有 Cu^{2+} 存在。因此，土壤中的有机配体对铜的毒性也会有较大的影响。Kungolos 等[50]研究了 HA 对发光菌 *Vibrio fischeri* 的铜毒性的影响，结果表明，Cu^{2+} 是主要的毒性形态，加入 HA 会降低铜的毒性，不同类型的 HA 使铜对 *Vibrio fischeri* 的毒性降低了 44%～100%[51]。当系统中的有机配体为 EDTA 时，铜的生物有效性的变化与通过模型计算出的 Cu^{2+} 活度有较好的相关性，说明 Cu-EDTA 配位体对铜特异细菌 *Pseudomonas* spp. 没有毒性。当有机配体为柠檬酸盐时，铜的生物有效性的变化与 Cu^{2+} 的变化没有相关性，自由 Cu^{2+} 活度不能很好地预测 Cu 对 *Pseudomonas* spp. 的生物有效性，说明 Cu－柠檬酸盐配合物对铜特异菌 *Pseudomonas* spp. 具有有效性[45]。

4.2.3　土壤溶液的提取

土壤样品具有复杂的特性，因此，对重金属的微生物毒性产生影响的因素也更为复杂。土壤溶液的提取条件对微生物传感器测定的铜毒性会产生影响，在接近真实的农业土壤中，只有极微量的和粒子伴随的铜对 *P. fluorescens* 生物传感器的生物有效性有直接影响[52]。Ivask 等[53]利用微生物传感器测定土壤中重金属的毒性，发现与土壤提取液相比，土壤悬浮液中的重金属的毒性分别提高了 20 和 90 倍，Peltola 等[54]也得到了相同的结果。

4.3　铜对发光细菌——青海弧菌的毒性效应及其影响因素研究

在土壤重金属的微生物毒性诊断方法中，发光细菌法是较为灵敏的，该方法最早是应用发光细菌来研究有机物对发光的抑制效应及毒性[55]，在 20 世纪 60 年代开始受到重视，其后应用到金属的毒性测定中。1981 年 Beckman 仪器公司推出了利用海水发光细菌测定污染物毒性的测试方法[56]，并命名为 MicrotoxTM。由于该方法具有快速、简便、灵敏等优点，因而广泛应用到有机物、金属和环境样品的毒性测定中。1985 年我国科学家分离并发现淡水发光细菌—青海弧菌 Q67（*Vibrio qinghaiensis* sp. *nov*）[57]，利用青海弧菌 Q67 在污染物毒性测定方面进行了一些研究，测定了近 20 种金属元素单一或复合的毒性[58~61]，并在水环境领域进行了初步探索[62]，建立了应用于水环境样品的发光毒性测试方法[63]。

由于海水发光细菌在土壤中应用的局限性，许多学者希望找到或建立适合于淡水、土壤和地下水环境样品的淡水菌或转基因发光细菌，从而对土壤和淡水环境样品的金属毒性进行监测和评估，青海弧菌 Q67 在河水样品的毒性测定和水质监测方面已经有了一些研究[64~66]。

4.3.1 我国土壤中铜对发光细菌的毒性效应

在全国范围内筛选并采集了17个具有不同物理、化学性质的典型地带性土壤，土壤分布包括了我国南部的酸性红壤到西北部（新疆）灰漠土和东北部（黑龙江）的黑棕壤，土壤的pH值范围为4.9～8.9，有机质含量从<1.0%至>4.0%，土壤中铜的含量在9.5～50.5mg/kg。通过添加外源重金属铜，研究了Cu在17种土壤中对青海弧菌的毒性效应及其影响因素。

试验结果表明（图4-1），随着土壤中铜的添加量增加，青海弧菌Q67的相对发光率（RLU%）逐渐降低，当土壤中添加铜浓度达到最大值时，Q67的发光抑制率（除山东和新疆）都达到了95%以上。

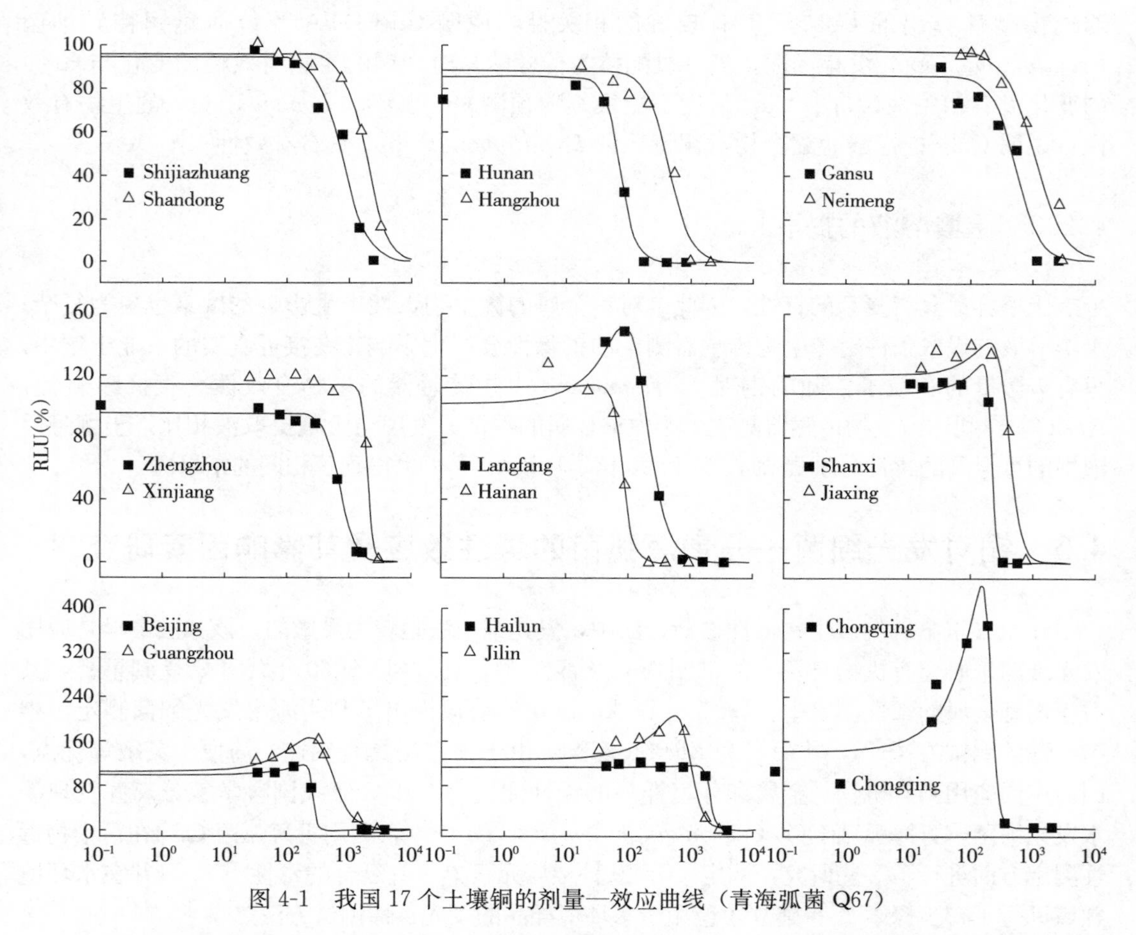

图4-1 我国17个土壤铜的剂量—效应曲线（青海弧菌Q67）

我国土壤中外源铜对发光细菌的毒性阈值结果见表4-2，结果表明青海弧菌Q67测定的我国17个土壤中铜的ECx值差异较大，EC_{10}和EC_{50}分别在38～1 562mg/kg和71～1 975mg/kg之间，最大值和最小值之间相差分别为41倍和28倍。其中海南（pH 4.93）

和湖南（pH 5.31）的酸性土壤铜的 EC_{50} 值最小，分别为 71mg/kg 和 72mg/kg；郑州（pH 8.86）和山东（pH 8.90）土壤铜的 EC_{50} 值最大，分别为 1 975mg/kg 和1 791mg/kg（表 4-2）。

表 4-2　我国 17 个土壤中外加铜对青海弧菌 Q67 的毒性阈值（全铜，mg/kg）

地点	EC_{10} 均值	EC_{10} 95%置信区间		EC_{50} 均值	EC_{50} 95%置信区间	
海南*	50	28	73	71	60	82
湖南	38	16	87	72	51	100
海伦*	851	621	1 082	1 054	657	1 451
嘉兴*	651	497	803	755	289	1 223
杭州	167	24	1 156	426	205	884
重庆*	250	139	360	285	145	425
广州*	233	85	634	262	108	634
北京*	600	419	780	742	563	920
内蒙古	197	23	1 716	533	252	1 128
吉林*	1 415	1 065	1 765	1 734	167	3 301
石家庄	276	68	1 128	777	466	1 297
新疆	381	276	526	708	630	796
陕西*	1 197	709	1 685	1 670	1 124	2 218
廊坊*	169	151	187	242	213	271
郑州	1 562	1 114	2 191	1 975	1 676	2 326
甘肃	315	109	911	1 075	671	1 722
山东	744	491	1 126	1 791	1 528	2 100

* 刺激效应。

4.3.2　我国土壤中铜毒性效应的回归模型及影响因素

发光细菌 Q67 测定的铜的毒性效应在不同土壤之间的差异较大，主要是受土壤性质的变化影响。对青海弧菌 Q67 测定的铜毒性效应和各土壤性质之间的相关性进行回归分析，结果表明，青海弧菌 Q67 测定的铜毒性和土壤 pH 之间有较好的相关性（图 4-2），从图中可以看出，随 pH 的增加，土壤的 EC_{50} 值逐渐增加，说明较低 pH 的土壤上铜对青海弧菌 Q67 的毒性更大，土壤 pH 和铜毒性之间有显著的正线性相关（$r^2=0.539$，$P<0.001$，n=16）（表 4-3）；其次是阳离子交换量 CEC 和小于 2μm 的黏粒，但土壤阳离子交换量、黏粒含量和铜毒性之间没有显著的线性关系，其他土壤性质如有机碳含量、$CaCO_3$ 含量、EC、铁氧化物含量和铜毒性之间没有显著的相关性。以上结果表明在我国土壤中，土壤 pH 是影响青海弧菌 Q67 测定的铜毒性的主要因素，土壤 pH 可以作为主要影响因子，来预测土壤中铜的毒性，从而进一步对土壤中的铜进行风险评价。由于土壤

pH 很容易测定且在很多文献中都有所报道，因此，利用土壤 pH 来预测土壤中铜的微生物毒性，可以获得较广泛的应用[39]。

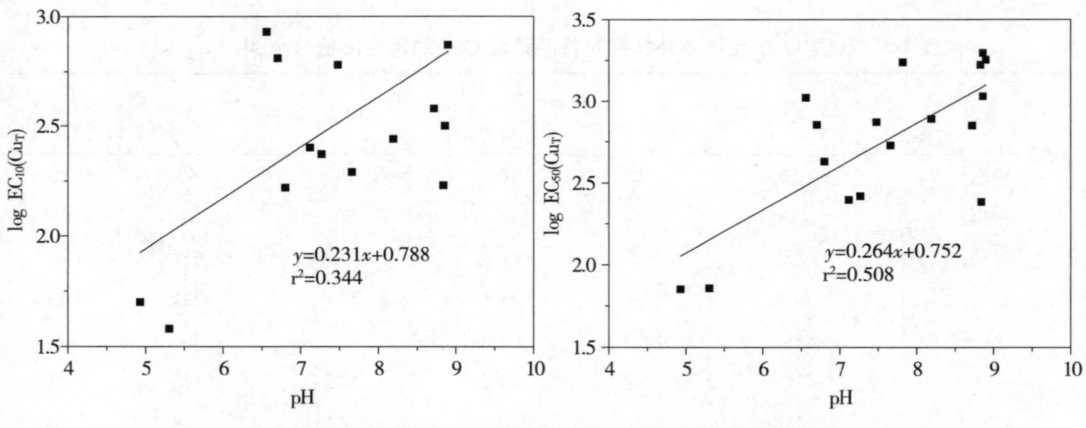

图 4-2　我国 17 个土壤的 pH 和 ECx 的关系曲线

本研究中，单一和多元回归的结果表明，土壤 pH、CEC 和 OC 是预测铜对发光菌 Q67 毒性的主要土壤性质，其中土壤 pH 是影响我国土壤中铜的微生物毒性的最重要因子，将土壤 pH 和阳离子交换量引入方程预测 EC_{50}，可以获得更好的相关性（$r^2=0.725$）。从图 4-3 可以看出，通过回归方程 10 计算得到的 EC_{50} 和实际测定的 EC_{50} 之间具有较好的相关性，所有预测值基本都位于 3 倍的毒性值范围内。

表 4-3　17 个土壤的单一和多元线性回归

	回归方程	决定系数（r^2）	显著性水平（P）		
	土壤（n=16）				
	单回归				
1	$\log EC_{10}=0.788+0.231$ soil pH	0.385	0.007		
2	$\log EC_{10}=2.243+0.020$ CEC	0.136	0.146		
3	$\log EC_{10}=2.962-0.014$（<2μm）	0.177	0.092		
4	$\log EC_{50}=0.751+0.264$ soil pH	0.539	<0.001		
5	$\log EC_{50}=3.255-0.016$（<2μm）	0.265	0.034		
6	$\log EC_{50}=2.600+0.067\ CaCO_3$	0.215	0.061		
	多元回归				
7	$\log EC_{10}=0.024+0.275$ soil pH$+0.029$ CEC	0.655	<0.001	0.005	0.878
8	$\log EC_{10}=0.223+0.269$ soil pH$+0.173$ OC	0.517	0.002	0.07	
9	$\log EC_{10}=0.005+0.277$ soil pH$+0.028$ CEC$+0.016$ OC	0.656	<0.001	0.039	
10	$\log EC_{50}=0.140+0.300$ soil pH$+0.023$ CEC	0.725	<0.001	0.008	
11	$\log EC_{50}=0.238+0.299$ soil pH$+0.157$ OC	0.656	<0.001	0.047	0.609
12	$\log EC_{50}=0.082+0.305$ soil pH$+0.020$ CEC$+0.047$ OC	0.730	<0.001	0.080	

注：r^2 为决定系数（通过回归模型获得的变异百分数）；P 为显著水平；CEC 为阳离子交换量；OC 为有机碳。

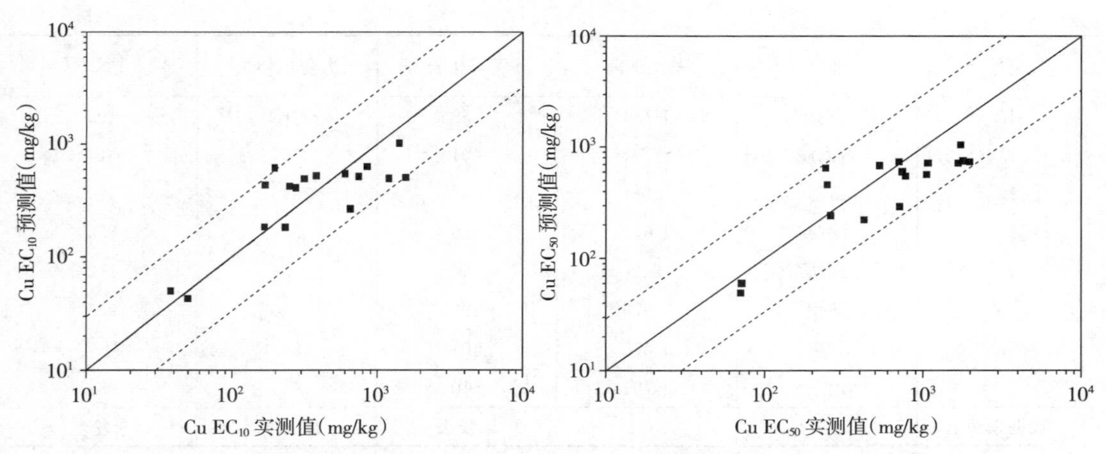

图 4-3　实测的土壤铜毒性值和预测的土壤铜毒性值（方程 7 和 10）之间的相关性
（实线代表实测值和预测值的拟合直线，虚线代表 3 倍的预测区间）

4.4　微生物毒性测试方法与其他方法的结果比较

利用不同生物测试方法研究重金属的对生物体的毒性效应，可以获得更全面的生态毒性数据[67]。很多研究认为，微生物毒性测试方法比其他生物测试法更为灵敏。通过发光细菌—青海弧菌 Q67 测定的我国 17 个土壤的铜的发光细菌毒性，并与本研究小组利用番茄生长法、大麦根伸长法和潜在硝化速率法（Potential Nitrification Rate，PNR）（表 4-4）测定的铜毒性进行了比较。其中利用青海弧菌 Q67 测定的我国土壤的铜毒性 EC_{50} 值的范围在 71～1 975mg/kg 之间，和 PNR（73～2 164mg/kg）的 EC_{50} 值范围较为接近，两者都属于微生物测试方法；番茄生长的毒性阈值（111～782mg/kg）和大麦根伸长（67～1 129mg/kg）的范围较为接近，都为植物测试方法。通过比较可以看出，我国 17 个土壤上微生物测试的毒性阈值结果的变异大于植物测试方法。

表 4-4　利用不同方法测定我国 17 个土壤铜的 EC_{50}（mg/kg）

编号	地点	发光细菌	番茄生长	大麦根伸长	PNR
1	海南	71	140	79	99
2	湖南	72	111	67	81
3	海伦	1054	657	644	372
4	嘉兴	715	397	277	241
5	杭州	426	470	401	392
6	重庆	249	197	269	73
7	广州	262		404	334
8	北京	742	782	1073	588
9	内蒙古	533	664	589	281

（续）

编号	地点	发光细菌	番茄生长	大麦根伸长	PNR
10	吉林	1 734	739	1 129	492
11	石家庄	777	401	307	914
12	新疆	708	357	545	590
13	陕西	1 670	656	524	865
14	廊坊	242	444	229	172
15	郑州	1 975	492	410	965
16	甘肃	1 075	401	578	2164
17	山东	1 791	510	421	681
数据来源			未发表	Libo[68]	未发表

利用发光细菌法和其他方法测定的铜的毒性数据进行相关性分析，从图 4-4 中可以看出，利用发光细菌法测定的毒性与大麦根伸长和番茄生长法的测定结果相关性较小，拟合曲线的 r^2 分别为 0.345 和 0.209。图 4-5 为两个微生物方法拟合的相关曲线，图 A 是 17 个土壤中发光细菌法和 PNR 法测定的 EC_{50} 拟合曲线，可以看出两个方法测定的毒性数据相关性较小，其中吉林土壤上测定的结果变异较大，我们将该数据剔除，对其他 16 个土壤的毒性结果进行了线性拟合，相关系数（r^2）由 0.264 提高到 0.607，且显著相关（$P<0.001$）。上述结果说明，我国土壤上，利用微生物和植物的生物测试法对铜的毒性测定结果相关性较小，在大部分土壤上，不同的微生物测试方法之间有较好的相关性。

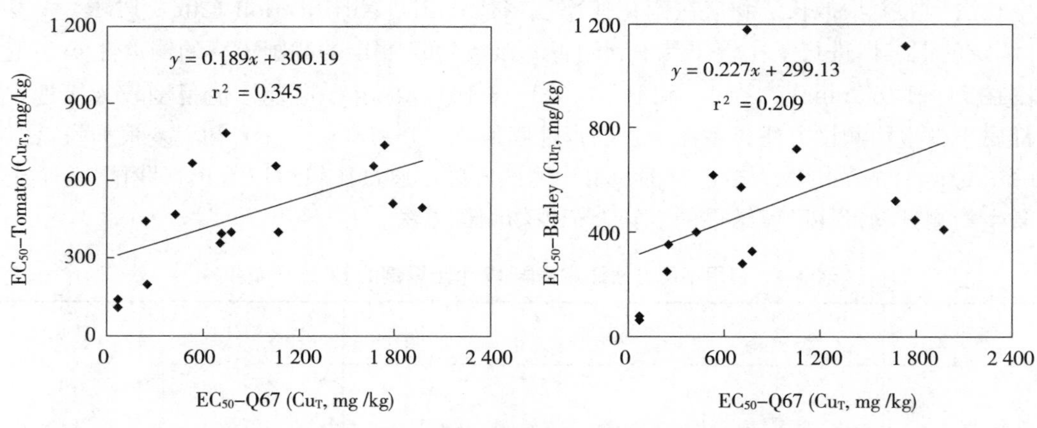

图 4-4　发光细菌法和植物测试法测定的 EC_{50} 的关系曲线

对青海弧菌 Q67 和大麦根伸长法测定的 EC_{50} 相比较，Q67 测定的 17 个土壤中 11 个土壤的 EC_{50} 大于大麦，说明对于我国 17 个土壤中的大部分土壤，发光菌 Q67 对土壤铜的毒性不如大麦根伸长灵敏，Q67 和番茄及 PNR 的 EC_{50} 比较也得到一致的结论，说明在这几种方法中，发光细菌法对我国土壤中铜毒性的灵敏度相对较低。

因此，我们建议用包括发光细菌法在内的一系列生物测试方法来测定和评估复杂的环境样品的毒性[69~70]，充分利用不同生物测试法的优势，为环境中污染物的监测和风险评价提供更有效、全面的信息。

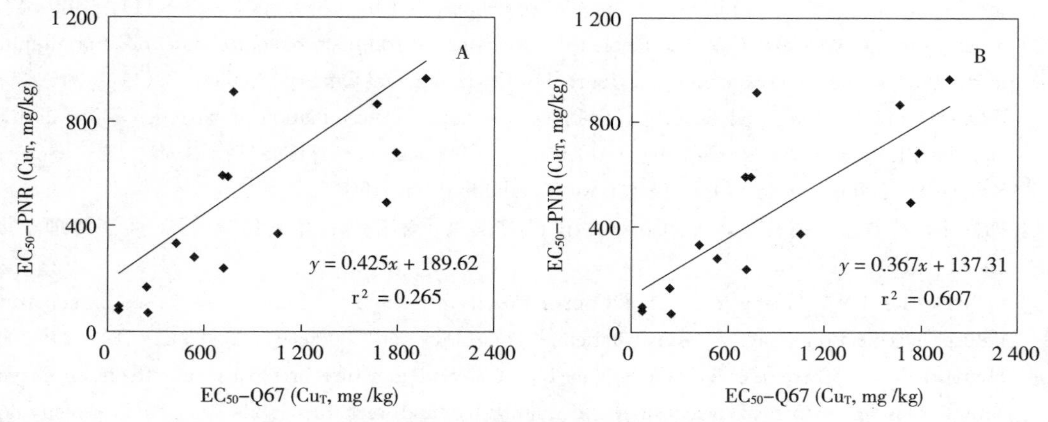

图 4-5　发光细菌法和 PNR 法测定的 EC_{50} 的关系曲线

参 考 文 献

[1] Ponizovsky A A, Thakali S, Allen H E, et al. Effect of soil properties on copper release in soil solutions at low moisture content [J]. Environmental Toxicology and Chemistry, 2006, 25 (3): 671-682.

[2] Micó C, Li H, Zhao F J, et al. Use of Co speciation and soil properties to explain variation in Co toxicity to root growth of barley (*Hordeum vulgare* L.) in different soils [J]. Environmental Pollution, 2008, 156 (3): 883-890.

[3] Lock K & Janssen C R. Effect of new soil metal immobilizing agents on metal toxicity to terrestrial invertebrates [J]. Environmental Pollution, 2003, 121 (1): 123-127.

[4] Amorim M J, Rombke J, Schallnass H J, et al. Effect of soil properties and aging on the toxicity of copper for *Enchytraeus albidus*, *Enchytraeus luxuriosus*, *and Folsomia candida* [J]. Environmental Toxicology and Chemistry, 2005, 24 (8): 1875-1885.

[5] Lajoie C A, Lin S C, Nguyen H, et al. A toxicity testing protocol using a bioluminescent reporter bacterium from activated sludge [J]. Journal of Microbiological Methods, 2002, 50 (3): 273-282.

[6] Liao V H C, Chien M T, Tseng Y Y, et al. Assessment of heavy metal bioavailability in contaminated sediments and soils using green fluorescent protein-based bacterial biosensors [J]. Environmental Pollution, 2006, 142: 17-23.

[7] Farre M, & Barcelo D. Toxicity testing of wastewater and sewage sludge by biosensors, bioassays and chemical analysis [J]. TrAC Trends in Analytical Chemistry, 2003, 22 (5): 299-310.

[8] Broos K, Mertens J and Smolders E. Toxicity of heavy metals in soil assessed with various soil microbial and plant growth assays: a comparative study [J]. Environmental Toxicology and Chemistry, 2005, 24 (3): 634-640.

[9] Park G S, Chung C S, Park S Y, et al. Ecotoxicological evaluation of sewage sludge using bioluminescent marine bacteria and rotifer [J]. Ocean Science Journal, 2005, 40 (2): 91-100.

[10] Brookes P C. The use of microbial parameters in monitoring soil pollution by heavy metals [J]. Biology Fertility of Soils, 1995, 19: 269-279.

[11] Smolders E, Brans K, Coppens F, et al. Potential nitrification rate as a tool for screening toxicity in

metal-contaminated soils [J]. Environmental Toxicology & Chemistry. 2001 , 20 (11): 2469-2474.

[12] Stuczynski T I, McCarty G W and Siebielec G. Response of soil microbiological activities to cadmium, lead, and zinc salts amendments [J]. Journal of Environmental Quality, 2003, 32 (4): 1346-1355.

[13] ISO. ISO 14238: 1997 Soil Quality—Biological Methods—Determination of Nitrogen Mineralization and Nitrification in soils and the Influence of Chemicals on These Processes [S]. Geneva, Switzerland: International Organization for Standardization, 1997.

[14] 孙晋伟，黄益宗，招礼军，等 . Cu 对我国 17 种典型土壤硝化速率的影响 [J]. 生态毒理学报，2008，3 (5)：513-520.

[15] Li X F, Sun J W, Huang Y Z, et al. Copper toxicity thresholds in chinese soils based on substrate-induced nitrification assay [J]. Environmental Toxicology and Chemistry, 2010, 29 (2): 294-300.

[16] Hinojosa M B, Carreira J A, García-Ruíz R, et al. Soil moisture pre-treatment effects on enzyme activities as indicators of heavy metal contaminated and reclaimed soils [J]. Soil Biology and Biochemistry, 2004, 36: 1559-1568.

[17] Kumar S, Chaudhuri S and Maiti S K. Soil dehydrogenase enzymes activity in natural and mine soil-a review [J]. Middle-East Journal of Scientific Research, 2013, 13 (7): 898-906.

[18] Chaperon S and Sauvé S. Toxicity interactions of cadmium, copper, and lead on soil urease and dehydrogenase activity in relation to chemical speciation [J]. Ecotoxicology and Environmental Safety, 2008, 70: 1-9.

[19] Pradip B, Subhasish T, Chakrabarti K, et al. Fractionation and bioavailability of metals and their impacts on microbial properties in sewage irrigated soil [J]. Chemosphere, 2008, 72: 543-550.

[20] Wang Y P, Shi J Y, Wang H, et al. The influence of soil heavy metals pollution on soil microbial biomass, enzyme activity, and community composition near a copper smelters [J]. Ecotoxicology and Environmental Safety, 2007, 67: 75-81.

[21] Amin-Hanjani S, Meikle A, Glover L A, et al. Plasmid and chromosomally encoded luminescence marker systems for detection of *Pseudomonas fluorescens* in soil [J]. Molecular Ecology, 1993, 2 (1): 47-54.

[22] Paton G I, Campbell C D, Glover L A, et al. Assessment of bioavailability of heavy metals using lux modified constructs of *Pseudomonas fluorescens* [J]. Letters in Applied Microbiology, 1995, 20 (1): 52-56.

[23] Paton G I, Rattray E A S, Campbell C D, et al. Use of genetically modified microbial biosensors for soil ecotoxicity testing [M]. In C. S. Pankhurst, B. Doube, & V. Gupta (Eds.), Bioindicators of soil health (pp. 397-418) . Wallingford, UK: CAB International, 1997.

[24] McGrath S P, Knight B P, Killham K, et al. Assessment of the toxicity of metals in soils amended with sewage Sludge using a chemical speciation technique and a Lux-based biosensor [J]. Environmental Toxicology and Chemistry, 1999, 18 (4): 659-663.

[25] Stauber J L and Davies C M. Use and limitations of microbial bioassays for assessing copper bioavailability in the aquatic environment [J]. Environmental Reviews, 2000, 8: 255-301.

[26] Broos K, Warne M S J, Heemsbergen D A, et al. Soil factors controlling the toxicity of copper and zinc to microbial processes in Australian soils [J]. Environmental Toxicology and Chemistry, 2007, 26 (4): 583-590.

[27] Oorts K, Ghesquiere U, Swinnen K, et al. Soil properties affecting the toxicity of $CuC1_2$ and $NiCl_2$ for soil microbial processes in freshly spiked soils [J]. Environmental Toxicology and Chemistry,

2006，25 (3)：836-844.

[28] Ascoli R D'，Rao M A，Adamo P，et al. Impact of river overflowing on trace element contamination of volcanic soils in south Italy：Part II. Soil biological and biochemical properties in relation to trace element speciation [J]. Environmental Pollution，2006，144：317-326.

[29] Daoust C M，Bastien Cand Deschenes L. Influence of soil properties and aging on the toxicity of copper on compost worm and barley [J]. Journal of Environmental Quality，2006，35 (2)：558-567.

[30] Brun L A，Maillet J，Hinsinger P，et al. Evaluation of copper availability to plants in copper-contaminated vineyard soils [J]. Environmental Pollution，2001，111 (2)：293-302.

[31] Rooney C P，Zhao F J and McGrath S P. Soil factors controlling the expression of copper toxicity to plants in a wide range of European soils [J]. Environmental Toxicology and Chemistry，2006，25 (3)：726-732.

[32] Smolders E，Buekers J，Oliver I，et al. Soil properties affecting toxicity of zinc to soil microbial properties in laboratory-spiked and field-contaminated soils [J]. Environmental Toxicology and Chemistry，2004，23 (11)：2633-2640.

[33] Chaignon V，Sanchez-Neira I，Herrmann P，et al. Copper bioavailability and extractability as related to chemical properties of contaminated soils from a vine-growing area [J]. Environmental Pollution，2003，123 (2)：229-238.

[34] Cotter C and Trevors J T. Copper adsorption by *Escherichia coli* [J]. Systematic and Applied Microbiolog，1988，10：313-317.

[35] Wilde K L，Stauber J L，Markich S J，et al. The effect of pH on the uptake and toxicity of copper and zinc in a tropical freshwater alga (*Chlorella* sp.) [J]. Archives of Environmental Contamination and Toxicology，2006，51 (2)：174-185.

[36] Plette A C C，Nederlof M M，Temminghoff E J M，et al. Bioavailability of heavy metals in terrestrial and aquatic systems：A quantitative approach [J]. Environmental Toxicology and Chemistry，1999，18 (9)：1882-1890.

[37] De Schamphelaere K A，Stauber J L，Wilde K L，et al. Toward a biotic ligand model for freshwater green algae：surface-bound and internal copper are better predictors of toxicity than free Cu^{2+}-ion activity when pH is varied [J]. Environmental Science and Technology，2005，39 (7)：2067-2072.

[38] 高秀丽，邢维芹，冉永亮，等．重金属积累对土壤酶活性的影响 [J]. 生态毒理学报，2012，7 (3)：331-336.

[39] Vulkan R，Zhao F J，Barbosajefferson V，et al. Copper speciation and impacts on bacterial biosensors in the pore water of copper-contaminated soils [J]. Environmental Science and Technology，2000，34 (24)：5115-5121.

[40] Lindsay W L. Chemical equilibria in soils [J]. New York，John Wiley & Sons，1979.

[41] Morel F M M and Hering J G. Principles and Applications of Aquatic Chemistry [M]. Wiley InterScience，New York，NY，1983，301-308.

[42] Bell P F，Chaney R L and Angle J S. Determination of the $copper^{2+}$ activity required by maize using chelator-buffered nutrient solutions [J]. Soil Science Society of America Journal，1991，55 (5)：1366-1374.

[43] Thakali S，Allen H E，Di T D，et al. Terrestrial biotic ligand model. 2. Application to Ni and Cu toxicities to plants，invertebrates，and microbes in soil [J]. Environmental Science and Technology，

2006，40（22）：7094-7100.

[44] Meyer J S，Santore R C，Bobbitt J P，et al. Binding of nickel and copper to fish gills predicts toxicity when water hardness varies，but free-ion activity does not [J]. Environmental Science and Technology，1999，33：913-916.

[45] Nybroe O，Brandt K，Ibrahim Y M，et al. Differential bioavailability of copper complexes to bioluminescent *Pseudomonas fluorescens* reporter strains [J]. Environmental Toxicology and Chemistry，2008，27（11）：2246-2252.

[46] Allen H E and Hansen D J. The importance of trace metal speciation to water quality criteria [J]. Water Environment Research，1996，68：42-54.

[47] Erickson R J，Benoit D A，Mattson V R，et al. The effects of water chemistry on the toxicity of copper to fathead minnows [J]. Environmental Toxicology and Chemistry，1996，15（2）：181-193.

[48] De Schamphelaere K A，Heijerick D G and Janssen C R. Refinement and field validation of a biotic ligand model predicting acute copper toxicity to *Daphnia magna* [J]. Comparative Biochemistry and Physiology Part C：Pharmacology，Toxicology and Endocrinology，2002，133（1-2）：243-258.

[49] Ge Y，Murray P and Hendershot W H. Trace metal speciation and bioavailability in urban soils [J]. Environmental Pollution，2000，107：137-144.

[50] Kungolos A，Samaras P，Tsiridis V，et al. Bioavailability and toxicity of heavy metals in the presence of natural organic matter [J]. Journal of Environmental Science and Health，Part A Toxic/Hazardous Substances and Environmental Engineering，2006，41（8）：1509-1517.

[51] Alberts J J，Takacsa M and Pattanayekc M. Influence of IHSS standard and reference materials on copper and mercury toxicity to *Vibrio fischeri* [J]. CLEAN-Soil，Air，Water，2001，28（7）：428-435.

[52] Brandt K K，Holm P E，Nybroe O. Bioavailability and toxicity of soil particle-associated copper as determined by two bioluminescent *Pseudomonas fluorescens* biosensor strains. Environmental Toxicology and Chemistry，2006，25（7）：1738-1741.

[53] Ivask A，François M，Kahru A，et al. Recombinant luminescent bacterial sensors for the measurement of bioavailability of cadmium and lead in soils polluted by metal smelters. Chemosphere，2004，55：147-156.

[54] Peltola P，Ivask A，Aström M，et al. Lead and copper in contaminated urban soils：Extraction with chemical reagents and bioluminescent bacteria and yeast. Science of the Total Environment，2005，350（1-3）：194-203.

[55] Makemson J and Hastings J W. Inhibition of bacterial bioluminescence by pargyline [J]. Archives of Biochemistry and Biophysics，1979，196（2）：396-402.

[56] Bulich A and Isenberg D. Use of the luminescent bacterial system for the rapid assessment of aquatic toxicity [J]. ISA transactions，1981，20（1）：29-33.

[57] 朱文杰，汪杰，陈晓耘，等．发光细菌一新种——青海弧菌 [J]. 海洋与湖沼，1994，25（3）：273-279.

[58] 周世明，赵清，舒为群．青海弧菌 Q67 新鲜培养菌液测试水中砷铬铅镉汞的急性毒性 [J]. 预防医学情报杂志，2008，24（6）：403-406.

[59] 熊蔚蔚，吴淑杭，徐亚同，等．等毒性配比法研究镉、铬和铅对淡水发光细菌的联合毒性 [J]. 生态环境，2007，(4)：1085-1087.

[60] 邓辅财，刘树深，刘海玲，等．部分重金属化合物对淡水发光菌的毒性研究 [J]. 生态毒理学报，

2007，2 (4)：402-408.

[61] 高继军，张力平，马梅，等．应用淡水发光菌研究二元重金属混合物的联合毒性 [J]. 上海环境科学，2003，22 (11)：772-775.

[62] 马梅．新的生物毒性测试方法及其在水生态毒理研究中的应用 [D]. 北京：中国科学院生态环境研究中心，2002.

[63] Ma M，Tong Z，Wang Z J，et al. Acute toxicity bioassay using the freshwater luminescent bacterium *Vibrio-qinghaiensis sp. Nov.* -Q67 [J]. Bulletin of Environmental Contamination and Toxicology，1999，62 (3)：247-253.

[64] 冉辉．应用发光细菌进行水质监测的初步研究 [J]. 铜仁师专学报，2002，4 (2)：56-59.

[65] 刘赟，洪蓉，朱文杰，等．苏州河底泥及河水生物毒性的研究 [J]. 华东师范大学学报，2004 (1)：93-98.

[66] 程兵岐，马梅，王子健，等．长江武汉段和黄河花园口段水体中重金属污染物的急性毒性效应 [J]. 北京大学学报（自然科学版），2004，40 (6)：950-956.

[67] Ince N，Dirilgen N，Apikyan I G，et al. Assessment of toxic interactions of heavy metals in binary mixtures：A statistical approach [J]. Archives of Environmental Contamination and Toxicology，1999，36 (4)：365-372.

[68] Li B，Ma Y B，McLaughlin M J，et al. Influences of soil properties and leaching on copper toxicity to Barley root elongation [J]. Environmental Toxicology and Chemistry，2010，29 (4)：835-842.

[69] Codina J C，Pérez-García A，Romero，P，et al. A comparison of microbial bioassays for the detection of metal toxicity [J]. Archives of Environmental Contamination and Toxicology，1993，25 (2)：250-254.

[70] Radix P，Léonard M，Papantoniou C，et al. Comparison of four chronic toxicity tests using algae，bacteria，and invertebrates assessed with sixteen chemicals [J]. Ecotoxicology and Environmental Safety，2000，47 (2)：186-194.

第5章　土壤中铜的老化机理、过程与调控

铜是植物的必需元素，存在于多种氧化酶中，也是质体蓝素蛋白的重要组成成分，参与光合作用和呼吸作用。一旦缺铜，常出现一些典型病症，如麦类作物的“顶端黄化病”、果树的“枝枯病”等。但同时，铜也是有毒元素，过量的铜将引起生长发育受阻、产生畸形，直至死亡[1]。适合植物生长的土壤铜含量范围很窄，通常认为0.1mol/L HCl提取的铜（0.1mol/L HCl-Cu）＜2mg/kg为缺铜，而0.1mol/L HCl-Cu＞125mg/kg为铜污染[1]，甚至Rusjan等[2]建议土壤铜浓度超过60mg/kg就需要进行环境风险评估。在中国，有超过100万hm^2耕地缺铜[3]，主要分布于东北高有机质的土壤和南方花岗岩、红砂岩等母质发育的土壤，需要补施铜肥。然而与土壤铜的缺乏相比，当前中国形势更为严峻的是土壤铜的污染。随着农业现代化、农村城镇化、养殖集约化的高速发展，铜的污染日趋严重，不时有“铜菜”、“铜米”的报道，个别竟超出国家食品卫生标准近30倍[4~8]。总之，无论是关心铜的缺乏还是关注其污染，都必须对土壤铜的有效性/毒性进行系统深入的研究，进而理解土壤铜的分配、迁移、转化、命运与归宿，最终制定出合理的土壤铜营养临界值标准和环境质量标准，用以指导铜肥的施用及污染土壤的治理。

但目前国内外的土壤标准皆是建立在新添加的重金属实验条件下产生的生物效应和生态毒理数据，忽视了重金属的长期环境行为，往往高估了土壤重金属的有效性和生态风险[9~12]。实验表明田间污染土壤中的铜与人工新添加的铜（即使经过短期培养）的有效性或毒害存在着较大的差异，前者明显低于后者[13~16]。也就是说，添加到土壤中的水溶性铜的有效性/毒性随时间逐渐降低，这称之为铜的老化（Aging）或自然消减（Natural attenuation）[17~23]。老化反应是速率决定过程，对田间土壤中铜的有效性/毒性起着关键性的作用。毫无疑问，土壤吸附和沉淀过程速率快，而老化过程慢，所以有关吸附和沉淀过程的研究结果不能用来很好地解释土壤铜的老化过程，这就需要深入研究土壤铜的老化机理、过程、影响因素及调控。另外，不同条件下土壤矿物表面铜的形态、结构、扩散特征以及铜在黏土矿物中晶格固定是解释土壤中铜老化过程的关键问题，而这需要借助于先进的化学形态分析技术和表面结构分析方法，特别是以X射线吸收精细结构（XAFS）为首的光谱技术，可在原子、分子水平上揭示铜的反应机理及存在形态。

土壤铜的老化研究具有重要的理论和现实意义。首先，它纠正了人们的一个错觉，有利于重新评估现行的土壤标准。因为长期以来，人们一直认为土壤外源重金属的反应会很快达到平衡，从而忽视了实验室短期培养过程与田间长期过程的差异，以致不能正确地评价金属污染土壤的生态风险以及各种修复技术。其次，它将为铜的表面络合/沉淀、扩散进入黏土矿物层间以及铜的晶格固定提供强有力的证据，从而丰富和发展土壤表面化学知识体系。最后，查明外源铜在土壤中的老化过程机理、速率及影响因素，进而定量评价、

模拟和预测铜的生物毒性，建立铜生物毒性—老化时间的定量关系，将有助于校正生态毒理数据，正确评价铜毒害的生态风险以及制定合理的土壤环境质量标准。但是，土壤铜老化研究刚刚起步，还有许多问题亟须解决，如表面聚合/沉淀作用还是微孔扩散作用是铜老化的主导过程？土壤化学过程的重要因子（有机质、pH、氧化还原电位、温度、微生物等）对铜的长期老化有何影响？本文着重阐述了土壤中铜的老化机理、过程、影响因素及调控，并对该领域的研究进行了展望。考虑到有效性/毒性是老化研究的主要考察指标，而铜在土壤矿物表面的形态特征是解释其老化的关键所在，所以，本文对铜形态（包括有效性/毒性）的研究方法做了较为详细的总结。目的是推动我国土壤外源重金属老化研究，为重金属污染土壤的风险评价和环境质量标准制定提供科学指导。

5.1　土壤铜的有效性/毒性评价方法

5.1.1　铜有效性评价方法

有效性指土壤铜能被植物吸收利用的难易程度，通常呈溶解态和交换吸附态的铜，易被植物吸收利用，这称为有效态铜。可见铜植物有效性与其存在形态特别是自由离子活度密切相关，但又受制于土壤性质与环境条件。因而，有效性的评价没有约定的方法，人们可从不同的角度应用不同的方法予以阐释。下面仅就老化研究中应用最多的几个方法一一综述。

5.1.1.1　有效提取态

表征金属有效形态的提取剂多种多样，如 0.01mol/L $CaCl_2$、0.1mol/L HCl、0.005mol/L DTPA 等，Alloway[3] 总结了不同萃取剂提取土壤金属的能力，认为 0.005mol/L DTPA 和 0.05mol/L EDTA 提取的是水溶态、交换态及有机结合态的总和，还包括部分氧化物和次生黏土矿物结合的重金属，这些和植物生长最为密切，因而它们最能代表重金属的植物有效性，常被选做重金属有效态的提取剂。此外，0.1mol/L HCl 也常用来作为土壤特别酸性土壤的重金属有效态提取剂，如我国第二次土壤普查时，土壤有效铜缺乏的临界值规定为：0.1mol/L HCl-Cu＜2mg/kg、DTPA-Cu＜0.2mg/kg[1]。日本及我国台湾都已将 0.1mol/L HCl 作为土壤重金属有效态的标准提取剂。

Lock 和 Janssen[18] 发现 $CaCl_2$-Cu 能很好预测铜对蚯蚓、跳虫及红三叶草的生态毒性，并且其含量在新添加铜的土壤要明显高于田间老化后的土壤。徐明岗等[24] 也发现在我国 3 种典型土壤（湖南红壤、浙江水稻土、北京褐土），$CaCl_2$-Cu 随时间先是出现快速下降，然后缓慢持续降低，大约 90d 是转折点，在此前，下降速率快，而以后基本不再有明显的变化。并且下降速率（老化）是 pH 决定的：pH 越低，下降速率越慢、持续的时间越长。然而，Lu 等[23] 表明，虽然 $CaCl_2$-Cu 随时间（3～56d）持续下降，也与小麦根铜浓度线性相关，但是它与小麦地上部及蚯蚓体内 Cu 浓度没有线性相关性，说明单一的有效态提取法（如 $CaCl_2$-Cu）还不足以完全代表有效铜。

5.1.1.2 DGT-Cu

近年来人们发展了一些膜技术，如流体膜[25]、道南膜[26]、扩散梯度膜（Diffusive gradients in thin films，DGT）[27]，来测量土壤溶液中游离金属的活度。特别是DGT装置，它由扩散凝胶层和固定凝胶层组成，当土壤溶液中溶解态金属离子通过扩散凝胶层到达固定凝胶层后就被固定起来，固相中的活性金属离子会向液相重新补充而形成从土壤到溶液之间的净通量。这些过程正与植物对重金属离子的吸收过程类似，所以它已成为研究土壤/沉积物中重金属有效态的一个重要手段，备受青睐[28~32]。

DGT技术已经广泛用于指示土壤铜的植物有效性[29~30,33~37]，并且Ma等[21]将其用于土壤铜长期（2a）老化研究。但是，也应当清醒地认识到DGT只是基于菲克第一扩散定律下的被动取样装置，而植物吸收过程要复杂得多，经常是逆电化学梯度的主动吸收占主导。因此，DGT-Cu也不可能完全代表有效态Cu，在实际研究中，应该与其他有效性表征手段综合应用。

5.1.1.3 E值（同位素交换的Cu）

同位素稀释技术是基于同位素稀释原理对物质进行定量分析，公式如下：

$$m = m^* \left(\frac{S_i}{S_f} - 1\right) \tag{1}$$

式中，m^*为加入的标记化合物的量；S_i为所加示踪剂的比活度；S_f为样品的比活度[1]。S_i和m^*是已知的，所以为了求m，只要测定S_f。S_f的测定与样品的多少无关，因此避免了待测物的定量分离，更接近真实情况；而且可在不破坏样品的条件下进行，故能用于分析活的生物系统中可交换物质的量。在农业研究中，同位素稀释技术在肥料有效性、残效及利用率和土壤有效养分及离子交换能力等方面发挥了独特的作用。

既然同位素稀释技术广泛用于土壤营养元素的命运归宿及移动性研究，那么它也应能用于铜的有效性研究中。现在，Nolan等[38]通过测定$^{63}Cu/^{64}Cu$和$^{63}Cu/^{65}Cu$的比活度，建立了活性铜（E值）的测量与计算方法（公式2和公式3），从而可直接评价潜在可利用的铜（同位素交换的铜）。借此技术，Ma等[21,39]研究了土壤铜的短期（30d）和长期（2a）老化过程，揭示E值与土壤潜在有效铜相当，并根据E值动态变化，发展了一个半机理老化模型，进而证实微孔扩散是土壤外源铜老化的主要机理。

使用放射性同位素^{64}Cu：
$$E = \frac{C_{sol}}{C_{sol}^*} \times R \times \frac{V}{W} \tag{2}$$

式中，C_{sol}为溶液中天然金属浓度（μg/ml）；C_{sol}^*为平衡后溶液中剩余的放射性同位素浓度（Bq/mL）；R为添加到各样品中的放射性同位素总浓度（Bq/mL）；V/W为水/土比[38]。

使用稳定性同位素^{65}Cu：
$$E = R \times \frac{AW(Cu_{nat})}{AW(^{65}Cu)} \times \frac{IR_{sp} - IR_{meas}}{IR_{meas} - IR_{nat}} \times (IR_{nat} + 1) \tag{3}$$

式中，R为添加的^{65}Cu总浓度(mg/kg)；$AW(Cu_{nat})/AW(^{65}Cu)$为天然铜与^{65}Cu的原子质量比；IR_{nat}、IR_{sp}、IR_{meas}分别为天然状态下、同位素添加液中、添加同位素后溶液

中测量的各$^{63}Cu/^{65}Cu$丰度比[38]。

5.1.2　铜生物毒性评价方法

5.1.2.1　生物毒性测试

土壤中重金属的生物毒性评价主要方法有植物检测法、动物检测法和微生物指示法。植物毒性评价常选择植物生长、存活率或一些生化指标；动物毒性评价则常进行生物致死的急性毒性试验以及低浓度长期暴露的慢性和亚致死毒性试验；而微生物毒性评价，科学家常常建议利用多个指标如土壤生物量、土壤呼吸、酶活性、硝化势、固氮能力等。当前，已经有许多标准化的生物毒性测试方法，特别是经济合作与发展组织（OECD）和国际标准化组织（ISO）颁布了许多标准，如蚯蚓急性毒性[40]、根长抑制[41]、微生物矿化速率[42]等，可以指导土壤重金属生物毒性测试。

老化过程对生物毒害的影响是通过不同老化时间影响重金属（包括铜）和生物的剂量—效应关系的研究实现的，如图5-1所示，随老化时间延长，铜在土壤中的半效应浓度（EC_{50}）增加，铜生物毒害随之降低（图5-1）。

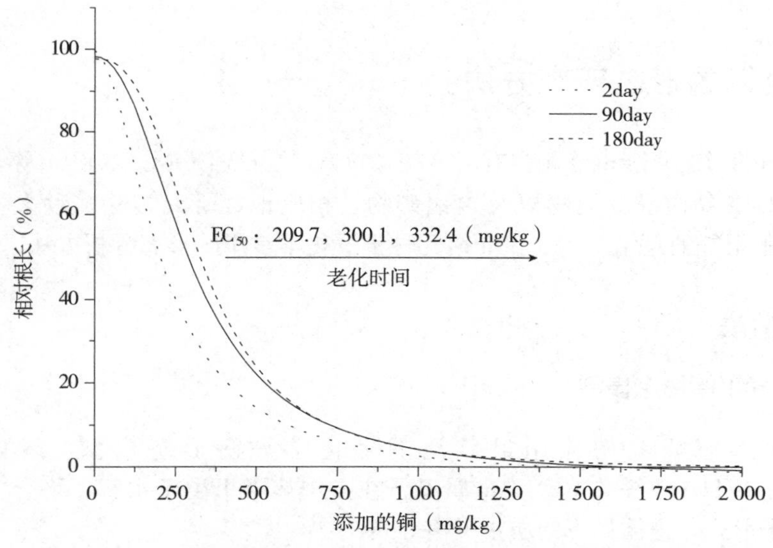

图5-1　土壤铜不同污染水平下番茄根伸长随老化时间的关系

（数据来源：纳明亮[43]）

5.1.2.2　生物配体模型

在自由离子活度模型和鱼鳃表面交互模型的基础上，人们提出了生物配体模型（biotic ligand model，BLM）[44]，将生物受体位点（生物膜）作为生物配体，考虑了影响金属生物毒性的"3C原则"：溶解金属的浓度（Concentration）、金属与有机和无机配体的络合（Complexation）、其他阳离子与金属在毒性作用位点或生物配体上的竞争（Competition）。借助化学分析手段，利用化学平衡形态模型（CHESS、WHAM、

MINEQL 等）并结合数学方程（Michaelis-Menten、Langmuir 等），计算出反映金属毒性强弱的指标如金属和配体的络合常数 K_{MBL}，最终得出用于预测金属对生物毒性的 EC_{50}/LC_{50} 值。BLM 综合了化学、生理学、生物学等方面的成果，提供了预测金属毒性的最简便、最科学、最实用的技术，已成为一种工具，广泛用于水生生态系统中金属对鱼、无脊椎动物、藻类等的毒性（急性和慢性）预测[45~50]。并且已在美国国家水质标准制定中得到采用，如 2007 年正式发布了基于 BLM 的铜水质标准[51]。

为了将 BLM 应用于土壤，人们尝试发展了陆地系统的生物配体模型（t-BLM）[52~56]。但是由于 BLM 本身存在许多假设以及土壤—生物—金属相互作用的复杂性，使 t-BLM 的应用面临很大的挑战。例如，BLM 假设金属向生物配体移动时没有速率限制、配体的特征和数量也没有改变；同时，它简化了 DOM（认为仅由 FA 和 HA 组成），并忽视了根系分泌物和金属形成的络合物对毒性的贡献。而实际上，重金属在土壤—植物系统中的传输、吸收、累积和致毒机理都远比水体复杂，尚需进一步研究涉及的生理学、化学、生物学过程与方法，才能使 t-BLM 得到广泛的发展与应用。另外，传统的 BLM 仅考虑单一重金属污染，并忽视了金属老化过程对生物毒性的影响。现在，尽管一些学者尝试将其用于重金属复合污染及老化的土壤[57~58]，但相关 t-BLM 的数据积累还很少。

5.2 土壤铜的形态研究方法

土壤中铜的形态复杂，液相中有 Cu^{2+}、$CuOH^{+}$、Cu-DOM、$CuCO_3$ 等，固相中有不同结合强度的络合物或沉淀物以及含铜矿物。相应地，研究方法多种多样，D'Amore 等[59]已经做了很好的总结，本文仅介绍几种土壤化学常用的形态分析方法。

5.2.1 化学法

5.2.1.1 化学平衡形态模型

在液相形态研究中应用最广泛的是化学平衡形态模型，诸如 MINTEQ、GEOCHEM、WHAM 等[60]，认为金属离子在土壤溶液里由于水解、络合、氧化还原等生成各种离子形式，遵循如下的质量平衡等式：

$$M_T^{n+} = M^{n+} + M_{ML} \tag{4}$$

式中，M_T^{n+} 为金属的总浓度，可以由光谱法、色谱法等测定；M^{n+} 为游离水合金属离子的浓度；M_{ML} 为金属与配位体生成络合物的浓度[61]。根据金属离子与无机和有机配位体反应的平衡常数，将公式（4）转换成包含条件平衡常数、金属总浓度及游离离子浓度和配位体浓度的算术等式，然后使用连续逼近迭代法就能够求解，从而得出金属的游离离子浓度及各络合物浓度。

显而易见，化学平衡形态模型既建立在传统化学平衡反应的基础上，又与计算机紧密结合符合时代特征，更重要的是，它不仅解释发生在土壤中的化学反应，而且可以预测各化学形式的浓度。因此，能够比较客观地定量评价金属溶液形态，在土壤化学中起到举足轻重的作用。不过化学平衡形态模型是建立在纯水体系中的溶液平衡或固液平衡，对复杂的土壤体系，可能会出现较大的偏差，例如，已有研究证实土壤表面形成重金属氢氧化物沉淀的pH值就低于纯水溶液[62]。所以，不断更新土壤金属的溶解和吸附反应平衡常数，将是未来化学平衡形态模型应用的最重要挑战。

5.2.1.2　连续提取技术

基于重金属在土壤表面的不同结合强度，将其区分为不同的结合态，然后选用一系列化学试剂进行连续提取分析，就是化学形态连续提取法。应用最广泛的是Tessier等[63]的5步提取法，将土壤固相结合的重金属划分为可交换态、碳酸盐结合态、铁锰氧化物结合态、有机质结合态及残渣态。此后，欧盟提出了标准测量程序（Standards, Measurements and Testing Programme，前身为BCR），也得到了普遍欢迎[64~65]。为了克服在酸性土壤上得到大量碳酸盐结合态的局限，Shuman[66]发展了一个适合酸性土壤的连续提取方法，该方法将金属划分为可交换的、有机质结合的、氧化锰结合的、氧化铁结合的和残渣态。另外，Ma和Uren[67]增加了专性吸附部分（EDTA提取的）和易还原锰结合态，很好地用于碱性土壤外源金属的老化过程。

尽管连续提取技术可以定量评价土壤中金属的分配、迁移和转化，但是它有严重的缺陷，主要面临两大问题：①提取剂的非专一性；②提取过程中金属的重新吸附或沉淀反应[68]。由于提取剂的不完全选择性，使得金属的不同结合形态相互交叉，难以准确获得与某一土壤组分相关的金属含量；而提取过程中溶解在提取剂里的金属会被土壤重新吸附或者与土壤溶液某些离子生成沉淀，使得连续提取法得到的结果不能反映土壤中金属真实的形态。显然，在受人为扰动强烈的土壤，比如施肥的农业土壤或污染的土壤，可能会有大量的阴离子（磷、硫等），这种情况下，运用连续提取方法研究土壤的重金属将极大地低估各提取形态，进而低估其环境风险。

5.2.2　谱学技术

5.2.2.1　XAFS

XAFS谱图分为两部分：扩展X射线吸收精细结构（EXAFS）和X射线吸收近边结构（XANES），含有吸收原子邻近2～3个配位壳层的结构参数信息（配位原子种类、配位数N、配位距离R及无序度σ^2）和吸收原子的化学结构与电子结构信息（有效电荷、配位对称性、化学键类型、配位体种类）。得益于同步辐射光源的高亮度和高分辨率，XAFS得到了快速发展，成为一种强有力的结构探测技术，普遍用于材料、化学、生物、环境等多个领域[69~70]。

近十多年来，XAFS为首的谱学技术已经主导了土壤环境学的发展，导致了一门新学科——分子环境土壤学的诞生[71]。应用XAFS揭示土壤中铜的形态及在固—液界面的反应机理，也已开展了大量的研究[72~79]。基本同意土壤中的铜形态主要受pH和有机质影响：铜在土壤表面吸附主要形成内层络合物，高pH时为羟化物/氢氧化物铜簇或沉淀；与有机物质可形成更为稳定的螯合物，如五元环。另外，Elzinga等[80]也应用EXAFS研究了方解石表面吸附重金属（Cu、Zn、Pb）的长期（2.5a）命运，但他们的结果表明维持恒定的金属覆盖度时没有净的方解石溶解或再结晶，即老化时间并不增加金属在方解石中的稳定性。然而，Cheah 等[81]证实无定形二氧化硅和氧化铝吸附的铜，其二聚体表面络合物与单聚体表面络合物的比值随接触时间延长而增加，暗示铜的稳定性增强。Lee[82]的研究结果则显示：锌在蒙脱石表面生成外层单核络合物，样品老化到11d，多核表面络合物或表面沉淀生成，老化到20d后，生成类似Zn-贝硅酸盐（Zn-phyllosilicate）或Zn/Al-水滑石（Zn/Al-hydrotalcite）的混合金属共沉淀；而在水化氧化铁表面，低浓度时生成内层络合物，高浓度则生成内层和多核聚合物，并且这些表面络合物形式不随时间改变。对镉而言，在这两种表面上都形成外层络合物，不随反应时间以及镉浓度变化。可能除了金属离子本身的性质差异外，不同的吸附表面及环境条件（pH、离子强度等）将引起金属老化反应的作用机理和途径改变，从而出现不同的老化结果。

作为一种强有力的结构探测技术，XAFS在土壤元素形态和固—液界面反应研究中已经并仍将发挥重要的作用，但是应该认识到它自身的局限性和土壤的复杂性。一方面XAFS难以测量土壤的痕量或超痕量元素，另一方面它仅探测吸收原子的邻近2～3个配位壳层的结构信息和电子信息，这属于短程有序（Short-range order）范畴。因此，当要给出某个元素的完全信息时，它既不能给出长程有序（Long-range order）的研究结果，这些需借助X射线衍射（XRD）技术；它也不能直接给出分子交互信息，这些通常利用核磁共振波谱（NMR）或红外光谱（IR）方便地获得。

5.2.2.2 其他谱学技术

电子顺磁共振（Electron paramagnetic resonance，EPR）

EPR是直接检测和研究含有未成对电子的顺磁性物质（如大多数过渡金属离子）的现代分析方法，经过对其谱图的波谱分析，可了解未成对电子的电子云分布以及未成对电子周围顺磁性分子组成等结构信息。早在20世纪70年代，EPR就被用于研究土壤黏土矿物对 Cu^{2+} 的吸附反应[83]，随后，科研人员就EPR在铜形态及吸附机理应用上做了大量的工作，使其成为仅次于XAFS的应用最为广泛的一个结构分析工具[74,84～89]。在铜老化过程研究中，Martínez等人的工作比较突出，他们应用EPR发现：在Cu-有机质—氧化铝混合体系，随老化时间（直到8a）最初形成的铜内层络合物逐渐转变成共沉淀物（Cu-O-Al）直至Cu簇（Cu-O-Cu）；但铜与有机质官能团产生的强交互作用导致铜溶解性增加[87,89]。

EPR作为物质结构分析方法有其独特的优点，但是它有很大的局限性，例如大多数稳定化合物都不是顺磁性的，就需要引入顺磁性标记化合物或探针分子。另外，EPR波谱解析比较困难，这也限制了它的应用。

X射线光电子能谱（X-ray photoelectron spectroscopy，XPS）

XPS是一种基于光电效应的电子能谱，它利用X射线光子（$h\gamma$）激发出物质表面原子的内层电子，即光电子；通过测量光电子能量（E_k），从而得到光电子的束缚能（$E_b = h\gamma - E_k - C$）。对某一元素的给定电子而言，E_b是特定的，可用于元素鉴定；E_b虽然主要决定于电子轨道的能量，但也受原子的化学环境的一定影响，由此引起化学位移，这是判定原子化合态的重要依据[90]。

Farquhar 等[91]与 Gier 和 Johns[92]应用 XPS 研究了铜在云母上的吸附，Farquhar 等[91]表明生成类似氢氧化铜的表面沉淀，不发生铜的扩散；而 Gier 和 Johns[92]则推测生成了 $CuOH^+$ 表面络合物。前者实验的起始 pH 6，但后者没有报道溶液的 pH，估计出现差别是 pH 不同所致。而 Cai 和 Xue[93]则依据 XPS 和 EPR 推断出铜在坡缕石中的 3 个可能吸附机理：①铜以＋1 和＋2 两个氧化形态吸附于矿物表面或裂隙；②铜以 $[Cu(H_2O)_4]^{2+}$ 或 $[Cu(H_2O)_6]^{2+}$ 形式被捕获于矿物的通道；③铜进入坡缕石四面体的六角形洞穴或八面体空位。另外，Boudesocque 等[94]应用 XPS 分析葡萄园土壤表面化学构成，证实了土壤有机质被涂覆了无机表面（石英、黏土、针铁矿），从而提供一个间接的证据：铜是与被无机表面修饰的有机质络合的，即形成稳定的铜—有机质—矿物三元络合物。

XPS 分析需要超高真空，而且通常能检测到的元素浓度为百分数含量级，这也极大地限制了其在土壤科学中的应用。

XRD 和 IR

XRD 是目前发展最为成熟的、实验操作和谱图解析最为简单的、应用也最为广泛的结构分析技术。但是，它只能对晶态物质进行分析，故其应用受到很大的限制，总体上是作为定性或半定量分析，并且多数时候是作为其他分析测试的辅助手段。在土壤铜形态及吸附机理研究中，常常是通过测定黏土矿物的层间距变化，来对金属存在形态做出合理推论。例如，He 等[95]和 Karmous 等[96]证实加热时，蒙脱石层间的水合铜离子发生脱水，层间距变小；进一步加热，铜离子脱羟基并渗入到八面体空缺。我们的实验结果则表明：低 pH 时，黏土矿物层间是二价水合离子、层间距大；高 pH 时为一价水合离子、层间距小，这说明扩散进入黏土层间的金属离子形态决定于体系 pH[97~98]。

IR 是继 XRD 之后又一个发展悠久、应用广泛的结构分析技术。不过，当前大多用于有机化合物的定性分析，特别经常与色谱联用，以充分利用色谱法的优良分离能力和 IR 独特的结构鉴别能力。在土壤铜形态研究中，还少有应用[99~102]。通过 IR 分析和理论模型计算，Alvarez-Puebla 等[101]也证实了低 pH 时，黏土吸持的铜为 $[Cu(H_2O)_6]^{2+}$，随 pH 升高，$[Cu(OH)(H_2O)_5]^+$ 比例增加直至最后 $Cu(OH)_2$ 表面沉淀生成；而 Du 等[99]则表明同样的反应体系存在碳酸盐时将生成 $Cu_2(OH)_2CO_3$ 表面沉淀而不是 $Cu(OH)_2$。

总体上，除上述方法外，在土壤金属形态分析中还有其他技术可供应用。每种方法都有其独特的优点和不可避免的局限性，人们应尽可能多种方法联合应用，从不同的层面共同揭示物质的结构和作用机理。尤其是面对较为复杂的土壤体系，面对更为复杂的土壤界面反应，不仅需要各结构分析技术的联合应用，而且需要结合宏观的平衡吸附—解吸实验、吸附动力学数据、计算机模拟等。

5.3　土壤铜的老化机理

早期人们发现在缺铜土壤上施用的铜肥（硫酸铜）随时间延长，其肥效下降[103~105]。后来，进一步认识到外源铜添加到土壤后，它的可提取性[16,106]、同位素可交换性[21,39]以及生物有效性[18,23,107]都会随接触时间而缓慢下降。在对长期铜污染的田间土壤与人工新添加的铜污染土壤的生物毒害比较时也发现二者有明显的差别，无论是对旋花属植物（*Fallopia convolvulus*）和大麦（*Hordeum vulgare* L.），还是对弹尾目昆虫（*Folsomia fimetaria*）和蚯蚓（*Eisenia Fetica*），长期铜污染田间土壤的毒害都低于人工新添加铜污染土壤的毒害[13~14,108~110]。这些结果表明：不管是在低铜的状况还是在高铜的环境，都存在着铜的老化过程。

外源水溶性铜被添加到土壤后，迅速与土壤组分发生吸附、络合、沉淀、吸收等复杂的反应（图 5-2），完成固—液分配。然后进入缓慢的老化阶段，对吸附在土壤表面的铜再分配。在这个意义上来说，老化就是吸附的继续，是固—液相铜的再分配，因而，老化与土壤中的铜形态密不可分，与铜的吸附紧密相连。

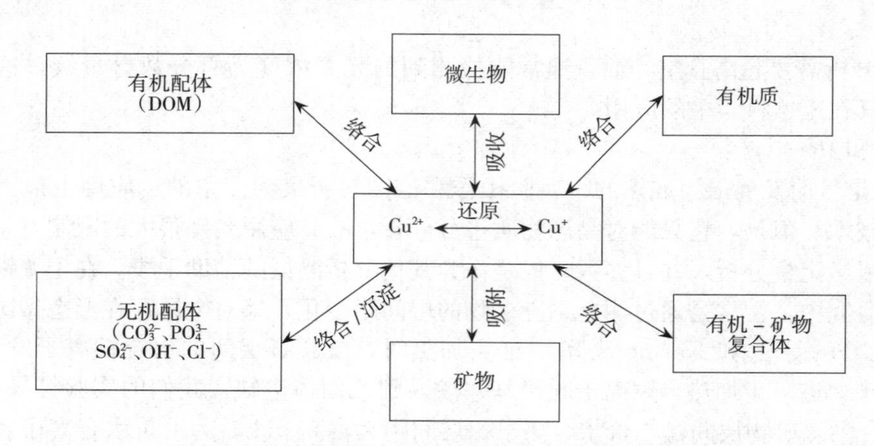

图 5-2　可溶性铜添加到土壤后发生的各种环境过程

依据环境条件和作用时间，铜的老化可能向不同的方向渐变，最终达到一种动态平衡。Sparks[61]描述了两种类型的渐变过程：一是在表面的聚集。低表面覆盖度时金属离子占据一些孤立的吸附位，随覆盖度增加，金属的氢氧化物晶核形成，最终成为表面沉淀或表面金属簇。二是由表面向矿物晶格内的转变。先是形成外层络合物，然后脱水生成内层络合物，再经扩散或经同晶替代进入到矿物的晶格；或者经快速侧向扩散到达边缘，在此被吸附或形成聚合体，最后随颗粒增长，这些表面聚合体被埋入晶格内。这预示着表面聚合/沉淀和扩散是控制金属离子活性的两个主要作用，并可能取决于二者的相对强弱。McLaughlin[17]则认为在短期内（数分钟到数小时）吸附作用有显著的影响，表面沉淀只可能发生在高浓度金属离子的环境中；而在较长接触时间内（老化阶段），可能的反应机理有：①金属扩散进入土壤矿物或有机质的表面微孔；②金属通过慢的固态扩散进入到土壤矿物的晶格内；③一些条件下（如季节性淹水），土壤铁锰氧化物发生还原反应和再氧化反应，引起这些氧化物溶解和再沉淀，从而包裹一些金属离子；④高浓度金属和高浓度阴离子（如磷酸盐、碳酸盐等）生成新的固相沉淀；⑤金属或者扩散进入有机质分子内部或者通过有机质分子的包裹作用而使金属与有机物质紧紧结合。

通过对近 20 年的相关研究进行归纳、总结，并结合 Sparks[61]和 McLaughlin[17]的推测，我们认为土壤外源铜的老化总体上是受扩散作用、聚合/沉淀作用和包裹作用共同控制。并且，在此基础上，Ma等[21,39]发展了一个半机理老化模型：

$$100 - E\% = \frac{B}{10^{(pK^0 - pH)} + 1} \times t^{C/t} + F \times C_{org} \times t^{G/t} + 600\sqrt{D/\pi r^2}\sqrt{t \times \exp(E_a/293R - E_a/RT)} \quad (5)$$

式中，E 为活性铜（同位素交换的铜）；B 为有关表面沉淀/晶核作用的常数；pK^0 为铜的一级水解常数（=7.7）；pH 为土壤 pH；t 为老化时间；C 为有关表面沉淀/晶核作用的反应速率常数；F 为有关有机质包裹作用的常数；C_{org} 为土壤有机质含量；G 为有关有机质包裹作用的反应速率常数；D 为扩散系数；r 为土壤或矿物固体颗粒半径；D/r^2 为表观扩散系数；E_a 为反应活化能；R 为气体常数；T 为绝对温度。

模型的第一部分代表了表面沉淀/晶核作用，第二部分是有机质包裹作用，第三部分则是扩散作用。它表明土壤外源铜的老化主要受土壤 pH、有机质、温度、接触时间以及土壤表面性质的影响，是多种反应机理共同作用的结果。该模型已比较成功地应用于欧洲19个代表性土壤（pH 3～7.5，有机碳含量 0.4%～23.3%）上铜的短期（30d）和长期（2a）老化[21,39]。根据模型，计算得到的活化能（33～36kJ/mol）和表观扩散系数（0.66×10^{-10}～20.9×10^{-10}/s）均暗示中微孔扩散是土壤外源铜的主要老化过程。

5.3.1　扩散作用

由于土壤矿物存在许多微孔和裂隙，所以金属离子可通过这些孔隙扩散进入到矿物内部，甚至通过层状黏土矿物的层间进入到六角形洞穴，从而被土壤矿物牢牢地捕获；随时间延长，扩散进入矿物内的金属离子还有可能发生同晶替代，成为矿物的组成成分，这些观点得到多数研究者的认同[95～97,111～116]。也有一些研究者甚至认为表面吸附的金属能以固态形式扩散进入矿物内部，即发生颗粒扩散作用[17,112～113]。总之，金属离子通过扩散作用将大大降低其有效性/毒性，这是一个普遍的现象。Axe和Trivedi[113]认为对于微孔材料如无定形的水化 Al、Fe、Mn 氧化物（土壤中广泛分布），微孔表面占到总吸附位的40%～90%，因而表面微孔扩散是这些材料自然沉积重金属的主要机制。

然而对土壤重金属的扩散作用，大多研究还是基于其遵循菲克扩散方程，通过模型拟合来提供证据支持的，直接证据还缺乏。Brümmer 及合作者[112,116]发现金属的持续反应（老化）速率与其 pK 和离子半径关系密切：金属与 OH^- 的亲合性越大、它在针铁矿表面的亲合性就越大，相应地，老化速率就越小；离子半径越大、老化反应也越慢。这意味着金属离子扩散进入不同孔径的微孔，即不同金属，其扩散途径可能是不同的。这倒是提供了一个很好的证据支持金属的慢反应是源于其扩散作用。进而，他们不仅应用一个专门针对离子慢扩散过程而发展起来的四层模型[117]对金属的吸持过程给以描述，并区分吸附作用和扩散作用的贡献，而且还估算出完成慢反应所需要的时间（>3a）。由此，他们提出研究金属吸持时仅仅观测一段时期（短期）是不合适的，并且对这些吸持结果运用平衡模型解释也是有问题的。

Gerth等[118]认为在针铁矿吸附重金属的过程中，通过持续不断地溶解针铁矿，与其结合的金属就被提取出来，根据这个金属的浓度变化就可以推测扩散作用的程度。我们认为这个方法可以获得一定的信息，但不能保证所测的重金属都是扩散作用的结果。例如，如果是表面聚合作用，Sparks[61]认为这也是一个较长时间的过程，那么随时间增加，溶解针铁矿后得到的金属含量也将增加。因而，我们更愿意相信在不同老化时间连续提取重金属，不同形态特别是残渣态的动态变化更能清晰地反映扩散作用。利用一个连续提取技术，我们发现外源铜添加到膨润土后，其残渣态随老化时间（1a）持续增加，从开始的0到最后的16.6%（52.6mg/kg）[98]，无疑，这些铜是通过扩散作用来的。

对金属扩散作用，要获得足够的证据，目前还是比较困难的，He等[95]通过EPR、XRD和差热分析，证明吸附于蒙脱石层间的水合铜离子经脱水扩散进入六角形洞穴，进一步脱羟基后能够渗入到八面体孔穴中。Karmous等[96]通过定量XRD分析，也证实蒙脱石层间的铜离子经脱水后能够扩散进入八面体孔穴。但这些结果都是在对饱和吸附铜的蒙脱石持续加热条件下获得的，在常温下，铜是否会向层状硅酸盐黏土矿物的层间扩散并在一定的条件下发生晶格固定？现在还没有直接的证据，不过XRD、EPR等谱学技术应该能在这方面研究提供较好的支持。

5.3.2 聚合/沉淀作用

外源铜添加到土壤后，很快就被矿物表面吸附，并随吸附的不断进行，表面铜形态发生变化，从外层络合物形式渐变到内层络合物，从单核形式渐变到多核络合物，以致最终在表面聚合成铜簇或沉淀[87~88,91,99,101,106,119]。还有一种表面沉淀是层状双金属氢氧化物（也称水滑石，M-Al-LDH），但通常是Zn-Al-LDH和Ni-Al-LDH[120~122]，土壤中尚未发现Cu-Al-LDH，尽管Cu、Zn性质十分接近，而且实验室里常温下通过共沉淀法很容易获得Cu-Al-LDH[123]。

除了表面沉淀外，还有一种沉淀作用是在高浓度重金属和高浓度阴离子（磷酸盐、碳酸盐等）共存时，并在较高pH情况下，由阴、阳离子直接作用生成新的稳定的固相沉淀物甚或矿物。这种情况一般发生在磷酸盐修复铅污染土壤时，许多实验已证实磷酸盐与铅生成十分稳定的氯磷铅矿、氟磷铅矿、羟基磷铅矿等；一般的土壤环境中，通常只生成磷酸锌沉淀，而对铜、镉，认为难以生成磷酸盐沉淀/矿物[124~126]。也有研究认为添加的磷酸盐可作为桥键，形成土壤矿物—磷酸盐—金属三元表面络合物[127~129]，并且Tiberg等[129]应用EXAFS和表面络合模型证实了矿物—磷酸盐—铜表面络合物的存在。

尽管土壤铜的表面络合物及沉淀物可以被现代谱学技术尤其是XAFS证实，但是，关于土壤外源铜聚合/沉淀作用的研究仍有许多不足。首先，$Cu(OH)^+$也好，$Cu(OH)_2$也罢，这些聚合物/沉淀物的生成及演变强烈受土壤环境控制，而人们对不同性质土壤表面生成这些形态的条件还不完全清楚，特别是对自然土壤中铜的主要聚合物形态及其演变还不了解。因为大多数实验都是用的氧化物、黏土矿物等单一的体系，也通常忽略了有机质的影响，实际上，这与自然土壤有明显的差别，所以，这些结果可能在自然土壤中就完全不适用了。Strawn和Baker[130]表明土壤中的铜主要与有机质络合，可与有机质形成稳定的螯合物[75]或者与矿物—有机复合体形成三元络合物[94,131]。可见，为了全面认识土壤外源铜的老化机制，务必加强自然土壤中铜络合物形态的生成条件及其动态变化研究。

其次，以往的实验大多是基于矿物表面数小时或数天（短期）内的吸附反应，这也很难判定在长达数月、数年的老化进程中其表面聚合物是否仍然稳定。Martínez 和 Martínez-Villegas[89]发现在铜—有机质—氧化铝体系，随长期老化（直至 8a），铜逐渐由占据氧化铝的孤立位（Cu-O-Al 内层络合物为主）聚集成铜簇或沉淀（Cu-O-Cu 为主）。Lee[82]也表明矿物表面性质及老化时间对镉的表面形态没有影响，但强烈影响锌的形态：在蒙脱石表面，锌逐渐由外层单核络合物向多核表面络合物/表面沉淀转化，最终生成 Zn-Al 混合金属共沉淀；在氧化铁表面，锌的络合物形态不随时间改变。这说明不同的金属离子，在不同的矿物表面，聚合/沉淀的机理不同，应该关注它们的聚合机制及聚合物的长期变化规律。

5.3.3　包裹作用

铁锰氧化物是土壤中重要的氧化还原物质，它们极易受外界环境变化（如季节性淹水）而发生还原和氧化反应，导致自身溶解和再沉淀或重结晶。另外，土壤中的碳酸盐也常常随 pH 等改变而不断地溶解—再沉淀。这些物质重结晶或再沉淀时很容易与其表面的铜形成共沉淀或将铜包埋在晶体内，从而使铜的有效性大大降低。这应该是土壤矿物包裹重金属的最常见形式，已为多数研究者证实[87,132~135]。

McLaughlin[17]推测铜也能扩散进入到有机质分子内部或被有机质像铁锰氧化物那样包裹在分子结构内，但目前除了 Strawn 和 Sparks[130]将土壤中 Pb 的慢吸持归因于 Pb 扩散进入土壤有机质的内部，还没有这方面的证据。应用 XAFS 仅证明了铜离子或者与有机质的氨基、羧基、羰基等形成稳定的五元环、六元环结构[75,136]，或者生成铜—有机质—土壤矿物的三元络合物[94,131]。这些稳定的络合物可能在降低铜的有效性方面发挥重要的作用。不过，在有机质周转（分解—腐殖质化）的过程和有机—矿物复合体形成的过程中，倒有可能同时共沉淀重金属离子。已有研究表明存在 DOM 时水铁矿容易生成，继而引起水铁矿与土壤有机质共沉淀[137]。不管怎样，有机质在土壤金属老化过程中扮演了一个重要的角色，尤其由于它与铜有极强的螯合作用，在铜的老化研究中更不能被忽视。

整体来看，土壤外源铜的老化研究还非常薄弱，缺少足够的和长期的化学数据与光谱学证据。因此，人们对铜老化的反应机理主要是表面聚合/沉淀作用还是微孔扩散和晶格固定作用，尚得不出一个明确的结论。但可以肯定的是，如果表面沉淀作用是主要机理，那么老化进程受控于土壤 pH，可逆性较高；若扩散及晶格固定作用是主要机理，则老化进程受控于浓度梯度和温度，可逆性较低。所以今后需加强两方面的工作：①研究铜在土壤中固—液形态的长期动态变化特征，提供更多的化学和光谱学证据揭示反应机理；②调查铜在土壤中长期老化的反应速率和影响因素及其可逆性，从它与土壤环境的关系中分析老化作用机理。

5.4 土壤铜老化的动力学过程

5.4.1 常用描述土壤铜老化的动力学方程/模型

水溶性金属加入土壤后，其吸持过程通常表现为：最初快的吸附，然后跟随一个缓慢的反应，如图 5-3 所示。这个吸持过程可由各种各样的动力学方程加以描述[138~139]，下面着重介绍几个描述土壤铜吸持/老化的动力学方程/模型（图 5-3）：

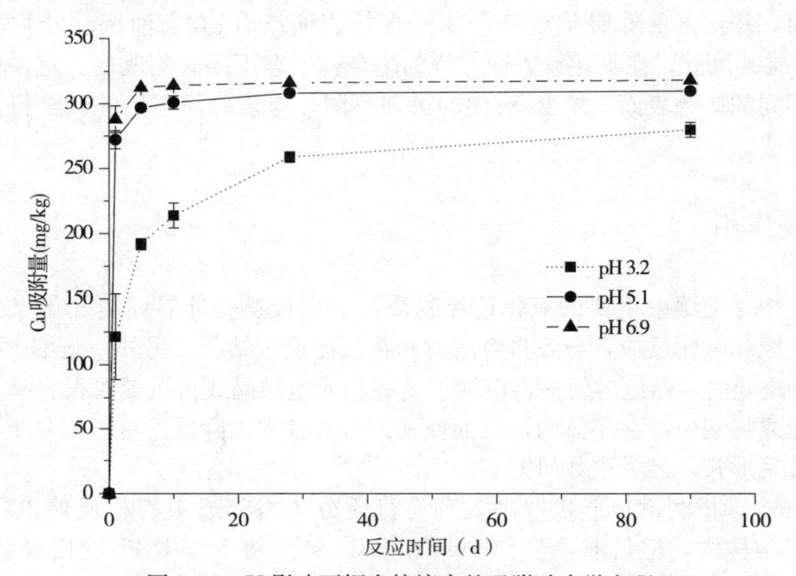

图 5-3 pH 影响下铜在棕壤中的吸附动力学方程

注：外源铜添加量 317.7mg/kg，支持电解质 0.05mol/L $Ca(NO_3)_2$，反应温度 25℃（周世伟，未发表材料）

5.4.1.1 颗粒扩散方程

颗粒扩散方程可被写作：

$$\frac{q_t}{t\,q_e}=\frac{4\sqrt{\frac{D}{\pi r^2}}}{\sqrt{t}}-\frac{D}{r^2} \tag{6}$$

式中，q_e 和 q_t 分别为平衡时和反应时间 t（d）时的吸持量（mg/kg）；D 是扩散系数（cm^2/d）；r 是球状颗粒半径（cm）；D/r^2 指表观扩散系数（/d）。

公式（6）可被简化为：

$$q_t = a + b\,t^{0.5} \tag{7}$$

通过 $q_t \sim t^{0.5}$ 线性作图，很容易获得扩散速率系数 b（$mg/kg/d^{0.5}$）。Jalali 和 Khanlari[140] 应用扩散方程探讨了石灰性土壤对重金属长期（28d）吸附过程，发现交换态金属的转化（扩散）速率为：Cu（5.49）＞Zn（4.8）≥Pb（4.35）≫Cd（0.074）。这意味着长期老化过程中，Cu 更容易从交换态转化为更加稳定的形态，而 Cd 基本以交换态存在于土壤表面，难以扩散进入矿物晶格。然而，采取同样的方法，Lu 等[141]却发现在中国典型土壤中为 Pb>Cu>Zn≫Cd。这可能主要是 pH 和有机质差异造成的，与那些石灰性土壤相比，在 pH 接近的黑土，有机质含量却高了 1 倍多，而有机质接近的红壤，pH 却又低了 3 个单位。就 Cu、Zn 而言，虽然离子半径接近，但 Cu^{2+} 水解常数（pK=7.7）远低于 Zn^{2+}（pK=9.9）[3]，预示 Cu 成为一价羟基离子的 pH 要低于 Zn，所以，Cu 更容易发生吸附和扩散。

5.4.1.2　假二级动力学方程

假二级动力学表达式为：

$$\frac{t}{q_t}=\frac{1}{k_2 q_e^2}+\frac{t}{q_e} \tag{8}$$

通过 t/q_t—t 线性作图，可获得假二级动力学速率常数 k_2（kg/mg/d）及平衡吸附量 q_e（mg/kg）。假二级动力学又称作 Langmuir 动力学，它暗示速率限制步骤是化学吸持作用（金属离子与土壤表面羟基通过分享或交换电子而形成稳定的化学键）[142]。

图 5-3 显示铜在酸性棕壤的长期吸持过程很好地遵循假二级动力学（R^2=0.9995～1），随 pH 升高，k_2 明显增加达 10 倍以上，说明低 pH 时，土壤铜老化速率更慢、持续的时间更长。Arias-Estevez 等[22]证实在酸性土壤中，当铜添加量超过 500mg/kg 时，500d 的培育对老化作用仍是不够的。徐明岗等[24]也显示无论是在单一污染还是在复合污染，土壤外源铜、锌的老化过程都最适合假二级动力学方程，而不适合扩散方程，说明金属有效形态（0.01mol/L $CaCl_2$ 提取的）向无效形态的转化（老化）并不完全取决于扩散作用。他们也表明：从红壤到褐土（pH 升高），k_2 显著增加。

5.4.1.3　Lagergren 假一级动力学方程

Lagergren 假一级动力学为：

$$\ln(q_e-q_t)=\ln q_e-k_1 t \tag{9}$$

尽管 Wang 等[143]和 López-Periago 等[144]能够用 Lagergren 假一级动力学方程很好地模拟铜在土壤中的吸持，但他们的结果都是在 1～2d 内的短期反应。事实上，土壤中铜的整个吸持过程涉及复杂的络合机制，远不是一个简单的假一级动力学所能描述的，所以，Lagergren 假一级动力学常常只适合最初的一段反应[145]。

5.4.1.4　其他动力学方程

Elovich 方程

Elovich 方程常常简化为：

$$q_t=\left(\frac{1}{\beta}\right)\ln(\alpha\beta)+\left(\frac{1}{\beta}\right)\ln t \tag{10}$$

式中，α 为初始吸附速率［mg/（kg・d）］；β 为解吸系数（kg/mg）。

双常数速率方程（修正的 Freundlich 方程）

双常数速率方程表达式如下：

$$q_t = k C_0 t^{1/m} \tag{11}$$

式中，C_0为离子初始浓度；k 和 m 为常数。

幂函数

幂函数方程式如下：

$$q_t = k t^v \tag{12}$$

式中，k 和 v 为常数（$0<v<1$）。实质上，幂函数方程与双常数速率方程是同一个方程。

Kasmaei 和 Fekri[146]以及 Guo 等[147]显示 Elovich 和双常数速率方程能够较好地模拟土壤铜的长期动力学过程，但是这些方程没有实际的物理意义，不像扩散方程、二级动力学方程等，无法反映可能的作用机制。

5.4.1.5 复杂的动力学方程/模型

土壤体系存在多个吸持位及不同的孔隙，金属的反应尤其是长期过程很难用上述各简单的动力学方程准确模拟，所以人们在此基础上，发展了各种各样的非平衡模型，如两位模型[148～149]，考虑由一个很快达平衡的快反应（如吸附/沉淀）和一个需持续较长时间的慢反应（如扩散）构成；多元反应模型[150]，认为离子在土壤中的吸持由平衡吸附位、动力学吸附位、不可逆吸附位（包括持续反应的和并发反应的）等组成。

Ma 等[21,39]基于金属老化过程主要受控于表面聚合/沉淀、微孔扩散及有机质络合，提出了一个半机理动力学模型，已成功模拟 Cu、Co、Mo、Ni 等金属在土壤中的长期老化[21,39,151～153]，并揭示土壤 pH、有机质和温度对外源金属老化的影响大小及影响机制。

假定：①离子与可变电荷表面产生配位交换；②可变电荷表面是非均一的；③离子吸附后跟随扩散渗入，Barrow 等发展了四层模型[117,154]。既可以很好地解释慢的扩散反应，而且又表征环境因子对反应的影响，如 pH、支持电解质、温度、竞争离子等。Barrow 等[155]和 Fischer 等[116]应用四层模型研究了 Cu、Zn、Pb 等金属的慢反应，揭示金属的慢反应源于其扩散，而扩散依赖于扩散离子的键合强度和离子半径，扩散离子的形式又依赖于溶液 pH。相比其他动力学方程/模型，四层模型更为全面、准确和现实，但它太过于复杂了。

5.4.2 影响/控制土壤铜老化过程的因素

5.4.2.1 土壤 pH

pH 的影响通常表现在两个方面：一是改变可变电荷土壤表面电荷，二是影响反应离子的形态。随 pH 升高，表面负电荷增加，阳离子电性吸附增加，同时，$CuOH^+$也增加。已经证实一价 MOH^+ 比二价 M^{2+} 更容易被土壤表面吸附[3,62,155～157]。因此，这两方面的作用将导致铜吸附显著增加。另外，pH 增加到某一值时，生成 Cu 羟化物表面聚合体甚至 $Cu(OH)_2$表面沉淀，这业已被光谱学实验所证实[87～88,91,101,106,119]。所以，pH 升高增加表面聚合/沉淀作用的比重是无疑的。

Alloway[3]认为金属离子可以扩散进入针铁矿、氧化锰、伊利石、蒙脱石等矿物，其相对扩散速率随 pH 而增加，直至 $MOH^{+}=M^{2+}$（即 pH＝pK）时达到最大。这是因为 MOH^{+} 有较小的水化半径，更容易扩散进入矿物晶层。pH 更高时（＞pK），扩散速率降低很可能归因于金属大量生成了稳定的表面沉淀。总之，pH 也影响到扩散离子的形态继而影响到微孔扩散作用。

pH 升高也会引起有机质分解和腐殖质溶解[158～159]，造成 DOM 增加，它与铜的络合作用将可能使铜移动性和活性增强[160～162]，即延缓高有机质土壤铜的老化过程。pH 也改变土壤微生物群落，从而影响到铜的生物固定[163～164]。

无论如何，pH 是土壤外源铜老化的一个最重要的影响因子。但如上所述，也未必都是随 pH 升高，铜老化速率加快、持续时间缩短、有效性/毒性降低。从更深层分析，在较高 pH 区域（pH 接近 pK），主要是表面沉淀生成，反应在较短时间内完成，而且由于 $Cu(OH)_2$ 沉淀的稳定性较高，所以，pH 升高对长期老化过程没有明显影响；相反，在较低 pH 区域，随 pH 升高，一方面表面聚合作用加强，另一方面微孔扩散作用也加强，因而 pH 不仅强烈影响到快的吸附（短期），而且强烈影响慢反应（长期老化）。图 5-3 支持了这个论点：pH 从 5 到 7，铜在棕壤中的吸持动力学没有显著变化；而 pH 从 3 到 5，铜动力学过程发生显著改变。

5.4.2.2　土壤温度

温度影响土壤溶液中离子活度和表面静电位以及离子与表面的键合常数，通常随温度升高，金属离子快的吸附反应增强[164]。但温度更多是影响慢反应，升高温度增加其扩散速率（公式 13）[117,112,165]：

$$k=A\,e^{\frac{-Ea}{RT}} \tag{13}$$

式中：k 为扩散速率系数（cm^2/s）；A 为指前因子，代表扩散系数不随温度改变部分；E_a 为扩散的活化能（kJ/mol）；R 是气体常数［8.314J/(K・mol)］；T 是绝对温度（K）。

这样，不仅能评价温度对老化反应的影响，而且可以通过扩散的活化能与速率系数加深对扩散作用的认识。例如，已计算得到土壤中 Cu 和 Zn 的 E_a 分别为 33～36kJ/mol 和 55kJ/mol、D/r^2 分别为 $6.6\times10^{-11}\sim2.1\times10^{-9}$/s（20℃）和 $10^{-11}\sim10^{-10}$/s（22℃）[39,166]。据此，可推测微孔扩散是土壤外源金属的主要老化机理，而且相比 Zn，Cu 的扩散过程更容易进行，受温度影响较小。

除了考察温度对扩散系数的影响外，Barrow[111] 还提出了“当量时间”（Equivalent time，t_{eq}）概念，即在一定温度范围内，增加温度对反应的影响相当于增加反应时间得到的效果，这样可将不同温度的效应统一到一个温度下（如 25℃）（公式 14），从而更直观地比较老化反应过程。

$$t_{eq}=t\times e^{\frac{Ea}{298R}-\frac{Ea}{RT}} \tag{14}$$

依据上面的活化能数据，可利用公式（14）推知温度升高 10℃，相当于 Cu 和 Zn 的老化时间分别延长 1.54～1.60 倍和 2.06 倍，这也从另一个侧面再次证实了土壤中 Cu 比 Zn 的老化过程受温度的影响小。

5.4.2.3 土壤有机质

普遍认为土壤有机质的羧基、羟基、氨基、羰基等官能团能够与金属离子发生金属—有机配合作用，并且相对来说，有机物质对铜有更强的亲和力[166]。因而，自然土壤中的铜主要是与有机质络合的[167]，可与有机质形成稳定的五元环、六元环螯合物[75,136]，或者与矿物—有机复合体形成稳定的有机质—金属—矿物（A 型）和金属—有机质—矿物（B 型）三元络合物[94,131,167～169]。这些络合作用无疑将显著降低溶液中游离金属浓度，在 pH 4.8～6.3 的有机土壤中，游离 Cu^{2+} 不到总铜的 0.2%[75]。

或许有机质和铜之间的强络合作用，抑制了铜向矿物/有机质内部扩散或者铜与其他离子形成沉淀，所以，通常有机质存在下铜的长期老化过程受到抑制。McBride 等[161]及 Martínez 和 Martínez-Villegas[89]都表明在有机质体系长期老化过程中 Cu 的溶解性/活性增强，预示着在矿物上形成铜表面聚合物/沉淀物的进程受阻。我们的结果也显示：存在腐殖酸时，尽管短期（2h）膨润土对铜的吸持能力增强（交换态铜由 18%降低到 3%），但长期（1a）铜的老化速率（残渣态生成速率）却降低将近 1 倍[169]。另外，Hashimoto 等[126]证实磷酸盐修复 Pb 污染的高有机质土壤（SOC：8.6%）时，有机质与 Pb 的络合抑制了 Pb 的长期转化（氯磷铅矿生成）。所以，也可推测，在高有机质的土壤，铜与磷酸盐、碳酸盐等生成沉淀的可能性大大降低。

5.4.2.4 土壤氧化还原电位（Eh）

土壤 Eh 是影响重金属老化动力学的一个重要因子，特别是对周期性淹水（水稻土）和长时期淹水（湿地）的土壤重金属转化，起着举足轻重的作用。Eh 的影响是多方面的，主要通过以下几个途径：

（1）还原状态下，大部分 Cu^{2+} 直接转化为 Cu^{+} 甚至单质 Cu^{0}，然后 Cu(I) -有机 S 络合物或 Cu-S 矿物相继生成，Cu-S 络合物/矿物稳定性极强，甚至在随后的氧化状态下也能长时间地稳定存在[170～172]。因而，在铜污染的湿地土壤，Cu-S 矿物的生成应该是铜有效性降低的最主要原因。

（2）在淹水期，铁锰氧化物比铜更容易被还原，导致吸持的铜释放、铜有效性增强[173～174]。但土壤排水后，还原态的铁锰能够再氧化，极有可能与铜共沉淀或将铜包裹在氧化物内部，从而将原来不稳定的铜（吸附态）转化为稳定的铜（沉淀态/矿物态）[87,134～135]。Ma 和 Uren[65]表明干湿交替降低了 DTPA 提取的 Zn 浓度，特别在较高温度下更为明显，这也可能是铁锰氧化物还原溶解—再氧化结晶的结果。

（3）淹水造成有机质溶解（DOM 增多）和厌氧分解（低分子有机酸产生）[175～176]，它们和铜的络合作用会大大增加铜的移动性/活性[26,161～162]。而且由于铁锰氧化物还原溶解时释放大量吸附的铜离子，所以 DOM-Cu 显著增加，这也可能延缓 Cu-S 矿物的生成[176]。

（4）土壤淹水后，随时间 Eh 下降、pH 趋于中性[177～178]。这对酸性土壤的铜老化有正向作用，pH 升高归功于铁锰氧化物还原溶解消耗质子。但对石灰性土壤，显然增加了金属离子的活性[176]。

（5）淹水改变微生物群落[179]，进而影响到有机质分解和微生物氧化还原等重要的生物地球化学过程，间接影响到金属离子的老化动力学，或者直接影响到微生物对重金属的吸收固定。

5.4.2.5 土壤中共存离子

在土壤铜老化过程中，与其共存的阴、阳离子都可发生影响，总体上是竞争或协助作用。对阳离子而言，既可以因离子强度效应改变铜离子活度系数，也可以与之竞争吸附位，还可以改变可变电荷土壤表面电荷，从而对铜的化学行为产生直接或间接的影响。土壤中重金属吸附的竞争效应已有许多报道，而且 Covelo 等[180]给出了不同土壤组分对重金属吸附/固持的选择次序，在强吸附铜的表面（有机质、氧化锰），主要产生竞争影响的是 Pb。但在铜长期老化过程中，其他阳离子特别是重金属离子有何影响，目前还缺少研究。图 5-4 显示我国三种典型土壤中铜在单一污染和复合污染下的老化过程，可看出锌对铜的老化有明显的抑制作用，但不改变其老化机制（动力学方程不改变），而且不同的土壤中锌的抑制作用有显著差异：随 pH 升高，锌的抑制作用减弱直至忽略[24]。

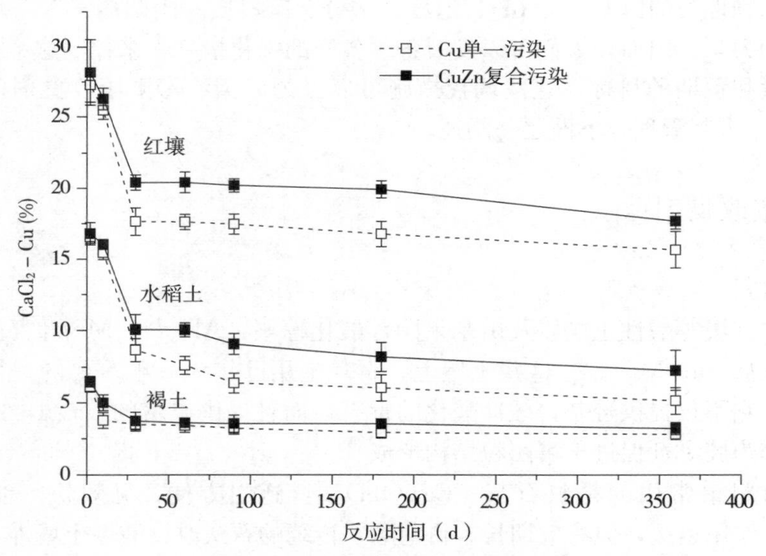

图 5-4 土壤铜在单一污染和复合污染下的老化动力学方程

（数据来源：徐明岗等[24]）

阴离子则通过离子对或络合作用，影响到铜的存在形态及吸附特征，或者像 OH^-、CO_3^{2-}、PO_4^{3-} 等与铜离子形成沉淀物[99]。另外，像 PO_4^{3-} 等含氧酸根可以配位吸附在可变电荷土壤表面[181]，这样一方面增加表面负电荷、释放 OH^-，从而对铜离子产生诱导吸附；另一方面作桥键，与铜离子形成稳定的矿物—磷酸盐—铜络合物[129]。可见，阴离子的影响十分复杂，可能它的络合、吸附等作用有利于铜在长期过程中向表面聚合物/沉淀转化，也有可能它的络合作用导致溶液中形成稳定的离子对/络合物，抑制铜的吸附和扩散。

除了上述因素，土壤表面性质对铜老化也产生重要的影响，因为可变电荷土壤表面和恒电荷土壤表面性质差异明显，它们对铜的吸附、沉淀、扩散等行为必将有不同的响应。

Lee[82]表明相比针铁矿，蒙脱石中的 Zn 有更加明显的老化过程，而且更容易形成表面沉淀。我们的结果则证实虽然针铁矿中的铜老化迅速，但存在腐殖酸则明显延缓铜的老化；相反，膨润土中铜的老化弱，但腐殖酸却大大加速老化过程[182]。

总而言之，能够影响铜形态、土壤表面性质以及铜在土壤固—液界面分配的因素，都将影响到铜的老化动力学过程，深入研究土壤铜老化的影响因素，对于认识和控制外源铜在土壤中的老化过程及生物有效性/毒性是十分重要的。

5.5 土壤铜老化的调控

土壤中金属的老化是一个自然的过程，对有益元素来说，有时需要减缓其老化或者加速老化后金属的活化，而对污染元素，则是希望能促进其老化，降低其生物毒害。总之，应该对金属的老化过程进行有效地调控，以利于农业生产和环境安全。

从上面的论述可知，这个自然老化过程深受土壤性质的影响，所以凡能改变土壤物理、化学、生物性质的因素，如 pH、温度、水分、有机质、阴阳离子等，均会影响到土壤铜的老化动力学。因而，人们可以发展各种各样的强化措施，来控制这个自然过程。根据采取的手段和预期的目标，这些调控措施可以分为三类：①土壤改良剂；②重金属固定/稳定剂；③水肥管理，下面逐一阐述。

5.5.1 土壤改良剂

石灰类材料

我国南方红壤等酸性土壤以及山东果园等酸化棕壤，Al、H、Mn 毒害严重，而且营养元素缺乏（如 Ca、Mg）。在这些土壤上，石灰施用已作为一项重要的、行之有效的农业增产措施，它不仅提供羟基，缓冲酸化的毒害，而且提供丰富的 Ca 源，既可补充营养元素，又可作为胶黏剂促进土壤团粒结构形成。

石灰类材料最常用的是熟石灰［$Ca(OH)_2$］，施用方便、见效快；也可用石灰石（$CaCO_3$），虽作用迟缓，但有效期长。目前除了传统的石灰改良酸性土壤外，已经有大量研究应用石灰材料稳定土壤中的重金属。靠石灰增加土壤的 pH 进而降低铜的溶解性和有效性，这应该是被期望的，而且，石灰的 Ca^{2+} 也可与 Cu^{2+} 竞争吸收，从而降低铜在植物体内的积累。在田间实验，Gray 等[183]表明石灰可增加土壤 pH、降低水溶性与可提取态重金属（Zn、Pb、Ni、Cd、Cu）含量，并减少紫羊茅（*Festuca rubra*）对这些重金属的吸收。Lombi 等[184]显示虽然石灰处理的土壤活性金属（Cd、Zn、Cu）库（E 值）显著降低，但当它们被重新酸化到原始 pH 时，E 值和未处理土壤一样。暗示石灰稳定的金属是可逆的，因而他们认为增加金属吸附、生成金属的碳酸盐和氢氧化物沉淀是石灰固定金属的主要机理。所以，石灰固定金属的稳定性和寿命，应该被重视，即加强石灰施用对重金属长期行为的影响研究，包括石灰施用后土壤的生态功能变化也应该予以监测与评估。虽说 Gray 等[183]的研究持续了 25 个月，但毕竟这方面的研究报道还十分缺乏。应该认识到，石灰绝不是单单增加 pH 这么简单，它可能产生新的化合物、改变土壤溶液的化学组成和土壤结构等，这么多的变化可能有些是期望的，有些是不期望发生的。

有机物料

铜和土壤有机质有很高的亲和性，所以，添加有机物料包括粪肥、秸秆还田、污泥农用等能促进Cu-有机络合作用，从而限制铜的生物有效性，同时，也能改良土壤性质和土壤生产力。传统农业施用有机物料都是为了增加土壤养分、促进微生物繁育、改善土壤理化性质、提高土壤保肥保水性等，只是近年来，才有人考虑利用有机物料的吸附、络合、氧化还原能力来固定或控制土壤重金属[184]。尽管有机物料可以与金属发生多种多样的反应，减弱或增加其生物有效性，但其长期效应，尤其对铜，主要还是由于增加了土壤有机质及CEC、改善了土壤—根际的物理和化学性质，从而影响了铜的生物地球化学过程，特别是对微生物和植物的有效性[185]。从这个意义上来说，我们主张推广秸秆还田，而不是粪肥和污泥农用，因为污泥中铜的平均含量为486mg/kg，规模化养殖的畜禽粪便含铜量更是高达732mg/kg[186~187]，长期大量施用如此高铜的有机物料到土壤里的话，无疑带来很大的环境风险。施用有机物料，除了考虑它本身的重金属可能产生的风险外，还应考虑短期内它的分解产生的有机酸，这有可能引起土壤酸化、重金属有效性/毒性增加。

还有一种有机物料是生物碳，最近几年它已被用作土壤改良剂和重金属稳定剂[188]，在120d的结合期，有效铜（酸溶解铜）显著下降，主要归于生物碳的官能团、少量归于石灰效应[189]。然而在农业土壤上，生物碳减轻重金属的移动性和毒性的相关研究颇少，还难以大范围地用于田间。因此，需要进一步深入研究，特别是生物碳在田间如何与生物交互从而固定重金属，以及长时间生物碳稳定重金属的能力如何改变?

5.5.2　重金属固定/稳定剂

含磷化合物

通过向土壤中添加一些活性物质，来降低重金属的生物有效性/毒性，称之为化学稳定/固定技术，其中最常用的活性物质就是含磷化合物，既包括水溶性的磷酸二氢钾、磷酸二氢钙等，也包括水难溶性的羟基磷灰石、磷矿石等。通常磷酸盐通过3种机理影响重金属活性：①诱导吸附，磷酸盐吸附在可变电荷土壤表面，导致pH升高和表面负电荷增加，从而诱导重金属吸附增加；②共沉淀，磷酸盐与重金属生成沉淀或矿物；③磷酸盐表面直接吸附重金属。

在一般的土壤环境中，对铜而言，通常难以生成铜—磷酸盐沉淀/矿物[125]，水溶性的磷酸盐一般或者直接作桥键，生成矿物—磷酸盐—铜表面络合物[129]，或者靠改变pH和表面电荷增加铜吸附[190~191]；难溶性的磷酸盐则主要做吸附剂直接吸附铜[125]。但是在田间，不像Pb，磷酸盐大都降低其生物有效性，对铜的影响比较复杂，有的研究表明磷酸盐施入降低铜的可提取性和生物吸收[192]，有的研究则表明磷酸盐只降低铜的可提取性，并不降低植物吸收甚者增加植物吸收[193]，也有研究发现磷酸盐增加铜的移动性和生物有效性[194]。总之，P-Cu交互并不是简单的作用，可能依赖于土壤性质特别土壤pH和有机质含量，也依赖于含磷化合物的种类和性质。不过，一个较为可行的措施是水溶性磷酸盐和水难溶性磷酸盐配合施用，以便水溶性磷酸盐快速降低重金属有效浓度到可接受的水平，水难溶性磷酸盐提供稳定的磷源，从而保持长久地固定重金属[195～196]。

化学稳定技术固定的重金属应该具有很大的可逆性，它是否会随植物生长和磷不断吸收情况下被重新活化或溶解，人们知之甚少，因而，需要加强磷酸盐固定重金属的长期稳定性研究。另外，大量的磷施入土壤，也存在很大的环境和生态风险，比如磷是否淋失导致水体富营养化？土壤性质是否恶化？植物营养是否失衡？这些都需要关注，从而小心、谨慎地选择含磷化合物的种类与施入量。

其他常用固定/稳定剂

赤泥是铝土矿冶炼后的强碱性废渣，主要由 Fe、Ti、Al 氧化物/氢氧化物组成，对重金属有非常强的吸持能力，已被广泛用作重金属的固定/稳定剂[182,196～197]。Lombi 等[184,198～199]发现赤泥固定重金属的能力强于石灰，在于它不仅仅提高土壤 pH，而且强烈地化学吸附重金属（重金属固态扩散或迁移进入氧化物微孔）。另外，Lombi 等[200]和 Garau 等[201]也显示赤泥施用显著增加土壤微生物生物量及土壤酶活度，不过细菌种类却从革兰氏阳性到革兰氏阴性，发生了巨大改变[201]。

黏土矿物是另外一类应用较广的重金属固定/稳定剂，常用的有蒙脱石、坡缕石、沸石、海泡石等。研究表明，黏土添加后，土壤金属的可提取性及生物有效性明显降低[202～203]，并且随培育时间延长，微生物呼吸、微生物生物量等都显著增加，即黏土的添加对重金属污染土壤的微生物产生了正影响[202]。

稳定/固定土壤重金属的活性物质当然不止上面这几种，还有很多[204]。它们性质各异，与重金属的交互作用机制也不尽相同，所以，进一步加强化学稳定/固定的机理研究是必要的，这可为土壤重金属有效性控制提供科学依据。但是，最重要的是，化学稳定/固定作用，只是重金属形态发生了变化，不仅总量没有减少，而且多数形态变化是可逆的，因而，固定的重金属的长期稳定性应该成为关注的焦点。还有一个务必注意的是，活性化学物质的添加，引入了新物质，自然就带来环境风险和生态风险，比如诱导或影响土壤微生物生物量及群落，这将进而影响矿物的溶解和形成、有机质矿化等重要的地球化学过程[204]。

5.5.3 土壤的水肥管理

水分管理

土壤水是植物需水的主要给源，是土壤中各种生命活动和理化过程的必要条件，因而是土壤肥力和土壤发育的重要因素。土壤水的管理和调控，对自然环境和农业生产有着不可忽视的影响，对土壤的重金属化学行为、移动性和有效性及命运归宿都产生重要的影响，如上一节内容讨论的 Eh 的影响，其主要根源基本就是水分的影响。对土壤水的调控，主要包括两种方式：淹水和干湿交替。

上一节内容已经总结到淹水，将影响 Cu^{2+} 的还原与沉淀反应、影响铁锰氧化物的还原和溶解、造成有机质还原分解和有机酸的生成、改变土壤 pH 和土壤微生物群落，这些变化或直接影响到铜的移动性和生物有效性，或间接影响到铜的化学行为及有效性[172,174,176,178～179]。总之，淹水对铜的行为和命运有十分突出的影响，特别是湿地土壤，可能是最本质的影响。但是，淹水究竟增加了铜的移动性和有效性还是降低了它的有效性/毒性？这不能一概而论，应该考虑土壤性质的变化和铜所处的具体环境。若是促进铜向沉淀（硫化物或氢氧化物）转变，铜的有效性通常降低；若是促进铜向溶解态或可交换态转变，则其有效性通常增加。但无论如何，淹水加强了铜形态之间的转化。

干湿交替是一种节水灌溉技术，也称作非淹水控制灌溉（NFI）[205]。它更是通过频繁改变土壤氧化还原势（Eh）影响到土壤金属的化学行为和命运归宿。Xu 等[205]表明干湿交替加强了稻田土壤铜从残渣态向易氧化形态及可提取性态转化，即增强了铜的有效性；Han 等[206]则显示干湿交替促进铜从可交换态和碳酸盐结合态向氧化物结合态、有机质结合态及残渣态转变；Ma 和 Uren[166]也证实干湿交替降低了锌可提取态浓度，加强了土壤吸持锌的脱水和扩散过程。所以，干湿交替对土壤铜的有效性究竟是促进作用还是抑制作用？也不能一概而论，这也与土壤性质的变化和铜所处的具体环境关系密切。但毋庸置疑，干湿交替比淹水更加频繁地改变了土壤铜形态及动力学过程。

施肥管理

施肥是农业增产的一个重要手段，长久以来都受到极度地重视。近年来，人们发现通过施肥管理可以有效控制土壤重金属化学行为及有效性，从而将肥料特别是磷肥作为重金属消减的一种强化手段，用于田间重金属有效性的控制中。但是不同施肥处理下土壤重金属的老化动力过程有明显的差异[206]，这应该取决于肥料的性质、成分及与重金属的相互作用，所以，需要以离子相互作用为核心，对肥料直接与重金属的作用机制以及肥料通过改变土壤性质进而诱导重金属的化学行为分别加以深入研究。

有的肥料主要成分可以与重金属直接相互作用，影响重金属在土壤中的存在形态及吸附强度，如有机肥的吸附络合作用、磷肥的吸附和沉淀作用等。还有一种情况是肥料的陪伴离子与重金属的相互作用，如 Ca^{2+}、Mg^{2+} 等阳离子和 Cl^-、SO_4^{2-} 等阴离子。阳离子以竞争为主、阴离子则主要形成离子对，通常情况下，它们提高重金属生物有效性，但也不尽然，像 SO_4^{2-} 等含氧酸根配位吸附可能增强金属的吸持。实际上，施肥在更大程度上是通过改变土壤 pH、有机质、CEC 等，间接影响和控制重金属生物有效性的，特别在长期施肥过程中。吴曼[207]显示湖南红壤长期施用有机肥后土壤有机质增加 1 倍多，达到 3.0%，而对照才 1.25%。蔡泽江等[208]证实长期大量施用氮肥，即使是 NPK 平衡施用，也会降低土壤 pH。在吴曼[207]的研究中，施 N 处理土壤有效态 Pb、Cd 含量远高于对照，可能也是由于其 pH（4.26）远低于对照（5.74）之故。总而言之，肥料与重金属的交互作用十分复杂，所以它引起土壤重金属的有效性变化的机理也难以明确。通过施肥来调控土壤重金属有效性无疑是可行的，但要做到有目的地控制重金属有效性的变化可能是不容易的。

施肥作为土壤重金属老化的强化辅助手段，简单易行，但施肥管理不当的话，能够带来许多潜在风险，如过量化肥引起的土壤酸化[147]和水体富营养化[209]、肥料尤其有机肥长期施用导致重金属的累积[210]、单一化肥的大量施用引起的土壤盐渍化与植物营养失衡[211~212]。这些问题需要引起人们的重视，从而更加谨慎、小心地施用肥料来调控土壤重金属的有效性/毒性。或许，不仅仅要考虑有机、无机肥料的配合施用，而且更为重要的是考虑水肥统一协调管理、考虑肥料与其他调控措施综合运用。

5.6 前景展望

外源铜的老化过程研究不仅有助于铜污染土壤的生态风险评价和环境质量标准制定，而且对重金属污染土壤的管理和修复也有重要的指导意义，正日益受到土壤化学家、环境学家的重视。目前对于土壤铜老化过程的机理、速率和影响因素虽然取得一些有益的进展，但是这方面的研究还十分薄弱，未来仍需在下面几个方面深入研究：

（1）土壤铜形态及动力学特征：铜在土壤矿物表面的形态特征及其动力学变化规律是解释老化的关键所在，所以，应充分利用化学和物理形态分析技术，尤其是XAFS为首的原子、分子尺度手段，结合宏观的动力学数据、平衡吸附实验以及计算机模拟，阐述土壤表面结合的铜的形态特征及其在长时间下的动力学过程，以揭示铜的老化机理。

（2）土壤铜长期老化过程及影响因素：只有正确认识不同土壤中铜的长期老化反应速率和各影响因子，才能建立起科学的模型，进而对铜老化过程进行合理的描述和预测。为此，需在各典型土壤中探讨铜各形态的长期动力学特征及土壤条件（pH、有机质、CEC、Eh等）与环境条件（温度、季节性淹水等）在铜形态变化中的影响机制及贡献大小。

（3）土壤铜长期老化的可逆性：可逆性研究不仅在理论上能揭示老化反应的机理，而且在实践上可为人工调控提供科学依据，它还可以修正老化预测模型，从而更准确地反应土壤铜的长期动力学过程。

（4）田间实际铜污染土壤的长期老化过程：只有深入研究铜在田间的长期动力学行为，才可对基于实验室人工添加铜污染土壤的老化机制进行修正、补充和完善，进而构建一个合理的土壤铜老化预测模型，直接用于田间长期铜污染土壤的生态风险评价，并指导土壤环境质量标准制定。

参 考 文 献

[1] 孙羲．中国农业百科全书·农业化学卷［M］．北京：中国农业出版社，1996.

[2] Rusjan D，Strlič M，Pucko，D，et al. Copper accumulation regarding the soil characteristics in Sub-Mediterranean vineyards of Slovenia［J］．Geoderma，2007，141（1-2）：111-118.

[3] Alloway B J. Heavy Metals in Soils［M］．Glasgow：Blackie Academic & Professional，1990.

[4] 甘凤伟，方维萱，王训练，等．锡矿尾矿库土壤-食用马铃薯和豌豆中重金属污染状况［J］．生态环境，2008，17（5）：1847-1852.

[5] 李媛，南忠仁，刘晓文，等．金昌市市郊农田土壤-小麦系统Cu、Zn、Ni行为特性［J］．西北农业学报，2008，17（6）：298-302.

[6] 梁家妮，周静，马友华，等．冶炼厂综合堆渣场围坝下水田重金属污染特征与评价［J］．农业环境科学学报，2009，28（5）：877-882.

[7] 王学峰，罗晓东，姚远鹰．新乡市卫河两岸蔬菜中重金属含量及污染评价［J］．安徽农业科学，2009，37（25）：12125-12126.

[8] 孙清斌，尹春芹，邓金锋，等．大冶矿区周边农田土壤和油菜重金属污染特征研究［J］．农业环境科学学报，2012，31（1）：85-91.

[9] Alexander M. Aging，bioavailability，and overestimation of risk form environmental pollutants [J]. Environmental Science & Technology，2000，34 (20)：4259-4265.

[10] Renella G，Chaudri A M，Brookes P C. Fresh additions of heavy metals do not model long-term effects on microbial biomass and activity [J]. Soil Biology and Biochemistry，2002，34 (1)：121-124.

[11] Vasseur P，Bonnard M，Palais F，et al. Bioavailability of chemical pollutants in contaminated soils and pitfalls of chemical analyses in hazard assessment [J]. Environmental Toxicology，2008，23 (5)：652-656.

[12] Mahmoudi N，Slater G F，Juhasz A L. Assessing limitations for PAH biodegradation in long-term contaminated soils using bioaccessibility assays [J]. Water，Air，& Soil Pollution，2013，DOI：10.1007/s11270-012-1411-2.

[13] Bruus Pedersen M，van Gestel C A M. Toxicity of copper to the collembolan *Folsomia fimetaria* in relation to the age of soil contamination [J]. Ecotoxicology and Environmental Safety，2001，49 (1)：54-59.

[14] Amorim M J D，Rombke J，Schallnass H J，et al. Effect of soil properties and aging on the toxicity of copper for *Enchytraeus albidus*，*Enchytraeus luxuriosus*，and *Folsomia candida* [J]. Environmental Toxicology and Chemistry，2005，24 (8)：1875-1885.

[15] Oorts K，Bronckaers H，Smolders E. Discrepancy of the microbial response to elevated copper between freshly spiked and long-term contaminated soils [J]. Environemntal Toxicology and Chemistry，2006，25 (3)：845-853.

[16] McBride M B，Pitiranggon M，Kim，B. A comparison of tests for extractable copper and zinc in metal-spiked and field-contaminated soil [J]. Soil Science，2009，174 (8)：439-444.

[17] McLaughlin M J. Ageing of metals in soils changes bioavailability [J]. Fact Sheet on Environmental Risk Assessment，2001 (4)：1-6.

[18] Lock K，Janssen C R. Influence of ageing on copper bioavailability in soils [J]. Environmental Toxicology and Chemistry，2003，22 (5)：1162-1166.

[19] Yong R N，Mulligan C N. Natural Attenuation of Contaminants in Soil [M]. Boca Raton：CRC Press，2004.

[20] Hamon R，McLaughlin M J，Lombi E. Natural Attenuation of Trace Element Availability in Soils [M]. Boca Raton：CRC Press，2006.

[21] Ma Y B，Lombi E，Oliver I W，et al. Long-term aging of copper added to soils [J]. Environmental Science & Technology，2006a，40 (20)：6310-6317.

[22] Arias-Estevez M，Novoa-Munoz J C，Pateiro M，et al. Influence of aging on copper fractionation in an acid soil [J]. Soil Science，2007，172 (3)：225-232.

[23] Lu A X，Zhang S Z，Qin X Y，et al. Aging effect on the mobility and bioavailability of copper in soil [J]. Journal of Environmental Sciences，2009，21 (2)：173-178.

[24] 徐明岗，王宝奇，周世伟，等. 外源铜锌在我国典型土壤中的老化特征 [J]. 环境科学，2008，29 (11)：3213-3218.

[25] Bruland K. Development of a liquid membrane technique to measure the temporal variation in "bioavailable" copper and nickel in the South San Francisco Bay [EB/OL]. Santa Cruz：University of California，2003 [2013-11-30]. http：//escholarship.org/uc/item/4198z045.

[26] Temminghoff E J M，Plette A C C，van Eck R，et al. Determination of the chemical speciation of

trace metals in aqueous systems by the Wageningen Donnan membrane technique [J]. Analytica Chimica Acta, 2000, 417 (2): 149-157.

[27] Davison W, Zhang H. In situ speciation measurements of trace components in natural waters using thin-film gels [J]. Nature, 1994, 367 (6463): 546-548.

[28] Zhang H, Davison W, Knight B, et al. In situ measurements of solution concentrations and fluxes of trace metals in soils using DGT [J]. Enviornmental Science & Technology, 1998, 32 (5): 704-710.

[29] Zhang H, Zhao F J, Sun B, et al. A new method to measure effective soil solution concentration predicts copper availability to plants [J]. Enviornmental Science & Technology, 2001, 35 (12): 2602-2607.

[30] Zhao F J Rooney C P, Zhang H, et al. Comparison of soil solution speciation and diffusive gradients in thin-films measurement as an indicator of copper bioavailability to plants [J]. Environmental Toxicology and Chemistry, 2006, 25 (3): 733-742.

[31] Degryse F, Smolders E, Zhang H, et al. Predicting availability of mineral elements to plants with the DGT technique: a review of experimental data and interpretation by modelling [J]. Environmental Chemistry, 2009, 6 (3): 198-218.

[32] Davison W, Zhang H. Progress in understanding the use of diffusive gradients in thin films (DGT) - back to basics [J]. Environmental Chemistry, 2012, 9 (1): 1-13.

[33] Nolan A L, Zhang H, McLaughlin M J. Prediction of zinc, cadmium, lead, and copper availability to wheat in contaminated soils using chemical speciation, diffusive gradients in thin films, extraction, and isotopic dilution techniques [J]. Journal of Environmental Quality, 2005, 34 (2): 496-507.

[34] Michaud A M, Bravin M N, Galleguillos M, et al. Copper uptake and phytotoxicity as assessed in situ for durum wheat (*Triticum turgidum durum* L.) Cultivated in Cu-contaminated, former vineyard soils [J]. Plant and Soil, 2007, 298 (1-2): 99-111.

[35] Bravin M N, Le Merrer B, Denaix L, et al. Copper uptake kinetics in hydroponically-grown durum wheat (*Triticum turgidum durum* L.) as compared with soil's ability to supply copper [J]. Plant and Soil, 2010, 331 (1-2): 91-104.

[36] Tandy S, Mundus S, Yngvesson J, et al. The use of DGT for prediction of plant available copper, zinc and phosphorus in agricultural soils [J]. Plant and Soil, 2011, 346 (1-2): 167-180.

[37] Tatiana Garrido R, Jorge Mendoza C. Application of diffusive gradient in thin film to estimate available copper in soil solution [J]. Soil & Sediment Contamination, 2013, 22 (6): 654-666.

[38] Nolan A L, Ma Y B, Lombi E, et al. Measurement of labile Cu in soil using stable isotope dilution and isotope ratio analysis by ICP-MS [J]. Analytical and Bioanalytical Chemistry, 2004, 380 (5-6): 789-797.

[39] Ma Y B, Lombi E, Nolan A L, et al. Short-term natural attenuation of copper in soils: effects of time, temperature and soil characteristics [J]. Environmental Toxicology and Chemistry, 2006b, 25 (3): 652-658.

[40] Organisation for Economic Co-operation and Development (OECD). Guidelines for the Testing of Chemicals No. 207: Earthworm acute toxicity tests [S]. Paris France, 1984.

[41] International Organization for Standardization (ISO). Soil Quality-determination of the Effects of Qollutants on Soil Flora Part 1: Method for the Measurement of Inhibition of Root Growth (ISO

11269-1）[S]. Geneva Switzerland，2012.

[42] Organisation for Economic Co-operation and Development（OECD）. Guidelines for the Testing of Chemicals No. 304A：Inherent biodegradability in soil [S]. Paris France，1981.

[43] 纳明亮．土壤重金属污染剂量与蔬菜毒性效应及其控制技术研究 [D]. 杨凌：西北农林科技大学，2007.

[44] Di Toro D M，Allen H E，Bergman H L，et al. Biotic ligand model of the acute toxicity of metals. I. Technical basis [J]. Environmental Toxicology and Chemistry，2001，20（10）：2383-2396.

[45] Paquin P R，Gorsuch J W，Apte S，et al. The biotic ligand model：A historical overview [J]. Comparative Biochemistry and Physiology C-Toxicology & Pharmacology，2002，133（1-2）：3-35.

[46] Niyogi S，Wood C M. Biotic ligand model，a flexible tool for developing site-specific water quality guidelines for metals [J]. Environmental Science & Technology，2004，38（23）：6177-6192.

[47] Slaveykova V I，Wilkinson K J. Predicting the bioavailability of metals and metal complexes：Critical review of the biotic ligand model [J]. Environmental Chemistry，2005，2（1）：9-24.

[48] Kamo M，Nagai T. An application of the biotic ligand model to predict the toxic effects of metal mixtures [J]. Environmental Toxicology and Chemistry，2008，27（7）：1479-1487.

[49] Peters A，Lofts S，Merrington G，et al. Development of biotic ligand models for chronic manganese toxicity to fish，invertebrates，and algae [J]. Environmental Toxicology and Chemistry，2011，30（11）：2407-2415.

[50] Erickson R J. The biotic ligand model approach for addressing effects of exposure water chemistry on aquatic toxicity of metals：Genesis and challenges [J]. Environmental Toxicology and Chemistry，2013，32（6）：1212-1214.

[51] U. S. EPA. Aquatic Life Ambient Freshwater Quality Criteria-copper（EPA-822-R-07-001） [S]. Office of Water，Office of Science and Technology，Washington DC，2007.

[52] Thakali S，Allen H E，Di Toro D M，et al. A terrestrial biotic ligand model. 1. Development and application to Cu and Ni toxicities to barley root elongation in soils [J]. Environmental Science & Technology，2006a，40（22）：7085-7093.

[53] Thakali S，Allen H E，Di Toro D M，et al. Terrestrial biotic ligand model. 2. Application to Ni and Cu toxicities to plants，invertebrates，and microbes in soil [J]. Environmental Science & Technology，2006b，40（22）：7094-7100.

[54] Lock K，De Schamphelaere K A C，Becaus S，et al. Development and validation of a terrestrial biotic ligand model predicting the effect of cobalt on root growth of barley（*Hordeum vulgare*） [J]. Environmental Pollution，2007，147（3）：626-633.

[55] Antunes P M C，Kreager N J. Development of the terrestrial biotic ligand model for predicting nickel toxicity to barley（*Hordeum vulgare*）：Ion effects at low pH [J]. Environmental Toxicology and Chemistry，2009，28（8）：1704-1710.

[56] Wang X D，Hua L，Ma Y B. A biotic ligand model predicting acute copper toxicity for barley（*Hordeum vulgare*）：Influence of calcium，magnesium，sodium，potassium and pH [J]. Chemosphere，2012，89（1）：89-95.

[57] Koster M，De Groot A，Vijver M，et al. Copper in the terrestrial environment：Verification of a laboratory-derived terrestrial biotic ligand model to predict earthworm mortality with toxicity observed in field soils [J]. Soil Biology & Biochemistry，2006，38（7）：1788-1796.

[58] Smolders E, Oorts K, van Sprang P, et al. Toxicity of trace metals in soil as affected by soil type and aging after contamination: Using calibrated bioavailability models to set ecological soil standards [J]. Environmental Toxicity and Chemsitry, 2009, 28 (8): 1633-1642.
[59] D'Amore, J J, Al-Abed S R, Scheckel K G, et al. Methods for speciation of metals in soils: A review [J]. Journal of Environmental Quality, 2005, 34 (5): 1707-1745.
[60] Dudal Y, Gerard F. Accounting for natural organic matter in aqueouschemical equilibrium models: a review of the theories and applications [J]. Earth-Science Reviews, 2004, 66 (3-4): 199-216.
[61] Sparks D L. Environmental Soil Chemistry (2nd Edition) [M]. San Diego, California: Academic Press, 2003.
[62] Anderson M A, Rubin A J. Adsorption of Inorganics at Solid-liquid Interfaces [M]. Ann Arbor: Ann Arbor Science Publishers, 1981.
[63] Tessier A, Campbell P G C, Bisson M. Sequential extraction procedure for the speciation of particulate trace metals [J]. Analytical Chemistry, 1979, 51 (7): 844-851.
[64] Quevauviller P. Operationally defined extraction procedures for soil and sediment analysis-I. Standardization [J]. Trac-Trends in Analytical Chemistry, 1998, 17 (5): 289-298.
[65] Rauret G, Lopez-Sanchez J F, Sahuquillo A, et al. Improvement of the BCR three step sequential extraction procedure prior to the certification of new sediment and soil reference materials [J]. Journal of Environmental Monitoring, 1999, 1 (1): 57-61.
[66] Shuman L M. Fractionation method for soil microelements [J]. Soil Science, 1985, 140 (1): 11-22.
[67] Ma Y B, Uren N C. Transformations of heavy metals added to soil-application of a new sequential extraction procedure [J]. Geoderma, 1998a, 84 (1-3): 157-168.
[68] Ramos L, Hernandez L M, Gonzalez M J. Sequential fractionation of copper, lead, cadmium and zinc in soils from or near Donana National Park [J]. Journal of Environmental Quality, 1994, 23 (1): 50-57.
[69] 王其武，刘文汉 . X射线吸收精细结构及其应用 [M]. 北京：科学出版社，1994.
[70] 马礼敦，杨福家 . 同步辐射应用概论 [M]. 上海：复旦大学出版社，2001.
[71] Xu J M, Sparks D L. Molecular Environmental Soil Science [M]. Heidelberg: Springer, 2013.
[72] Xia K, Bleam W F, Helmke P A. Studies of the nature of Cu^{2+} and Pb^{2+} binding sites in soil humic substances using X-ray absorption spectroscopy [J]. Geochimica et Cosmochimica Acta, 1997, 61 (11): 2211-2221.
[73] Frenkel A I, Korshin G V. Studies of Cu (II) in soil by X-ray absorption spectroscopy [J]. Canadian Journal of Soil Science, 2001, 81 (3): 271-276.
[74] Flogeac K, Guillon E, Aplincourt M. Surface complexation of copper (II) on soil particles: EPR and XAFS studies [J]. Environmental Science and Technology, 2004, 38 (11): 3098-3103.
[75] Karlsson T, Persson P, Skyllberg U. Complexation of copper (II) in organic soils and in dissolved organic matter-EXAFS evidence for chelate ring structures [J]. Environmental Science & Technology, 2006, 40 (8): 2623-2628.
[76] Strawn D G, Baker L L. Speciation of Cu in a contaminated agricultural soil measured by XAFS, μ-XAFS, and μ-XRF [J]. Environmental Science & Technology, 2008, 42 (1): 37-42.
[77] Strawn D G, Baker L L. Molecular characterization of copper in soils using X-ray absorption spectroscopy [J]. Environmental Pollution, 2009, 157 (10): 2813-2821.

[78] Sayen S, Guillon E. X-ray absorption spectroscopy study of Cu^{2+} geochemical partitioning in a vineyard soil [J]. Journal of Colloid and Interface Science, 2010, 344 (2): 611-615.

[79] Schlegel M L, Manceau A. Binding mechanism of Cu (II) at the clay-water interface by powder and polarized EXAFS spectroscopy [J]. Geochimica et Cosmochimica Acta, 2013, 113: 113-124.

[80] Elzinga E J, Rouff A A, Reeder R J. The long-term fate of Cu^{2+}, Zn^{2+}, and Pb^{2+} adsorption complexes at the calcite surface: An X-ray absorption spectroscopy study [J]. Geochimica et Cosmochimica Acta, 2006, 70 (11): 2715-2725.

[81] Cheah S F, Brown, G E, Parks G A. XAFS spectroscopy study of Cu (II) sorption on amorphous SiO_2 and γ-Al_2O_3: Effect of substrate and time on sorption complexes [J]. Journal of Colloid and Interface Science, 1998, 208 (1): 110-128.

[82] Lee S. An XAFS Study of Zn and Cd Sorption Mechanisms on Montmorillonite and Hydrous Ferric Oxide over Extended Reaction Times [D]. Chicago Illinois: Illinois Institute of Technology, 2003.

[83] Nagai S, Ohnishi S, Nitta I. ESR study of Cu (II) ion complexes adsorbed on interlamellar surfaces of montmorillonite [J]. Chemical Physics Letters, 1974, 26 (4): 517-520.

[84] Goodman B A, Green H L, Mcphail D B. An electron paramagnetic resonance (EPR) study of the adsorption of copper complexes on montmorillonite and imogolite [J]. Geochimica et Cosmochimica Acta, 1984, 48 (10): 2143-2150.

[85] Senesi N. Application of electron spin resonance (ESR) spectroscopy in soil chemistry [J]. Advances in Soil Science, 1990, 14: 77-130.

[86] Mosser C, Michot L J, Villieras F, et al. Migration of cations in copper (II) -exchanged montmorillonite and laponite upon heating [J]. Clays and Clay Minerals, 1997, 45 (6): 789-802.

[87] Martínez C E, McBride M B. Aging of coprecipitated Cu in alumina: Changes in structural location, chemical form, and solubility [J]. Geochimica et Cosmochimica Acta, 2000, 64 (10): 1729-1736.

[88] Hyun S P, Cho Y H, Hahn P S. An electron paramagnetic resonance study of Cu (II) sorbed on kaolinite [J]. Applied Clay Science, 2005, 30 (2): 69-78.

[89] Martínez C E, Martínez-Villegas N. Copper-alumina-organic matter mixed systems: Alumina transformation and copper speciation as revealed by EPR Spectroscopy [J]. Environmental Science & Technology, 2008, 42 (12): 4422-4427.

[90] Soil Science Society of America (SSSA) . Quantitative Methods in Soil Mineralogy [M]. Madison WI: SSSA Miscellaneou Publication, 1994, 205-235.

[91] Farquhar M L, Charnock J M, England K E R, et al. Adsorption of Cu (II) on the (0001) plane of mica: a REFLEXAFS and XPS study [J]. Journal of Colloid and Interface Science, 1996, 177 (2): 561-567.

[92] Gier S, Johns W D. Heavy metal-adsorption on micas and clay minerals studied by X-ray photoelectron spectroscopy [J]. Applied Clay Science, 2000, 16 (5-6): 289-299.

[93] Cai Y F, Xue J Y. A study of adsorption and absorption mechanisms of copper in palygorskite [J]. Clay Minerals, 2008, 43 (2): 195-203.

[94] Boudesocque S, Guillon E, Aplincourt M, et al. Sorption of Cu (II) onto vineyard soils: Macroscopic and spectroscopic investigations [J]. Journal of Colloid and Interface Science, 2007, 307 (1): 40-49.

[95] He H P, Guo J G, Xie X D, et al. Location and migration of cations in Cu^{2+}-adsorbed montmorillonite [J]. Environment International, 2001, 26 (5-6): 347-352.

[96] Karmous M S, Rhaiem H B, Naamen S, et al. The interlayer structure and thermal behavior of Cu and Ni montmorillonites [J]. Zeitschrift für Kristallographie Supplement, 2006, 23: 431-436.

[97] Ma Y B, Uren N C. Dehydration, diffusion and entrapment of zinc in bentonite [J]. Clays and Clay Minerals, 1998b, 46 (2): 132-138.

[98] Zhou S W, Xu M G, Ma Y B, et al. Aging mechanism of copper added to bentonite [J]. Geoderma, 2008, 147 (1-2): 86-92.

[99] Du Q, Sun Z, Forsling W, et al. Adsorption of copper at aqueous illite surfaces [J]. Journal of Colloid and Interface Science, 1997, 187 (1): 232-242.

[100] Madejová J, Arvaiová B, Komadel P. FTIR spectroscopic characterization of thermally treated Cu^{2+}, Cd^{2+}, and Li^{+} montmorillonites [J]. Spectrochimica Acta Part A: Molecular and Biomolecular Spectroscopy, 1999, 55 (12): 2467-2476.

[101] Alvarez-Puebla R A, Dos Santos D S, Blanco C, et al. Particle and surface characterization of a natural illite and study of its copper retention [J]. Journal of Colloid and Interface Science, 2005, 285 (1): 41-49.

[102] Kloprogge J T, Mahmutagic E, Frost R L. Mid-infrared and infrared emission spectroscopy of Cu-exchanged montmorillonite [J]. Journal of Colloid and Interface Science, 2006, 296 (2): 640-646.

[103] Brennan R F, Gartrell J W, Robson A D. Reactions of copper with soil affecting its availability to plants. I. Effect of soil type and time [J]. Australian Journal of Soil Research, 1980, 18 (4): 447-459.

[104] Brennan R F, Gartrell J W, Robson A D. The decline in the availability to plants of applied copper fertilizer [J]. Australian Journal of Agricultural Research, 1986, 37 (2): 107-113.

[105] McLaren R G, Ritchie G S P. The long-term fate of copper fertilizer applied to a lateritic sandy soil in Western Australia [J]. Australian Journal of Soil Research, 1993, 31 (1): 39-50.

[106] Martínez C E, McBride M B. Cd, Cu, Pb, and Zn coprecipitates in Fe oxide formed at different pH: Aging effects on metal solubility and extractability by citrate [J]. Environmental Toxicology and Chemistry, 2001, 20 (1): 122-126.

[107] Guo G, Yuan T, Wang W, et al. Effect of aging on bioavailability of copper on the fluvo aquic soil [J]. International Journal of Environmental Science and Technology, 2011, 8 (4): 715-722.

[108] Bruus Pedersen, M., Kjær C, Elmegaard N. Toxicity and bioaccumulation of copper to black bindweed (*Fallopia convolvulus*) in relation to bioavailability and the age of soil contamination [J]. Archives of Environmental Contamination and Toxicology, 2000, 39 (4): 431-439.

[109] Ali N A, Ater M, Sunahara G I, et al. Phytotoxicity and bioaccumulation of copper and chromium using barley (*Hordeum vulgare* L.) in spiked artificial and natural forest soils [J]. Ecotoxicology and Environmental Safety, 2004, 57 (3): 363-374.

[110] Daoust C M, Bastien C, Deschenes L. Influence of soil properties and aging on the toxicity of copper on compost worm and barley [J]. Journal of Environmental Quality, 2006, 35 (2): 558-567.

[111] Barrow N J. Testing a mechanistic model. II. The effects of time and temperature on the reaction of zinc with a soil [J]. Journal of Soil Science, 1986, 37 (2): 277-286.

[112] Brümmer G W, Gerth J, Tiller K G. Reaction kinetics of the adsorption and desorption of nickel, zinc and cadmium by goethite. I. Adsorption and diffusion of metals [J]. Journal of Soil Science, 1988, 39 (1): 37-51.

[113] Axe L, Trivedi P. Intraparticle surface diffusion of metal contaminants and their attenuation in microporous amorphous Al, Fe, and Mn oxides [J]. Journal of Colloid and Interface Science, 2002, 247 (2): 259-265.

[114] Bourg I C, Bourg A C M, Sposito G. Modeling diffusion and adsorption in compacted bentonite: a critical review [J]. Journal of Contaminant Hydrology, 2003, 61 (1-4): 293-302.

[115] Al-Qunaibt M H, Mekhemer W K, Zaghloul A A. The adsorption of Cu (II) ions on bentonite-a kinetic study [J]. Journal of Colloid and Interface Science, 2005, 283 (2): 316-321.

[116] Fischer L, Brümmer G W, Barrow N J. Observations and modelling of the reactions of 10 metals with goethite: adsorption and diffusion processes [J]. European Journal of Soil Science, 2007, 58 (6): 1304-1315.

[117] Barrow N J. Reactions with variable-charge soils [J]. Fertilizer Research, 1987, 14 (1): 1-100.

[118] Gerth J, Brümmer G W, Tiller K G. Retention of Ni, Zn and Cd by Si-associated goethite [J]. Zeitschrift für Pflanzenernährung und Bodenkunde, 1993, 156 (2): 123-129.

[119] Karthikeyan K G, Elliott H A, Chorover J. Role of surface precipitation in copper sorption by the hydrous oxides of iron and aluminum [J]. Journal of Colloid and Interface Science, 1999, 209 (1): 72-78.

[120] Roberts D R, Scheidegger A M, Sparks D L. Kinetics of mixed Ni-Al precipitate formation on a soil clay fraction [J]. Enviornmental Science & Technology, 1999, 33 (21): 3749-3754.

[121] Roberts D R, Ford R G, Sparks D L. Kinetics and mechanisms of Zn complexation on metal oxides using EXAFS spectroscopy [J]. Journal of Colloid and Interface Science, 2003, 263 (2): 364-376.

[122] Jacquat O, Voegelin A, Villard A, et al. Formation of Zn-rich phyllosilicate, Zn-layered double hydroxide and hydrozincite in contaminated calcareous soils [J]. Geochimica et Cosmochimica Acta, 2008, 72 (20): 537-5054.

[123] Lwin Y, Yarmo M A, Yaakob Z, et al. Synthesis and characterization of Cu-Al layered double hydroxides [J]. Materials Research Bulletin, 2001, 36 (1-2): 193-198.

[124] McGowen S L, Basta N T, Brown G O. Use of diammonium phosphate to reduce heavy metal solubility and transport in smelter-contaminated soil [J]. Journal of Environmental Quality, 2001, 30 (2): 493-500.

[125] Cao X, Ma L Q, Rhue D R, et al. Mechanisms of lead, copper, and zinc retention by phosphate rock [J]. Environmental Pollution, 2004, 131 (3): 435-444.

[126] Hashimoto Y, Takaoka M, Oshita K, et al. Incomplete transformations of Pb to pyromorphite by phosphate-induced immobilization investigated by X-ray absorption fine structure (XAFS) spectroscopy [J]. Chemosphere, 2009, 76 (5): 616-622.

[127] Pérez-Novo C, Bermúdez-Couso A, López-Periago E, et al. Zinc adsorption in acid soils: influence of phosphate [J]. Geoderma, 2011a, 162 (3-4): 358-364.

[128] Elzinga E J, Kretzschmar R. *In situ* ATR-FTIR spectroscopic analysis of the co-adsorption of orthophosphate and Cd (II) onto hematite [J]. Geochimica et Cosmochimica Acta, 2013, 117: 53-64.

[129] Tiberg C, Sjostedt C, Persson I, et al. Phosphate effects on copper (II) and lead (II) sorption to ferrihydrite [J]. Geochimica et Cosmochimica Acta, 2013, 120: 140-157.

[130] Strawn D G, Sparks D L. Effects of soil organic matter on the kinetics and mechanisms of Pb (II)

sorption and desorption in soil [J]. Soil Science Society of America Journal, 2000, 64 (1): 144-156.

[131] Alcacio T E, Hesterberg D, Chou J W, et al. Molecular scale characteristics of Cu (II) bonding in goethite-humate complexes [J]. Geochimica et Cosmochimica Acta, 2001, 65 (9): 1355-1366.

[132] Schosseler P M, Wehrli B, Schweiger A. Uptake of Cu^{2+} by the calcium carbonates vaterite and calcite as studied by continuous wave (CW) and pulse electron paramagnetic resonance [J]. Geochimica et Cosmochimica Acta, 1999, 63 (13-14): 1955-1967.

[133] Elzinga E J, Reeder R J. X-ray absorption spectroscopy study of Cu^{2+} and Zn^{2+} adsorption complexes at the calcite surface: implications for site-specific metal incorporation preferences during calcite crystal growth [J]. Geochimica et Cosmochimica Acta, 2002, 66 (22): 3943-3954.

[134] Horckmans L, Swennen R, Deckers J. Geochemical and mineralogical study of a site severely polluted with heavy metals (Maatheide, Lommel, Belgium) [J]. Environmental Geology, 2006, 50 (5): 725-742.

[135] Latta D E, Gorski C A, Scherer M M. Influence of Fe^{2+}-catalysed iron oxide recrystallization on metal cycling [J]. Biochemical Society Transactions, 2012, 40: 1191-1197.

[136] Manceau A, Matynia A. The nature of Cu bonding to natural organic matter [J]. Geochimica et Cosmochimica Acta, 2010, 74 (9): 2556-2580.

[137] Eusterhues K, Rennert T, Knicker H, et al. Fractionation of organic matter due to reaction with ferrihydrite: Coprecipitation versus adsorption [J]. Environmental Science & Technology, 2011, 45 (2): 527-533.

[138] Sparks D L. Soil Qhysical Chemistry (Second Edition). Boca Raton, Florida: CRC Press, 1999.

[139] Sen Gupta S, Bhattacharyya K G. Kinetics of adsorption of metal ions on inorganic materials: A review [J]. Advances in Colloid and Interface Science, 2011, 162 (1-2): 39-58

[140] Jalali M, Khanlari Z V. Effect of aging process on the fractionation of heavy metals in some calcareous soils of Iran [J]. Geoderma, 2008, 143 (1-2): 26-40.

[141] Lu A X, Zhang S Z, Shan X Q. Time effect on the fractionation of heavy metals in soils [J]. Geoderma, 2005, 125 (3-4): 225-234.

[142] Wu P X, Zhang Q, Dai Y P, et al. Adsorption of Cu (II), Cd (II) and Cr (III) ions from aqueous solutions on humic acid modified Ca-montmorillonite [J]. Geoderma, 2011, 164 (3-4): 215-219.

[143] Wang Y J, Cui Y X, Zhou D M, et al. Adsorption kinetics of glyphosate and copper (II) alone and together on two types of soils [J]. Soil Science Society of America Journal, 2009, 73 (6): 1995-2001.

[144] López-Periago J E, Arias-Estévez M, Nóvoa-Muñoz J C, et al. Copper retention kinetics in acid soils [J]. Soil Science Society of America Journal, 2008, 72 (1): 63-72.

[145] McKay G, Ho Y S, Ng J C Y. Biosorption of copper from waste waters: A review [J]. Separation & Purification Reviews, 1999, 28 (1): 87-125.

[146] Kasmaei L S, Fekri M. Application of Cu fertilizer on Cu recovery and desorption kinetics in two calcareous soils [J]. Environmental Earth Sciences, 2012, 67 (7): 2121-2127.

[147] Guo J H, Liu X J, Zhang Y, et al. Significant acidification in major Chinese croplands [J]. Science, 2010, 327 (5968): 1008-1010.

[148] Florido A, Valderrama C, Arevalo J, et al. Application of two sites non-equilibrium sorption model

for the removal of Cu (II) onto grape stalk wastes in a fixed-bed column [J]. Chemical Engineering Journal, 2010, 156 (2): 298-304.

[149] Kochem Mallmann F J, dos Santos D R, Cambier P, et al. Using a two site-reactive model for simulating one century changes of Zn and Pb concentration profiles in soils affected by metallurgical fallout [J]. Environmental Pollution, 2012, 162: 294-302.

[150] Selim H M. Modeling the transport and retention of inorganics in soils [J]. Advances in Agronomy, 1992, 47: 331-384.

[151] Wendling L A, Ma Y B, Kirby J K, et al. A predictive model of the effects of aging on cobalt fate and behavior in soil [J]. Environmental Science & Technology, 2009, 43 (1): 135-141.

[152] Kirby J K, McLaughlin M J, Ma Y B, et al. Aging effects on molybdate lability in soils [J]. Chemosphere, 2012, 89 (7): 876-883.

[153] Ma Y B, Lombi E, McLaughlin M J, et al. Aging of nickel added to soils as predicted by soil pH and time [J]. Chemosphere, 2013, 92 (8): 962-968.

[154] Barrow N J, Bowden J W, Posner A M, et al. An objective method for fitting models of ion adsorption on variable charge surfaces [J]. Australian Journal of Soil Research, 1980, 18 (1): 37-47.

[155] Barrow, N J, Bowden J W, Posner A M, et al. Describing the adsorption of copper, zinc and lead on a variable charge mineral surface [J]. Australian Journal of Soil Research, 1981, 19 (4): 309-321.

[156] Bolt G H, De Boodt M F, Hayes M H B, et al. Interactions at the Soil Colloid-soil Solution Interface [M]. Dordrecht: Kluwer Academic Publishers, 1991.

[157] Spark K M, Johnson B B, Wells J D. Characterizing heavy-metal adsorption on oxides and oxyhydroxides [J]. European Journal of Soil Science, 1995, 46 (4): 621-631.

[158] Riffaldi R, Saviozzi A, LeviMinzi R. Carbon mineralization kinetics as influenced by soil properties [J]. Biology and Fertility of Soils, 1996, 22 (4): 293-298.

[159] Leifeld J, Bassin S, Conen F, ett al. Control of soil pH on turnover of belowground organic matter in subalpine grassland [J]. Biogeochemistry, 2013, 112 (1-3): 59-69.

[160] Temminghoff E J M, van Der Zee S E A T M, de Haan F A M. Copper mobility in a copper-contaminated sandy soil as affected by pH and solid and dissolved organic matter [J]. Environmental Science & Technology, 1997, 31 (4): 1109-1115.

[161] McBride M B, Martínez C E, Sauvé S. Copper (II) activity in aged suspensions of goethite and organic matter [J]. Soil Science Society of America Journal, 1998, 62 (6): 1542-1548.

[162] Zhou L X, Wong J W C. Effect of dissolved organic matter from sludge and sludge compost on soil copper sorption [J]. Journal of Environmental Quality, 2001, 30 (3): 878-883.

[163] Fernández-Calviño D, Martín A, Arias-Estévez M, et al. Microbial community structure of vineyard soils with different pH and copper content [J]. Applied Soil Ecology, 2010, 46 (2): 276-282.

[164] De Boer T E, Taş N, Braster M, et al. The influence of long-term copper contaminated agricultural soil at different pH levels on microbial communities and springtail transcriptional regulation [J]. Enviornmental Science & Technology, 2012, 46 (1): 60-68.

[165] Barrow N J. A brief discussion on the effect of temperature on the reaction of inorganic ions with soil [J]. Journal of Soil Science, 1992, 43 (1): 37-45.

[166] Ma Y B, Uren N C. The effects of temperature, time and cycles of drying and rewetting on the extractability of zinc added to a calcareous soil [J]. Geoderma, 1997, 75 (1-2): 89-97.

[167] Pandey A K, Pandey S D, Misra V. Stability constants of metal-humic acid complexes and its role in environmental detoxification [J]. Ecotoxicology and Environmental Safety, 2000, 47 (2): 195-200.

[168] Liu A, Gonzalez R D. Adsorption/desorption in a system consisting of humic acid, heavy metals and clay minerals [J]. Journal of Colloid and Interface Science, 1999, 218 (1): 225-232.

[169] Sheals J, Granström M, Sjöberg S, et al. Coadsorption of Cu (II) and glyphosate at the water-goethite (α-FeOOH) interface: molecular structures from FTIR and EXAFS measurements [J]. Journal of Colloid and Interface Science, 2003, 262 (1): 38-47.

[170] Zhou S W, Ma Y B, Xu M G. Ageing of added copper in bentonite without and with humic acid [J]. Chemical Speciation and Bioavailability, 2009, 21 (3): 175-184.

[171] Fulda B, Voegelin A, Ehlert K, et al. Redox transformation, solid phase speciation and solution dynamics of copper during soil reduction and reoxidation as affected by sulfate availability [J]. Geochimica et Cosmochimica Acta, 2013, 123: 385-402.

[172] Hofacker A F, Voegelin A, Kaegi R, et al. Temperature-dependent formation of metallic copper and metal sulfide nanoparticles during flooding of a contaminated soil [J]. Geochimica et Cosmochimica Acta, 2013, 103: 316-332.

[173] Wang G, Staunton S. Evolution of water-extractable copper in soil with time as a function of organic matter amendments and aeration [J]. European Journal of Soil Science, 2006, 57 (3): 372-380.

[174] Sánchez-AlcaláI, del Campillo M C, Torrent J, et al. Iron (III) reduction in anaerobically incubated suspensions of highly calcareous agricultural soils [J]. Soil Science Society of America Journal, 2011, 75 (6): 2136-2146.

[175] Shan Y H, Cai Z C, Han Y, et al. Organic acid accumulation under flooded soil conditions in relation to the incorporation of wheat and rice straws with different C: N ratios [J]. Soil Science and Plant Nutrition, 2008, 54 (1): 46-56.

[176] Vink J P M, Harmsen J, Rijnaarts H. Delayed immobilization of heavy metals insoils and sediments under reducing and anaerobic conditions; consequences for flooding and storage [J]. Journal of Soils and Sediments, 2010, 10 (8): 1633-1645.

[177] Larson K D, Graetz D A, Schaffer B. Flood-induced chemical-transformations in calcareous agricultural soils of South Florida [J]. Soil Science, 1991, 152 (1): 33-40.

[178] Kashem M A, Singh B R. Metal availability in contaminated soils: I. Effects of flooding and organic matter on changes in Eh, pH and solubility of Cd, Ni and Zn [J]. Nutrient Cycling in Agroecosystems, 2001, 61 (3): 247-255.

[179] Unger I M, Kennedy A C, Muzika R M. Flooding effects on soil microbial communities [J]. Applied Soil Ecology, 2009, 42 (1): 1-8.

[180] Covelo E F, Vega F A, Andrade M L. Competitive sorption and desorption of heavy metals by individual soil components [J]. Journal of Hazardous Materials, 2007, 140 (1-2): 308-315.

[181] 于天仁，季国亮，丁昌璞，等．可变电荷土壤的电化学 [M]. 北京：科学出版社，1996.

[182] 周世伟．外源铜在土壤矿物中的老化过程及影响因素研究 [D]. 北京：中国农业科学院，2007.

[183] Gray C W, Dunham S J, Dennis P G, et al. Field evaluation of in situ remediation of a heavy metal contaminated soil using lime and red-mud [J]. Environmental Pollution, 2006, 142 (3): 530-539.

[184] Lombi E，Hamon R E，McGrath S P，et al. Lability of Cd，Cu，and Zn in polluted soils treated with lime，beringite，and red mud and identification of a non-labile colloidal fraction of metals using isotopic techniques [J]. Enviornmental Science & Technology，2003，37 (5)：979-984.

[185] Park J H，Lamb D，Paneerselvam P，et al. Role of organic amendments on enhanced bioremediation of heavy metal (loid) contaminated soils [J]. Journal of Hazardous Materials，2011，185 (2-3)：549-574.

[186] Navel A，Martins J M F. Effect of long term organic amendments and vegetation of vineyard soils on the microscale distribution and biogeochemistry of copper [J]. Science of the Total Environment，2014，466-467：681-689.

[187] 张艳云，孙龙生，申春平，等. 日粮中添加高剂量铜对肉用子鸡生长和肝、粪铜浓度的影响 [J]. 禽业科技，1996，12 (4)：3-5.

[188] 陈同斌，黄启飞，高定，等. 中国城市污泥的重金属含量及其变化趋势 [J]. 环境科学学报，2003，23 (5)：561-569.

[189] Kong L L，Liu W T，Zhou Q X. Biochar：An effect amendment for remediating contaminated soil [J]. Reviews of Environmental Contamination and Toxicology，2014，228：83-99.

[190] Jiang J，Xu R K. Application of crop straw derived biochars to Cu (II) contaminated Ultisol：Evaluating role of alkali and organic functional groups in Cu (II) immobilization [J]. Bioresource Technology，2013，133：537-545.

[191] Pérez-Novo C，Fernández-Calviño D，Bermúdez-Couso A，et al. Influence of phosphorus on Cu sorption kinetics：Stirred flow chamber experiments [J]. Journal of Hazardous Materials，2011b，185 (1)：220-226.

[192] Chen S B，Xu M G，Ma Y B，et al. Evaluation of different phosphate amendments on availability of metals in contaminated soil [J]. Ecotoxicology and Environmental Safety，2007，67 (2)：278-285.

[193] Cao X，Wahbi A，Ma L Q，et al. Immobilization of Zn，Cu，and Pb in contaminated soils using phosphate rock and phosphoric acid [J]. Journal of Hazardous Materials，2009，164 (2-3)：555-564.

[194] Spuller C，Weigand H，Marb C. Trace metal stabilisation in a shooting range soil：Mobility and phytotoxicity [J]. Journal of Hazardous Materials，2007，141 (2)：378-387.

[195] Cao X，Ma L Q，Chen M，et a1. Phosphate-induced metal immobilization in a contaminated site [J]. Environmental Polution，2003，122 (1)：19-28.

[196] Ma L Q，Rao G N. Effects of phosphate rock on sequential chemical extraction of lead in contaminated soils [J]. Journal of Environmental Quality，1997，26 (3)：788-794.

[197] Liu Y J，Naidu R，Ming H. Red mud as an amendment for pollutants in solid and liquid phases [J]. Geoderma，2011，163 (1-2)：1-12.

[198] 杨俊兴，陈世宝，郭庆军. 赤泥在重金属污染治理中的应用研究进展 [J]. 生态学杂志，2013，32 (7)：1937-1944.

[199] Lombi E，Zhao F J，Zhang G Y，et al. In situ fixation of metals in soils using bauxite residue：chemical assessment [J]. Environmental Pollution，2002a，118 (3)：435-443.

[200] Lombi E，Zhao F J，Wieshammer G，et al. In situ fixation of metals in soils using bauxite residue：biological effects [J]. Environmental Pollution，2002b，118 (3)：445-452.

[201] Garau G，Castaldi P，Santona L，et al. Influence of red mud，zeolite and lime on heavy metal

immobilization, culturable heterotrophic microbial populations and enzyme activities in a contaminated soil [J]. Geoderma, 2007, 142 (1-2): 47-57.

[202] Usman A, Kuzyakov Y, Stahr K. Effect of clay minerals on immobilization of heavy metals and microbial activity in a sewage sludge-contaminated soil [J]. Journal of Soils and Sediments, 2005, 5 (4): 245-252.

[203] Zhang G Y, Lin Y Q, Wang M K. Remediation of copper polluted red soils with clay materials [J]. Journal of Environmental Sciences, 2011, 28 (3): 461-467.

[204] Udeigwe T K, Eze P N, Teboh J M, et al.. Application, chemistry, and environmental implications of contaminant-immobilization amendments on agricultural soil and water quality [J]. Environment International, 2011, 37 (1): 258-267.

[205] Xu J Z, Wei Q, Yu Y M, et al. Influence of water management on the mobility and fate of copper in rice field soil [J]. Journal of Soils and Sediments, 2013, 13 (7): 1180-1188.

[206] Han F X, Banin A, Triplett G B. Redistribution of heavy metals in arid-zone soils under a wetting-drying cycle soil moisture regime [J]. Soil Science, 2001, 166 (1): 18-28.

[207] 吴曼．土壤性质对重金属铅镉稳定化过程的影响研究 [D]. 青岛：青岛大学，2011.

[208] 蔡泽江，孙楠，王伯仁，等．长期施肥对红壤 pH、作物产量及氮、磷、钾养分吸收的影响 [J]. 植物营养与肥料学报，2011，17 (1)：71-78.

[209] Carpenter S R, Caraco N F, Correll D L, et al. Nonpoint pollution of surface waters with phosphorus and nitrogen [J]. Ecological Applications, 1998, 8 (3): 559-568.

[210] Nicholson F A, Smith S R, Alloway B J, et al. An inventory of heavy metals inputs to agricultural soils in England and Wales [J]. The Science of the Total Environment, 2003, 311 (1-3): 205-219.

[211] Boisson J, Ruttens A, Mench M, et al. Evaluation of hydroxyapatite as a metal immobilizing soil additive for the remediation of poluted soils. Part 1. Influence of hydroxyapatite on metal exchangeability in soil, plan t growth and plant metal accumulation [J]. Environmental Pollution, 1999, 104 (2): 225-233.

[212] Hao X Y, Chang C. Does long-term heavy cattle manure application increase salinity of a clay loam soil in semi-arid southern Alberta? [J]. Agriculture, Ecosystems & Environment, 2003, 94 (1): 89-103.

第6章　土壤中铜的来源及调控

随着农业和养殖业的发展，工业化和城镇化进程的加快，土壤铜污染也日趋严重。农田土壤铜污染是导致农产品铜超标的重要原因。伴随着近年来公众健康意识的增强，农田土壤铜污染问题备受关注。铜是人体必需的微量矿质元素，但近年来的临床医学研究表明，人体血清中铜水平的升高与癌症发病率密切相关[1]。减少农田土壤包括铜在内的重金属输入、控制农田土壤污染已经成为我国农业可持续发展的一个战略目标[2]。然而，有关我国农田土壤铜污染现状及污染来源的确切信息目前尚不十分清楚，因此明确这些信息对于有针对性地削减农田土壤铜输入，继而有效调控铜污染具有十分重要的意义。

分析评估铜各污染源对污染的相对贡献以及其污染特征对于定量分析农田土壤铜输入清单是至关重要的[3~4]，这也是一项非常复杂的工作。由于污染源及污染输入量是千差万别的，并随着经济的发展呈现出不同的时代特征。例如，由于配套设施发展相对滞后及水资源短缺，截至2004年，我国大约有360万 hm^2 农田使用超过农灌水质标准水体灌溉，其中有51.2万 hm^2 农田直接引用工业和城市污水灌溉[5]。随着近年来污水处理率和对污水危害性的认识的不断提高，我国目前由污水造成的环境压力已显著降低[6]。但是近年来，电子垃圾逐渐成为我国部分地区点源污染的重要来源[7]。

本文主要根据近年来发表的数据，从主要污染源：大气沉降、畜禽粪便、肥料农药、污水灌溉及污泥等入手，对我国农田土壤铜输入现状和发展特征进行深入分析，比较各污染源的相对贡献、评估铜的输入通量，为我国农田铜污染削减和控制提供基础数据和理论支持；并针对铜污染输入特征，有针对性提出土壤铜污染控制和削减措施，以规避农田土壤铜污染风险，保证我国农业可持续、高质量发展。

6.1　农田土壤中铜的主要来源

6.1.1　大气沉降

我国农田土壤铜大气总沉降量数据（包括干沉降和湿沉降）主要是根据近年来（2000—2012）公开发表的不同城市和地区农田土壤沉降数据汇总、计算得到的[8~11]。但总体来说，目前我国有关铜大气沉降全国性的研究数据还很有限，本研究主要是筛选远离工业及采矿等污染源的农田土壤沉降数据。总沉降量由平均沉降通量和总农田面积计算得到的。其中，沉降通量由不同被调查地点的沉降通量对被调查地区的面积进行加权平均估算得到的。表6-1为加权平均计算得到的我国农田土壤铜年沉降通量数据。

表 6-1　我国农田土壤铜年沉降通量（包括干、湿沉降）［mg/（m²·a）］
及与其他国家地区比较

国家及地区	样本数	范　围	均值	标准偏差
北京	39	7.4～17.7	14.2	3.3
河北南部平原	48		13.7	
浙江义乌	26		19.4	
广东珠三角	12	10.7～40.9	18.6	7.9
浙江省	38		93.9	
福建兴化	32		17.4	
江苏南京	8	0.48～9.37	3.5	2.8
中国	203	0.23～40.9	14.8	6.7
英国	34	3.2～24.7	5.7	
东京湾	7		16	

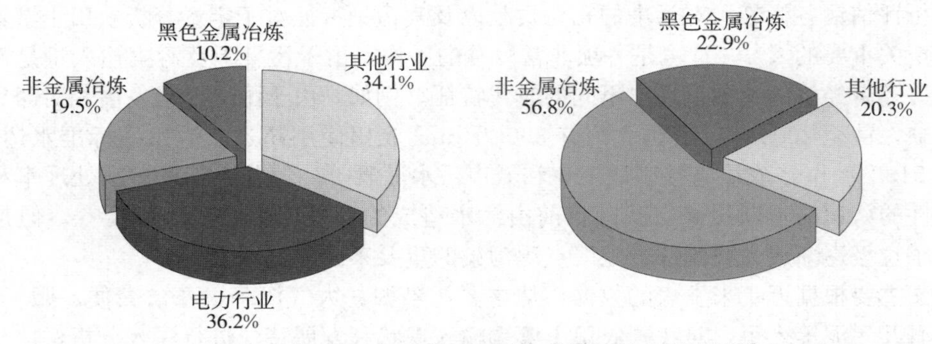

图 6-1　我国工业烟尘和工业粉尘排放量及主要来源[6]

从表 6-1 中可以看出，虽然数据调查时间不同，我国大气沉降中铜沉降通量明显高于欧洲国家水平[3]，而与东京湾地区沉降通量数据[12]比较接近。尽管数据样本数量有限，这些沉降数据基本反映了我国农田土壤铜沉降分布特点。整体上我国农田土壤铜沉降分布严重不均，经济发达地区沉降量明显高于其他一般地区；同时沉降通量受气候及人为活动影响比较显著。丛源等[10]认为北京郊区部分铜沉降来自于其他地区污染源的长距离迁移。他们研究提出，在 2006 年由于北京遭受严重沙尘暴，导致铜沉降通量显著升高。此外，铜沉降与我国燃煤工业密切相关。根据国家环保总局发布的环境年鉴数据[6]，大气沉降烟尘最重要的来源主要包括电力、非金属冶炼、黑色金属冶炼，他们对空气中烟尘贡献量达到了 65.9%，而粉尘主要来自于非金属矿业和黑色金属冶炼，两个行业占工业总排放量的 79.7%（图 6-1）。

随着我国节能减排措施的实施，大气烟尘、粉尘排放量逐年降低，但是由于基数比较大，高温行业仍是大气颗粒物排放的主要来源。上述大部分高温行业都与燃煤密切相关。目前我国 67%以上能源需求来自于燃煤，而这种格局在未来十几年都不会有大的改变。煤炭不是清洁能源，它几乎含有元素周期表中所有元素。因此，燃煤释放出来的包括铜在内的重金属将通过各种渠道、长距离迁移最终进入农田。作为非挥发元素，铜在排放源附近会以干、湿沉降的方式沉降 20%左右，而其余部分经过长距离迁移后逐渐沉降在其他地区。

6.1.2　畜禽粪便

铜除了以背景浓度存在于畜禽饲料中，更重要的是，还常常出于畜禽健康原因或经济原因加入饲料中以促进畜禽快速生长，减少死亡率。如前所述，铜作为人和动物所必须的元素，在机体造血、新陈代谢、生长繁殖、维持生产性能和增强机体抵抗力等方面具有不可替代的作用。高剂量铜（>125mg/kg）作为一种高效而廉价的促生长添加剂，及畜禽肠道细菌抑制剂，能有效提高畜禽的商品化生产[3,13]，而被广泛应用于我国畜禽养殖业。但是不幸的是，作为添加剂，目前铜在饲料中的使用趋于滥用，并造成畜禽中毒事件发生。高剂量铜通过饲料添加剂进入畜禽体内以后，大部分（超过 90%）将通过粪便排出体外，最终作为有机肥进入农田系统[14]。我国畜禽粪便中铜浓度数据以及 20 世纪 90 年代初相应铜含量数据见表 6-2。由于我国目前商品有机肥中关于重金属的限量标准（NY 525—2012）还没有把铜列入限量指标，本研究参照德国腐熟堆肥中重金属限量标准[15]，结果发现有鸡粪和猪粪 46.5%的样品铜含量超过标准（100mg/kg）以及 42.3%的样品 Zn 含量超过了标准（400mg/kg）。猪粪和鸡粪中铜浓度达到了 1742 和 2287mg/kg（猪粪），表明滥用饲料添加剂的现象非常严重。虽然与猪粪、鸡粪相比，牛粪中铜浓度相对较低，但也表现出类似的特征。而羊粪中铜含量最低。

通过比较不同时期畜禽粪便中铜浓度，可以发现畜禽粪便中铜含量在过去十年间增加非常显著（表 6-2）。在 20 世纪 90 年代初期，我国猪粪中铜含量明显低于英国水平[16]。但是过去十年间，我国猪粪和鸡粪中铜含量呈现出明显的增加趋势。特别是猪粪，铜含量增加了近 7 倍。刘洪涛等[17]研究也指出，畜禽粪便和有机肥铜富集问题最为突出的是猪粪。

表 6-2　我国不同时期不同畜禽粪便中铜含量比较

类别	范　围	2003 年			20 世纪 90 年代		
		均值	标准偏差	样本数	均值	标准偏差	样本数
鸡粪	16.8～736	102	108.3	70	52.4	58.9	≥22
猪粪	10.2～1742	472.6	310.5	61	37.6	38.9	≥31
牛粪	8.8～473.2	46.5	69.4	42	26.9	23.2	≥66
羊粪	13.2～59.2	28.7	13.2	15	44.3	31.6	≥24

数据来源：刘荣乐等[18]、张树清等[19]、邢文英和李荣[20]。

表 6-3　我国畜禽养殖数据及其粪便产生量参数

畜禽种类	粪便年产量	养殖数量（$\times 10^6$）
鸡		8 969.6
蛋鸡	53.3kg/a	6 292.4

（续）

畜禽种类	粪便年产量	养殖数量（$\times10^6$）
肉鸡	36.5kg/a	2 677.2
猪	1.9kg/a	666.9
牛		106.3
耕牛	10.1t/a	24.7
肉牛	7.7t/a	67.4
奶牛	19.4t/a	14.2
羊	0.87t/a	280.9
马	5.9t/a	6.8
驴骡	5.0t/a	9.1
鸭鹅	39.0kg/a	2 041.6

数据来源：《中国农业年鉴》[21]。

在我国传统的农业生产模式中，畜禽粪便和有机肥一直占据着施肥结构的主导地位。尽管近年来化肥的施用量逐渐增加，但由于畜禽粪便和有机肥具有养分释放期长，有机质丰富等特点，仍然是农业用肥不可缺少的重要组成部分。根据我国农业统计数据，我国每年畜禽粪便的产生量大约为 22 亿 t 左右，含有 2 320 万 t 的氮、磷、钾纯样品，其中氮、磷、钾分别为 1 210 万、440 万、670 万 t。这些养分分别相当于我国每年所施用氮、磷、钾化肥量的 51.4%、54.6%和 116%（2010 年数据）[21]。显而易见，这些畜禽粪便是我国农业生产的重要资源。但是如果它们全部施用到土壤中，它们所含的包括铜在内的重金属无疑将带来巨大的环境风险。

根据我国畜禽粪便农用率（按 30%估算[22]），畜禽的年饲养量，畜禽的排便系数（即年产量，表 6-3）及其含水量，和畜禽粪便中铜含量（干重，表 6-2），即可计算得到通过畜禽粪便对农田土壤铜的年输入量，每年可高达 49 万 t。越来越多的科学家开始认识到畜禽饲料添加剂中铜及其他重金属的潜在危害，并建议尽快对其使用建立行业标准[23]。鉴于畜禽粪便中高铜的潜在风险及其在土壤中积累的特征，在明确其环境风险及建立严格的饲料添加剂质量标准之前，必须慎重对待畜禽粪便在农田土壤中的施用及其作为复合肥原料的使用。

6.1.3 肥料及农药

人们通常把肥料中重金属含量与磷肥中镉联系起来，因而磷肥中的镉含量也受到了较多的关注[24~25]，而通过肥料进入土壤中的铜受到关注较少。实际上肥料中铜的含量不可忽视。根据对浙江、云南及东北地区所生产肥料中重金属调查发现，氮肥和钾肥中铜含量比较低，磷肥中铜含量高达 44mg/kg，但也在有机—无机复混肥料国家标准范围之内（表 6-4）。

表 6-4　我国不同肥料中铜含量（mg/kg）

肥料种类	样本数	范围	均值	标准偏差
氮肥	10	0.02～1.37	0.41	0.28
磷肥	7	0.56～63.2	44.4	21.90
普通过磷酸钙	5	50.2～62.9	58.8	5.8
钙镁磷肥	1		63.2	
钾肥	4	0.90～5.75	3.22	3.12
无机复合肥	12	0.90～30.63	10.79	8.35
有机复合肥	142	0～998.6	75.4	141
厩肥	84	24～32	28	
秸秆类废弃物	31	0～116	27.4	
堆肥	12	14.5～768.4	98.7	

近年来，我国复合肥（包括无机复合肥和有机复合肥）生产增加十分迅速，到 2010 年我国复合肥产量已达 1 798 万 t（折合净养分）。然而复合肥的原料十分复杂，特别是有机复合肥，其中畜禽粪便，城市堆肥等常用来生产复合肥，因而有机肥中铜含量通常较高，部分有机复合肥中铜含量高达 998.6mg/kg，远远超过我国农田土壤铜安全质量标准（100mg/kg）[26]。

需要指出的是，尽管我国绝大部分肥料中铜含量都低于国家质量标准（GB18877—2002）[27~28]，但是由于我国每年肥料施用量非常巨大（2010 年折纯养分达 5 544 万 t），这样通过肥料输入到农田土壤中的铜的量就很大了，每年高达 3 282t。此外，我国单位面积土壤上所施用的肥料量也远远高于世界平均水平，过量的氮、磷养分施入不仅在一定程度上是一种资源浪费，同时在某些地区已经造成地表水的富营养化，成为我国农业重要的面源污染源[28]。另外，由于铜肥的施用仅限于某些保护地农田，而且随着土壤中铜的富集、累积，铜肥应用和相关数据都相对有限，因此在本计算中没有考虑铜肥对农田土壤铜输入的贡献。

含铜农药作为果树杀菌剂在我国果树生产中被广泛应用。根据市场预测报告，我国每年大约有 5 000t 铜用于农业生产而进入到农田土壤中。如表 6-5 所示，由于高剂量含铜杀菌剂的应用（主要是波尔多液，其成分是硫酸铜），果园表层土壤中铜显著高于周边相应土壤，并且部分土壤样品已超过了土壤环境质量二级标准[26]。用于大量施用含铜农药，施用农药的果实铜含量也远高于未施用杀菌剂的水果[28]，并给食品安全带来一定的风险。

铜作为一种稳定的重金属元素，在土壤中移动性低于镉、锌，一旦进入农田土壤，就容易在土壤表层累积。因此我们可以根据每年施用含铜农药的量，结合农田土壤铜的环境标准值与土壤本底值，可以大致估算出铜制剂农药在农田土壤中安全使用年限。由于长期大量施用各种铜制剂，土壤铜含量显著增加，果园土壤铜环境容量即将消耗殆尽，很多果园使用铜制剂安全年限已不足 10 年，农产品产地环境质量不容乐观[29]。在目前尚无其他农药可以取代铜制剂农药的情况下，应尽量采用一些新型的含铜量较低的制剂农药品种来取代波尔多液，来延缓到达安全使用年限的时间。

表 6-5　果园土壤铜污染状况调查

果园	地点	处理	样品数	土壤铜浓度（mg/kg）	范围（mg/kg）	土样浓度（mg/kg）分布概率（%）			
						<50	50～150	150～200	>200
苹果	江苏徐州	对照	15	10.1	7.9～11.8	100	—	—	—
		果园	30	89.4	31.3～482.5	30	63.3	—	6.7
	山东即墨	对照	9	34.4	15.5～56.8	100	—	—	—
		果园	12	99.6	35.5～150.6	8.3	83.4	8.3	—
	山东莱阳	对照	3	32.7	27.5～35.8	100	—	—	—
		果园	7	119.7	82.6～141.0	—	100	—	—
梨	山东莱阳	对照	4	13.8	12.9～15.0	100	—	—	—
		果园	5	22.4	17.3～27.3	100	—	—	—
柑橘	浙江黄岩	对照	7	26.9	21.7～32.9	100	—	—	—
		果园	22	141.9	87.0～195.6	—	54.5	41	4.5
	江苏吴县	对照	5	21.3	18.6～24.5	100	—	—	—
		果园	12	23.4	21.3～32.1	100	—	—	—

数据来源：蔡道基等[30]。

6.1.4　污水灌溉及污泥施用

我国每年大约有 620 亿 t 废水排放到环境中，其中工业污水达 237 亿 t[6]。由于水资源匮乏，特别是在我国北方，污水常用来农业灌溉。随着环境法规和生产工艺的不断完善以及污水处理率的不断提高，近年来污水中铜含量显著降低，从 20 世纪 80 年代末 60μg/L[31]下降到 6.34μg/L[32]，相应地每年排放出来的铜量也在逐年降低。

与污水相似，由于城市工业废水的控制排放及清洁技术的应用，城市污泥中铜含量近年来也显著降低，绝大多数都低于国家排放标准（GB 18918—2002）[33]（表 6-6）。由于用水量的快速增加，污水处理量以及城市污泥产生量也在迅速增加。2010 年我国大约有 570 万 t（干重）城市污泥产生[6]。尽管污泥农用是一种最经济有效的处理方式，由于其含有有毒元素及一些其他原因，我国污泥农用率一直很低（小于 10%）[34]。此外需要指出的是，城市污泥经过堆肥处理后其重金属浓度会提高 8%～60%左右，这样将会使得部分重金属含量超过排放标准，为污泥农用或用作复合肥原料带来一定的环境风险[35]，因此堆肥过程中需要监测重金属含量数据。

根据我国污灌面积（361.8 万 hm^2）与总农业灌溉面积的比率（6.6%）以及总灌溉需水量（3 850 亿 t）、污水中铜的含量，可以大致估算出污水农用率以及通过污灌输入到农田土壤铜量。根据污泥年排放量、污泥铜含量和污泥农用率（10%），可以估算得到每年通过污泥农用输入到农田土壤中的铜量。此外，污泥还可通过生产复合肥等方式间接进入农田系统，这部分铜的输入量包含在肥料部分。

表 6-6　不同时期城市污泥的铜含量比较

采样点	年份	Cu（mg/kg）
北京	1977	372
	2006	238
年均降幅（%）		1.5
天津	1988	624
	1999	486
年均降幅（%）		2.2
全国	2006	216

数据来源：陈同斌等[30]；杨军等[35]；Li et al[36]。

6.1.5　其他来源

除上述因素外，还有很多重要的污染源对农田土壤铜输入起着不可忽视的作用，但是由于没有具体的数据而无法量化他们的贡献。其中，堆肥（包括工业废弃物）和电子垃圾就是两个重要的污染源。据估计，我国堆肥资源年产生量在 20 亿 t 左右，另外还有 6 亿 t 左右秸秆残体可作为堆肥资源[22]。但是我国堆肥来源十分复杂，主要包括城市固体废弃物、城市污泥、农业废弃物（包括畜禽粪便），还包括部分工业废弃物，如造纸行业和食品行业废弃物。如上所述，畜禽粪便和城市污泥对铜输入贡献已经被考虑进去了；城市固体废弃物由于成分复杂，大部分被填埋或焚烧处理，还有一部分用于复合肥生产，这部分贡献也在肥料部分计算进去了；而秸秆残体中铜由于其来源于土壤，最终大部分也以各种形式回归到土壤中，这部分的贡献也不予考虑。

电子垃圾目前已经成为我国部分地区最重要的重金属点源污染源[37]。电子垃圾中污染物含量高达 2.70%[38]。目前我国处置这些电子垃圾的方法还非常原始，通过焚烧、强酸淋洗来回收某些贵金属材料而缺乏必要的防护措施[7]。这种野蛮的回收处置方式给周围地区的土壤和大气环境带来的严重的重金属污染以及持久性有机污染物污染风险[7]。此外，废旧家用电器带来的电子垃圾污染在我国也是相当严重的。但是，目前绝大部分电子垃圾还局限在点源污染，同时也缺乏其对农田土壤中包括铜在内的重金属输入数据。此外，一些报道的电子垃圾对大气环境重金属污染的影响，这部分贡献已经在大气沉降部分中考虑进去了，因此本文中没有专门计算电子垃圾对农田土壤铜输入的贡献。

6.1.6　铜输入清单及风险分析

根据对以上各潜在污染源的分析计算，可以得到每年（以 2010 年数据为主）我国农田土壤通过各污染源接纳的铜总量（表 6-7）。其中，约有 65%的铜输入量来自于畜禽粪便，达到了惊人的每年 4.9 万 t。其次为大气沉降，达 24%（图 6-2）。为了计算总净输入量，我们还根据粮食作物产量[6]和粮食作物中铜含量[39]估算了每年因作物收获从土壤中带走的铜含量。根据铜输入总量、我国总耕地面积及表层土壤质量，就可以计算出目前我国农田土壤铜输入速率，结合土壤铜背景浓度（23mg/kg）[40]以及农田土壤环境质量二级标准铜安全浓度（100mg/kg）[26]，就可以大致估算出我国农田土壤铜浓度超过环境质量标准中规定的界限所需要的时间（安全年限）。需要指出的是，由于铜在土壤中迁移性比较小，本文没有考虑土壤淋溶这一重金属重要的输出途径。

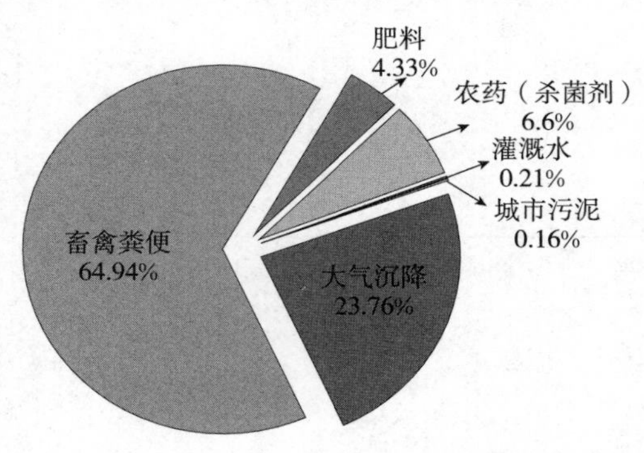

图 6-2　中国农田土壤铜主要污染源分布

表 6-7　我国农田土壤每年铜输入、输出量估算

来源	铜（t）
大气沉降	18 013
畜禽粪便	49 230
肥料	3 282
农药（杀菌剂）	5 000
灌溉水	161
城市污泥	123
总输入量	75 809
作物收获输出量	12 648
净输入量	63 161
土壤铜浓度年增量［mg/（kg·a）］[a]	0.22
达到土壤安全标准所需要的年限（a）[b]	346

[a]按照土壤密度 1.15g/cm³ 及耕作层 20cm 厚度计算；[b]根据目前的增速、土壤铜背景浓度[40]及土壤环境质量安全标准[26]计算得到。

按照目前的输入速率，大约经过 350 年以后，我们农田土壤铜浓度将超过其环境二级质量标准安全浓度。需要指出的是，本文估算所采用的背景值是 20 世纪 90 年代数据，根据本文的分析，农田土壤中铜的背景浓度可能已经超过这个水平，所以计算得到的安全年限可能进一步缩短；而且本文估算得到铜输入速率只是一个平均值。实际上，我国农田土壤铜的背景值分布分异很大（图 6-3），铜污染源分布也严重不均，如大气沉降，受工业及采矿业等因素的强烈影响，无疑这将加剧部分地区的污染进程。

例如，如果畜禽粪便或污泥按照目前的施用率施入到我国30%的农田土壤中，这样接纳铜输入的土壤的安全年限就将至少缩短一半。此外，每个土壤类型的铜环境容量差别也很大，如表6-8所示，黑土类铜容量较高，而红壤类土壤容量较低。按照目前的输入速率，红壤安全年限已不足180年[17]。因此，我国农田土壤面临的铜污染风险实际上要比估算结果要严峻的多，特别是在发达地区，这种污染风险更为严峻。必须采取有效的措施来控制铜污染带来的环境压力，从源头进行污染源的削减和控制，促进我国农业的可持续良性发展。

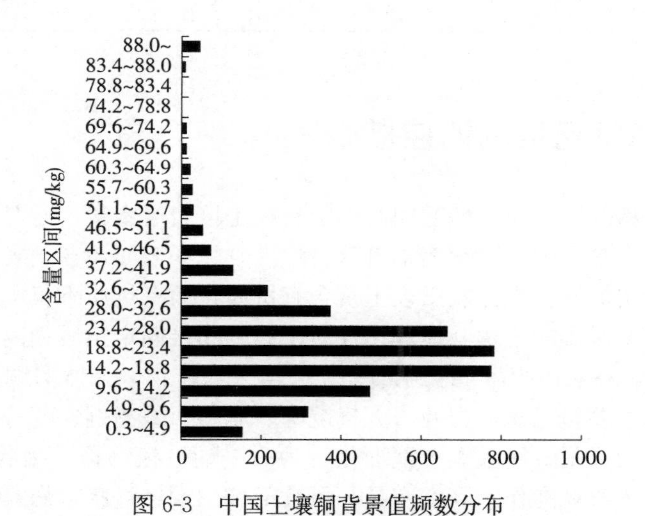

图6-3　中国土壤铜背景值频数分布

（数据来源：刘洪涛等[17]）

表6-8　中国主要土壤类型铜的环境容量

土壤类型	年限	铜净容量［mg/（kg·a）］
灰钙土	20	4.28
	50	1.71
	100	0.86
黑土	20	10.51
	50	4.20
	100	2.10
黄棕壤	20	3.65
	50	1.46
	100	0.74
紫色土	20	2.95
	50	1.18
	100	0.59
红壤	20	1.83

（续）

土壤类型	年限	铜净容量［mg/（kg·a）］
赤红壤	50	0.73
	100	0.37
	20	1.41
	50	0.56
	100	0.28

数据来源：刘洪涛等[17]。

6.2 农田土壤铜污染的调控措施

铜在土壤中的移动性很差，外源铜污染物易在土壤表层富集，而对深层土壤铜的含量和分布影响不大。究其原因，除铜离子自身特性外，另一方面还在于表层土是农作物残体和有机肥主要的残留场所。因此农田表土富含有机质，而有机质不仅本身具有强吸持铜离子的能力，而且还通过影响土壤其他理化性质来达到间接固定土壤铜离子[17]。

如图 6-4 所示，在农田土壤的农业活动—土壤—农作物—人体的铜流向示意图中，基于农业活动的铜源主要包括畜禽粪便、大气沉降、肥料、杀菌剂农药等，在通过农业活动输入农田土壤并经历吸附—解吸等土壤理化行为后，铜被植物根系吸收而进入作物体内，经过收获和采摘后，累积在作物（农产品）可食部位的铜经过膳食暴露途径进入人体，长期摄入高铜食物并在体内累积则可能对人体健康产生潜在危害[17]。

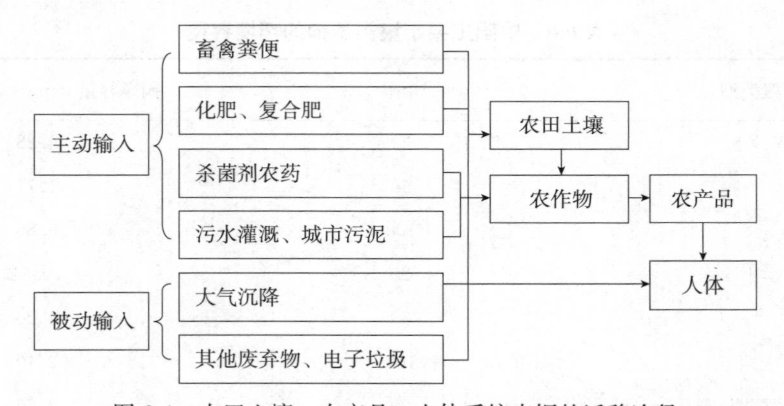

图 6-4　农田土壤—农产品—人体系统中铜的迁移途径

由于人体对铜的必需性以及土壤铜污染的长期性和隐蔽性等原因，农田土壤和农产品的铜污染问题往往不易引起公众的重视。尽管具高铜特点的农业生产方式短期内对畜禽产品质量有显著效果，但由施用高含铜量的畜禽废弃物对农田污染风险确实存在，而且铜污染土壤的修复难度大、成本高。因此应采取相关措施，控制和禁止高含铜量的畜禽废弃物直接用于农田。

针对目前因高铜畜禽粪便还田导致农田土壤铜污染的现象，建议政府有关主管部门在饲料的国家和行业标准中，特别是对铜的添加剂量做出更为严格的限定，将畜禽粪便纳入农田铜污染管理的重点，从源头控制铜向农田土壤的输入。同时尽快把铜列入商品有机肥中重金属的限量指标，特别是建立畜禽粪便农用质量标准是非常必要的。在明确其环境风险及建立严格的饲料添加剂质量标准之前，必须慎重对待畜禽粪便在农田土壤中的施用及其作为复合肥原料的使用。如确实需要使用畜禽粪便作为有机肥，建议还田之前进行堆肥化处理，最好通过添加磷酸盐、赤泥等材料，促进铜在有机肥及土壤中的钝化[41]，以降低其生物有效性，对于保护农业生产环境和降低农产品污染风险可起到事半功倍的效果。

对于果园土壤来说，在目前尚无其他农药可取代铜制剂农药的情况下，应尽量采用一些新的铜制剂农药品种来取代波尔多液。同时，新的铜制剂也应控制安全使用年限，以避免造成土壤铜不可逆的持久性污染。

此外，应加强和提高我国洗煤率，这将至少减少燃煤过程中30%的有毒元素[42]，从而可以显著降低大气沉降中包括铜在内的重金属的被动输入，这对于广泛分布的家用燃煤更是非常必要的。

外源铜进入土壤后，其总量和游离态比例变化均具有“老化效应”，随输入时间的延长，土壤能固定更多的铜离子[43]。如将此效应纳入施肥管理的考虑范畴之内，鼓励农民尽量在秋季施用猪粪底肥，相对于次年春季，铜的土壤固定效应更加明显。

植物修复技术因其成本低、修复效率较高、环境友好等特点而逐渐成为污染土壤修复的良好手段。近年来，铜污染的植物修复研究也取得了一定进展，如海洲香薷和蓼科植物，均是铜污染土壤的理想植物修复材料。对于已遭受铜污染程度较高的农田，以上植物可用于铜污染土壤的生态恢复，缓解和消减农田铜污染引起的环境风险。

针对铜背景值较高或已遭受铜污染的农田，应充分考虑铜在土壤中的吸附、解吸和移动性特点，增加土壤表层有机质含量，或通过改变土壤酸碱度等理化性质，达到固定更多铜离子，减少铜通过根系吸收并在可食用部位累积的目的。通过合理安排种植计划，在常年施用猪粪和喷施波尔多液的土壤上改种其他作物时，尽量避免选择根系较浅和豆类作物。

参考文献

[1] Lowndes S A，Harris A L. The role of copper in tumour angiogenesis [J]. Journal of Mammary Gland Biology Neoplasia，2005，10 (4)：299-310.

[2] 中华人民共和国国务院．国务院关于落实科学发展观加强环境保护的决定 [N]. 光明日报，2006-02-15

[3] Nicholson F A，Smith S R，Alloway B J，et al. An inventory of heavy metals inputs to agricultural soils in England and Wales [J]. Science of the Total Environment，2003，311：205-219.

[4] Luo L，Ma Y B，Zhang S Z，et al. An inventory of trace element inputs to agricultural soils in China [J]. Journal of Environmental Management，2009，90：2524-2530.

[5] 辛松梅，王朝辉，宠鸿宾．污水灌溉的现状与展望 [J]. 土壤，2006，38 (6)：805-813.

[6] 中华人民共和国环境保护部．中国环境年鉴 2010 [M]. 北京：中国环境科学出版社，2011.

[7] Wong M H，Wu S C，Deng W J，et al. Export of toxic chemicals-A review of the case of uncontrolled

electronic-waste recycling [J]. Environmental Pollution，2007，149：131-140.
[8] Wong C S C，Li X D，Zhang G，et al. Atmospheric deposition of heavy metals in the Pearl River Delta，China [J]. Atmospheric Environment，2003，37：767-776.
[9] 李随民，栾文楼，宋泽峰，等．河北省南部平原大气沉降来源及分布特征 [J]. 中国地质，2010，37 (6)：1769-1774.
[10] 丛源，陈岳龙，杨忠芳，等．北京平原区元素的大气干湿沉降通量 [J]. 地质通报，2008，27 (2)：257-264.
[11] 黄春雷，宋金秋，潘卫丰．浙东沿海某地区大气干湿沉降对土壤重金属元素含量的影响 [J]. 地质通报，2011，30 (9)：1434-1441.
[12] Sakata M，Tani Y，Takagi T. Wet and dry deposition fluxes of trace elements in Tokyo Bay [J]. Atmospheric Environment，2008，42：5913-5922.
[13] 何河．减轻畜禽排泄物中高铜污染的生态对策 [J]. 饲料研究，2006，11：62-64.
[14] 田允波，曾书琴．高铜改善猪生产性能和促生长机理的研究进展 [J]. 粮食与饲料工业，2000，10：31-33.
[15] Verdonck O，Szmidt R A K. Compost Specification [J]. Acta Horticulture，1998，469：169-177.
[16] Nicholson F A，Chambers B J，Williams J R，et al. Heavy metal contents of livestock feeds and animal manures in England and Wales [J]. Bioresource Technology，1999，70：23-31.
[17] 刘洪涛，郑国砥，陈同斌，等．农田土壤中铜的主要输入途径及其污染风险控制 [J]. 生态学报，2008，28 (4)：1774-1784.
[18] 张树清，张夫道，刘秀梅，等．规模化养殖畜禽粪主要有害成份测定分析研究 [J]. 植物营养与肥料学报，2005，11：822-829.
[19] 刘荣乐，李书田，王秀斌，等．我国商品有机肥和有机废弃物中重金属的含量状况与分析 [J]. 农业环境科学学报，2005，24：392-397.
[20] 邢文英，李荣．中国有机肥养分数据库 [M]. 北京：中国科学技术出版社，1999.
[21] 中华人民共和国农业部．中国农业年鉴 2010 [M]. 北京：中国农业出版社，2011.
[22] 黄鸿翔，李书田，李向林，等．我国有机肥的现状与发展前景分析 [J]. 土壤肥料，2006，209 (1)：3-8.
[23] Li Y X，Chen T B. Concentrations of additive arsenic in Beijing pig feeds and residues in pig manure [J]. Resources，Conservation and Recycling，2005，45：356-367.
[24] 鲁如坤，时正元，熊礼明．我国磷矿磷肥中 Cd 的含量及其对生态环境影响的评价 [J]. 土壤学报，1992，29：150-157.
[25] 王起超，麻壮伟．某些市售化肥的重金属含量水平及环境风险 [J]. 农村生态环境，2004，20 (2)：62-64.
[26] HJ 332—2006，食用农产品产地环境质量评价标准 [S].
[27] GB 18877—2002，有机—无机复混肥料 [S].
[28] 吕晓男，孟赐福，麻万诸，等．农用化学品及废弃物对土壤环境与食物安全的影响 [J]. 中国生态农业学报，2005，13 (4)：150-153.
[29] 卜元卿，石利利，单正军．波尔多液在苹果和土壤中残留动态及环境风险评价 [J]. 农业环境科学学报，2013，32 (5)：972-978.
[30] 蔡道基，单正军，朱忠林，等．铜制剂农药对生态环境影响研究 [J]. 农药学学报，2001，3 (1)：61-68.
[31] 陈同斌，黄启飞，高定，等．中国城市污泥的重金属含量及其变化趋势 [J]. 环境科学，2003，

23：561-569.

[32] 杨军，陈同斌，雷梅，等．北京市再生水灌溉对土壤、农作物的重金属污染风险［J］. 自然资源学报，2011，26（2）：209-217.

[33] GB 18918—2002，城镇污水处理厂污染物排放标准［S］.

[34] 莫测辉，蔡全英，吴启堂，等．微生物方法降低城市污泥的重金属含量研究进展［J］. 应用与环境生物学报，2001，7：511-515.

[35] Cai Q Y.，Mo C. H.，Wu Q. T.，et al. Concentration and speciation of heavy metals in six different sewage sludge-composts [J]. Journal of Hazardous Materials，2007，147：1063-1072.

[36] 杨军，郭广慧，陈同斌，等．中国城市污泥的重金属含量及其变化趋势［J］. 中国给水排水，2009，25（13）：122-124.

[37] Li Q.，Guo X-Y，Xu X-H，et al. Phytoavailability of Copper，Zinc and Cadmium in Sewage Sludge-Amended Calcareous Soils [J]. Pedosphere，2012，22（2）：254-262.

[38] Wildmer R，Oswald-Krapf H，Sinha-Khetriwal D，et al. Globe perspectives on e-waste [J]. Environmental Impact Assessment Review，2005，25：436-458.

[39] 王茂起，王竹天，冉陆，等．2000—2001年中国食品污染监测研究［J］. 卫生研究，2003，32：322-326.

[40] Chen J S，Wei F S，Zheng C. Background concentrations of elements in soils of China [J]. Water，Air，and Soil Pollution，1991，57/58：699-712.

[41] 王立群，罗磊，马义兵，等．华珞重金属污染土壤原位钝化修复研究进展［J］. 应用生态学报，2009，20（5）：1214-1222.

[42] Srivastava R K，Hutson N，Martin B，et al. Control of mercury emissions from coal-fired electric utility boilers [J]. Environmental Science and Technology，2006，40（5）：1385-1393.

[43] 周世伟，徐明岗，马义兵，等．外源铜在土壤中的老化研究进展［J］. 土壤，2009，41（2）：153-159.

第7章　生物配体模型（BLM）及在制定重金属环境基准中的应用

环境中过量的重金属可以产生毒性效应，从而导致环境污染。某些重金属还可以在微生物的作用下转化为毒性更强的难以被生物降解的金属化合物。生物从环境中摄取的重金属能够经过食物链的放大作用，在较高级生物体内成千万倍地富集起来，然后通过食物进入人体，从而对人体健康造成危害。随着工业现代化、农村城镇化和养殖业集约化的发展，环境中重金属污染日趋严重，重金属污染事件也频繁发生，这使得世界各国越来越重视重金属污染的源头控制和环境质量基准立法与风险评价。目前的重金属环境质量标准和风险评价方法主要是建立在金属总量的基础上[1]。研究表明，环境中重金属的总量不能代表其生物毒性/有效性，重金属生物毒性受其形态以及环境介质（水、土壤）的性质如土壤酸碱性（pH）、可溶性有机碳（DOC）等影响，准确评价重金属毒性需要考虑这些因素的影响[2~3]。如何用比较简单的方法来准确地评估和预测环境中重金属的毒性呢？在过去几十年里，科学家开发出一些能够预测重金属生物毒性的数学模型，如自由离子活度模型（free ion activity model，FIAM）[4]、鱼鳃络合模型（gill surface interaction model，GSIM）[5]以及在此基础上发展而来的生物配体模型（biotic ligand model，BLM）[6]。其中生物配体模型将生物受体位点作为生物配体，考虑了影响生物毒性的水化学性质，并把生物有效性的概念引入到水质标准中，在较宽的模拟水质范围内取得了较好的预测效果[7]。美国环保署对生物配体模型进行了评估，根据评估结果已经决定将模型作为制定关于金属元素国家水质标准的基础。在欧洲，欧盟也在考虑把生物配体模型用于制定水质纲要等方面[8]。目前，生物配体模型已经被成功用于解释铜对一系列具有不同敏感性生物体的毒性，模型在其他金属如银、镉、锌、镍、钴和铅上的应用也在建立和发展之中。同时研究人员正在积极探索生物配体模型在陆地生态系统和沉积物中的应用—即建立陆地生物配体模型（terrestrial biotic ligand model，tBLM）[9]。

生物配体模型的提出具有重要的理论和现实意义。首先，它提供了一种预测环境中金属毒性效应的简便、科学的方法，有利于实现对生态系统的监测和保护；其次，生物配体模型建立在铜对鱼的毒性机理基础上，不仅适用于铜对鱼的毒性，也适用于其他金属和其他生物，理论上也可以应用到底泥和陆地生态系统中，因此模型具有广阔的应用空间；最后，生物配体模型综合了金属吸收的化学、生理学、生物学等方面的成果，这些学科的发展也为模型的完善提供了基础。但是生物配体模型在实现过程中存在许多假设而且有些影响金属毒性的因素没有完全考虑，这使模型的应用具有一定的局限性，如陆地生态系统中土壤、生物、金属相互作用的复杂性使得模型的预测更加困难，生物配体模型的研究还面临着很大的挑战。本文着重从重金属毒性及其评价方法、生物配体模型的理论基础、模型的实现和应用、局限性和未来主要研究方向对生物配体模型进行了论述，目的是为制定适宜的环境质量标准和开展重金属污染风险评价提供理论依据和实现手段。

7.1　重金属生物毒性及其评价

7.1.1　重金属的生物毒性

重金属的生物毒性是指重金属能对生物产生毒性效应的性质。重金属的生物毒性研究是目前国内、外关注的热点问题之一，研究比较早的是关于重金属对水生生物的毒性，主要集中在藻类、细菌类、原生动物、蚤类、鱼类等的毒性试验。研究表明，当水环境中汞、铅、铜、锌、镍等重金属离子达到一定的浓度时，就会对藻类的生长代谢产生抑制作用，主要表现在：畸变藻类的细胞形态，阻止细胞分裂、破坏细胞内含物，降低酶的活性，改变天然环境中藻类的种群结构并随之影响水生态系统整个食物链网的正常代谢[10]。重金属离子被鱼体组织吸收后，一部分可随血液循环到达各组织器官，引起各组织细胞的机能变化，另一部分则可与血浆中的蛋白质及红血球等结合，使血红蛋白、红血球数目减少，妨碍血液机能，造成贫血[11]。

土壤重金属生物毒性是指土壤重金属对植物、微生物和动物的毒性。植物是生态系统的重要组成部分，土壤中过量的重金属对植物的作用不仅仅是对其某一方面的影响，而是从分子到生理代谢、细胞结构，最终对植株的外部形态等各方面的综合影响。土壤中的重金属经过根系吸收进入植物体内以后，会抑制植物的光合作用、酶活性、促进 ATP 降解、改变细胞膜的通透性、损伤遗传物质 DNA，进而影响植物的生长和繁殖等[12]。低浓度土壤重金属对微生物活动有时有一定的促进作用，但是当其浓度增加到一定程度时，就会对微生物生长和各种代谢产生不良影响，表现为降低微生物生物量、减少活性细菌菌落的数量、抑制微生物活性、改变微生物生物量碳与有机碳的比值、影响呼吸强度和代谢熵，从而改变土壤微生物的区系、改变微生物群落结构和功能。重金属对动物毒性的影响表现为导致动物的种类减少，数量降低，生长缓慢或生长受到限制，成活率下降等。

7.1.2　重金属生物毒性的影响因素

由于生态系统的复杂性，重金属生物毒性的影响因素也很复杂。其主要因素有重金属的形态、环境介质的性质如 pH、DOC 等。

重金属的形态与其生物有效性/毒性有直接的关系，并不是所有形态的重金属都具有毒性，例如，水溶性铜的形态就有 Cu^{2+}、$CuOH^{+}$、Cu-DOC 等，Cu-DOC 占溶解性铜的大部分，但一般情况下不具有毒性或具有较轻的毒性[13]。Campbell 等[14]根据大量相关文献指出金属毒性直接和水中自由金属离子活度有关。在土壤溶液中，即使大部分铜以有机络合物的形式、大部分镉以无机络合物的形式存在，铜和镉对植物的毒性仍与溶液中自由金属离子活度显著相关[15~16]。后来的研究提出，可溶性金属形态中的 $Me(OH)^{+}$、$Me_2(OH_2)^{2+}$、$MeCl^{+}$ 等无机络合形态[17~20]，甚至一些有机络合形态[21]也可以被生物直接吸收而产生毒害。

环境介质性质也是影响重金属毒性的主要因素。对于土壤环境来说，土壤 pH、土壤有机质和土壤阳离子代换量等都可能影响土壤重金属的生物毒性。马义兵课题组[22~23]采用不同性质的 17 个中国土壤样本，通过淋洗和非淋洗两种土壤处理方法研究外源铜和镍对植物的毒害。结果发现，植物生长半抑制浓度（EC_{50}）在非淋洗的土壤上从 10mg/kg 增加到 2 519mg/kg，在淋洗的土壤上从 18mg/kg 增加到 2 381mg/kg，相关分析表明，土壤 pH 是影响铜、镍毒害最重要的因子，植物铜毒性阈值变异的 26%～37%以及镍毒性阈值变异的 39%～78%都是由土壤 pH 变化引起的，土壤有机质含量和有效阳离子交换量也是控制铜、镍毒性变化的重要因子。Rooney 等[24]用 18 种不同性质的欧洲土壤研究土壤中铜添加量对番茄生长和大麦根伸长影响。结果表明，番茄半抑制浓度（EC_{50}）范围为 22～851mg/kg，大麦根长的 EC_{50} 为 36～536mg/kg；回归分析表明，土壤交换态钙和阳离子交换量是影响毒性的关键因子；氧化物和有机碳含量可以进一步提高模型对毒性的预测。

除了以上几种因素外，生物种类、重金属浓度以及元素组合等都会影响重金属毒性。Rachlin 等人[25]通过观察蓝藻的生长速率来研究二价金属离子的相互作用，结果显示，镉＋铜、铜＋钴具有协同作用；镉＋钴、镉＋铜＋钴有拮抗作用，但能量色散 X 射线光谱（EDX）未发现它们之间有相互作用。在研究铜和锌对海洋发光菌发光强度影响时发现，铜和锌的毒性具有加和特征，而对刚孵化的黑头软口鲦，这两种元素却具有拮抗作用[26]。

7.1.3 重金属生物毒性的评价方法

基于重金属污染以及对生物的潜在危害性，对环境中重金属的污染进行评价，才能对环境质量进行监控。目前重金属生物毒性评价的方法很多，根据研究对象的不同可以分为两类，分别为生物学评价法和物理化学评价法。

7.1.3.1 生物学评价法

对于水生生物来说，生物致死的急性毒性试验以及低浓度长期暴露的慢性和亚致死性毒性试验是其评价的常用方法，同时也有一些特殊的试验，比如光减率试验、鱼类生理生化反应试验、致突变试验、富集试验等。土壤中重金属的生物毒性评价的主要方法有微生物指示法、植物检测法、土壤指示动物监测法。针对土壤微生物群落开展重金属污染毒性评价研究时，科学家们建议利用多个终点评价生物效应，主要包括：土壤生物量、土壤呼吸、酶活性、硝化势和固氮等指标。植物毒性也是土壤生态风险评价的重要指标之一。通常某一污染物具有多个作用位点，根据作用位点与二次效应的不同，重金属植物毒性可以通过不同代谢途径产生。因此基于植物的风险评价终点常选择植物生长、存活率或生化指标，当植物体内积累的重金属超过植物本身的调控能力时，不同水平的毒性就显示出来。

7.1.3.2 物理化学评价法

从 20 世纪 70 年代开始，环境科学家认识到重金属的生物毒性不仅与其总量有关，更大程度上由其形态分布决定，不同的形态产生不同的环境效应，因此，研究的重点集中到重金属形态的分析和测定。常用的重金属形态分析法有化学试剂提取法、阳极溶出伏安法（ASV）、阴极溶出伏安法（CSV）、离子选择性电极法（ISE）、道南膜透析分离法（DMT）、同位素稀释法以及扩散梯度膜（DGT）等方法。

化学试剂提取法有一步提取法和顺序提取法，被广泛应用于土壤、底泥和废弃物中重金属的化学形态和生物毒性研究。阳极溶出伏安法和阴极溶出伏安法是水环境中最常用的重金属形态分析方法。阳极溶出伏安法分析一般的毒性金属具有较高的灵敏度，被用于铜、铅、锌和锰等元素的形态分析，检验极限有的可达 10^{-11} mol/L[27]。阴极溶出伏安法与阳极溶出伏安法一样具有很高的灵敏度，可检测低至 10^{-10} mol/L 的金属。通常认为游离态的离子是重金属的主要毒性形态，离子选择电极只对游离金属离子有响应，因而引起广泛的兴趣，但由于其灵敏度较低，因而应用范围受到限制。扩散梯度膜法是基于菲克第一扩散定律下模拟生物吸收测定有效态金属的技术，它能够测定沉积物和土壤溶液中金属的浓度以及金属从固相到液相的释放通量[28]。扩散梯度膜装置由扩散凝胶层和固定凝胶层组成，扩散凝胶层控制着基质中测定组分到固定相的扩散通量，当土壤溶液中溶解态（自由态或小分子络合态）金属离子通过扩散凝胶层到达固定凝胶层后就被固定起来，而固相中的活性金属离子会向液相重新补充而形成从土壤到溶液之间的净通量，这些过程正与植物对重金属离子的吸收过程类似，所以这种方法很可能是研究土壤中重金属对植物毒害的剂量—效应关系时的重要手段。

7.1.4　重金属生物毒性的评价模型

在过去几十年里，科学家致力于重金属形态和生物有效性的研究，并开发出一些能够预测重金属生物毒性的数学模型，常见的有自由离子活度模型、鱼鳃络合模型以及在此基础上发展而来的生物配体模型。

在水体中，重金属离子以游离态、络合态和可溶性颗粒或胶体吸附态等形态存在。由于水体中重金属的形态分布不同，其生物毒害效应也不同，并不是所有形态的重金属都具有相同的毒性，所以用可溶性重金属的浓度来表示重金属的生物毒性并不充分。Morel[4]基于金属对生物的毒性取决于自由金属离子活度的原理上提出了预测金属毒性的自由离子活度模型，其机理为自由金属离子可以和细胞表面的物理活性位点结合，然后跨过细胞膜对生物产生毒性。该模型在理论上解释了金属的生物毒性取决于自由金属离子活度的原因，但研究表明，当水的硬度不同，即使水中自由金属离子活度相同，金属的生物毒性也不相同[6,29]。Pagenkopf[5]提出的鱼鳃络合模型成功地解释了这一现象。该模型认为金属对鱼的毒性作用位点为鱼鳃，鱼鳃表面存在着带有负电荷的配体，金属离子与配体反应产生毒性，水中的阳离子可以和金属竞争鱼鳃的结合位点而减弱金属的毒性。许多试验也证实了阳离子竞争在减弱金属毒性中的作用[30~32]。同自由离子活度模型相比，鱼鳃络合模型不仅考虑了金属形态而且还考虑了水的硬度和 H^+ 浓度对金属生物毒性的影响，模型的应用范围更为广泛，但是鱼鳃络合模型仅把鱼鳃作为金属毒性作用位点，没有计算出预测金属生物毒性的关键指标 EC_{50}/LC_{50} 值（半数抑制/致死浓度），不能替代水效应比

(water effective ratio，WER) 来对水质标准进行修改。生物配体模型是自由离子活性模型的进一步演化而来。该模型假设当结合在具有生理活性的生物受体位点的重金属达到一定量时，毒性就可能发生。模型将生物受体位点作为生物配体，利用了地球化学平衡原理，不仅考虑到自由离子活度，还考虑到自由离子与自然环境存在的其他离子（如 Ca^{2+}、Na^{+}、Mg^{2+}、H^{+})、非生物配体（如腐殖酸和富里酸）和生物配体的竞争。同自由离子活度模型和鱼鳃络合模型相比，生物配体模型更加全面地考虑了影响金属生物有效性的因素，能够准确地计算金属（如铜）在作用位点上的积累水平和 EC_{50}/LC_{50} 值，从而真实地预测环境中金属的毒性效应水平。

7.2 生物配体模型的理论基础

7.2.1 生物配体模型的基本理论

生物配体模型最早用来预测铜对鱼的毒性，模型认为铜对鱼的毒性是由于减少了鱼体中钠离子和氯离子的浓度引起的，这是因为铜离子和鱼鳃表面的基团络合后累积在鱼鳃表面，占据了细胞表面的钠离子通道，从而抑制了细胞对氯离子和钠离子的吸收或细胞膜上钠/钾离子酶的活性[33]。能够络合金属的生物部位（生物膜）称为生物配体，因此模型被称为生物配体模型。生物配体模型考虑了影响金属生物毒性的 3 个因素，即浓度、络合和竞争。金属的生物毒性取决于自由离子活度（后来发展的模型又考虑了其他的金属形态），而自由离子活度与总金属和溶解性金属的浓度有关，同时受有机无机配体络合的影响。硬度阳离子、H^{+} 等和自由金属离子竞争生物配体的作用位点。经过这些作用以后的自由金属离子（M^{2+}）和生物配体（BL）结合形成金属—生物配体络合物（MBL)，MBL 跨过生物膜后产生生物效应（图 7-1)。

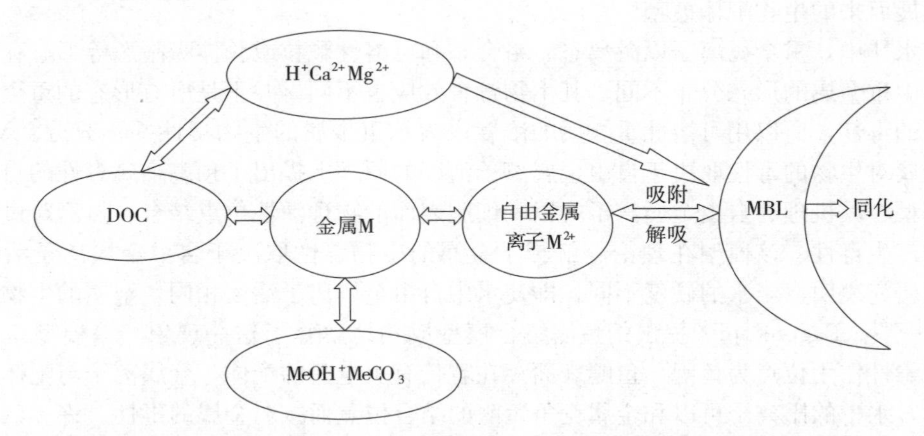

图 7-1 生物配体模型中导致金属生物毒性的重要理化反应过程

注：H^{+}、Ca^{2+}、Mg^{2+} 是参与竞争的阳离子；Me-DOC 代表金属有机络合物；$MeOH^{+}$、$MeCO_3$ 代表金属无机络合物，BL 代表生物配体

在生物配体模型的理论基础上，借助化学分析手段，利用化学平衡模型并结合数学方

（Michaelis-Menten、Langmuir），可以估算出反映金属对生物毒性强弱的指标如金属和配体的络合常数（K_{MBL}），最终建立预测重金属对生物毒性 EC_{50} /LC_{50}值的生物配体模型。

7.2.2　生物配体模型的实现

7.2.2.1　重金属形态分析

生物配体模型认为重金属的毒性取决于介质中自由金属离子活度，因此分析和监测自由金属离子活度是建立模型的必要条件。在水体环境中，自由金属离子的活度和环境水化学性质如 DOC、pH、Ca^{2+}、Mg^{2+}、CO_3^{2-}等有关，环境中这些有机（如 DOC）无机（如 CO_3^{2-}）配体和金属发生络合反应，而 Ca^{2+}、Mg^{2+}等阳离子和金属竞争配体的结合位点。模型假设这些反应处于平衡状态，简单的平衡方程表示如下（为简化方程，没有考虑离子的电荷数）：

$$M+L \leftrightarrow ML$$

$$[ML] = K_{ML} [M] [L] \quad (1)$$

式中，M 为溶液中自由金属离子；L 为有机、无机配体；K_{ML}为金属和配体的络合平衡常数。

式中溶液中自由金属离子及配体的浓度单位通常为 mol/L，平衡常数的单位为 mol/L/M，同理，后面公式中如无特别标注，离子的单位为 mol/L，常数 K 值的单位均为 mol/L。

当存在其他阳离子的竞争作用时：

$$Me+L \leftrightarrow MeL$$

$$[MeL] = K_{MeL}[Me] [L] \quad (2)$$

式中，Me 为参与竞争的阳离子；K_{MeL}为配体和阳离子反应的平衡常数。

基于这些化学平衡原理，一些化学模型如 MINEQL（chemical equilibrium modeling system），CHESS（chemical equilibrium of species and surfaces）和 WHAM（windermere humic acid model）被包含于生物配体模型中用于计算自由金属离子活度（表 7-1）。

在土壤中，通常根据土壤和土壤溶液的性质利用化学平衡模型来计算自由金属离子活度，再通过离子选择性电极或道南膜透析分离等方法测定的活度值进行矫正。例如 WHAM 考虑了土壤固相（有机质、铁、铝、锰和黏土等）吸附作用和溶液中阳离子（如 Ca^{2+}、Mg^{2+}）竞争作用对土壤溶液中金属离子浓度的影响，常被镶嵌于陆地生物配体模型中用于土壤/土壤溶液中金属形态的计算。例如，Ponizovsky 等[34]结合土壤性质（pH=3.4～6.8）利用 WHAM 模型较为成功的预测了土壤溶液中金属总量及自由金属离子活度。

表 7-1　金属形态计算模型及输入水质参数和应用举例[35]

模　型	水质参数	应用举例
WHAM V/CHESS	Ca^{2+}，Mg^{2+}，Na^{+}，K^{+}，SO_4^{2-}，Cl^{-}，pH，碱度，DOC，%腐殖酸	Di Toro 等[36]；Santore 等[37]；De Schamphelaere 等[1]

（续）

模　型	水质参数	应用举例
MINEQL＋	Ca^{2+}，Mg^{2+}，Na^{+}，pH，DOC，$S_2O_3^{2-}$，Cl^{-}，SO_4^{2-}	McGeer 等[38]；Schwartz 等[39]

7.2.2.2 生物配体模型参数估计

金属和生物配体的相互作用过程如下：

$$M+BL \leftrightarrow MBL \xrightarrow{K_{int}} Mint+BL$$

$$\{MBL\} = K_{MBL}\{BL\}[M^{n+}] \quad (3)$$

式中，BL 为生物配体；K_f、K_d、K_{int}为金属和生物配体的形成、离解和同化速率常数；K_{MBL}为金属和配体反应的平衡常数。

当考虑阳离子竞争作用时：

$$Me+BL \leftrightarrow MeBL \qquad [MeBL] = K_{MeBL}[Me][BL] \quad (4)$$

式中，Me 为竞争阳离子；K_{MeBL}为参与竞争阳离子与生物配体反应的平衡常数。

K_{MBL}、EC_{50}/LC_{50}和金属在生物配体的累积量通常通过金属膜通量、金属累积、金属毒性试验结合 Michaelis-Menten、Langmuir 等温吸附方程、多元非线性回归方法来求[40]。

通过膜通量的方法可以求得金属和配体的平衡反应常数。其中细胞膜对金属的吸收速率通常通过对不同时间内金属累积的曲线斜率求得，传过膜的重金属通过化学提取技术以区别于重金属的累积。它们之间的关系用 Michaelis-Menten 方程表示为：

$$J_{int} = J_{max}\frac{[M]}{K_M+[M]} \quad (5)$$

式中，J_{int}（$mol/cm^2/s$）为吸收速率；J_{max}［$mol/(cm^2 \cdot s)$］为最大膜通量；K_M为半饱和常数。

如果金属传过膜受速率限制，那么金属和生物配体的络合常数（K_{MBL}）可以通过K_M的倒数来求：

$$K_M = \frac{k_{int}+k_d}{k_f} \quad (6)$$

如果$k_{int} << k_d$，那么，当考虑其他阳离子竞争作用的影响，方程可以写为：

$$K_M = \frac{k_d}{k_f} = \frac{1}{K_{MBL}} \quad (7)$$

则：

$$J_{int} = J_{max}\frac{K_{MBL}[M]}{1+K_{MBL}[M]+\sum K_{MeBL}[Me]} \quad (8)$$

在生物毒性终点和生物测定方法中假设毒性程度（EC_{50}/LC_{50}）与结合金属的活性位点和金属总结合位点的比例（f_{MBL}）具有直接的关系，当考虑阳离子竞争作用时，它们之间的关系表示为：

$$f_{\mathrm{MBL}}=\frac{\{\mathrm{MBL}\}}{\{\mathrm{BL_{TOT}}\}}=\frac{K_{\mathrm{MBL}}[\mathrm{M}]}{1+K_{\mathrm{MBL}}[\mathrm{M}]+\sum K_{\mathrm{MeBL}}[\mathrm{Me}]} \tag{9}$$

式中，f_{MBL}为金属和生物配体的结合部分；｛MBL｝为金属和配体络合物浓度；$\{\mathrm{BL_{TOT}}\}$（mol/g）为络合容量。

当对 50%生物产生影响的时候，方程可以写为：

$$\mathrm{EC_{50}}\{\mathrm{M}\}=\frac{f_{\mathrm{MBL}}^{50}}{(1-f_{\mathrm{MBL}}^{50})K_{\mathrm{MBL}}}(1+\sum K_{\mathrm{MeBL}}[\mathrm{Me}]) \tag{10}$$

式中，$\mathrm{EC_{50}}$（mol M/L）为在一定时间范围内对 50%生物产生影响时自由金属离子的浓度；f_{MBL}^{50} 为对 50%生物产生影响时金属和配体的络合物浓度占络合容量的比例。

应用这个方法不需要知道金属和配体络合的浓度，所以当不能准确得到金属和配体络合物浓度时，它们之间的平衡常数通常使用这种方法来求。

金属累积试验结合 Langmuir 吸附方程也可以求得金属和配体的络合常数，在这个方法中和配体结合的总金属浓度 $\{\mathrm{MBL_{TOT}}\}$ 通常通过生物累积或滴定的方法来求，考虑阳离子竞争的影响，方程表达式如下：

$$\{\mathrm{MBL_{TOT}}\}=\{\mathrm{MBL_{TOT}}\}_{\max}\frac{K_{\mathrm{MBL}}[\mathrm{M}]}{1+K_{\mathrm{MBL}}[\mathrm{M}]+\sum K_{\mathrm{MeBL}}[\mathrm{Me}]} \tag{11}$$

式中，$\mathrm{MBL_{TOT}}$（mol/g）为和配体结合的金属总浓度；$\{\mathrm{MBL_{TOT}}\}_{\max}$（mol/g）为配体能够结合的金属的最大浓度。

通过这个方程可以求得金属和生物配体的总结合位点（络合容量）和它们之间反应的平衡常数。当考虑配体结合位点具有不同的特征，如具有多电子和多功能团的时候经常应用 NICA-Dnnan 方法。

上述方法在水生生态系统、沉积物以及陆地生态系统的应用中获得了大量关于金属生物毒性的数据，并建立了不同金属的不同预测体系。下面对生物配体模型在水体、沉积物和陆地生态系统中的应用进行简要的阐述。

7.3　生物配体模型的应用

7.3.1　水体生态系统

在水体生态系统中，通过生物配体模型的构建了不同金属毒性的预测体系，然后转化成计算机软件以推广和应用。由于预测金属毒性采取的方法和选取的生物可能不同，所以对于同一金属出现了不同的预测版本。现已建立了多个铜、锌、银的生物配体模型版本和一个镍的生物配体模型版本用来预测金属对鱼（*Rainbow trout* 虹鳟鱼；*Fathead minnow* 黑头呆鱼）或水蚤（*Daphnia magna*）的毒性。

目前公开出版的已有 4 个 Cu-BLM 版本，其中包括 3 个预测铜急性毒性版本：I[a][36~37]、II[a][31]、III[a][1,31]和一个慢性毒性 I[c][32]版本。急性 Ag-BLM 有 3 个版本 I[a][41]、II[a][38]和 III[a][42]，没有慢性 Ag-BLM 版本。相对于 Cu 和 Ag，Zn-BLM 发展较为滞后，当前有 2 个急性 Zn-BLM I[a][43]、II[a][44]和一个慢性毒性 Zn-BLM I[c][45]版本。Ni-BLM 仅有 1

个毒性版本[6,46]。还没有镉、铅、钴的生物配体模型版本发行，但均有鱼鳃络合模型版本[47~49]，这为建立相应的生物配体模型提供了基础。上述版本选用的生物及相关 K 值见表 7-2。

表 7-2　不同 BLM 和 GSIM 版本中金属及阳离子和生物配体的络合平衡常数

金属	版本	生物	K_{CaBL}	K_{MgBL}	K_{NaBL}	K_{HBL}	K_{MnBL}	K_{CuOHBL}	K_{CuCO_3BL}	K_{AgClBL}
Cu	Ⅰ^{a}	DM	3.6	NA	3.0	5.4	7.4	NA	NA	—
	Ⅱ^{a}	DM	3.5	3.6	3.2	5.4	8.0	7.4	NA	—
	Ⅲ^{a}	DM	3.5	3.6	3.2	5.4	8.0	7.4	7.0	—
	Ⅰ^{c}	DM	NA	NA	2.9	6.7	8.0	8.0	7.4	—
Ag	g-Ag	RBT	3.3	—	4.7	5.9	10.0	—	—	NA
	Ⅰ^{a}	DM	2.3	—	2.3	4.3	7.3	—	—	6.7
	Ⅱ^{a}	RBT	2.3	—	2.9	5.9	7.6	—	—	NA
	Ⅲ^{a}	DM	2.3	—	2.9	5.9	8.9	—	—	NA
Zn	Ⅰ^{a}	RBT	4.8	NA	NA	6.7	5.5	—	—	—
	Ⅱ^{a}	DM	3.3	2.4	2.4	NA	5.3	—	—	—
	Ⅰ^{c}	FHM	3.6	2.4	2.4	6.3	5.5	—	—	—
Ni	Ⅰ^{a}	FHM	4.0	NA	3.0	7.5	4.0	—	—	—
Cd	g-Cd	FHM	5.0	NA	NA	6.7	8.6	—	—	—
Pb	g-Pb	RBT	4.0	4.0	3.5	4.0	6.0	—	—	—
Co	g-Co	RBT	4.7	NA	3.2	6.2	5.1	—	—	—

注：表中所有的络合系数均为以 10 为底的对数值；a 代表急性毒性；c 代表慢性毒性，NA 代表未检出；DM，*Daphnia magna*（水蚤）；RBT，*Rainbow trout*（虹鳟鱼），FHM，*Fathead minnow*（黑头呆鱼）。

这些生物配体模型版本的参数有的来源于之前建立的鱼鳃络合模型，有的则是利用前边所述的方法求得。如铜的 Ⅰ^{a} 中阳离子和配体的络合系数（$\log K_{MeBL}$）来源于 Playle 等[47,50]的鱼鳃络合模型，铜和有机物的络合反应平衡常数采用 WHAM-V 计算[51]，其他的常数取自 CHESS[52]。Ⅱ^{a}、Ⅲ^{a}的 $\log K_{Me\,BL}$ 来源于金属累积和毒性的数据，铜和有机、无机配体的络合常数部分采用 WHAM-V 计算[51]，部分来源于 Martell 等[53]的研究。而 Ag-BLM 3 个版本的参数基本上都来源于 Janes 等[54]创立的鱼鳃络合模型。当然也有采用其他获取参数的方法。如锌的Ⅰ^{a}版本中锌和配体的络合常数来源于放射性同位素的方法[55]。对于同一种金属的不同版本它们的不同点主要集中在以下 4 个方面：对金属毒性机理的认识；模型包含的金属毒性形态；对 DOC 的假设；参与和金属竞争配体络合位点的阳离子种类，由此导致了模型预测结果的差异。在 Cu-BLM 的Ⅱ^{a}和Ⅲ^{a}版本中考虑了 Mg^{2+} 的竞争作用，并求出了 $\log K_{MgBL}$ 值，而Ⅰ^{a}没有考虑。版本Ⅰ^{a}在计算中假设所有的 DOC 都是活性的，其中包括 90%的 HA（胡敏酸）和 10%FA（腐殖酸），而版本Ⅱ^{a}和Ⅲ^{a}假设 DOC 有 50%是活性的，并以 FA 的形式和铜反应。另外版本Ⅰ^{a}中，水的 pH 范围在 7.0～8.5 之间，$Cu(HCO_3)^{+}$ 是水中铜的优势形态，其平衡常数 $K_{CuHCO_3^+}$ 大约是版本Ⅱ^{a}和Ⅲ^{a}的100倍，由于DOC和$K_{CuHCO_3^+}$取值不同导致了各版本LA_{50}（半致死累积量）值的不同。版本Ⅱ^{a}和Ⅲ^{a}认为pH对铜毒性的影响不仅仅是由与自由铜离子竞争结合位点的H^+浓度的变化引起的，铜的无机络合态（$CuOH^+$、$CuCO_3{}^0$）也是有毒的。对于银的3个生物配体模型版本，同另外2个相比，Ⅰ^{a}考虑了AgCl的毒性，并求出了K_{BLAgCl}值。版本Ⅱ^{a}认为银对鱼的毒性是由于抑制了Na^+-K^+-ATPase（腺苷三磷酸酶）的活性，而Na^+-K^+-ATPase是鱼吸收Na^+、Cl^-的能量来源[56]。因此，Ⅱ^{a}通过银对Na^+-K^+-ATPase的抑制率来求K_{BLAgCl}，当抑制率在85%时相当于96h LC_{50}。Ⅰ^{a}和Ⅲ^{a}尽管认识到银的生物毒性是阻碍了Na^+和Cl^-的吸收，但是LC_{50}是通过鱼鳃上银的累积量来求得[57~58]。

由上可见，同一金属的不同生物配体模型，版本在一定程度上存在着差异，虽然后来的版本基本上是在前边版本基础上演变而来，但并不一定版本越高预测效果就越好，只是它们适用的范围和条件不同，脱离这些条件，它们将达不到预测的效果。对于Cu-BLM，版本Ⅰ^{a}在高K^+浓度时会高估LC_{50}值，而且也会高估在暴露于浅水湖泊下黑头呆鱼的LC_{50}值[30]；而版本Ⅱ^{a}在pH>8时会高估EC_{50}值[1]。Zn-BLM版本中Ⅰ^{a}在预言虹鳟鱼和黑头呆鱼EC_{50}以及水蚤48h LC_{50}取得了较好的效果，但是当水的pH>8时，模型预言的LC_{50}值偏高，这可能和锌在水中的溶解性有关[7]。另外Ⅰ^{a}在建立过程中没有对DOC水平进行限制，可能会导致不正确的DOC-Zn估计和自由锌活度的计算。目前的研究证明，Ⅰ^{a}对鱼的预测效果要比对水蚤预测效果好，而Ⅱ^{a}正好相反[7]。3个急性Ag-BLM版本在实验室里都进行了成功的预测，但是它们均不能用于银对片脚类动物、蚤状钩虾的急性毒性预测[7]。对于Ni-BLM版本来说，在预测对黑头呆鱼的毒性的时候可能会高估LA_{50}值，需要根据黑头呆鱼年龄和体形的尺寸调整LA_{50}值[59]。Hoang等[60]也发现年龄和体形尺寸影响镍对黑头呆鱼的毒性，这可能是由于镍影响了鱼的呼吸，而小鱼对氧的需求量更强烈[61~62]。对于不同金属的版本，共同的现象是当pH>8.0时，都会高估LC_{50}值，这可能是因为pH会影响金属和有机、无机、生物配体的所有反应及其生物配体的某些特征。De Schamphelaere等人[1]通过不同pH（6.11～8.46）、DOC、Ca、Mg、Na的浓度设置了25个溶液处理研究了铜对黑头呆鱼的毒性，并利用De Schamphelaere等人[31]建立的生物配体模型（pH6.44～7.92）来预测不同处理下EC_{50}值的变化。结果发现，当受试溶液pH<8时模型预测的EC_{50}（Cu^{2+}）在1.5倍的范围内变化，而当pH>8时，模型预测的EC_{50}（Cu^{2+}）在实测值的1.8～3.9倍的范围内变化。由此可见，即使模型中考虑了$CuOH^+$的毒性，仍然不能够准确预测溶液pH>8时铜对黑头呆鱼的毒性。可能的原因是除了自由Cu^{2+}和$CuOH^+$之外，铜的其他无机络合物例如$CuCO_3{}^0$和$Cu(OH)_2{}^0$的也会产生毒性，当pH>8时，这些无机络合铜的浓度增加，其毒性逐渐体现出来。为了证实无机络合铜的毒性，De Schamphelaere等人[1]测定了6个pH梯度（5.7～8.4）下铜对黑头呆鱼的EC_{50}（Cu^{2+}）值，通过分析铜形态和EC_{50}（Cu^{2+}）的关系发现$CuCO_3{}^0$也可能具有毒性，当考虑了自由Cu^{2+}、$CuOH^+$和$CuCO_3{}^0$的生物配体模型预测的25个不同溶液处理及19个自然水体中EC_{50}（Cu^{2+}）值均在实测值的2倍范围内。除了改变金属的形态而影响其毒性外，也有一些研究认为pH会通过改变生物配体的数量和特征来影响金属的毒性。Heijerick等[63]在预测锌对黑头呆鱼毒性时提出了一个表面反应模型，考虑了pH的变化对生物配体特征和数量的影响，在较大 pH、硬度、DOC 范围下比目前的 Zn-BLM（Ⅰ^a、Ⅱ^a）预测效果要好。另外，水体环境中 DOC 的取值在很大程度上限制了模型预测的准确性，且大多数模型都没有在自然水体环境中进行验证。这都需要在以后进一步完善，但是模型在实验室条件下都取得了较好的效果。

7.3.2 沉积物

在水体生态系统，生物配体模型取得了长足的发展，其理论原理也逐步被应用到陆地和沉积物系统。同水体环境相似，一般认为沉积物中重金属的总浓度与其生物毒性之间没有显著的相关性，只有间隙水中的自由金属离子能直接产生生物效应。沉积物的重金属浓度和沉积物水化学性质尤其是酸性挥发硫（AVS）和同步浸提金属（SEM）控制着间隙水中的自由金属离子的活度，从而影响沉积物中重金属的毒性。近年来，基于沉积物水化学影响下的金属化学形态和竞争性阳离子对生物有效性的影响，逐步开展了沉积物金属的生物配体模型研究。如 Di Toro 等[64]将 AVS 和 SEM 程序进行拓展，结合孔隙水-沉积物平衡分配模型（EqP）与生物配体模型，提出了一种评价沉积物中重金属生物毒性的生物配体模型，结果表明，基于沉积物有机碳归一化的半致死浓度（$SEM^*_{x,OC}$）可以准确预测淡水沉积物和盐水沉积物中镉、铜、镍、铅和锌对水蚤的急、慢性毒性。

7.3.3 陆地生态系统

土壤中重金属的生物毒害的影响因子远比水体复杂，这使得陆地生物配体模型的研究也复杂的多。陆地生物配体模型理论认为土壤生物主要通过土壤溶液来吸收重金属，而土壤溶液中的自由金属离子是可以被土壤生物吸收并导致毒性的主要形态，它和土壤固相存在着吸附解吸、沉淀溶解、络合和解离等物理化学反应，同时也受土壤溶液中各种无机、有机配体影响，土壤溶液中 Ca^{2+}、Na^+、Mg^{2+}、H^+ 等阳离子（甚至其他毒性金属离子）除了与自由金属离子竞争非生物配体（土壤固相及土壤溶液中各种有机、无机配体），同时竞争生物配体的活性点位（图 7-2）。当自由金属离子进入土壤生物体并在一定的部位累积，毒性作用就产生。过去生理学家发现并证实了植物根同鱼鳃一样，是最初的金属作用位点。在此基础上，又有人研究了竞争和络合机理在控制金属生物有效性中的作用。如 Voigt 等[65]研究了金属和根的络合以及根吸附在控制金属生物有效性方面的作用，发现根具有和金属不连续的作用位点，而且 Ca^{2+} 具有和金属竞争结合位点的作用。Zhao 等[66]通过在 18 种性质不同的土壤中添加不同浓度铜的试验研究了铜对大麦的毒性，发现大麦根的伸长和土壤溶液中自由铜离子活度、pH（H^+有明显抑制铜毒性作用）有关，和应用到水生生态系统中的生物配体模型理论一致。这些研究结果暗示了应用到水生生态系统中的生物配体模型经过修正并结合土壤理化性质后可以应用到陆地生态系统中。目前，针对土壤中铜、镍、镉、钴和锌等金属的陆地生物配体模型取得了一些进展，但还没有公开出版的模型版本。

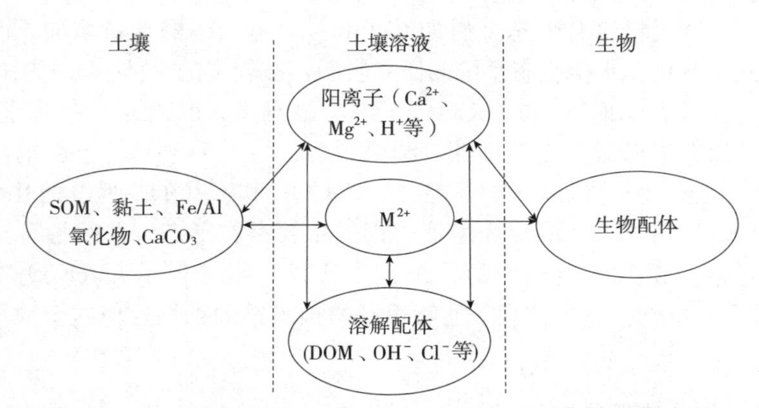

图 7-2　陆地生物配体模型（tBLM）涉及的交互作用原理[67~68]

7.3.3.1　铜的陆地生物配体模型

同水体相似，针对土壤中 Cu-tBLM 研究开展较早。Parker 等[69]以 0.2mmol/L 的 $CaCl_2$为背景溶液，研究了 Ca^{2+}、Mg^{2+}和 pH 对暴露于铜溶液中 2d 的小麦根伸长的影响，结果表明，当固定自由铜离子活度、增加 Ca^{2+}和 Mg^{2+}活度时，小麦相对根伸长增加。Cheng 等人[70]发现，铜在莴笋根和营养液中的分配和 H^{+}、Ca^{2+}浓度呈线性关系。这些研究表明了一些阳离子确实存在着与自由金属离子竞争生物配体的作用，证实了生物配体模型的竞争理论也适用于陆地植物。Steenbergen 等人[71]利用惰性石英砂添加人工培养液研究了铜对蚯蚓的毒性，当蚯蚓暴露在由不同浓度 Cu^{2+}、H^{+}、Ca^{2+}、Mg^{2+}、Na^{+}和 EDTA、DOC 组成的受试溶液中 7d 后测定其死亡率，结果发现，增加 H^{+}和 Na^{+}浓度能线性减少蚯蚓的死亡率，而 Ca^{2+}、Mg^{2+}浓度的变化对蚯蚓死亡率没有显著影响；当溶液中总铜浓度保持恒定，加入 EDTA 和 DOC 后能显著减弱铜的毒性，在考虑了 H^{+}和 Na^{+}的影响后建立了陆地生物配体模型，模型在石英砂—营养液和外源添加铜的田间土壤上都取得了很好的预测结果，预测的 EC_{50}值均在实测值的 2 倍范围内。Luo 等[72]通过单因素浓度控制试验研究了铜对小麦的毒性，并建立了预测铜对小麦毒性的生物配体模型（模型参数见表 7-2）。结果表明，考虑了离子竞争后的生物配体模型能够很好的预测铜的生物毒性。尽管利用模拟土壤溶液也可以建立铜的生物配体模型，但由于土壤的复杂性，并不是所有的模型都能推广到田间试验，因此一些研究者尝试通过田间试验来建立陆地生物配体模型。Thakali 等[67~68]利用欧洲 11 种不同理化性质土壤，通过外源添加重金属研究铜对高等植物（大麦根伸长、番茄生长）、无脊椎动物（蚯蚓繁殖、跳虫繁殖）和微生物（土壤硝化势、葡萄糖诱导的呼吸率）的毒性，根据土壤和土壤溶液性质采用 WHAM 模型计算了铜的形态，然后结合生物配体模型的原理方程，采用非线性拟合土壤溶液性质和毒性数据，求出了陆地生物配体模型参数。拟合结果表明，自由铜离子是唯一的生物毒性形态，阳离子如 H^{+}和 Mg^{2+}存在着和自由铜离子竞争生物配体的作用，最终建立的陆地生物配体模型预测效果要明显优于仅考虑自由铜离子活度和土壤全量铜浓度的预测结果。Thakali 等[67~68]提出了一种很好的利用土壤和土壤溶液性质来预测铜生物毒性的陆地生物配体模型，但是这个模型只适用于酸性土壤，在碱性土壤上，当 pH 增加，各形态金属的比例发生变化，一些无机络合形态金属如 $CuOH^+$、$CuCO_3{}^0$ 的含量增加，产生毒性的金属形态可能会发生变化。水生生态系统的研究表明，在较宽的水体 pH 范围内建立的铜生物配体模型，需要考虑 $CuOH^+$ 和 $CuCO_3$ 的毒性[7]。马义兵课题组[73～74]通过 pH4.5～8.0 的模拟土壤溶液研究了铜对大麦的毒性，结果表明，当 pH≤6.5，自由铜离子是溶液中铜的主要形态，随着 pH 增加，$CuHCO_3{}^+$、$CuCO_3{}^0$ 和 $CuOH^+$ 所占的比例逐渐增加，pH>7.5，$CuHCO_3{}^+$ 和 $CuCO_3{}^0$ 成为溶液中铜的主要存在形态。非线性分析表明，仅考虑自由铜离子毒性，模型不能很好的预测铜的毒性，当考虑了 $CuHCO_3{}^+$、$CuCO_3{}^0$ 和 $CuOH^+$ 的毒性后建立的生物配体模型能够很好的预测铜的毒性，但这个模型还需在土壤上进一步验证。

7.3.3.2 镍的陆地生物配体模型

Lock 等[75]通过水培控制试验，研究了 pH 以及阳离子（K^+、Ca^{2+}、Mg^{2+}、Na^+）浓度变化对镍大麦毒性的影响，研究发现，高活度的镁能线性增加以自由镍离子浓度表示的 EC_{50} 值，而其他阳离子对镍大麦毒性没有显著影响。他们通过线性分析计算了镍和镁离子与大麦根配体的络合平衡常数，建立了镍对大麦毒性的陆地生物配体模型。但该模型还没有进行田间验证。Thakali 等[67～68]采用与建立铜陆地生物配体模型同样的方法建立了镍对高等植物、无脊椎动物和微生物的毒性，模型的参数见表 7-2。但此模型仅适用于酸性土壤。马义兵课题组[76]采用了和 Lock 等[75]相似的试验方法，进行了 pH（4.52～8.30）和阳离子浓度影响镍对大麦急性毒性的研究，线性分析表明，H^+、Ca^{2+} 和 Mg^{2+} 具有减轻镍大麦毒性的作用，当 pH>7.0 时，$NiHCO_3^+$ 也具有毒性。通过水培控制试验获得的陆地生物配体模型参数，对我国 17 种理化性质差异较大的土壤添加外源镍后的大麦根伸长数据进行验证，模型预测和实测的大麦根伸长相关系数 R^2 达到了 0.94，预测的 EC_{50} 值均在实测值的 2 倍范围之内。该模型在酸性和碱性土壤中都得到了很好的应用，今后还需拓展到其他种类的镍敏感性植物以及土壤动物和土壤微生物。

7.3.3.3 钴的陆地生物配体模型

为建立土壤钴的陆地生物配体模型，Lock 等[77]通过石英砂添加营养液的方法研究了钴对蠕虫（*Enchytraeus albidus*）急性毒性，利用 H^+、Ca^{2+} 和 Mg^{2+} 活度与 LC_{50} 的线性关系以及生物配体模型数学方程建立了预测钴对蠕虫的陆地生物配体模型，在此基础上 Lock 等[77]设计了田间试验对模型进行了验证，具体方法为：采用标准的人工土壤和田间土壤进行蠕虫毒性试验，并假设孔隙水为唯一暴露途径，利用 WHAM 模型计算了钴在固相和液相的平衡，结合获得的钴的陆地生物配体模型参数成功预测了 LC_{50}。采用类似于钴对蠕虫毒性的生物配体模型建立方法，Lock 等[78]利用模拟土壤溶液研究了钴对大麦的急性毒性，结果发现，K^+ 和 Mg^{2+} 浓度增大能够线性增加 EC_{50}，而 Ca^{2+} 和 Na^+ 却不能，H^+ 浓度虽然也能增加 EC_{50}，但二者之间没有显著的线性关系，最后考虑了 K^+ 和 Mg^{2+} 竞争建立了陆地生物配体模型，模型能够较为准确地评价模拟土壤溶液中钴对大麦的毒性。但上述模型若要用于风险评价和土壤钴质量标准的制定，还需要在更宽的土壤性质范围内进行验证。针对田间土壤钴的毒性，一些学者也做了一些研究。对欧洲7种、北美3种土壤钴对大麦急性毒性研究表明，以土壤全量钴浓度、土壤溶液钴浓度和土壤溶液中自由钴离子活度表示的EC_{50}值分别变化了20、17和29倍。通过钴对大麦的毒性阈值与土壤性质之间的相关分析可知，有效阳离子交换量（eCEC）和可交换钙能很好的预测土壤中钴的毒性，这反映了土壤固相对钴的吸附是控制钴对大麦根伸长毒性的关键因素，而土壤溶液中钴的毒性受阳离子如H^+、Mg^{2+}竞争的影响[79]。Li等[80]研究了10种不同理化性质土壤添加钴对大麦（*Hordeum vulgare* L.）、油菜（*Brassica napus* L.）和番茄（*Lycopersicon esculentum* L.）地上部分的生长毒性，结果发现以添加钴浓度表示的3种植物的EC_{50}分别变化了43、138和105倍，而这3种植物以溶液中钴离子浓度表示的EC_{50}比添加钴浓度表示的EC_{50}低4～15倍，溶液中钴形态是控制其植物毒性的主要形态。Mico′等[79]和Li等[80]关于土壤中钴毒性的研究中，虽然没有建立钴的陆地生物配体模型，但提供了很好的数据基础。今后关于钴的陆地生物配体模型研究还需在此基础上建立钴在土壤固液中的分配模型，以及土壤、土壤溶液性质与生物毒性之间的数量关系。

7.3.3.4　镉的陆地生物配体模型

镉为生命体的非必需元素，具有很大的生物毒性，也很容易被植物吸收积累。近年来，针对镉对土壤植物、土壤动物和微生物的陆地生物配体模型也开展了相关研究。Voigt等[65]研究了土壤溶液组成对镉、铜大麦根伸长的影响，结果表明，高浓度的溶解性有机质（DOM）、Ca^{2+}和H^+能显著减弱镉和铜的毒性；利用生物配体模型估算的根际毒性数据与金属根配体络合物相关性远远高于自由离子活度模型和全量金属模型，这表明了陆地生物配体模型在土壤镉、铜植物毒性和风险评价方面的实用性。Slaveykova等[81]通过在清洁土壤和高污染的模拟土壤溶液进行细菌（*Sinorhizobium meliloti*）培养，研究了细菌镉吸收及其影响因素，结果发现，在细菌培养介质中增加不同的有机络合物均能减少细菌吸附镉和细菌细胞内部镉含量；当Ca^{2+}或Mg^{2+}浓度在10^{-4}～5×10^{-2} mol/L之间，细菌吸附镉随Ca^{2+}或Mg^{2+}浓度的增大而减小，而Zn^{2+}和Mn^{2+}对细菌吸附镉没有影响；高浓度Ca^{2+}、Zn^{2+}和一定浓度范围内的溶解性Mn（10^{-9}～10^{-8} mol/L）能线性减少细菌细胞内部镉含量，而Mg^{2+}对此无影响；通过竞争络合分析，Slaveykova等[81]成功建立了预测镉对细菌毒性的陆地生物配体模型。针对镉对无脊椎动物蚯蚓的研究表明，高活度的Ca^{2+}、Mg^{2+}、K^+、Na^+和H^+均能够显著减弱以镉离子活度表示的EC_{50}，考虑了离子竞争，在生物配体模型理论基础上建立的镉毒性陆地生物配体模型预测的EC_{50}均在实测值的2倍范围之内[82]。尽管多数研究表明，土壤pH、土壤有机质均是控制土壤镉生物毒性的重要因素，但对一些盐渍化土壤的研究表明，植物果实中镉含量与土壤盐分含量（尤其是Cl^-）密切相关，而与土壤pH没有明显的相关性[83～84]，因此，一些学者在建立镉的陆地生物配体模型中考虑了Cl^-在镉生物毒性中的作用。López-Chuken等[85]利用水培控制试验研究了印度芥菜（*Brassica juncea*）对自由镉离子以及无机镉络合物的吸收，结果表明，溶液中高的Cl^-浓度会导致植株中累积高的镉含量；和自由镉离子相比，Cd-Cl络合物的活度与植物镉含量的相关性更好；当假设Cd^{2+}和$CdCl^+$竞争植物根吸附位点，利用生物配体模型能够很好预测镉对植物的毒性；拟合结果表明，自由 Cd^{2+} 与植物根配体的吸附常数要比 $CdCl^{+}$ 高 3.4 倍。

7.3.3.5 其他重金属元素的陆地生物配体模型

同铜、镍、钴、镉相比，其他重金属元素的陆地生物配体模型研究较少。针对锌的陆地生物配体模型，马义兵课题组[86]利用水培试验研究了阳离子及 pH 影响锌对大麦的急性毒性，结果发现增加溶液中 Mg^{2+}、Ca^{2+}、H^{+}、K^{+} 浓度能够减轻大麦锌的毒性，pH 变化主要通过改变 H^{+} 浓度和锌形态变化影响锌的毒性，考虑了这些因素建立的陆地生物配体模型可以准确评价性质在较宽范围内变化的土壤溶液中锌的毒性。Mertens 等[87]通过外源添加 $ZnCl_2$ 研究了不同理化性质的土壤（12 种，pH 4.8～7.5）和模拟土壤溶液（pH 6～8）两种体系中锌对微生物（*Nitrosospira* sp.）潜在硝化速率（PNR）的影响，结果表明，以土壤孔隙水锌和模拟土壤溶液锌表示的 EC_{20}（对 PNR 抑制 20%的锌浓度）值分别在 7～1 200μmol 和 5～150μmol 范围内变化；两种体系下均可观察到 Mg^{2+}、Ca^{2+}、H^{+} 对锌抑制 PNR 的保护效应；包含了 Mg^{2+}、Ca^{2+}、H^{+} 竞争效应建立的陆地生物配体模型预测两种体系下锌对 PNR 的 EC_{20} 值在 4 倍的范围内变化。McGrath 等[88～89]采用了理化性质差异较大的 10 种土壤研究了钼对 4 种植物的毒害作用，结果表明，钼的毒性受土壤理化性质的影响很大，4 种植物以添加钼表示的 ED_{50} 在 66～609 倍的范围变化；土壤有机碳或草酸铵提取的铁的氧化物与 ED_{50} 具有很好的相关性，能够解释 4 种植物 65%的 ED_{50} 变化，因此 McGrath 等[88～89]建议钼的生物毒性评价需要对土壤无定型铁氧化物的含量进行归一化处理。

上述关于土壤中铜、镍、钴和镉等重金属的生物毒性研究已建立了多个陆地生物配体模型，这些陆地生物配体模型中包含了金属以及参与竞争的阳离子与生物配体的络合平衡常数，部分模型的参数列于表 7-3。考虑到不同估计方法下参数值的差异性，表 7-3 所列均为采用生物毒性终点结合生物测定的方法获得的参数。由表 7-3 可见，即使是同一种金属的陆地生物配体模型，其参数值的差异也很大，例如关于铜与生物配体之间的络合常数（K_{CuBL}）中，最高值（Ⅰ）与最低值（Ⅲ）相差 600 倍之多，这可以用不同生物对铜的敏感性差异来解释，但对于同一种金属和同一种生物，模型建立的试验条件不同，估算的参数仍可能不同，例如铜的陆地生物配体模型（Ⅰ和Ⅶ）和镍的陆地生物配体模型（Ⅰ和Ⅶ）均为采用田间土壤条件和模拟土壤溶液条件下估算的重金属离子和大麦根配体的络合平衡常数 K_{MBL}，但两种试验条件下得出的 K_{CuBL} 和 K_{NiBL} 值差别很大，分别相差 12 倍和 47 倍，而且模型Ⅰ中 Thailk 等[67～68]在估算参数值的时候发现无法获得固定的 K_{MBL}，但 K_{MBL} 和 f_{50} 的比值恒定，只能通过假定 f_{50} 值从而得到相对的 K_{MBL} 值。这些 K_{MBL} 值的差异性和不确定性，给陆地生物配体模型的应用和推广带来极大的困难。Antunes 等[90]认为植物根存在着和重金属具有不同结合能力的两组配体，高亲合力配体和低亲合力配体，对应的 K_{MBL} 也应该有两个值，准确估算 K_{MBL}（尤其是高亲合力下的 K_{MBL}）需要考虑重金属离子被植物吸收时内化作用产生的影响，这种影响在有机酸存在的情况下尤为重要，而且有无有机酸存在或者存在的有机酸不同都可能会得出不同的 K_{MBL} 值。因此，上述参数在实际应用中还需考虑其适用的条件。

表 7-3　不同 tBLM 中金属及阳离子和生物配体的络合平衡常数

金属	序号	生物	K_{CaBL}	K_{MgBL}	K_{NaBL}	K_{KBL}	K_{HBL}	K_{MBL}	K_{CuOHBL}	K_{CuCO_3BL}	K_{MHCO_3BL}	
Cu	Ⅰ	BRE	—	—	—		6.48	7.41	—	—	—	Thailk 等[67~68]
	Ⅱ	TSY	—	—	—		4.38	5.65	—	—	—	
	Ⅲ	FJP	—	—	—		2.97	4.62	—	—	—	
	Ⅳ	ECP	—	—	—		5.90	6.50	—	—	—	
	Ⅴ	GIR	—	—	—		7.50	6.69	—	—	—	
	Ⅵ	PNR	—	1.64	—		4.45	4.93	—	—	—	
	Ⅶ	BRE	1.96	2.92	—		—	6.33	6.39	5.70	5.71	Wang 等[74]
	Ⅷ	WRE	2.43	3.34	—		—	6.28	—	—	—	Luo 等[72]
	Ⅸ	ESA	—	—	2.97		4.61	5.90	—	—	—	Steenbergen 等[71]
Ni	Ⅰ	BRE	1.50	3.81			4.53	3.60				Thailk 等[67~68]
	Ⅱ	TSY	5.00	5.23			6.52	6.05				
	Ⅲ	FJP		5.00			6.02	5.12				
	Ⅳ	ECP	—	5.00			6.7	5.33				
	Ⅴ	GIR		5.00			6.09	4.53				
	Ⅵ	PNR		5.00			5.10	5.72	—	—	—	
	Ⅶ	BRE	—	3.47	—		—	5.27	—	—	—	Lock 等[75]
	Ⅷ	BRE	1.6	4.01	—		4.29	4.83	—	—	5.36	Li 等[76]
Co	Ⅰ	ESA	3.83	3.95	—	—	6.53	5.13	—	—	—	Lock 等[77]，
	Ⅱ	BRE		3.86		2.50		5.14				Lock 等[78]
Cd	Ⅰ	BOD	3.35	2.82	1.57	2.31	5.41	4.0	—	—	—	Slaveykova 等[81]
Zn	Ⅰ	BRE	1.99	3.72		2.62	4.27	4.06			5.15	Wang 等[86]

注：表中所有的络合系数均为以 10 为底的对数值；BRE，Barley Root Elongation（大麦根伸长）；TSY，Tomato Shoot Yield（番茄生长）；FJP，F. Candida juvenile production（跳虫繁殖率）；ECP，E. Fetida cocoon production（蚯蚓繁殖率）；GIR，glucose induced respiration（葡萄糖诱导呼吸率）；PNR，potential nitrification rate（潜在硝化速率）；WRE，wheat Root Elongation（小麦根伸长）；ESA，Earthworms survival rate（蚯蚓存活率）；BOD，Bacterium optical density（细菌光密度）。

7.4　生物配体模型的局限性和未来的研究方向

生物配体模型在水、土和沉积物方面的应用取得了一定的进展，尤其在水生生态系统建立了不同金属的预测模型版本，但其理论还存在着缺陷，模型的实际应用也具有一定的局限性，未来生物配体模型的发展还面临着很大的挑战。

7.4.1　重金属的介质传输、吸收、累积和致毒机理

环境系统通常是动态不平衡的，但生物配体模型假设金属向生物体附近的扩散不受速

率限制，而生物体对金属的吸收要受速率限制，因此，金属离子与其络合物以及生物表面的敏感位点的化学反应都处于平衡状态，在这种情况下，介质中自由金属离子的消耗便无足轻重，输送相的金属和生物配体的络合物浓度与环境介质中的自由金属离子浓度呈线性相关，生物吸收通量也与介质中自由金属离子浓度线性相关。这种关系是生物配体模型的理论基础。但一些研究对这种假设提出了质疑。Hudson 和 Morel 等[91~92]通过瞬间吸收和电子脉冲追踪试验发现铁离子和生物表面络合物的形成速率和海藻（*Thalassiosira weissflogii*）对铁离子的吸收速率几乎相等，但远远大于铁络合物的分解速率，也就是说海藻（*Thalassiosira weissflogii*）对铁的吸收作用是不受速率限制的。Hassler 等[93]和 Fortin 等[94]在膜透性较高的条件下研究了浮游植物对银和锌的吸收，结果表明，浮游植物（*Chlamydomonas reinhardtii*）对银的吸收要受介质传输速率的限制，但另外两种植物 *Pseudokirchneriella subcapitata* 和 *Chlorella pyrenoidosa* 却不受影响。当传输受限的情况下，不稳定的 Ag-Cl 络合物对 *Chlamydomonas reinhardtii* 表现出了生物毒性而对其他两种植物却没有这种作用。同理，介质中低浓度锌会导致 Zn-NTA 络合物的解离，从而使 Zn-NTA 络合物也具有了生物有效性。Antunes 等[95]通过小麦在添加和未添加 NTA 的铜溶液暴露试验，研究了自由金属离子传输到大麦根表的速率以及溶液中金属的量是否满足根对金属的最大累积量，结果表明，当溶液中 p｛Cu^{2+}｝范围在 10～6 时，未加 NTA 的受试溶液中自由金属离子通量不能满足根对铜的最大结合能力，当 p｛Cu^{2+}｝范围在 10.01～9.01 时溶液中铜的总量限制了小麦对铜的吸收。上述研究证实了介质传输有可能受速率的限制。尽管一些研究者认为生物吸收受传输限制的情况相对较少，但介质传输受限理论可以解释生物配体模型建立中的一些困扰，特别是介质传输比较慢或生物吸收较快的情况。在底泥和土壤中，金属离子的扩散系数较小，以有机—金属复合物形式存在的金属较多，这种传输受限的情况更容易发生，因此，关于底泥和土壤的生物配体模型，需要进一步考虑重金属的介质传输以及生物体的吸收作用。

生物配体模型的建立需要确定重金属对生物产生毒性的金属受体位点，由此来判断生物对金属的累积和毒性终点。最初发展的生物配体模型把鱼鳃作为重金属的结合和毒性位点，而植物根质外体（包括细胞壁和 Donnan 自由空间）被认为是重金属在植物中的主要结合位点[90]。但对于植物学家来说，质外体结合不是真正意义上的植物对重金属的累积，因为质外体包括许多无生命物质如细胞壁和木质成分。在低的金属暴露浓度下，金属和这些无生命物质结合可能对植物没有任何毒性。在高的金属暴露浓度下，细胞壁发生改变有可能导致根际毒性[96]。因此，发展土壤和植物的生物配体模型，需要把质外体吸收和共质体（通过胞间连丝相连接而形成的连续体）吸收分开考虑。另外，陆地生物配体模型还需考虑重金属元素从土壤向植物的地上部分转移而带来的风险，而植物种类和重金属类型的变化都会影响植物根细胞对重金属的吸附及其向地上部分的转移程度，掌握这个过程需要分析重金属在植物根和植物地上部分的分配及其关系。为了探究重金属在植物根吸附和地上部分积累之间的联系，Paula 等[97]比较了小麦根和铜的 $\log K_{\text{Me-plant root}}$（金属和植物质外体结合的条件稳定常数）以及铜在玉米地上部分累积的 $\log K_{\text{Me-plant shoot}}$（金属和植物地上部分的条件稳定常数），结果发现，$\log K_{\text{Me-plant root}}$ 值（－1.08）和 $\log K_{\text{Me-plant shoot}}$（5.28）相差 6 个数量级，这表明重金属在植物不同部位的分配差异很大，简单的方法还无法掌握其规律，而缩小这些差异需要对测试植物的种类及测定方法标准化。尽管对植物根和地上部分重金属分配等研究为金属累积和毒性终点确定以及生物配体模型的建立提供了思路，但由于植物根和地上部分生理过程的不同，金属在根和地上部分中的分配还要受以下几个因素，如矿质营养、环境影响、金属之间的竞争作用、植物的健康状况等[90]，忽略了任何一个因素，预测结果都会产生偏差。总之，土壤中重金属生物毒害预测远比水体复杂，一些机理和方法还有待于进一步研究。

7.4.2　重金属在固液中的分配

目前关于陆地生物配体模型的研究更多在模拟土壤溶液中进行，而陆地生物配体模型最终的发展目标是利用常见易测的土壤理化性质（pH、有机质含量等）来预测土壤中金属的形态（自由离子活度）和毒性，因此，陆地生物配体模型的完善需要建立金属在土壤固液的分配模型。土壤溶液的提取是研究重金属固液分配模型的常用手段，但不同方法提取土壤孔隙水产生的效果不同。MacDonald 等[98]提出淋洗柱淋洗然后用渗透来提取土壤溶液的方法，该方法较好地模拟了田间土壤的化学性质。还有一些如离心、压力、抽气等方法提取的土壤溶液溶解性离子的浓度要大于渗透方法测得的离子浓度。实际上采用提取土壤孔隙水的方法简化了土壤对金属生物毒性的影响，这种方法忽视或简化了金属的老化过程、生物影响下金属的有效化过程、金属释放的动力学等过程对金属生物有效性的影响，尤其在研究金属慢性生物毒性时这些情况需更加重视。

化学平衡模型 WHAM 考虑了土壤固相（有机质、铁、铝、锰和黏土等）吸附作用和溶液中阳离子（如 Ca^{2+}、Mg^{2+}）竞争作用对土壤溶液中金属离子浓度的影响，常被用于土壤/土壤溶液中金属形态的计算，如 Ponizovsky 等[34]利用 WHAM 模型根据土壤性质（pH＝3.4～6.8）较为成功地预测了土壤溶液中金属总量及自由金属离子活度，但是 WHAM 模型没有考虑金属离子在土壤中的沉淀反应，不能用于石灰性土壤中金属形态的计算[67～68]。因此，对于重金属在土壤（尤其是石灰性土壤）中反应机制和固液分配规律的研究也成为陆地生物配体模型中的重点问题。

7.4.3　阳离子的保护作用

生物配体模型理论认为，环境中的阳离子如 K^+、Na^+、Ca^{2+}、Mg^{2+} 能够和自由金属离子竞争生物配体的活性位点从而减弱金属的毒性，从而对生物起到“保护”作用，一些研究也证实了这种作用的存在，但针对不同的金属，这些起保护作用的阳离子可能不同，同一种金属，生物种类不同，起保护作用的阳离子也可能不同，即便是同一种金属和同一种生物，如果试验条件不同，得出的结果仍然不同。例如在水体环境的生物配体模型研究发现 Mg 能够减弱铜对水蚤的毒性，却不能够减弱锌对水蚤的毒性。在利用田间土壤研究陆地生物配体模型时只观察到 H^+ 具有减弱铜对大麦毒性的作用，而利用水培试验研究发现，Ca 和 Mg 均能够减弱铜对大麦和小麦的毒性。究竟这些阳离子在什么情况下能起到“保护”作用？为什么能起到这种作用？目前还没有一个统一的认识。通常认为这种保护作用可能是因为这些阳离子具有和金属离子相似的半径，但 Na^+ 具有和 Cu^{2+} 相似的离子半径，Na^+ 的保护作用仅在水体环境中被发现，在土壤中不能观察到这种作用。近来一些研究认为生物体表的重金属离子浓度由于细胞表面膜电势的静电效应而与本体溶液中重金属的自由离子活度存在显著差异[99~100]。细胞膜表面电势随溶液中离子组成变化而发生变化，本体介质中阳离子能通过电荷屏蔽和离子键结合来降低膜表面电势的电负性，从而减少重金属离子如 Cu^{2+} 和 Ni^{2+} 在膜表面的活度，进而影响金属的生物有效性或毒性，因此，阳离子的保护效应可以用细胞膜表面电势变化来解释。这或许为研究离子之间交互作用机制提供了一个新的视觉。

7.4.4　金属有机、无机络合物的毒性

生物配体模型理论认为金属的生物毒性主要取决于自由金属离子活度，但研究表明，一些有机无机金属络合物也可能具有毒性，特别是土壤中植物根际具有强烈的微生物活性和根分泌物的累积，这些根分泌物可以和重金属形成络合物而被植物吸收，从而增加金属的生物有效性[98,101]，也可以通过形成不能够被植物吸收的络合物而降低重金属的生物有效性。马义兵课题组[102]研究发现，在保持总铜浓度一定的条件下，加入 EDTA 和 NTA 能够显著减弱铜对大麦的毒性，而加入苹果酸只能轻微减弱铜对大麦的毒性，进一步分析表明，铜和 NTA、EDTA 形成的络合物 $CuNTA^-$ 和 $CuEDTA^{2-}$ 不具有毒性，而铜和苹果酸的络合物毒性相当于自由 Cu^{2+} 活度的 0.5 倍。土壤和水体中的可溶性有机物受其来源、分解程度等影响，结构和分子量变化很大，而不同结构和分子量的 DOC 和重金属的络合能力也有所不同。现有的生物配体模型在计算金属的形态时，假设 DOC 由一定比例的富里酸（FA）和胡敏酸（HA）或仅由 FA 组成，但不同的研究者得出的 FA 和 HA 的比例也不尽相同[103]，这些 DOC 取值的变化限制了生物配体模型在更广的范围内应用。近年来，紫外可见吸收光谱（UV-VIS）和三维荧光光谱技术（3D-EEM）被广泛应用于 DOC 结构和分子量的研究中。Amery 等[103]利用紫外可见吸收光谱通过对特定波长的紫外线吸收程度发现，能够和土壤中铜络合的 DOC 主要来源于芳香族化合物。但目前还没有通过系统的试验来研究不同结构和不同分子量的 DOC-金属络合物的毒性。

一些研究表明，金属无机络合物也具有毒性。水生生态系统的生物配体模型考虑了高 pH 下 $CuOH^+$ 和 $CuCO_3^0$ 的毒性，同时，高 pH 下 $CuHCO_3^+$、$ZnHCO_3^+$ 和 $NiHCO_3^+$ 的毒性在陆地生态系统中也被证实。一些憎水性金属无机络合物如 $HgCl_2$ 和 CH_3HgCl 可以通过被动吸收的形式直接跨过生物膜对生物产生毒害[104]。但这些无机络合金属的毒性还可能和生物种类有关系，而且其毒性机理还需进一步研究，如在发展 Ag-BLM 时遇到的一个困难是不清楚 Cl^- 在银的生物毒性过程中到底扮演何种角色，因为 Cl^- 有减轻银毒性的作用，但并不阻碍鱼鳃上银的累积。观察还发现 Cl^- 仅有轻微的保护水蚤的作用，而对黑头呆鱼不存在保护作用[7]。

7.4.5　重金属联合毒性的生物配体模型

在过去的几年里，针对生物配体模型的研究主要集中在单一重金属污染，而环境中重

金属污染多是由两个或两个以上元素共存与作用造成的，因此，多个重金属元素间的交互作用和生物毒性成为未来生物配体模型研究中的热点。一些学者探索了生物配体模型在多个重金属元素毒性评价中的应用，例如 Norwood 等[105]利用生物配体模型研究了不同金属元素混合后的毒性，观察到这些元素之间存在着加和、协同和拮抗 3 种效应。Hatano and Shoji[106]发现在毒性单位（TU）基础上建立的生物配体模型可以利用单个金属的毒性数据来评价铜和铅的联合毒性。Chen 等[107]研究了铜和铅混合污染对绿藻（*Chlamydomonas reinhardtii*）的毒性，结果发现，高浓度铜能够对绿藻吸收铅起到拮抗作用，而低浓度铜起到了协同的作用。但目前针对复合金属的生物配体模型的数据积累还很少，而且相关研究主要集中在两种金属元素之间的作用。

总之，生物配体模型是一个机理性的模型，它包含了生物有效性的概念，比较全面地考虑了影响金属生物有效性的因素，和建立在硬度基础上的模型相比，生物配体模型具有更好的预测能力，是一个能够替代生物毒性试验预测金属毒性的有用工具。尽管模型现在存在着局限性，但随着对痕量金属吸收过程中的化学、生理学和生物学过程的深入理解，这些问题将会逐步得到解决，未来生物配体模型既面临挑战又有着广阔的应用和发展前景。

参 考 文 献

[1] De Schamphelaere K A C, Heijerick D G, Janssen C R. Refinement and field: Validation of a biotic ligand model predicting acute copper toxicity to *Daphnia magna* [J]. Comparative Biochemistry and Physiology Part C, 2002, 133 (2): 243-258.

[2] Smolders E, Buekers J, Oliver I, et al. Soil properties affecting toxicity of zinc to soil microbial properties in laboratory-spiked and field-contaminated soils [J]. Environmental Toxicology and Chemistry, 2004, 23 (11): 2633-2640.

[3] Broos K, Warne M St J, Heemsbergen D, et al. Soil factors controlling the toxicity of copper and zinc to microbial processes in Australian soils [J]. Environmental Toxicology and Chemistry, 2007, 26 (4): 583-590.

[4] Morel F M. Principles of aquatic chemistry [M]. New York: John Wiley& Sons, 1983, 300-309.

[5] Pagenkopf G K. Gill surface interaction model for trace-metal toxicity to fishes: Role of complexation, pH and water hardness [J]. Environmental Science & Technology, 1983, 17 (6): 342-347.

[6] Meyer J S, Santore R C, Bobbitt J P, et al. Binding of nickel and copper to fish gills predicts toxicity when water hardness varies, but free-ion activity does not [J]. Environmental Science & Technology, 1999, 33 (6): 913-916.

[7] Niyogi S, Wood C M. Biotic ligand model, a flexible tool for developing site-specific water quality guidelines for metals [J]. Environmental Science & Technology, 2004, 38 (23): 6177-6192.

[8] 黄圣彪．水环境中铜形态与其生物有效性/毒性关系及其预测模型研究 [D]. 北京：中国科学院生态环境研究中心，2003.

[9] Santore B. Information of symposium on biotic ligand model & environmental (ecological) risk assessment [C]. Beijing, 2006.

[10] 宋吉英，侯明．水体中重金属的生物有效性 [J]. 净水技术，2006，25 (2)：19-23.

[11] 朱毅，胡小玲．重金属对鱼类毒性效应研究进展 [J]. 水产养殖，1998，2：22-23.

[12] 孙晋伟，黄益宗，石孟春，等．土壤重金属生物毒性研究进展 [J]. 生态学报，2008，28（6）：2861-2869.

[13] Paquin P R，Robert C，Santore R C，et al. The biotic ligand model：A model of the acute toxicity of metals to aquatic life [J]. Environmental Science & Policy，2000，3：S175-S182.

[14] Campbell P G C. Interactions between trace metals and aquatic organisms：a critique of the free-ion activity model [M]. In：Tessier A，Turner D R. （Eds. ）. Metal speciation and bioavailability in aquatic systems. Wiley，1995，45-102.

[15] Bingham F T，Strong J E，Sposito G. Influence of chloride salinity on cadmium uptake by Swiss chard [J]. Soil Science，1983，135（3）：160-165.

[16] Sauvé S，Cook N，Hendershot W H，et al. Linking plant tissue concentrations and soil copper pools in urban contaminated soils [J]. Environmental Pollution，1996，94（2）：153-157.

[17] Markich S J，Brown P L，Jeffree R A，et al. The effects of pH and dissolved organic carbon on the toxicity of cadmium and copper to a freshwater Bivalve：Further support for the extended Free Ion Activity Model [J]. Archives of Environmental Contamination and Toxicology，2003，145（4）：479-491.

[18] McLaughlin M J，Tiller K G，Smart M K. Speciation of cadmium in soil solutions of saline-sodic soils and relationship with cadmium concentrations in potato tubers（*Solanum tuberosum L*） [J]. Australian Journal of Soil Research，1997，35：183-198.

[19] Smolders E，Lambregts R M，McLaughlin M J，et al. Effect of soil solution chloride on cadmium availability to Swiss chard [J]. Journal of Environmental Quality，1998，27（2）：426-431.

[20] Saeki K，Kunito T，Oyaizu H，et al. Relationships between bacterial tolerance levels and forms of copper and zinc in soils [J]. Journal of Environmental Quality，2002，31（5）：1570-1575.

[21] Poldoski J E. Cadmium bioaccumulation assays. Their relationship to various ionic equilibriums in lake superior water [J]. Environmental Science & Technology，1979，13（6）：701-706.

[22] Li B，Ma Y B，McLaughlin M J，et al. Influences of soil properties and leaching on copper toxicity to barley root elongation [J]. Environmental Toxicology and Chemistry，2010，29（4）：835-842.

[23] Li B，Zhang H T，Ma Y B，et al. Influences of soil properties and leaching on nickel toxicity to barley root elongation [J]. Ecotoxicology and Environmental Safety，2011，74（3）：459-466.

[24] Rooney C P，Zhao F J，McGrath S P. Soil factors controlling the expression of copper toxicity to plants in a wide range of European soils [J]. Environmental Toxicology and Chemistry，2006，25（3）：726-732.

[25] Rachlin J W，Grosso A. The growth response of the green alga *chlorella vulgaris* to combined divalent cation exposure [J]. Archives of Environmental Contamination and Toxicology，1993，24（1）：16-20.

[26] Parrott J L，Sprague J B. Patterns in toxicity of sublethal mixtures of metals and organic determined by microtox and by DNA，RNA，and protein content of fathead minnows（*Pimephates promelas*）[J]. Canadian Journal of Fisheries and Aquatic Sciences，1993，50（10）：2245-2253.

[27] 张晋，张妍，吴星．天然水中重金属化学形态研究进展 [J]. 现代生物医学进展，2006，6（5）：38-40.

[28] Zhang H，Zhao F J，Sun B，et al. A new method to measure effective soil solution concentration predicts Cu availability to plants [J]. Environmental Science & Technology，2001，35（1）：

2602-2607.
[29] Hunn J B. Role of calcium in gill function in freshwater fishes [J]. Comparative Biochemistry and Physiology，1985，82 (3)：543-547.
[30] Erickson R J，Benoit D A，Mattson V R，et al. The effects of water chemistry on the toxicity of copper to Fathead minnows [J]. Environmental Toxicology and Chemistry，1996，15 (2)：181-193.
[31] De Schamphelaere K A C，Janssen C R. A biotic ligand model predicting acute copper toxicity for *Daphnia magna*：The effects of calcium，magnesium，sodium，potassium，and pH [J]. Environmental Science & Technology，2002，36 (1)：48-54.
[32] De Schamphelaere K A C，Janssen C R. Development and field validation of a biotic ligand model predicting chronic copper toxicity to *Daphnia magna* [J]. Environmental Toxicology and Chemistry，2004，23 (6)：1365-1375.
[33] Lauren D J，Mcdonald D G. Effects of copper on branchial ionoregulation in the *Rainbow trout*，*Salmo gairdneri Richardson* [J]. Journal of Comparative Physiology B，1985，155 (5)：636-644.
[34] Ponizovsky A A，Thakali S，Allen H E，et al. Effect of soil properties on copper release in soil solutions at low moisture content [J]. Environmental Toxicology and Chemistry，2006，25 (3)：671-682.
[35] Paquin P R，Gorsuch J W，Apte S，et al. The biotic ligand model：A historical overview [J]. Comparative Biochemistry and Physiology Part C，2002，133 (1-2)：3-35.
[36] Di Toro D M，Allen H E，Bergman H L，et al. Biotic ligand model of the acute toxicity of metals. 1. Technical basis [J]. Environmental Toxicology and Chemistry，2001，20 (10)：2383-2396.
[37] Santore R C，Di Toro D M，Paquin P R，et al. Biotic ligand model of the acute toxicity of metals. 2 Application. to acute copper toxicity in freshwater fish and Daphnia [J]. Environmental Toxicology and Chemistry，2001，20 (10)：2397-2402.
[38] McGeer J C，Playle R C，Wood C M，et al. A physiologically based biotic ligand model for predicting the acute toxicity of waterborne silver to *Rainbow trout* in freshwaters [J]. Environmental Science & Technology，2000，34 (19)：4199-4207.
[39] Schwartz M L，Playle R C. Adding magnesium to the silver-gill binding model for rainbow trout (*Oncorhynchus mykiss*) [J]. Environmental Toxicology and Chemistry，2001，20 (3)：467-472.
[40] Slaveykova V I，Wilkinson K J. Predicting the bioavailability of metal complexes：Critical review of the biotic ligand model [J]. Environmental Chemistry，2005，2 (1)：9-24.
[41] Paquin P R，Di Toro D M，Santore R C，et al. A biotic ligand model of the acute toxicity of metals III Application to fish and Daphnia magna exposure to silver [R]. Integrated approach to assessing the bioavailability and toxicity of metals in surface waters and sediments，Section 3，a submission to the EPA Science Advisory Board，Office of Water. Office of Research and Development，Washington DC，USA，1999，59 - 102. USEPA-822-E-99-001.
[42] Bury N R，Shaw J，Glover C，et al. Derivation of a toxicity-based model to predict how water chemistry influences silver toxicity to invertebrates [J]. Comparative Biochemistry and Physiology Part C，2002，133 (1-2)：259-270.
[43] Santore R C，Mathew R，Paquin P R，et al. Application of the biotic ligand model to predicting zinc toxicity to *Rainbow trout*，*Fathead minnow* and *Daphnia magna* [J]. Comparative Biochemistry

and Physiology Part C，2002，133 (1-2)：271-285.

[44] Heijerick D G，De Schamphelaere K A C，Janssen C R. Predicting acute zinc toxicity for *Daphnia magna* as a function of key water chemistry characteristics：Development and validation of a biotic ligand model [J]. Environmental Toxicology and Chemistry，2002，21 (6)：1309-1315.

[45] De Schamphelaere K A C，Janssen C R. Bioavailability and chronic toxicity of zinc to juvenile Rainbow trout (*Oncorhynchus mykiss*)：Comparison with other fish species and development of a biotic ligand model [J]. Environmental Science & Technology，2004，38 (23)：6201-6209.

[46] Water Environment Research Foundation. Development of a Biotic Ligand Model for Nickel [C]. Hydroqual：Mahwah N J. Hydroqual Project WERF0040. 2002.

[47] Playle R C，Dixon D G，Burnison K. Copper and cadmium binding to fish gills：Estimates of metal-gill stability constants and modelling of metal accumulation [J]. Canadian Journal of Fisheries and Aquatic Sciences，1993，50 (12)：2678-2687.

[48] MacDonald A，Silk L，Schwartz M，et al. A lead-gill binding model to predict acute lead toxicity to Rainbow trout (*Oncorhynchus mykiss*) [J]. Comparative Biochemistry and Physiology Part C，2002，133 (1-2)：227-242.

[49] Richards J G，Playle R C. Cobalt binding to gills of Rainbow trout (*Oncorhynchus mykiss*)：An equilibrium model [J]. Comparative Biochemistry and Physiology Part C，1998，119 (2)：185-197.

[50] Playle R C，Gensemer R W，Dixon D G. Copper accumulation on gills of *Fathead minnows*：Influence of water hardness，complexation and pH of the gill micro-environment [J]. Environmental Toxicology and Chemistry，1992，11 (3)：381-391.

[51] Tipping E. WHAMC-A chemical equilibrium model and computer code for waters，sediments and soils incorporating a discrete site/electrostatic model of ion-binding by humic substances [J]. Computers and Geosciences，1994，20 (6)：973-1023.

[52] Santore R C，Driscoll C T. In chemical equilibrium and reaction models [M]. In：Loeppert R，Schwab A P，Goldberg S (Eds.) . Soil science society of America special publication 42. Madison WI：American Society of Agronomy，1995，357-375.

[53] Martell A E，Smith R M，Motekaitis R J. Critical stability constants of metal complexes database，version 4.0，NIST standard reference database 46 [Z]. National Instituteof Standardsand Technology：Gaithersburg MD. 1997.

[54] Janes N，Playle R C. Modeling silver binding to gills of Rainbow trout (*Oncorhynchus mykiss*) [J]. Environmental Toxicology and Chemistry，1995，14 (11)：1847-1858.

[55] Alsop D H，Wood C M. A kinetic analysis of zinc accumulation in the gills of juvenile Rainbow trout：The effects of zinc acclimation and implications for biotic ligand modeling [J]. Environmental Toxicology and Chemistry，2000，19 (7)：1911-1918.

[56] McGeer J C，Wood C M. Protective effects of water Cl^- on physiological responses to waterborne silver in *Rainbow trout* [J]. Canadian Journal of Fisheries and Aquatic Sciences，1998，55 (11)：2447-2454.

[57] Wood C M，Hogstrand C，Galvez F，et al. The physiology of waterborne silver toxicity in freshwater Rainbow trout (*Oncorhynchus mykiss*) 1. The effects of ionic Ag^+ [J]. Aquatic Toxicology，1996，35 (2)：93-109.

[58] Morgan I J，Henry R P，Wood C M. The mechanism of acute silver toxicity in freshwater Rainbow trout (*Oncorhynchus mykiss*) is inhibition of gill Na^+ and Cl^- transport [J]. Aquatic Toxicology，1997，38 (1-3)：145-163.

[59] Grosell M, Nielsen C, Bianchini A. Sodium turnover rate determines sensitivity to acute copper and silver exposure in freshwater animals [J]. Comparative Biochemistry and Physiology Part C, 2002, 133 (1-2): 287-303.

[60] Hoang T C, Tomasso J R, Klaine S J. Influence of water quality and age on nickel toxicity to Fathead minnows(*Pimephales promelas*) [J]. Environmental Toxicology and Chemistry, 2004, 23 (1): 86-92.

[61] Pane E F, Haque A, Goss G G, et al. The physiological consequences of exposure to chronic, sublethal waterborne nickel in Rainbow trout (*Oncorhynchus mykiss*): Exercise vs resting physiology [J]. The Journal of Experimental Biology, 2004, 207: 1249-1261.

[62] Pane E F, Richards J G, Wood C M. Acute waterborne nickel toxicity in the Rainbow trout (*Oncorhynchus mykiss*) occurs by a respiratory rather than an ionoregulatory mechanism [J]. Aquatic Toxicology, 2003, 63 (1): 65-82.

[63] Heijerick D G, Janssen C R, De Coen W M. The combined effects of hardness, pH, and dissolved organic carbon on the chronic toxicity of Zn to *D. magna*: Development of a surface response model [J]. Archives of Environmental Contamination and Toxicology, 2003, 44 (2): 210-217.

[64] Di Toro D M, McGrath J A, Hansen D J, et al. Predicting sediment metal toxicity using a sediment biotic ligand model: Methodology and initial application [J]. Environmental Toxicology and Chemistry, 2005, 24 (10): 2410-2427.

[65] Voigt A, Hendershot W H, Sunahara G I. Rhizotoxicity of cadmium and copper in soil extracts [J]. Environmental Toxicology and Chemistry, 2006, 25 (3): 692-701.

[66] Zhao F J, Rooney C P, Zhang H, et al. Comparison of soil solution speciation and diffusive gradients in thin-films measurement as an indicator of copper bioavailability to plants [J]. Environmental Toxicology and Chemistry, 2006, 25 (3): 733-742.

[67] Thakali S, Allen H E, Di Toro D M, et al. A terrestrial biotic ligand model. 1. Development and application to Cu and Ni toxicity to barley root elongation in soils [J]. Environmental Science & Technology, 2006a, 40 (22): 7085-7093.

[68] Thakali S, Allen H E, Di Toro D M, et al. A terrestrial biotic ligand model. Terrestrial biotic ligand model. 2. Application to Ni and Cu toxicities to plants, invertebrates, and microbes in soil [J]. Environmental Science & Technology, 2006, 40 (22): 7094-7100.

[69] Parker, D. R., Pedler, et al. Alleviation of copper rhizotoxicity by calcium and magnesium at defined free metal-ion activities [J]. Soil Science Society of America Journal, 1998, 62 (4): 965-972.

[70] Cheng T., Allen H. E. Predicted of uptake of copper from solution by lettuce (*lactuca sativa romance*) [J]. Environmental Toxicology and Chemistry, 2001, 20 (11): 2544-2551.

[71] Steenbergen N T, Iaccino F, de Winkel M, et al. Development of a biotic ligand model and a regression model predicting acute copper toxicity to the earthworm *Aporrectodea caliginosa* [J]. Environmental Science & Technology, 2005, 39 (15): 5694-5702.

[72] Luo X S, Li L Z, Zhou D M. Effect of cations on copper toxicity to wheat root: Implications for the biotic ligand model [J]. Chemosphere, 2008, 73 (3): 401-406.

[73] Wang X D, Ma Y B, Hua L, et al. Identification of hydroxyl copper toxicity to barley (*hordeum vulgare*) root elongation in solution culture [J]. Environmental Toxicology and Chemistry, 2009, 28 (3): 662-667.

[74] Wang X D, Hua L, Ma Y B. A biotic ligand model predicting acute copper toxicity for barley (*Hordeum vulgare*): Influence of calcium, magnesium, sodium, potassium and pH [J].

Chemosphere，2012，89（1）：89-95.

[75] Lock K，Van Eeckhout H，De Schamphelaere K A C，et al. Development of a biotic ligand model（BLM）predicting nickel toxicity to barley（*Hordeum vulgare*）[J]. Chemosphere，2007，66（7）：1346-1352.

[76] Li B，Zhang X，Wang X D，et al. Refining a biotic ligand model for nickel toxicity to barley root elongation in solution culture [J]. Ecotoxicology and Environmental Safety，2009，72（6）：1760-1766.

[77] Lock K，De Schamphelaere K A C，Because S，et al. Development and validation of an acute biotic ligand model（BLM）predicting cobalt toxicity in soil to the potworm *Enchytraeus albidus* [J]. Soil Biology and Biochemistry，2006，38（7）：1924-1932.

[78] Lock K，De Schamphelaere K A C，Because S，et al. Development and validation of a terrestrial biotic ligand model predicting the effect of cobalt on root growth of barley（*Hordeum vulgare*）[J]. Environmental Pollution，2007，147（3）：626-633.

[79] Mico C，Li H F，Zhao F J，et al. Use of Co speciation and soil properties to explain variation in Co toxicity to root growth of barley（*Hordeum vulgare L.*）in different soils [J]. Environmental Pollution，2008，156（3）：883-890.

[80] Li H F，Gray C，Mico C，et al. Phytotoxicity and bioavailability of cobalt to plants in a range of soils [J]. Chemosphere，2009，75（7）：979-986.

[81] Slaveykova V I，Dedieu K，Parthasarathy N，et al. Effect of competing ions and complexing organic substances on the cadmium uptake by the soil bacterium *sinorhizobium meliloti* [J]. Environmental Toxicology and Chemistry，2009，28（4）：741-748.

[82] Li L Z，Zhou D M，Luo X S，et al. Effect of major cations and pH on the acute toxicity of cadmium to the Earthworm *Eisenia fetida*：Implications for the biotic ligand model approach [J]. Archives of Environmental Contamination and Toxicology，2008，55（1）：70-77.

[83] Norvell WA，Wu J，Hopkins D G，et al. Association of cadmium in durum wheat grain with soil chloride and chelate extractable soil cadmium [J]. Soil Science Society of America Journal，2000，64（6）：2162-2168.

[84] Wu J，Norvell WA，Hopkins D G，et al. Spatial variability of grain cadmium and soil characteristics in a durum wheat field [J]. Soil Science Society of America Journal，2002，66（1）：268-275.

[85] López-Chuken U J，Young S D，Guzmán-Mar J L. Evaluating a 'biotic ligand model' applied to chloride-enhanced Cd uptake by Brassica juncea from nutrient solution at constant Cd^{2+} activity [J]. Environmental Technology，2010，31（3）：307-318.

[86] Wang X D，Li B，Ma Y B，et al. Development of a biotic ligand model for acute zinc toxicity to barley root elongation [J]. Ecotoxicology and Environmental Safety，2010，73（6）：1272-1278.

[87] Mertens J，Degryse F，Springael D，et al. Zinc toxicity to nitrification in soil and soilless culture can be predicted with the same biotic ligand model [J]. Environmental Science & Technology，2007，41（8）：2992-2997.

[88] McGrath S P，Micó C，Curdy R，et al. Predicting molybdenum toxicity to higher plants：Influence of soil properties [J]. Environmental Pollution，2010，158（10）：3095-3102.

[89] McGrath S P，Micó C，Zhao F J，et al. Predicting molybdenum toxicity to higher plants：Estimation of toxicity threshold values [J]. Environmental Pollution，2010，158（10）：3085-3094.

[90] Antunes P M C，Hale B A，Ryan A C. Toxicity versus accumulation for barley plants exposed to copper in the presence of metal buffers：progress towards development of a terrestrial biotic ligand model [J]. Environmental Toxicology and Chemistry，2007，26（11）：2282-2289.

[91] Hudson R J M, Morel F M M. Trace metal transport by marine microorganisms: implications of metal coordination kinetics [J]. Deep Sea Research, 1993, 40 (1): 129-150.

[92] Hudson R J M. Which aqueous species control the rates of trace metal uptake by aquatic biota? Observations and predictions of non-equilibrium effects [J]. Science of the Total Environmen, 1998, 219: 95-115.

[93] Hassler C S, Wilkinson K J. Failure of the biotic ligand and free-ion activity models to explain zinc bioaccumulation by *Chlorella kesslerii* [J]. Environmental Toxicology and Chemistry, 2003, 22 (3): 620-626.

[94] Fortin C, Campbell P G C. Silver uptake by the green alga *chlamydomonas reinhardtii* in relation to chemical speciation: influence of chloride [J]. Environmental Toxicology and Chemistry, 2000, 19 (11): 2769-2778.

[95] Antunes P M C, Hale B A. The effect of metal diffusion and supply limitations on conditional stability constants determined for durum wheat roots [J]. Plant Soil, 2006, 284 (1-2): 284-291.

[96] Marschner H. Mineral nutrition of higher plants [M]. London: Academic Press, 1995, 889.

[97] Antunes P M C, Berkelaar E J, Boyle D, et al. The biotic ligand model for plants and metals: Technical challenges for field applications [J]. Environmental Toxicology and Chemistry, 2006, 25: 875-882.

[98] MacDonald J D, Belanger N, Hendershot W H. Column leaching using dry soil to estimate solid-solution partitioning observed in zero-tension lysimeters. 1. Method development [J]. Soil and Sediment Contamination, 2004, 13 (4): 361-374.

[99] Wang P, Zhou D M, Kinraide T B, et al. Cell membrane surface potential (Ψ_0) plays a dominant role in the phytotoxicity of copper and arsenate [J]. Plant Physiol, 2008, 148 (4): 2134-2143.

[100] 周东美，汪鹏．基于细胞膜表面电势探讨Ca与毒性离子在植物根膜表面的相互作用［J］．中国科学：化学，2011，41（7）：1190-1197.

[101] MacDonald J D, Belanger N, Hendershot W H. Column leaching using dry soil to estimate solid-solution partitioning observed in zero-tension lysimeters. 2 Trace metals [J]. Soil and Sediment Contamination, 2004, 13 (4): 375-390.

[102] Guo X Y, Ma Y B, Wang X D, et al. Re-evaluating the effects of organic ligands on copper toxicity to barley root elongation in culture solution [J]. Chemical Speciation and Bioavailability, 2010, 22 (1): 51-59.

[103] Amery F, Degryse F, Cheyns K, et al. The UV-absorbance of dissolved organic matter predicts the fivefold variation in its affinity for mobilizing Cu in an agricultural soil horizon [J]. European Journal of Soil Science, 2008, 59 (6): 1087-1095.

[104] Mason R P, Reinfelder J R, Morel F M M. Uptake, toxicity, and trophic transfer of mercury in a coastal diatom [J]. Environmental Science & Technology, 1996, 30 (6): 1835-1845.

[105] Norwood W P, Borgmann U, Dixon D G, et al. Effects of metal mixtures on aquatic biota: A review of observations and methods [J]. Human and Ecological Risk Assessment, 2003, 9 (4): 795-811.

[106] Hatano A, Shoji R. Toxicity of copper and cadmium in combinations to duckweed analyzed by the biotic ligand model [J]. Environmental Toxicology, 2008, 23 (3): 372-378.

[107] Chen Z Z, Zhu L, Wilkinson K. Validation of the Biotic Ligand Model in Metal Mixtures: Bioaccumulation of Lead and Copper [J]. Environmental Science & Technology, 2010, 44 (9): 3580-3586.

第8章　土壤铜环境基准及其相关研究

当一定数量的外源污染物进入土壤后，不仅会导致农产品安全、人体健康等问题，还影响到农产品产量和生态安全。我国土壤污染较为严重，受镉、砷、铬、铅等重金属污染的耕地面积达2000万 hm^2[1]；除耕地污染外，工矿区、城市区域也存在比较严重的土壤污染问题。随着城市化进程的推进，城市建设用地规模逐渐扩大，除了利用原有的住宅用地外，一些城市工业用地、仓储用地和城郊的农业用地、生活垃圾用地或其他特殊用地（如危险品生产、贮运、处理处置等）也将被利用，土壤污染已经成为限制我国农业可持续发展和危害人类健康的重要原因之一。

土壤污染事件的频发及其危害程度的加剧[2~3]使得人们非常关注基于风险的土壤环境质量标准。土壤环境质量标准是土壤中各类污染物浓度水平的限值，是评价土壤环境质量优劣的尺度和依据，它的科学制定与合理执行有助于解决土壤污染的风险识别与评价、土壤污染控制与修复等诸多问题，亦是对土壤进行科学管理的依据，而土壤环境质量基准则是制定标准的基础数据和科学依据。

8.1　有关土壤铜环境基准的研究现状

土壤环境基准是指土壤中某一污染物对特定暴露受体不产生不良或有害影响的最大剂量（无作用剂量）或浓度，是完全基于科学客观实验得出的结果，不考虑社会、经济技术等因素，不具有法律效力。土壤环境基准是土壤质量评价、质量控制和质量标准制定的重要依据，其对于防治土壤污染、保护生态环境、保障农业生产和维护人体健康具有重要意义。土壤环境基准也是一个不断发展、完善的体系，随着科学知识和理论的不断更新，基准值的推导与取值也应不断更新和完善。基于土壤污染风险评价，划分不同的土地利用方式并结合土壤生态毒理学效应和人体健康暴露风险，分别制定保护生态和人体健康的土壤环境质量基准值，并基于不同类型基准值制定相应的土壤环境质量标准，形成具有多层次、多形式、多用途的较为完善的土壤环境质量标准体系，是当前欧美等发达国家普遍采用的方法，也是今后发展的趋势。在制定土壤环境基准时通常遵循以下指导原则：①保护生态受体，确保植物或农作物、土壤无脊椎动物、土壤微生物、野生动物等，暴露于土壤污染物不至于产生生态风险（如美国的生态筛选值和澳大利亚的生态调研值）；②保护在污染场地或土壤上活动的人群，使其暴露于土壤污染物不至于产生健康风险（如英国的土壤环境指导值和澳大利亚的健康调研值等）；③同时保护生态环境和人体健康，限制土壤污染物对生态受体和人体产生不可接受的风险（如加拿大的土壤质量指导值）[4]。

8.1.1　国外研究现状

美国环保总署（USEPA）于1996年颁布了土壤筛选导则（soil screening guidance，SSG），提供了制定基于风险的旨在保护人体健康的土壤筛选值的技术框架，阐明了通用土壤筛选值的应用及区域性土壤筛选值的制定方法[5]。在该导则中，明确定义土壤筛选值（soil screening level，SSL）为污染场地用于或将来可能用于居住用地时，假设计算模型各暴露参数取值满足大多数场地条件，采用人体健康风险评估方法推导出来的各污染物相对保守的浓度限量值。并于2008年发布了针对具体场地条件的区域性SSL值计算软件供下载使用或在线计算环境中的铜SSL值，利用软件计算铜的SSL值时用户可选择环境介质（如土壤、大气、饮用水）、保护对象（如居民、户外工作者、鱼类、地下水等）等参数自行计算。USEPA于2003年颁布了基于生态风险的旨在保护生态受体安全的土壤生态筛选导则（ecological soil screening guidance，Eco-SSG）[6]，土壤生态筛选值是指保护土壤中生态风险受体安全的污染物的临界值（受体一般指与土壤相互作用或依靠摄取土壤中生物生存的生物体）。2007年公布了依据植物、土壤无脊椎动物、鸟类及野生哺乳动物4种不同的受体制定的土壤中铜生态筛选值，其值分别为70、80、28、49mg/kg。

加拿大环境部长理事会（Canadian Council of Ministers of the Environment，CCME）于1996年首次颁布了推导污染场地土壤质量指导值（soil quality guideline，SQG）的导则[7]，该导则将土地利用方式分为农业用地、居住/公园用地、商业用地和工业用地4种。SQG分为保护人体健康的土壤质量指导值SQG_{HH}和保护生态环境的SQG_{E}两类，确定最终土壤质量指导值（final soil quality guideline，SQG_{F}）时首先选择SQG_{HH}和SQG_{E}数值较小者，同时综合考虑植物对营养元素的需求、土壤元素背景值和仪器检出限等因素，并于2006年对土壤质量指导值的制定规程中缺省参数的设置、分配模型的使用、不同类型化学物质对应的暴露方式、受体情况及暴露途径等内容进行了更新和完善[8]。最终确定了农业用地、居住/公园用地、商业用地和工业用地中土壤铜的限量值分别为63、63、91、91mg/kg。

英国环境署（Environment Agency，EA）环境、食品与农村事务部（Department of Environment，Food and Rural Affairs，DEFRA）于2002颁布了一系列污染场地报告文件（contaminated land report，CLR）。CLR系列文件在对英国污染场地上各种常见污染物的毒性[9]及其暴露途径进行分析的基础上，对各种污染物及其潜在风险进行评价[10]，提出了适用于英国污染场地的暴露评估模型（the contaminated land exposure assessment model，CLEA）[11]，指导英国污染场地人体健康风险评估和土壤指导值（soil guideline value，SGV）的推导。随后又发布了制定识别土壤污染物对生态系统受体暴露风险的土壤筛选值（soil screening value，SSV）的征求意见，最终确定土壤中铜的通用生态筛选值为88.4mg/kg，并发布了生态筛选值计算软件（SSV Decision Tool Pilot 14），对于铜、镍、锌3个元素，用户可利用软件依据土壤质地、土壤pH、有机质含量（%）及黏土含量等参数计算出更具体的对应土壤类型的生态筛选值。

新西兰环境部（Ministry for the Environment New Zealand）颁布的土壤指导值（soil guideline values，SGVs）中依据郊区居住用地、城市高密度居住地、娱乐用地、商业/工业用地明确了土壤中铜的限量值，分别为32 000、60 000、170 000、290 000mg/kg，并明确指出此限量值的制定目的在于保护人类健康，铜、三价铬（Cr^{3+}）这两种元素只有当其含量大于10^5mg/kg才会对人体健康产生危害，但在此浓度之下其对土壤生物的毒害早已显现，因此该限量值不适用于生态风险评价。2011年更新发布了《保护人体健康的土壤污染物标准推导方法》和《土壤优先污染物毒理学摄入值》等与基准和标准制修订相关的技术指导文件，详细阐述了新西兰最新的土壤基准和标准值推算方法及基于新西兰人群的毒理学参数[12]。部分地区政府分别依据保护人体健康和生态安全制定了土壤铜的限量值，如奥克兰地区委员会（Auckland Regional Council）制定的区域性土壤铜指导值，其限量值均低于SGVs中的值：其中居住用地、公园和娱乐用地、幼儿园（表层土壤）基于健康风险的限量值分别为370、2 000和12 700mg/kg，而生态风险限量值按低风险（minimal-risk）和高风险（serious-risk）分别为45和135mg/kg。

8.1.2 我国土壤铜环境质量标（基）准

我国现行的土壤环境质量标准（GB15618—1995）于1995年7月13日正式发布，标准中明确了铜、镍等8种金属元素及六六六和滴滴涕两种有机物的限量值，标准值按着土壤应用功能和保护目标分为三级，其中铜的一级和三级标准值为35和400mg/kg，二级标准值则依土壤pH值分别为50mg/kg（pH<6.5）和100mg/kg（pH≥6.5）。该标准以土壤应用功能分区分级制定，主要基于对农业用地的保护，未有针对具体保护对象的多目标限量值；标准过于统一，缺乏区域性的或土壤类型对应的标准，可操作性较差：《土壤环境质量标准》中金属元素的一级标准值依据土壤中该元素背景值制定，而我国地域辽阔，元素背景含量变化范围较大：如A层土壤中铜的背景值为7.3～55.1mg/kg，其中50分位值、75分位值及90分位值分别为20.7、27.3及36.6mg/kg，现行土壤铜标准中的一级标准值为35mg/kg，大于铜背景值的75分位值但小于其90分位值，表明有10%以上的地区在未受任何铜污染时，土壤中铜含量已高于一级标准值，而在低背景区，即使土壤受到一定程度的铜污染，仍符合一级标准，不利于污染防治和土壤保护；铜的限量值以总量为指标，并未考虑其在不同类型土壤中的毒性差异，而土壤性质（pH、有机碳含量OC、阳离子交换量CEC等）是铜生物毒性的重要影响因素[13~14]，准确评价重金属毒性需要考虑这些因素的影响[15~16]；该标准（GB15618—1995）是十几年前在基础数据不很完备的条件下制定的，基本缺乏土壤环境质量基准的指导[17]。

1999年国家环保总局颁布了《工业企业土壤环境质量风险评价基准》（HJ/T 25—1999），分别制定了用于保护企业生产活动中因不当摄入或皮肤接触土壤的工作人员的土壤基准和保证污染物不因土壤的沥滤导致工业企业界区内地下水造成危害的土壤基准，计算过程采用基于健康风险的方法，只考虑了经口摄入、皮肤接触和土壤淋溶至地下水这3个暴露途径，不适用于采矿、农田和住宅用地，其铜的限量值分别为1.44×10^5和1.11×10^4mg/kg。

2007年国家环境保护总局和国家质量监督检验检疫总局共同发布了《展览会用地土

壤环境质量评价标准（暂行）》（HJ350—2007），该标准将土地利用方式分为两类：Ⅰ类主要为土壤直接暴露于人体，可能对人体健康存在潜在威胁的土地利用类型；Ⅱ类主要为除Ⅰ类以外的其他土地利用类型，如场馆用地、绿化用地、商业用地、公共市政用地等。标准中规定了92种污染物的A级和B级标准值，分别适用于Ⅰ类和Ⅱ类土地利用方式下的土壤，其中铜的A级和B级标准值分别为63和600mg/kg。

2011年北京市质量技术监督局发布了《场地土壤环境评价筛选值》，其计算过程使用美国GSI公司的RBCA（risk-based corrective action tool kit）模型，采用最为保守的方法（致癌风险可接受水平设为10^{-6}，非致癌风险危害指数设为0.2）并结合北京市地面和气象参数，以及来自建筑学家和企业工程师的经验参数（其中仍有部分场地和建筑物参数使用模型默认值）推导基准值，最终筛选值确定时结合了北京市土壤背景值上限并借鉴英国、美国、意大利等发达国家的筛选值。该标准规定了用于住宅用地、公园与绿地、工业/商服用地3种不同土地利用类型下土壤污染物的环境风险评价筛选值及使用规则，适用于潜在污染场地开发利用时是否开展土壤环境风险评价的判定。3种土地利用方式下铜的限量值分别为600、700和10 000mg/kg。

自20世纪90年代美国环保署提出健康风险及生态风险的概念以来，将土壤环境质量标准的制定与土壤污染风险评价的实践相结合已成为主流方法。国家环境保护部早于2011年9月发布了《化学物质风险评估导则》（征求意见稿），但我国的土壤污染风险评价还处于起步阶段。目前，我国用于污染土壤生态和健康风险评价的方法还较不完善，在风险评价中多数借鉴国外的方法和模型。由于污染状况、土壤性质、人们的饮食结构及生活习惯等特征不同，在暴露途径以及剂量效应方面都会存在差异，完全照搬国外的方法、模型、参数是不科学的。

8.2　建立土壤环境质量基准的技术框架

环境基准是评价、预测和控制环境污染以及制定环境标准的基础和科学依据，环境基准和环境标准之间存在着必然的联系和一定的数值关系。自20世纪90年代美国环保署提出健康和生态风险的概念以来，基于风险的土壤环境质量基准的研究成为人们关注的焦点。环境基准的推导过程实际上是环境风险评价的反过程，目前，环境风险评价以美国国家科学院（NAS）提出的危害鉴别、剂量—反应评价、暴露评价和风险表征四步法为范式，该方法也已为大多数国家和国家组织所认可和采纳。制定环境基准则需要在确定暴露途径和剂量—效应关系的基础上，由可接受的风险水平反推环境介质中特定化学物质的浓度限值。研究者们对土壤环境基准的确立进行了大量研究并提出了多种方法[18~20]。利用风险评价技术建立土壤环境质量基准，在数据的选择与分析方面已形成较为标准的技术方法（图8-1），且目标灵活多样，可依据不同的保护程度（即风险水平）建立如筛选值、行动值、参考值及修复值等。这也与环境基准值不是所谓的不产生不良或有害影响的最大单一浓度或单一的无作用剂量，也不是超过该剂量或浓度就导致不良或有害的效应，而是一个基于不同保护对象的多目标函数或一个范围值[21]的概念相吻合。

痕量金属元素（包括铜）均为自然生成物，在不同区域其环境本底值差别较大，且其

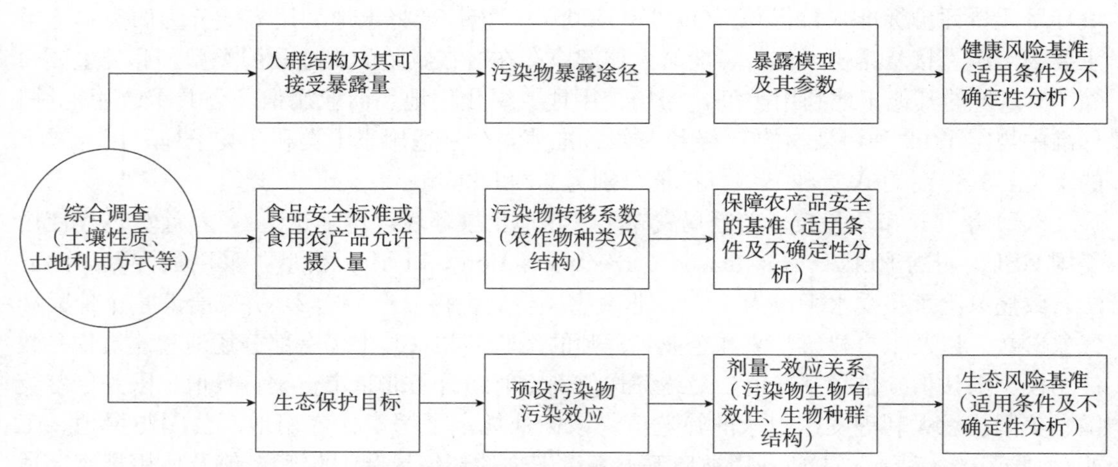

图 8-1　土壤风险基准值建立的技术框架

对敏感受体（保护对象）的毒性不仅与其本身性质有关，还取决于其在环境中的存在形态和介质条件，因此污染物毒性及敏感受体（保护对象）的暴露途径是建立土壤环境基准的关键因素。由于不同土地利用方式下（居住用地、工业/商业用地、农业用地等）保护对象及其暴露途径有很大差异，土壤环境质量基准一般是依据保护对象分别建立健康风险基准和生态风险基准。

8.3　我国土壤铜生态风险基准的建立

欧美等发达国家在土壤环境基准进行了大量的研究，其采用的方法和积累的经验可供我们学习和借鉴。同时，近年来欧洲和中国（“亚洲金属”项目）开展的多个研究项目获得了大量有关土壤中铜的行为及生物毒性的成果，积累了大量可用于土壤中金属污染生态风险评价的毒理学数据，也为中国土壤环境铜生态基准的制定提供了数据基础。马义兵课题组利用源于中国土壤的铜毒理学数据，基于物种敏感性分布法（species sensitivity distribution，SSD）并结合铜的毒性预测模型，推导出对应土壤性质的铜生态基准值，建立了基于土壤性质参数的铜生态基准值的预测模型。该研究成果首次将土壤中铜的毒性预测模型和物种敏感性分布用于中国土壤中铜的生态基准值推导，消除了土壤性质和生物品种对中国土壤中铜的生态基准值大小的影响；科学地解决了铜的生态基准值导出过程中的方法学问题：如土壤中铜的植物毒性预测模型种间外推的可行性，土壤中铜的两种毒性阈值 EC_{50}（半数抑制浓度）和 EC_{10}（指定时间间隔内引起 10%效应的浓度）之间数量关系及主要影响因素。中国土壤中铜的生态基准值的建立过程如下。

8.3.1　毒理学数据的收集与筛选

整理“亚洲金属”项目中的铜毒理学数据，并在中国知网（CNKI）数据库中以摘要中存在“铜”和“土壤”为搜索条件获得所有关于铜生态毒理学研究的文献，同时对文献中获得的数据进行筛选，筛选内容包括研究的方法过程及其结果的表述方式。筛选出的数据应该满足以下条件：

（1）毒理学数据基于高等植物、无脊椎动物的存活、生长、凋落物分解、繁殖、丰度或土壤微生物的呼吸、硝化作用、矿化作用、生长、酶活性等评价终点。

（2）毒理学试验是以自然或人工土壤为介质依据标准程序进行，不包括水培条件下的实验。

（3）试验中铜污染以 $CuCl_2$ 或 $CuSO_4$ 等可溶性盐外源添加，毒理学数据与土壤中总铜含量（强酸提取）相关，结果以毫克铜/千克干重表示。

（4）试验中铜为单一污染源，若有其他污染物或杂物影响铜的毒性则该数据不予采纳。

（5）首选以 EC_{10} 表示的毒性阈值，存在明显的剂量—效应关系的原始数据亦可采用。

无脊椎动物和植物的毒理学数据基于单物种毒理学实验，其评价终点通常是存活率、生长率或者生殖率。微生物毒理学数据则包括土壤中碳、氮矿化过程等基于土壤微生物群中多个物种的实验。

pH、阳离子交换量（CEC）是影响土壤中铜的生物有效性/毒性及老化主要影响因素[22]，因此文献中是否同时有 pH、CEC 的数据也是筛选数据的重要依据，且测试土壤的理化性质应处于已建立的铜生物有效性模型的适用范围，即 pH 为 4.9～8.9、CEC 为 6.4～34cmol/kg、有机碳含量（OC）为 0.6%～4.3%、黏土含量为 10～66%[23]。

8.3.1.1　NOEC 或 EC_{10} 的计算

毒性阈值以 NOEC（无观测效应浓度）或 EC_{10} 表达。若文献中无 NOEC 或 EC_{10} 的具体数据，则利用其原始数据通过 M. Barne s（CSIRO，Adelaide，Australia，个人交流）编制的 log-logistic 软件计算出 EC_{10}。该软件通过拟合土壤中金属元素的浓度（4 个或以上浓度，控制样除外）与对应的生物效应之间的 S 形曲线，计算得出 EC_{10}。

所选用的 EC_{10} 值应高于除控制样品以外的最低浓度，否则将会增加不确定性。

8.3.1.2　同一物种或微生物过程的毒性阈值

根据《环境金属风险评价指南》，当某一特定物种/过程有多个基于同一个毒理学评价终点的慢性 NOEC/EC_{10} 值，则通过计算其几何均值形成“物种平均”NOEC/EC_{10} 值。

若某一特定物种/过程有对应多个暴露/培育时间的毒性阈值，取最敏感毒性阈值（最低值或最低几何均值）。

若某一特定物种/过程有多个基于不同毒理学评价终点的慢性 NOEC/EC_{10} 值，则选择最敏感的毒性阈值（最低值或最低几何均值）。若有多个生命阶段（如幼年或成年）取最敏感阶段的值即最低值或最低几何均值。

若某些物种/过程同时有急性毒性阈值和慢性毒性阈值，则由于物种适应性两种毒性阈值存在较大差异，该现象在微生物过程中已被证实。为了尽可能选用慢性毒性数据，首选最敏感和最长暴露时间的毒性阈值。

经筛选共获得 21 个物种的有效铜毒理学数据（EC_{10}）用于中国土壤铜生态基准值的

推导，所有铜 EC_{10} 值均为基于扣除背景值的外源添加量表示，即 EC_{10add}。

8.3.2 毒理学数据归一化

铜对土壤生物的毒性大小与土壤性质密切相关[13~14]，在基于 SSD 法建立土壤铜生态基准过程中，需要利用毒性预测模型对来自不同土壤性质的毒理学数据进行归一化处理，以消除土壤性质差异的影响，提高物种敏感性分布及环境质量基准值的准确性[22]。归一化依据量化铜毒性阈值与土壤性质（即 pH、CEC、OC）之间数量关系的回归模型进行，即铜的毒性预测模型。

8.3.2.1 铜毒性预测模型的选用

在“亚洲金属”项目中研究了土壤性质与土壤中铜对高等植物（番茄、小白菜、大麦）、微生物过程（基质诱导呼吸）及发光菌 Q67 的毒性的定量关系。试验采用向土壤中添加外源 $CuCl_2$ 后用人工雨水淋洗，并老化两周后开始毒性试验，获得了基于外源添加铜的毒性阈值（EC_{10}，以添加到土壤中铜总量表示）和土壤性质的多元回归模型（表 8-1）[23~24]。对于自身无回归方程的物种，通过比较其他物种的毒性预测模型应用于该物种毒性阈值的预测效果以及归一化前后各物种毒性阈值的种内变异程度，确定土壤中铜的毒性预测模型种间外推的可行性和适用范围，从而选定用于归一化该物种毒性阈值的毒性预测模型；而对于无自身回归方程又缺乏足够数据对采用的模型进行验证的物种，利用与其处于同一营养级别的其他物种回归模型归一化[25]，如利用小白菜的回归模型归一化菠菜的毒理学数据。这种物种间的外推方法对于同一级别的不同物种采用相同的处理方法，且消除了土壤性质的影响，相比于传统的未归一化处理更科学。最后选定的毒性预测模型及其适用的物种如表 8-1 所示。

表 8-1 用于 21 个物种/过程归一化的铜生物毒害回归模型

物　种	回归模型（未老化[a]）	R^2
番茄、黄瓜、青椒、芹菜、菠菜、大白菜、菜薹、红菜薹、茄子、小青菜、水花生	$\log EC_{10}=0.092pH+0.873\log CEC+0.635$[69]	0.561
小白菜	$\log EC_{10}=0.706\log OC+1.554$[69]	0.559
大麦、小麦、水稻、洋葱、芥菜、萝卜、包菜	$\log EC_{10}=0.159pH+0.597\log OC+0.702\log CEC+1.177$[69]	0.825
发光菌（Q67）	$\log EC_{10}=0.411pH+0.033\log CEC-0.942$[103]	0.662
基质诱导呼吸（SIR）	$\log EC_{10}=0.565pH+0.283\log OC-2.247$[b]	0.583

[a] 毒理学数据未经老化因子校正；[b]利用“亚洲金属”项目的原数据自拟合。

8.3.2.2 毒理学数据归一化

各物种的铜 EC_{10} 值采用其相应的回归模型（表 8-1）进行归一化以消除土壤性质差异

的影响。如小麦在 pH＝7.2、OC＝1.1％、CEC＝10.0cmol/kg 的土壤中 EC_{10} 为 427.9mg/kg，选用铜对大麦毒害的回归模型（$logEC_{10}$＝0.159 pH＋0.597 logOC＋0.702 logCEC＋1.177）对其进行归一化处理。具体过程为：设定其 EC_{10} 值是毒害模型（$logEC_{10}$＝0.159 pH＋0.597logOC＋0.702 logCEC＋k）对应此土壤性质参数的函数值，此处的 k 值为小麦对铜毒害的自身敏感性指标。利用该土壤与目标土壤的 pH、OC 及 CEC 的差值通过公式中的斜率将其归一化到一定土壤条件下，k 值对归一化后的数值没有影响。若某一物种有对应不同土壤条件下的多个 EC_{10} 值时，则分别对每个 EC_{10} 进行归一化，取归一化后 EC_{10} 的几何均值作为该物种的归一化 EC_{10} 值。

8.3.3 铜生态基准的建立

8.3.3.1 HCp 值的推导

由于所选用的铜毒理学数据均是在实验室利用有限物种的生物测试获得，现有的铜毒性预测模型也只是基于有限物种，而建立土壤铜生态基准时应考虑铜对整个生态系统的影响。因此需采用数理统计的方法将有限的毒理学试验结果及预测模型外推到实际生态系统中，物种敏感度分布法[26]和评估因子法[27]是两种最常见的外推方法。

物种敏感性分布法（species sensitivity distribution，SSD）假设生态系统中不同物种对某一污染物的敏感性［EC_{10}、L（E）C_{50} 等］能够被一个分布所描述，通过生物测试获得的有限物种的毒性阈值是来自于这个分布的样本，可用于估算该分布的参数[26]。可选用不同的累计概率分布函数，如 log-normal、log-logistic、log-triangular 及 Burr Ⅲ 等拟合计算函数参数，依据求出的概率分布模型，定义危害浓度（hazardous concentration，HCp），即污染物对生物的效应浓度小于等于 HCp 的概率为 p，在此浓度下，生境中（100-p）％的生物是（相对）安全的。虽然选择保护水平是政策决定，但它反映了统计考虑（HCp 太小，风险预测不可靠）和环境保护需求（HCp 应尽可能地小）的折中[28]。

当可获得的毒性数据较少时，基准值的推导通常是应用评估因子（assessment factor，AF）法，即由某一最敏感物种的急性或慢性毒理学数据除以评估因子（AF）来得到基准值[27]。AF 主要依据物种数目、评价终点、测试时间等确定。评估因子法较为简单，但在因子选择上存在着很大的不确定性，由其计算的基准值的大小只依赖于所收集到的最小的毒性值和一个确定的评估因子，存在很大的不确定性，因此，OECD 在进行基准值推导时，认为有效数据量在 5 个或 5 个以上时就可以构建分布曲线进行统计分析[29]。

经搜集筛选获得了基于中国土壤的 21 个有效数据（21 个物种/微生物过程的铜 EC_{10}），其质量和数量均满足建立 SSD 曲线的数据要求。利用 Burr Ⅲ 分布函数拟合经归一化处理后的铜 EC_{10}，建立不同土壤条件下的物种敏感性分布曲线，根据 SSD 曲线确定 HCp。HCp 依据土地类型分别为：国家自然保护区 HC1、农林用地（包括草地）HC5、住宅区和公园等绿化用地 HC_{20}、商业及工矿业用地 HC_{40}。

8.3.3.2 铜生态基准值

利用 EC_{10} 推导出的 HCp 值需要经淋洗-老化因子（L/A）校正以便将从实验室获得的

结果外推到野外条件，且 L/A 只适用于除去已经完全老化的背景值之外的外源添加部分。L/A 是淋洗和老化两种效应的综合，其值应为淋洗因子（LF）与老化因子（AF）的乘积。由于所采用的铜毒性预测模型是基于淋洗土壤建立的，因此需采用利用淋洗因子（LF）校正来源于未淋洗土壤的毒理学数据，老化因子（AF）用于校正基于归一化后的毒理学数据推导出的 HCp 以获得老化 HCp 值，即土壤中铜的生态基准值。由于目前尚无基于中国土壤的老化模型，利用基于欧洲土壤推导的老化因子模型［式（1）］[30]，在老化模型研究中利用同位素稀释技术确定添加到土壤中外源金属经过长时间老化后的活性变化（E 值，%），获得了以老化时间（t，以天为单位）和土壤 pH 为参数的老化因子计算模型。

$$E\text{值}(\%) = 100 - \frac{89.8}{10^{(7.7-\text{pH})}+1} \times t^{\frac{1}{t}} - 4.92 \times \ln t \quad (1)$$

式中，t 为老化时间（d）；pH 为土壤 pH（1∶5$CaCl_2$）。利用老化因子模型［式（1）］可将实验室内的短期试验结果校正到一定老化时间的值，由于大多数毒理学数据来源于实验室老化两周后的土壤，本研究中老化时间定为 1 年（360d），所以 AF 取值为 14dE 值与 360d E 值的比值。所有经未老化 EC_{10} 推导出的 HCp 经老化因子校正后获得铜生态基准值。

8.3.3.3 铜生态基准值的影响因素

应用 SSD 法推导出不同土壤条件下的 p%毒害浓度值并利用 AF 值对其进行校正，获得铜生态基准值。不同土壤条件下的 SSD 曲线（图 8-2）表明：随着土壤 pH 或 CEC 含量的增大，土壤中铜 SSD 曲线向 X 轴数值大的方向（右）偏移，基准值随着土壤 pH 值、CEC 含量的增高而增大（图 8-2a、图 8-2b）；OC 含量对铜 SSD 曲线分布有一定的影响，随着 OC 含量的增加 SSD 曲线亦逐步向 X 轴数值大的方向移动，但随着 OC 含量的增加，其影响程度降低，且 OC 对铜 SSD 曲线的影响程度在低累积概率范围内（<10%）较小（图 8-2c）。土壤理化性质对铜的生物有效性/毒性有显著影响，土壤中铜基准值及 SSD 曲线分布亦受其影响。在土壤 OC 值的一定的条件下，随着 pH 和 CEC 的增加 HCp 值明显增大；但当土壤 pH 和 CEC 一定时，随着土壤 OC 含量的增加，HC5 值变化不显著，HC20 和 HC40 略有增加。我国土壤有机碳含量普遍较低，且土壤中 OC 的含量变化不

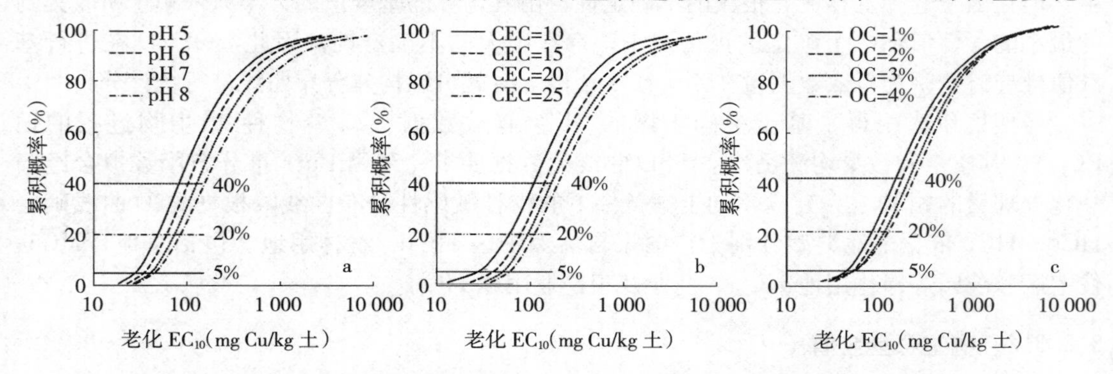

图 8-2 不同土壤条件下 SSD 曲线（EC_{10} 为经淋洗-老化因子校正的老化 EC_{10}）

大，如李波等采集的中国17种典型农业土壤样品OC的变化范围为0.6%～4.3%，除北京的棕壤外，其余16个土壤样品的OC均小于3.0%[23,31]，中国土壤中铜HCp值的主要影响因素为pH和CEC。

8.3.3.4　铜生态基准值的预测模型

土壤pH、阳离子交换量（CEC）、有机碳含量（OC）是影响土壤中铜的生物有效性/毒性及老化的主要影响因素。因此，设定以下土壤条件：pH值4.5～9、阳离子交换量（CEC）5～30cmol/kg、有机碳含量（OC）1%～4%，推导出对应不同土壤性质下的铜基准值以确定影响其取值大小的主要因子。利用Excel以∑（预测基准值-推导基准值）^{2}值最小为条件进行规划求解，量化基准值与对应土壤性质参数（pH、CEC、OC）之间的关系，获得基准值的预测模型，如表8-2所示。

表8-2　不同土地类型的土壤铜生态阈值预测模型

土地类型	生态基准值	预测模型	
		三因子	两因子
国家自然保护区	HC_1	$\log HC_1 = 0.079pH + 0.176\log OC + 0.836\log CEC - 0.299$（$R^2=0.852$）	$\log HC_1 = 0.076pH + 0.817\log CEC - 0.189$（$R^2=0.820$）
农林用地（包括草地）	HC_5	$\log HC_5 = 0.077pH + 0.231\log OC + 0.734\log CEC + 0.062$（$R^2=0.961$）	$\log HC_5 = 0.076pH + 0.733\log CEC + 0.172$（$R^2=0.894$）
住宅区和公园等绿化用地	HC_{20}	$\log HC_{20} = 0.083pH + 0.259\log OC + 0.667\log CEC + 0.407$（$R^2=0.994$）	$\log HC_{20} = 0.083pH + 0.667\log CEC + 0.499$（$R^2=0.907$）
商业及工矿业用地	HC40	$\log HC_{40} = 0.094pH + 0.249\log OC + 0.672\log CEC + 0.583$（$R^2=0.988$）	$\log HC_{40} = 0.095pH + 0.677\log CEC + 0.659$（$R^2=0.913$）

表8-2中HCp为经老化—淋洗因子校正后的老化HCp值，pH为土水比为1∶5时的pH，OC为土壤有机碳含量（%），CEC为阳离子可交换量（cmol/kg），从HCp的各预测模型中土壤性质参数斜率的大小可看出：土壤pH和CEC是影响土壤铜生态阈值的主要因子。三因子模型和两因子模型均能较好地依据土壤性质参数预测铜基准值，其预测值与推导值之间的相关系数（R^2）分别为0.820～0.913和0.852～0.988；两因子模型在CEC较高的碱性（pH≥7.5）土壤中预测效果较差，基准值预测值小于实际推导值；三因子模型只在土壤pH（≥8.5）和CEC（≥25cmol/kg）两个土壤性质参数值都大的极端情况下预测效果较差，其预测值小于实际推导值。此处建立的模型中CEC为1M中性（pH 7.0）NH_4Cl淋洗法测定值，其值大小与土壤实际pH和提取剂pH（7.0）的差值大小密切相关，中国17种代表性农业土壤性质参数数据表明在土壤pH非常高的情况下，其CEC值通常均低于20cmol/kg，土壤和CEC两个土壤性质参数值都大的极端情况几乎不会出现。但将这两种模型用于碱性土壤时仍需谨慎，预测公式计算的基准值可能会导致过度保护，即当土壤中铜浓度达到预测公式计算的HCp值时，其受影响的物种少于p%。

土壤pH和CEC可控制HC_1、HC_5、HC_{20}、HC_{40}变量的80%以上，而log OC分别控制HC_1、HC_5、HC_{20}、HC_{40}变量的3.2%、6.7%、8.7%和7.5%，且土壤中OC的含

量变化不大[23,31]。铜在土壤中的化学形态分配受土壤中总铜含量、pH、OC、黏粒矿物、养分和 CEC 等多因素的影响，我国大部分土壤黏粒矿物具有可变电荷表面且有机质含量低，土壤 CEC 受土壤 pH、OC、土壤黏土类型及数量的共同影响，所以 CEC 对铜基准值的显著影响可能是土壤 pH、OC 等其他因素对其影响的体现。在基准值预测模型的实际应用中，若土壤性质参数 OC 缺失，可直接利用两因子模型（$R^2=0.820\sim0.913$）或将土壤 OC 设一个缺省值（如 1%）来计算不同土壤中的铜生态基准值。

8.3.4　铜生态基准值的验证

在“亚洲金属”项目中为了验证实验室获得的研究结果能否用于田间作物，马义兵课题组选取湖南祁阳的酸性土（红壤，26°45′N，111°52′E，pH 5.3，CEC 7.47，OC 0.87%）、山东德州（潮土，37°20′N，116°38′E，pH 8.9，CEC 8.33，OC 0.69%）的碱性土及浙江嘉兴的中性土（水稻土，30°77′N，120°76′E，pH 6.7，CEC 19.33，OC 1.42%）进行了连续两年的田间试验。将此处建立的 HC_5（农田土壤铜基准值）预测模型的计算值与对应土壤类型中不同田间作物的实际 EC_{10} 值进行比较，以验证铜生态基准预测模型的准确性。比较结果如图 8-3 所示：除 2008 年的嘉兴中性土壤中的田间油菜外，其他各物种的 EC_{10} 值均处于 1∶1 线的上方，表明基于实验室毒理学数据推导出的 HC_5 值较田间作物的毒性阈值 EC_{10} 小。而课题组前期的有关镍生态阈值的研究中也发现，2008 年的田间油菜镍 EC_{10} 小于其相应土壤条件下的镍 HC_5 值[32]，故推测可能是由于气候条件、生产管理等其他因素导致其铜、镍 EC_{10} 异常偏小而导致的结果。

重金属污染多以非可溶盐的形式进入到土壤里，如污泥、矿渣及颗粒的大气沉降等，Luo 等[33]的研究表明中国农田土壤中的铜污染输入量中 69%来自于畜禽粪便，18%来自于含铜颗粒的大气沉降，以这类途径进入土壤中的重金属生物有效性较低，其对生物的毒害远小于可溶性金属盐。且当金属进入土壤后，会发生吸附、解吸、络合、沉淀和溶解等一系列反应，形成不同的化学形态，土壤中的铜多以稳定的残渣态存在，此处用于推导铜

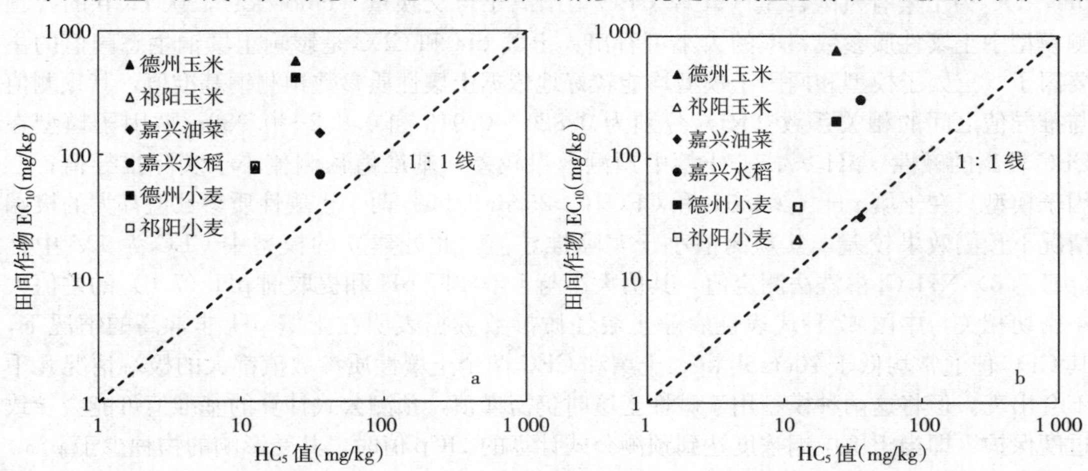

图 8-3　HC_5 值与田间作物毒性阈值（EC_{10}）的比较（a 和 b 分别为 2007 年和 2008 年的实验数据）

生态阈值的毒理学数据是利用实验室外源添加可溶性铜盐模拟铜污染的方法获得的，且对于风险水平的选取也较为严格，如农林用地中的园地、林地、草地等均选取与耕地同等风险水平的 HC_5，所以将上述的两类铜基准值预测模型应用于具有多种铜污染源的实际土壤是较为保守的。

8.3.5　铜生态基准的应用

土壤铜生态基准的建立可为我国土壤铜生态环境质量标准的修订提供基础。基于外源添加法推导包括背景值的预测无效应总浓度（predicted no effect concentration，PNEC）由 Struijs 等[34]提出，该方法假定背景值部分（C_b）的金属元素活性可忽略而仅考虑外源添加部分金属元素的活性，即铜对生物的毒性主要与外源添加的部分铜相关，背景值部分与其毒性关系不大或土壤生物已对其产生适应性，故土壤中铜的 $PNEC_{total}$ 值为背景值与 $PNEC_{add}$（以外源添加量表示的预测无效应浓度）之和，如式（2）所示

$$PNEC_{total}=PNEC_{add}+C_b \quad (2)$$

此处建立的生态基准值是以外源添加量（扣除背景值）表示的，可基于此基准值推导出以外源添加量表示的土壤铜预测无效应浓度（predicted no effect concentration，PNEC），即 $PNEC_{add}$。为安全起见，通常在 $PNEC_{add}$ 与生态基准值之间设定一个评估因子（一般设为 1～2），即 $PNEC_{add}$＝生态基准值/评估因子。当可用的毒理学数据数量有限、数据不理想或没有科学的方法将基于实验室获取的数据外推到实际田间污染等情况时，评估因子通常取值大于 1。此处所用铜的毒理学数据多数来源于较敏感的高等植物，且利用淋洗-老化因子对毒理学数据进行了校正，推导出的生态基准值也利用田间毒理学数据进行了验证，故评估因子取值为 1，即 $PNEC_{add}$ 与基准值相等，于是可得到式（3）：

$$PNEC_{total}=\text{生态基准值}+C_b \quad (3)$$

土壤中的铜背景值主要来自于成土母岩的风化，我国地域辽阔，土壤类型多变，不同的成土母岩铜含量差异很大，采用外源添加法制定基于外源添加量表示的铜生态基准值

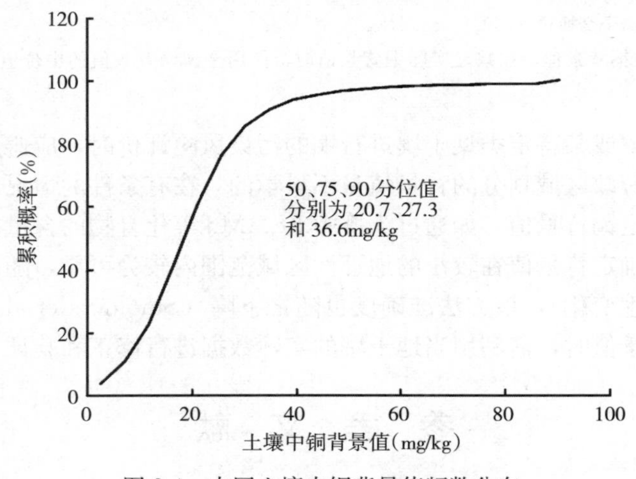

图 8-4　中国土壤中铜背景值频数分布

(HC_P) 是较为合理的，但如何确定土壤中的铜背景含量仍需进一步研究，目前已有的几种确定土壤背景值的方法包括：中国环境监测总站采用的土壤地理化学调查法[35]、利用铜与原始土壤中的结构元素回归关系法[36]或者频率分布法[37]。我国于20世纪80年代进行了中国土壤背景值调查，获得的铜背景值 (C_b) 频数分布如图8-4所示。

我国土壤中铜背景值（全国）的中位值、75分位值及90分位值分别为20.7、27.3和36.6mg/kg。若某一土壤的背景值含量无法确定，则采用铜背景值的中位值21mg/kg来计算 $PNEC_{total}$。

可根据已知土壤参数的不同及有无背景值的情况，分别选用不同的方法，对现行的铜土壤环境质量标准进行修订，如农田土壤的铜生态标准值修订建议如表8-3所示，其他土地利用类型的土壤中生态标准值的修订可结合表8-2中相应的预测模型参照表8-3进行。

表8-3 农田不同土壤条件下的铜生态标准建议值（HCp均为老化HCp）(mg/kg)

方法	连续标准计算公式	分段标准值*								
		pH<6.5			pH 6.5～7.5			pH>7.5		
		10	20	30	10	20	30	10	20	30
外源添加法 (pH、CEC)	$HC_5=10^{(0.077pH+0.734\log CEC+0.062)}$	17	28	37	22	36	48	24	39	53
外源添加法 (pH、CEC、OC)	$HC_5=10^{(0.077pH+0.231\log OC+0.734\log CEC+0.062)}$	17	28	37	22	36	48	24	39	53
总量法 (C_b**已知)	$PNEC_{total}=HC_5+C_b$	C_b+17	C_b+28	C_b+37	C_b+22	C_b+36	C_b+48	C_b+24	C_b+39	C_b+53
总量法 (C_b***为缺省值21)	$PNEC_{total}=HC_5+21$	38	49	58	43	57	69	45	60	74
现行标准二级标准值 (GB 15618—1995)	暂无计算公式	50			100			100		

*pH<6.5、6.5～7.5和>7.5的土壤中 $HC5_{add}$ 值分别按pH 5.5、7和7.5计算。

**为不同土壤中的阳离子交换量（CEC），cmol/kg。

***C_b为对应土壤中的铜背景值，在缺乏实际铜背景值时，使用全国铜背景值的中位值（21mg/kg）作为其缺省值。

在对大面积土壤或某特定类型土壤进行铜的污染风险评价时，应避免使用不具代表性的背景值，使用依行政区域划分的背景值是不科学的，在有条件的情况下，尽可能使用地球化学的方法来确定铜背景值，如通过土壤中Fe、Mn等化合物的含量推算铜背景值。但利用地球化学方法确定背景值在较小的地理性区域范围内较为可靠，随着地理性区域的增大（或母岩成分发生变化），该方法准确度也随之下降（Smolders et al.，2009）。因此在利用该方法确定背景值时，需利用当地土壤的实际数据进行修正和验证。

参 考 文 献

[1] 于国光，张志恒，叶雪珠，等．关于我国土壤环境标准的思考［J］．现代农业科技，2010，9：

291-293.
[2] 仲维科，樊耀波，王敏健．我国农作物的重金属污染及其防止对策［J］．农业环境保护，2001，20（4）：270-272.
[3] 李其林，黄昀．重庆市近郊蔬菜基地蔬菜中重金属含量变化及污染情况［J］．农业环境与发展，2000，17（2）：42-44.
[4] 王国庆，骆永明，宋静，等．土壤环境质量指导值与标准研究 I．国际动态及中国的修订考虑［J］．土壤学报，2005，42（4）：666-673.
[5] USEPA（United States Environmental Protect ion Agency）．Soil Screening Guidance：User's Guide Office of Solid Waste and Emergency Response［J］．Washington，DC. 1996.
[6] USEPA（United States Environmental Protection Agency）．Guidance for Developing Ecological Soil Screening Levels［J］．Office of Solid Waste and Emergency Response，Washington，DC. 2003.
[7] CCME（Canadian Council of Ministers of the Environment）．A Protocol for the Derivation of Environmental and Human Health Soil Quality Guidelines［S］．Winnipeg，1996.
[8] CCME（Canadian Council of Ministers of the Environment）．A Protocol for the Derivation of Environmental and Human Health Soil Quality Guidelines［S］．Winnipeg，2006.
[9] DEFRA and Environment Agency. SGV10：Soil guideline values for lead contamination［R］．Swindon：The R&D Dissemination Centre，2002.
[10] DEFRA and Environment Agency. CLR 8：Potential contaminants for the assessment of land［R］．Swindon：The R&D Dissemination Centre，2002.
[11] DEFRA and Environment Agency. The Contaminated Land Exposure Assessment（CLEA）Model：Technical Basis and Algorithms［R］．London，2002.
[12] MfE（Ministry for the Environment）．Toxicological intake values for priority contaminants in soil［R］．Wellington，2011.
[13] Rooney C P，Zhao F J，McGrath S P. Soil factors controlling the expression of copper toxicity to plants in a wide range of European soils［J］．Environmental Toxicology and Chemistry，2006，25（3）：726-732.
[14] Li X F，Sun J W，Qiao M，et al. Copper toxicity thresholds in Chinese soils based on substrate-induced nitrification assay［J］．Environmental Toxicology and Chemistry，2010，29（2）：294-300.
[15] Smolders E，Buekers J，Oliver I，et al. Soil properties affecting toxicity of zinc to soil microbial properties in laboratory-spiked and field-contaminated soils［J］．Environmental Toxicology and Chemistry，2004，23（11）：2633-2640
[16] Broos K，Warne M St J，Heemsbergen D，et al. Soil factors controlling the toxicity of copper and zinc to microbial processes in Australian soils［J］．Environmental Toxicology and Chemistry，2007，26（4）：583-590
[17] 夏家淇，骆永明．关于土壤污染的概念及其三类评价指标体系的探讨［J］．生态与农村环境学报，2006，22（1）：87-90.
[18] Van Tilborg W J M A. Further look at zinc refuted. Rozendaal［M］．The Netherlands：VTBC，1996.
[19] Gezondheidsraad. Ecotoxicologische risico-evaluatie van stoffen［S］．The Hague，The Netherlands. Publication，1988.
[20] Slijkerman D M E，Van Gestel C A M，Van Stralen N M. Conceptueel kader voor de afleiding van ecotoxicologische risicogrenzen voor essentie¨le metalen. Amsterdam，The Netherlands：Instituut voor Ecologische Wetenschappen，Afdeling Dieroecologie，Report D00020. 2000.

[21] 张红振，骆永明，夏家淇，等．基于风险的土壤环境质量标准国际比较与启示 [J]. 环境科学，2011，32 (3)：795-802.

[22] Smolders E，Oorts K，Van Sprang P，et al. Toxicity of trace metals in soil as affected by soil type and aging after contamination：Using calibrated bioavailability models to set ecological soil standards [J]. Environmental Toxicology and Chemistry，2009，28 (8)：1633-1642.

[23] 李波．外源重金属铜、镍的植物毒害及预测模型研究 [D]. 北京：中国农业科学院，2010.

[24] 韦东普．应用发光细菌法测定我国土壤中铜、镍毒性的研究 [D]. 北京：中国农业科学院，2010.

[25] EU (European Union). Draft Risk Assessment Report for Nickel and Nickel Compounds. Section 3.1：Terrestrial Effects Assessment [R]. Draft of May 11，EU，Brussels，2006.

[26] Selck H，Riemann B，Christoffersen K，et al. Comparing sensitivity of ecotoxicological effect endpoints between laboratory and field [J]. Ecotoxicology and Environmental Safety，2002 (52)：97-112.

[27] Kooijman S A L M. A safety factor for LC50 values allowing for differences in sensitivity among species [J]. Water Research，1987 (21)：269-276.

[28] 雷炳莉，黄圣彪，王子健．生态风险评价理论和方法 [J]. 化学进展，2009，21 (2/3)：350-358.

[29] Balk F，Okkerman P C，Dogger J W. Guidance document for aquatic effects assessment. Paris：Environment Directorate of Organization for Economic Co-operation and Development，1995，22-28.

[30] Ma Y B，Lombi E，Oliver I W，et al. Long-term aging of copper added to soils [J]. Environmental Science and Technology，2006，40 (20)：6310-6317.

[31] 吴乐知，蔡祖聪．中国土壤有机质含量变异性与空间尺度的关系 [J]. 地球科学进展，2006，21 (9)：965-972.

[32] 王小庆，马义兵，黄占斌．土壤镍生态阈值的主要影响因素及其预测模型研究 [J]. 农业工程学报，2012，28 (5)：220-225

[33] Luo L，Ma Y B，Zhang S Z，et al. An inventory of trace element inputs to agricultural soils in China [J]. Journal of Environmental Management，2009，90 (8)：2524-2530.

[34] Struijs J，Van de Meent D，Peijnenburg W J G M，et al. Added risk approach to derive maximum permissible concentrations for heavy metals：How to take into account the natural background levels [J]. Ecotoxicology and Environmental Safety，1997 (37)：112-118.

[35] 中国环境监测总站．中国土壤元素背景值 [M]. 北京：中国环境科学出版社，1990.

[36] McLaughlin M J，Lofts S，Warne M S J，et al. Derivation of ecologically based soil standards for trace elements [M]. In：Merrington G，Schoeters I (eds) Soil Quality Standards for Trace Elements [C]. CRC Press，Boca Raton，Florida，2011.

[37] Hamon R E，McLaughlin M J，Gilkes R J，et al. Geochemical indices allow estimation of heavy metal background concentrations in soils [J]. Global Biogeochemical Cycles，2004 (18)：1-6.

第9章　城市污泥农用土壤环境中的铜及其控制基准研究

城市污泥是污水处理厂在废水处理过程中所产生的沉淀物质，是一种由有机物质残片、细菌菌体、无机颗粒及胶体等组成的极其复杂的非均质体[1]，主要来源于初次沉淀池和二次沉淀池。它以好氧颗粒物为主体，同时含有混入生活污水或工矿废水中的泥沙、纤维、动植物残体等固体颗粒物及被吸附的有机物、金属、病菌、虫卵等物质[2]。MacNicol和Beckett将污泥区分为生物絮凝体、颗粒态，可溶态与胶体4个组分。其中，由絮凝的细菌构成的生物絮凝体组分占污泥总量的比例最大，约为69%；其次为由粒径大于40μm的矿物颗粒、动植物和塑料等分解碎片组成的颗粒态组分，占23%左右；而由可溶性的有机物质（大多数分子量小于1 500Da）与无机的阴阳离子可溶态组分，以及由呈胶体状的有机物和未絮凝的细菌分解残片组成的胶体组分所占的比例较小，分别不到8%和1%。此外，由于消化过程容易导致可溶性有机物分解损失，经消化后的城市污泥中可溶态组分的含量将变得更低[3]。美国环保署（United States Environmental Protection Agency，USEPA）对污泥的早期定义是指污水处理过程中产生的固体、半固体或液体残留物[4]。1995年，世界水环境组织（World Water Organization，WWO）为准确反映绝大多数污水污泥（Sludge）具有重新利用价值，将污水污泥更名为“生物固体”（Biosolids），其确切含义为“一种能够有效利用的富含有机质的城市污染产物”。

城市污泥的单位产量非常庞大。根据中国城建部的数据推算，每处理1万t污水可产生含水量99%的污泥180t，即使通过压榨后产生的含水量80%的污泥仍有9t之重。根据国外学者报道：早在2000年，美国污水处理厂的干污泥产量就已达到700万t，欧洲的产泥量接近1 700万t，而新西兰和澳大利亚的产泥量则高达3 700万t[5]。尽管在同一时期，中国的干污泥产量远不及欧美等发达国家，但近年来随着我国经济的快速发展、城镇化水平的不断提高以及人口的激增，生产、生活所需的供水量和排放的污水量日益增长。与此同时，从国务院办公厅于2012年印发的《“十二五”全国城镇污水处理及再生利用设施建设规划》中逐年上升的污水处理量与污水处理设备的运行负荷率可以看出我国污水处理能力也正迅猛提高。由此可见，我国污泥的产量正呈迅速增加的趋势，污泥待处理的需求巨大。据不完全统计，到2015年，我国含水率80%的污泥的产量预计将从2010年的5.75万t/日增至12.8万t/日，而干污泥的产量也将从2010年的335.8万t/年增至约934万t/年。由于污泥中含有一些难降解的有机物、病原菌、寄生虫卵及重金属等有毒有害物质，若不进行处置或处理不当会造成二次环境污染[6~7]，严重影响到城市生态环境的安全。这使得污泥的处理处置成为人们迫切关注的问题之一，为污泥的处置寻找到既环保又经济的出路，显得尤为重要。

目前，世界上大多数国家对污泥的处置普遍采用土地利用、焚烧、陆地填埋和排海4

种方式。其中，排海因会直接对海洋环境造成污染在大多数国家已被禁用。比如1988年美国规定禁止向海洋倾倒，欧盟规定2005年以后有机物含量大于5%的污泥禁止被排入海中。而陆地填埋会占用土地，焚烧成本很高，两者也均可能对环境造成二次污染。由于城市污泥富含有机质，氮、磷、钾以及其他动植物生长所需要的营养物质，相较于将其减量化、稳定化后直接与生活垃圾混合填埋或焚烧，将无害化后的城市污泥进行土地利用不仅能真正解决日益增长污泥的终端处置问题，实现污泥资源化[8]，还能提供农作物生长所需的养分以及改善土壤理化性状、提高土壤肥力、增加土壤微生物多样性和提高酶活性[9~11]。因此，土地利用被认为是目前国际上最有前景的污泥处置方式。在美国，污泥农用是污泥处置的主要方式。尽管不同州的污泥农用比例有所差异，而且每年都有起伏，但根据2010年的资料显示，美国污泥农用的平均比例维持在48%左右[12]。相对于美国，污泥农用的比例在欧洲存在着更大的差异。由于欧洲各国污染控制状况、国家的大小以及农业发展情况的不同，有些国家如法国、爱尔兰、葡萄牙、西班牙、英国等污泥农用的比例较高，且逐年上升；而有些国家如荷兰、挪威以及瑞士等污泥农用比例大幅度降低，甚至考虑被禁止。但总的来说，欧洲的污泥农用率还是较高（>50%）而且范围较广[13]。在中国，尽管污泥农用率还较低，不足10%，属于发展阶段，但污泥的土地利用效果已得到国内许多学者的充分肯定[14~15]。

然而污泥中的营养元素（包括重金属元素），会因污泥施用不当而在土壤中过量积累[16~20]，不仅对土壤微生物区系产生负面效应并降低微生物生物量，而且对土壤动植物的生长产生毒害作用[21]，甚至可能会通过迁移污染地表水与地下水，成为限制污泥农用最主要的因素。作为多酚氧化酶、铜锌超氧化物歧化酶、抗坏血酸氧化酶、铜胺氧化酶、半乳糖氧化酶和质体蓝素等多种酶的组分之一，铜是植物生长发育过程中所必需的微量营养元素[22]，参与了很多生理代谢过程[23~24]，对农作物的发育、品质和产量等有着重要的影响。以往研究表明，铜的缺乏会对植物产生多种伤害效应，比如在氮的代谢中，铜的缺乏会影响蛋白质的合成，使氨基酸的比例发生变化，降低蛋白质的含量[25]；而在碳水化合物的代谢中，缺铜会抑制光合作用的活性，使叶片畸形和失绿[26]。然而过量的铜会对植物体的光合作用、细胞结构、细胞分裂、酶学系统以及其他营养元素如二价铁的吸收方面产生毒害作用[21]。比如铜的过量会导致蛋白质结构紊乱并失活，抑制核DNA的合成等，进而阻碍植物的生长，降低农产品的质量[27~28]。因此，只有将土壤生物组织和细胞中铜的含量维持在一个正常的生理范围内，才能最大化它的功能，同时也使土壤生物免受伤害。污泥农用是铜进入土壤及作物的重要途径之一，不合理的施用污泥可能会导致铜从营养物质转变为污染物，给土壤生态安全乃至人类健康带来一定的风险。尽管目前我国关于污泥农用的标准在各项控制指标方面越来越趋于完善[29]，但仍需考虑以单一土壤pH分段式（GB4284—84）以及不同作物施用范围（CJ/T309—2009）来控制从污泥带入土壤重金属总量的科学性与局限性。

9.1 污泥中铜的含量、来源及赋存形态

9.1.1 含量

在污水处理过程中，污水中50%～80%以上的金属（包括铜）通过细菌吸收、细菌

和矿物颗粒表面吸附，以及同一些无机盐（磷酸盐、硫酸盐等）共沉淀等多种途径浓缩到产生的污泥中[30]。McGrath 等[31]对 1994 年美国、英国和瑞典城市污泥中铜的含量进行统计分析，结果发现其平均含量分别为 700mg/kg、1121mg/kg 和 560mg/kg。为了确定中国城市污泥中铜的含量，陈同斌等[32]和李琼[33]分别对 1994—2001 年以及 2004—2010 年之间中国城市污水处理厂污泥中铜含量的文献数据进行收集与统计。考虑到文献数据统计结果的准确性可能会受到污泥样品的采样过程及分析方法等影响，杨军等[34]于 2006 年从全国范围内选取了 107 个具有代表性的城市污泥样品，测定了其铜含量；而马学文等[35]又于 2011 年对我国 111 个城市共 193 个污水处理厂污泥中的铜含量进行了分析和统计，其中 11 个城市的数据由实验室测定得到，而其余的则来源于筛选过的 2003 年到 2008 年的文献数据，如表 9-1 所示。结果表明，我国城市污泥中铜的含量变化幅度较大，从 3040mg/kg 到 9541mg/kg 不等，这可能与不同污水处理厂的工艺流程、污水总量及来源有关。同时，与欧美发达国家相比，我国城市污泥中的总体铜含量偏低，算术均值与 Box-Cox 均值的范围（Box-Cox 变换是统计建模中常用的一种数据变换，用于连续的响应变量不满足正态分布的情况。Box-Cox 变换之后，可以在一定程度上减小不可观测的误差和预测变量的相关性）分别为 427～533mg/kg 及 219～262mg/kg。

表 9-1　中国城市污水处理厂污泥中铜的含量

年份	样本数量	数据来源	铜含量（mg/kg）				统计分布
			最小值	最大值	算术均值	Box-Cox 均值	
1994—2001	59	文献	28	3 068	486	n/a	70%<417mg/kg
2004—2010	76	文献	4	3 873	427	n/a	90%<1 000mg/kg
2006	107	实测	51	9 592	499	219	n/a
2003—2008，2011	185	文献＋实测	29	4 532	533	262	29mg/kg<78%<586mg/kg

此外，马学文等[35]还对我国不同区域污泥中铜含量的分布特征进行了统计，如图 9-1 所示。结果表明，南方污泥中铜含量高于北方污泥，主要是由于南方的工业较北方发达；从东西向分布来看，污泥中的铜含量自东向西明显减少，也可能是由于我国经济发达程度

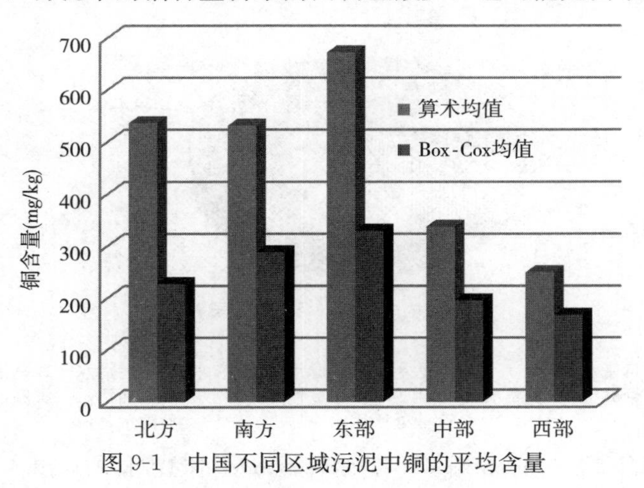

图 9-1　中国不同区域污泥中铜的平均含量

从东到西逐渐减弱的关系。随着我国污染产业逐步向中西部转移，东部污泥中的铜含量会有所下降，而中西部污泥中的铜含量则可能会有升高的趋势，但从长期来看，由于我国环境污染管理制度和法规不断得到完善与实施，污水排放的达标率不断提高，使得我国城市污泥中的总体铜含量会逐渐降低。

9.1.2 来源

城市污水中的金属（包括铜）来源于生活污水、工业废水和雨水径流。早在 1994 年，Comber & Gunn 就分别对英国的两个小镇 Bracknell 与 Shrewsbury 污水中铜的来源进行了详尽的归纳，如图 9-2 所示。结果表明，英国城市污水中有超过一半的铜来源于生活污水，而生活污水中的铜则大多来源于自来水管道。自来水管道中铜的析出量主要取决于管材材质及输配水的腐蚀性，即 pH、碱度（硬度）、硫酸盐和氯化物。荷兰水科学研究机构于 1988 年研发出了经验模型：

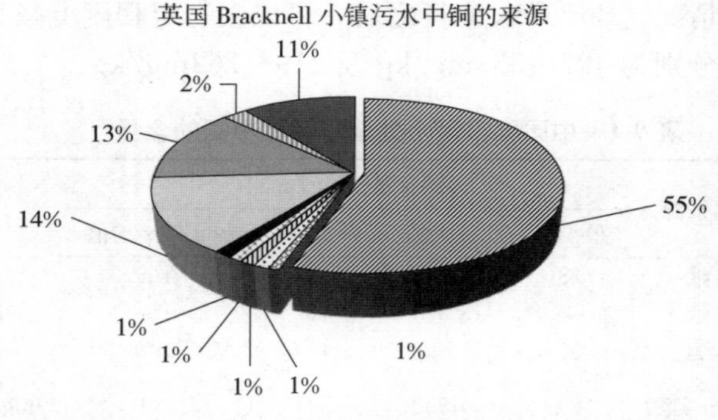

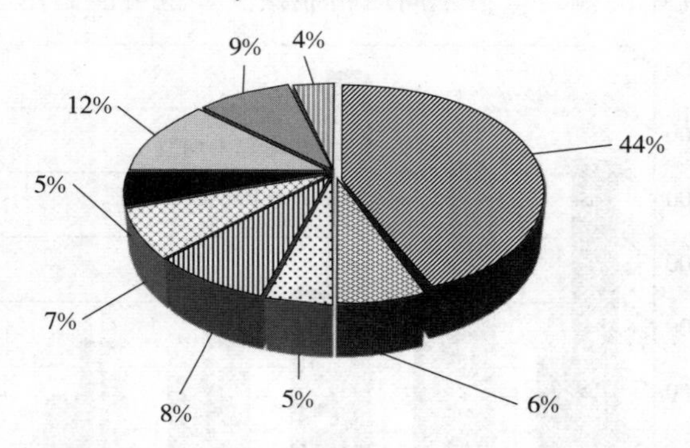

图 9-2 英国 Bracknell 小镇和 Shrewsbury 小镇污水中铜的来源

$$Cu_{max}=0.52TIC-1.37pH+2(SO_4^{2-})+10.2$$

式中，Cu_{max}为铜的最大析出量（mg/L）；TIC为总无机碳（mmol/L）；pH为输配水的pH值；SO_4^{2-}为硫酸根（mg/L）。尽管该模型可以较好地预测输配水管材中铜的最大析出量，但仅适用于以下水质参数范围：pH 7～8.45，Cl^- 7～176mg/L，温度8～19.8℃，SO_4^{2-} 0～131mg/L，TIC 0.75～6.5mmol/L，$KMnO_4$ 0～29mg/L，O_4 4.5～12mg/L。

尽管在我国关于城市污水中铜来源的分析研究很少，但仍可以根据中国与英国之间客观存在的一些差异进行推测。比如，中国目前自来水管道以塑料和不锈钢为主，而英国则以铜或铜合金为主，因此来源于生活污水中输配水的比例中国可能小于英国。但随着铜或铜合金材料应用市场在中国的不断发展，该比例会逐年呈递增趋势。另外，作为发展中国家的中国正大力发展工业（包括轻工业）会使得中国来源于轻工业废水的比例远高于英国。同时还会增加来源于化工、印染、电镀、有色冶炼、有色金属矿山开采、电子材料漂洗废水、染料生产等重工业行业的生产过程铜的比例。另外，来自于我国铜工业废气、汽车尾气及生态环境中过量的铜可能通过雨水径流进入污水，导致雨水径流的比例中国可能高于英国。

9.1.3 赋存形态

赋存形态是某一元素在环境中以某种离子或分子存在的实际形式[36]，主要包括价态、化合态、结合态与结构态4个方面，分别表现出不同的生物毒性和环境行为[37]。由于环境中金属的赋存形态比较复杂，自20世纪七八十年代以来，许多学者对环境中金属各个形态的分级和提取剂的选择进行了大量的研究[38]。比如，Tessier等[39]认为金属主要以可交换态、碳酸盐结合态、铁锰氧化物结合态、有机结合态（包括硫化物）和残渣态5种赋存形态存在于环境中；欧洲参考交流局（The Commission of European Communities）则将金属的赋存形态分为可交换/溶解态（如碳酸盐结合态）、可还原态（如铁锰氧化物结合态）、可氧化态（如有机结合态）以及残渣态4种，即BCR连续提取法[40]；而Cambrell[41]，Shuman[42]和Leleyter[43]也分别对环境中金属的赋存形态进行了不同的划分。但总的来说，形态分析方法中共有的或是比较重要的形态可以归纳为以下几种：可交换态金属是指吸附在黏土、腐殖质及其他成分上的金属，可用一价或二价的盐浸提。它们对环境变化敏感，易于迁移转化，容易被生物吸收利用[44]。此外，由于水溶解态金属的含量较低，又不易与交换态区分，人们常将水溶态合并到可交换态中；碳酸盐结合态金属是指金属元素在碳酸盐矿物上形成的沉淀或共沉淀结合态。它对pH较为敏感，pH升高会使游离态金属形成碳酸盐共沉淀，pH下降时容易被重新释放出来而进入环境中[45]；铁锰氧化物结合态金属是指与铁、锰氧化物反应生成结核体或包裹于沉积物颗粒的表面的部分金属。它由于属于较强的离子键结合的化学形态而不易释放[46]，但该形态金属在还原条件下的稳定性较差，当环境的氧化还原状况改变时，这部分形态的金属可能会被释放，具有潜在危害性。铁锰氧化物结合态还可以进一步被划分为无定形氧化锰结合态、无定形氧化铁结合态及晶体形氧化铁结合态3种形态[43]；有机结合态金属是环境中各种有机物如动植物残体、腐殖质及矿物颗粒的包裹层等与环境中金属螯合或生成硫化物。它是以重金属离子为中心离子，以有机质活性基团为配位体的结合或是硫离子与重金属生成难溶于水的物质，这类金属在碱性或氧化条件下，部分有机物分子会发生降解作用，导致部分金属元素溶出，对环境可能会造成一定的影响[47]。有机物结合态也可分为松结合有机物态和紧结合有机物态[42]；残渣态金属是环境中金属最重要的组成部分，它们一般存在于硅酸盐、原生和次生矿物等土壤晶格中，是自然地质风化过程的结果。在自然界正常条件下，性质稳定，不易被释放到环境中，一般不被生物利用[48]。因此，在一般情况下，残渣态金属的含量可以代表金属元素在环境中的背景值。通常而言，可交换态金属属于生物可利用态；而残渣态金属属于生物不可利用态，尽管当它遇到强酸、强碱或螯合剂时，还是会被活化进入到环境中来[49,50]；至于其他形态，如碳酸盐结合态、铁锰氧化物结合态和有机结合态金属属于生物潜在可利用态，它们的生物有效性取决于外界环境的变化[51]。

通过对全国10家不同地区污水处理厂污泥中铜的赋存形态进行分析[52~57]，如图9-3所示。结果表明：城市污泥中的铜主要以有机结合态（可氧化态）的形式存在，其次是残渣态，两者比例的总和接近或超过总量的90%，这可能是由于污泥中大约30%~80%的干物质是有机质[58]，而有机质对铜的活性相较于其他金属有着更为重要的影响[59]。其中，乌鲁木齐污水处理厂污泥中残渣态铜的比例大于有机结合态铜的比例，以及厦门污水处理厂污泥中铁锰氧化物结合态铜、可交换态与碳酸盐结合态铜的比例偏高均可能与污泥自身的pH值有关。有研究表明：污泥中铜的形态分布主要受到污泥pH值的影响[60]。污泥的酸化会引起污泥中铜稳定性的减弱，促使铁锰氧化物结合态及部分有机结合态的铜转化为可交换态铜。因此，pH越低的污泥，其所含铜的可交换态在总量中所占的比例越高。

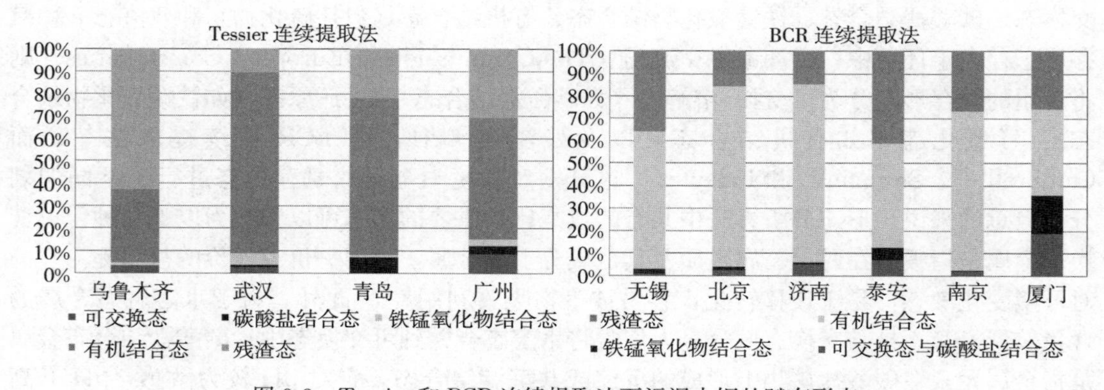

图9-3 Tessier和BCR连续提取法下污泥中铜的赋存形态

污泥中的金属在各组分中的分配以及各组分对它们的吸持与释放能力，在很大程度上决定了这些金属的环境化学性质。由于污泥绝大部分以生物絮凝态组分为主，污泥中的金属也主要存在于该组分中。李瑞等[61]发现污泥中85%~95%的重金属附着于生物团（细菌碎屑）上，5%~15%存在于矿物颗粒和有机碎屑颗粒物上，很少一部分存在于可溶态和胶状的有机物质上。其他一些研究[62]也得到了相似的结论，即污泥中的金属主要存在于生物絮凝态组分中（约占总量的66%~84%）；其次，存在颗粒态组分中（占总量的

14%～27%），而水溶性组分（占 0.15%～13.4%）和胶体组分（占 0.26%～4.02%）所占比例较小。周立祥等[63]对城市污泥主要组分中铜的分配及其赋存形态进行了研究，结果发现，在生物絮凝态组分中，铜主要以紧结合有机态（占 45%）和残渣态（占 34%）存在；在颗粒态组分中，铜主要以残渣态（占 70%）存在；在水溶性和胶体组分中，铜主要以可交换态（占 34%）和松结合有机态（占 43%）存在。因此，铜的供应主要取决于有机质的降解。

9.2　城市污泥农用土壤中铜的生物有效性和毒性

9.2.1　生物有效性

当污泥被施进土壤后，由于污泥本身有机质不可避免地会被分解，以及铜自身对土壤有机质、矿物、铁锰氧化物等具有较强亲和性的双重作用会导致污泥铜在土壤中的释放，从而提高土壤的总铜含量。有不少研究肯定了施用污泥对土壤中总铜含量的影响，尤其在耕层 0～20cm 的土壤中，有着显著的积累[64～66]。而且随着污泥施用量的增加，土壤中铜的总体含量呈上升趋势，但它的增加幅度有所不同[67]。李琼等[68]将潮土中铜的含量与污泥施用量进行了相关性分析，结果表明，土壤中铜的含量与污泥施加量之间存在着显著的线性回归关系，即土壤中每增施 $1t/hm^2$ 污泥，土壤中铜的含量约增加 0.091mg/kg。然而城市污泥中农用土壤中铜的生物有效性和毒性不仅与其总量有关，更大程度上取决于它的赋存形态，不同的形态产生不同的环境效应[69]。由于金属（包括铜）的形态是决定其对生物有效性的基础[70]，铜在土壤中的总量并不能真实地评价其环境行为和生态效应，而它在土壤中的形态含量及其比例才是决定其对环境及周围生态系统造成影响的关键因素[71～72]。有研究表明，施入污泥后土壤中各形态的铜含量都有所增加，只是增加的幅度不同。比如付晓风[73]发现污泥施用量的增加对土壤中铜各种形态的影响是不同的，其中对生物潜在可利用态，即：碳酸盐结合态、铁锰氧化物结合态和有机结合态的影响比较大，尤其对铁锰氧化物结合态的影响最为明显。骆永明等[59]通过采用连续化学提取法研究了施用污泥土壤中铜的形态分配，结果表明，铜的不同形态含量与污泥施用量之间有着很好的相关性，随着污泥施用量的增加，有机结合态铜的含量的提高最为明显。这可能与土壤质地诸如各种矿物、铁锰氧化物的含量差异有关。

付新梅等[74]通过模拟土柱淋溶实验来研究污泥农用中铜在土壤中的迁移行为，结果表明，污泥农用明显增加了土壤中铜的总量，但大部分集中在 40cm 以上的上层土壤中。这可能与土壤对铜的吸附机制有关，即：不同的金属离子之间存在着竞争吸附，在土壤中进行再分配。而土壤对铜离子的吸附为专性吸附，竞争性较强，能将竞争性弱的金属离子从已经占据的吸附位上交换下来，因此大部分的铜能被上层土壤滞留。另外，在较为广泛的土壤 pH 范围内，污泥施用土壤溶液中的铜可以和有机质结合形成稳定性较强的有机络合态铜。一般来说，上层土壤中的有机质含量较高，从污泥中淋溶出的铜离子与这些有机质结合成稳定的络合物而滞留在上层中；下层土壤中的铜却因土壤有机质含量很少而无法形成稳定的络合物。土壤 pH 对污泥中铜释放以及在土壤中的迁移性有着重要影响。低 pH 土壤可以酸化污泥，从而降低它对铜的吸附率，促进铜的释放及在土壤中的迁移性；相反，高 pH 可抑制污泥样品中铜的释放，促进铜的沉淀[75]。李云等[76]也发现，在酸性强的红壤中，施用污泥后导致的土壤溶液全铜含量的增幅度高于酸性弱的黄棕壤，说明酸性条件促进了污泥中铜的溶解和解吸，增加了溶液中全铜的含量。收获期土壤溶液中全铜含量比施肥播种期高，说明在盆栽试验期间，污泥中的铜持续溶解和解吸，而酸性条件促进了这一过程。污泥中铜的释放不仅受到土壤理化性质如 pH 以及有机质含量的影响，还与外界条件变化如酸雨有关。俞珊等[77]通过淋溶实验发现污泥中铜的释放分为两个阶段：前期稳定性较差的可交换态和碳酸盐结合态铜易随淋溶液进入土壤中，后期铁锰氧化物结合态、有机结合态，甚至稳定性较强的残渣态铜开始缓慢地释放出来。随着淋溶时间的增加，被释放出来的上层土壤中的铜有向 40cm 以下土壤迁移的趋势。

施用污泥除了会增加土壤中总铜以及各形态铜的含量，还会使土壤原有的理化性质如 pH、有机碳、阳离子交换量及黏粒含量等发生变化，进而改变铜的化学形态分布[78~80]，影响其生物有效性和毒性[81~85]。陈凌霞等[86]利用长期定位试验，研究了污泥对土壤理化性质的影响。结果表明，施用污泥后，有机质含量增加了 10.45%到 13.45%；李梦红等[87]通过田间试验也得出了相似的结论。北京市高碑店污水处理厂所处的高碑店乡，从 20 世纪 80 年代开始在农田中施用污泥，对高碑店乡施用污泥的土壤和不施污泥的对照区调查发现，有机质含量提高了 36.8%～141%，而且施用污泥的时间越长，土壤中有机质的含量越高，这跟国外的长期定位试验结果类似，即：在连续施用污泥 20 年后，土壤的有机碳含量从 1.9%增至 4.8%，提高了 1.5 倍[88]。因此，施用城市污泥能够显著提高施用土壤的有机质含量，从而增加土壤对铜的络合作用，使其生物有效性和毒性也随之降低[81~82]。但也有研究认为，土壤有机质和金属的毒性与被植物吸收、积累的关系是很复杂的。土壤有机质主要为腐殖质，而其中的胡敏酸、胡敏素与金属形成的络合物是不易溶的，这可以减轻金属的危害，但富里酸和金属形成的络合物是易溶的。老化的腐殖质对金属的确具有固定作用，但新生的腐殖质其络合物的重金属却是可溶的。pH 是土壤中溶解—沉淀、吸附—解吸等反应的重要影响因子[89]，它对土壤重金属溶解度和滞留度的影响超过任何其他单一因素[90]。施用污泥可能会导致土壤 pH 的降低，而铜在我国城市污泥中主要以有机结合态与残渣态的形式存在[54,56]，pH 的降低不仅会改变铜离子的水解与络合平衡，而且还会影响氧化物对铜的专性吸附，使其水溶解态与可交换态的含量增加，提高其生物有效性和毒性[84~85]；因施用污泥而发生变化的土壤 pH 值、有机碳、黏粒含量等理化性质通常会提高土壤的阳离子交换量，而阳离子交换量的提高意味着竞争吸附作用的加强，这将有助于减少农作物对有效态铜的吸收，从而降低铜的生物有效性和毒性[83]。总而言之，通过污泥进入土壤的铜会受到不同土壤理化性质参数的影响，产生一系列诸如氧化还原反应、吸附解吸反应、沉淀溶解反应、酸碱反应等物理、化学和生物过程，从而使得它们最初的化学形态发生了变化，影响了它的迁移和转化方式，最终改变了它的生物毒性[91]。此外，污泥农用土壤中铜的生物有效性还受到老化效应[92]的影响，即：进入土壤中的铜的生物有效性会因与矿物结构合并、扩散到矿物质内部空隙、成核/沉淀、矿物表面氧化及与土壤中固相成分形成配合物等过程显著降低[93~94]。换而言之，以污泥形式进入土壤的铜会在吸附、固定、转化等共同作用下逐渐向稳定的无效态转化，最终达到一个相对稳定的平衡状态，其生物有效性亦会随之而减弱。马义兵等[93,95]利用同位素稀释法对铜在土壤中的老化效应进行了充分研究。结果表明，可溶性铜盐添加到土壤后其活性迅速下降，随后活性降低速率逐渐减慢。

9.2.2 毒性

在过去，污泥农用是否对土壤具有一定的保护作用一直存在着争议。因为有人认为，污泥中富含的有机质和无机矿物能够吸附有效态金属离子（包括铜），从而降低土壤中金属的生物有效性和毒性。但也有人认为，通过污泥添加到土壤中的有机质在经过长期的矿化作用下可能会释放出原本被络合的金属离子，使其有效态的含量增加，会对土壤生态环境带来一定的风险。Oliver 等[96]与 Sukkariyah 等[97]的研究结果在一定程度上肯定了污泥农用的保护作用，即：长期施用污泥后，尽管土壤中的有机质含量逐渐降低了，但铜的生物有效性和毒性也下降了。这即可能是受到了上面所提到的老化效应的影响，也可能受到其他因素的影响，比如地面及地下动物的活动和取食、土壤水分含量如淋洗、温度、肥料施用、及不同金属元素之间的交互作用等。为了了解污泥施用土壤中铜的毒性，并证实污泥农用是否对土壤具有保护作用，Oorts 等[98]选取了施用污泥 1 年到 111 年不等的来源于欧洲、澳大利亚、中国和泰国的土壤样本，测定了铜对大麦根伸长的毒性阈值，如表 9-2 所示。结果显示，污泥施用土壤中铜影响 10%和 50%的大麦根伸长的有效浓度变化范围分别为 77～420mg/kg 及 230～1 014mg/kg。

表 9-2 污泥施用土壤中铜对大麦根伸长的毒性阈值

地 点	污泥施用量	毒性兴奋效应	毒性阈值（mg/kg）					
			10%有效浓度			50%有效浓度		
				95%置信区间下限	95%置信区间上限		95%置信区间下限	95%置信区间上限
西班牙 Madrid	S，50t/（hm^2·a）	148	110	202	437	384	498	
	S，100t/（hm^2·a）	123	98	157	356	319	398	
	V，50t/（hm^2·a）	129	104	161	341	307	379	
	V，100t/（hm^2·a）	157	132	187	409	380	441	
瑞典 Igelösa	4t DM/（hm^2·4a）	199	165	240	429	396	466	
	12t DM/（hm^2·4a）	148	123	178	374	343	407	
瑞典 Petersborg	12t DM/（hm^2·4a）	118	96	146	298	272	326	
	LL，25t/（hm^2·a）	102	69	153	288	242	343	
	LL，50t/（hm^2·a）	105	59	187	270	210	347	
	HL，25t/（hm^2·a）	77	33	188	313	222	441	

（续）

地　　点	污泥施用量	毒性兴奋效应	毒性阈值（mg/kg）					
			10%有效浓度			50%有效浓度		
				95%置信区间下限	95%置信区间上限		95%置信区间下限	95%置信区间上限
比利时 Leuven	HL，50t/（hm^2·a）		128	79	210	323	261	401
	LR，25t/（hm^2·a）		96	70	132	253	220	290
	LR，50t/（hm^2·a）	X	132	114	152	275	258	293
	HR，25t/（hm^2·a）	X	156	133	183	303	276	334
	HR，50t/（hm^2·a）	X	169	143	200	332	304	363
比利时 Boutersem	45t/（hm^2·a）		189	153	234	362	331	397
丹麦 Askov	1AM		85	67	110	230	205	257
	1.5AM	X	145	128	165	273	256	291
德国 Hohenheim	15t DM/（hm^2·a）	X	173	150	199	355	322	392
	30t DM/（hm^2·a）		225	191	266	492	458	529
澳大利亚 Kingaroy	112t/hm^2		95	72	127	267	233	306
澳大利亚 Spalding	132t/hm^2		201	150	270	694	619	778
澳大利亚 Tallimba	缺乏数据		105	79	142	292	258	331
澳大利亚 Sewage ash	60t/hm^2		92	42	202	499	372	670
澳大利亚 Glenfield	600t/hm^2	X	226	197	261	459	418	503
中国吉林	225t/hm^2		235	164	337	562	496	638
中国云南	135～270t/hm^2		420	147	1289	1014	581	1780
中国湖南	430～660t/hm^2	X	*188*	*150*	*235*	*357*	*287*	*444*
中国浙江	337.5t/hm^2	X	238	206	274	408	374	445
中国新疆	450～675t/hm^2		327	177	605	624	480	813
泰国 Chiang Mai	55t/hm^2	X	*304*	*205*	*454*	*456*	*276*	*761*
泰国 Phra Phuttabut	55t/hm^2		156	94	261	345	274	433

注：用斜体表示的数据代表有偏差的数据。

通过对不同的毒性阈值及其相应的土壤理化性质进行回归分析，获得了下列量化关系式，结果表明，污泥施用土壤中铜的毒性与土壤的阳离子交换量以及有机碳含量有着显著的相关性，如图 9-4 所示。

$\log ED_{10}=1.55\ (0.15)+0.54\ (0.14)\log eCEC \qquad R^2=0.26,\ P<0.001$

$\log ED_{10}=2.09\ (0.04)+0.37\ (0.14)\log OC \qquad R^2=0.13,\ P=0.013$

$\log ED_{50}=1.86\ (0.12)+0.62\ (0.11)\log eCEC \qquad R^2=0.44,\ P<0.001$

$\log ED_{50}=2.49\ (0.03)+0.36\ (0.12)\log OC \qquad R^2=0.16,\ P=0.006$

上式中的 ED_{10} 与 ED_{50} 分别为污泥施用土壤中铜影响 10%和 50%大麦根伸长的有效剂量，eCEC 为有效阳离子可交换量（cmol/kg），OC 为土壤有机碳含量（%），括号中的数字为参数估计的标准误差，R^2 为决定系数，P 为显著性。从决定系数 R^2 可以发现 log eCEC、log OC 分别可控制 10%和 50%有效剂量变异的 26%、13%和 44%、16%，说明相较于土壤有机碳含量，有效阳离子交换量是影响污泥施用土壤中铜毒性的主控因子，这与 Rooney 等[99]基于 18 种不同性质的欧洲土壤进行的铜植物毒性测试的结果（$\log ED_{10}=1.24+0.50\log eCEC$，$R^2=0.32$，$P=0.009$ 及 $\log ED_{50}=1.51+0.67\log eCEC$，$R^2=0.58$，$P<0.001$）相吻合。尽管淋洗导致了截距发生差异，但对斜率并没有太大的影响。

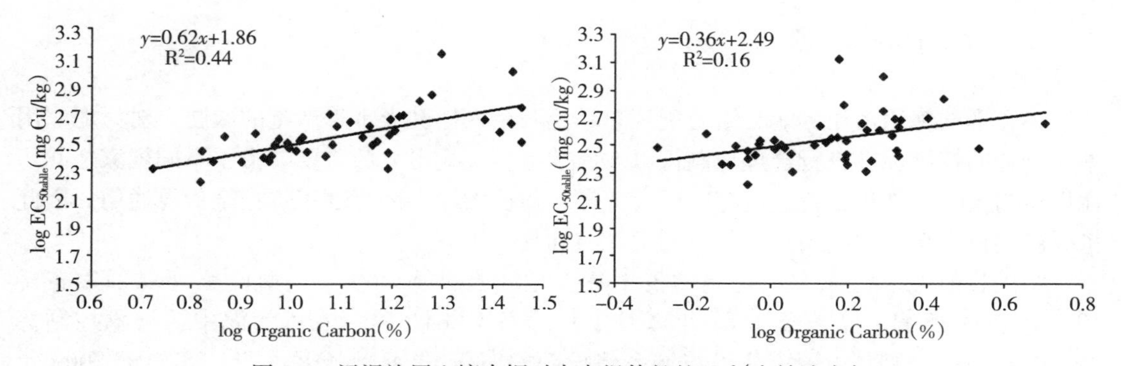

图 9-4　污泥施用土壤中铜对大麦根伸长的 50%有效浓度与土壤阳离子交换量及有机碳含量的回归关系

为了验证污泥农用对土壤的保护作用，提出了污泥保护系数（Sludge Protection Factor，SPF）的概念，并通过 $ED_{X\ sludge}$ 与 $ED_{X\ control}$ 的比值对该系数进行计算。其中，$ED_{X\ sludge}$ 和 $ED_{X\ control}$ 分别为污泥施用前后土壤中外源添加可溶性铜盐的毒性阈值（x=10 或 50 分别为 10%有效剂量与 50%有效剂量）。由于 10%有效剂量数据的准确性受到实验误差与毒性兴奋效应的显著影响，只对 50%有效剂量数据所对应的污泥保护系数进行计算并拟合其概率分布，如图 9-5 所示。结果表明，18 组有效的污泥保护系数从 0.8～2.1 不等，中位值为 1.4。有 80%的系数大于 1，说明污泥施用土壤中铜的毒性低于未施污泥相同土壤中铜的毒性，将污泥进行土地利用在一定程度上保护了土壤，降低了 40%左右的毒性。另外，研究还发现，尽管有效阳离子交换量是影响污泥施用土壤中铜毒性（ED_X）的主控因子，而污泥保护系数主要取决于 ED_X，但有效阳离子交换量与污泥保护系数之间并没有相关性，这可能受到多方面因素的影响。土壤有机碳含量与污泥保护系数之间则存在着一定的线性关系，但不显著，如图 9-6 所示。这可能与污泥中含有的大量有机成分会通过络合土壤中有效态的铜来降低其生物有效性和毒性有关。

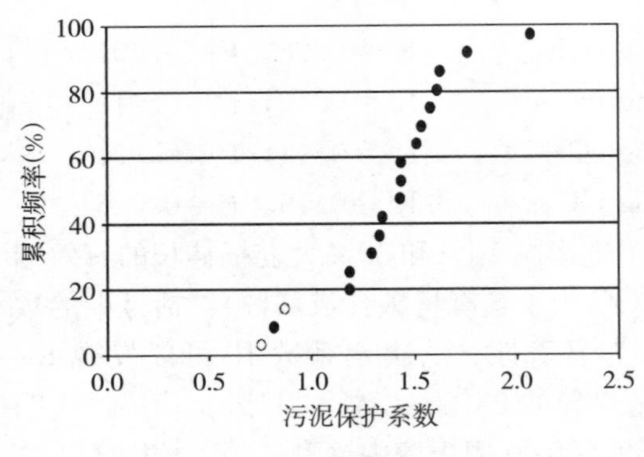

图 9-5　污泥保护系数的累积频率分布

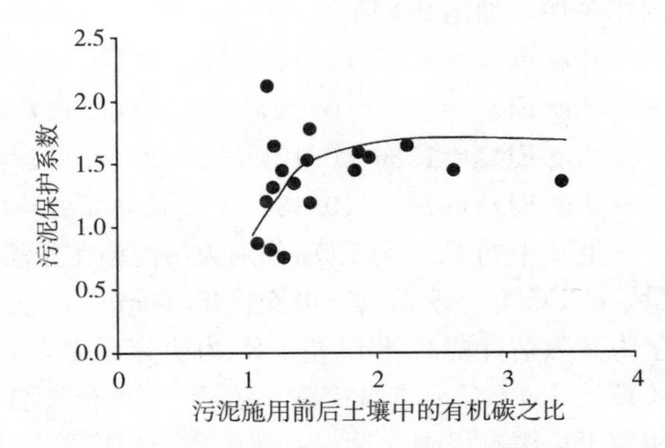

图 9-6　有机碳含量之比与污泥保护系数的线性关系

9.3 铜的现行污泥农用标准及其研究进展

9.3.1 现行标准

不合理的施用污泥可能会给土壤生态环境乃至人体健康带来严重的威胁，对污泥农用中污染物的控制标准进行合理地制订以及有效地实施显得尤为重要。由于不同国家之间污泥性质与土壤条件包括背景值存在巨大差异，使得污泥农用标准很难在全世界通用，因此世界各国依据自身情况制订了相应的法规与标准。

中国目前关于污泥农用控制的技术标准主要有两个，一个是由国家环保部发布于1984年5月18日，实施于1985年3月1日的GB4284—84《农用污泥中污染物控制标准》[100]；另一个则是由国家住房与城乡建设部发布于2009年4月7日，实施于2009年10月1日的CJ/T309—2009《城镇污水处理厂污泥处置：农用泥质》[101]。虽然在2002年，国家环保部发布了GB18918—2002《城镇污水处理厂污染物排放标准》[102]，基于原有的GB4284—84对污泥中某些重金属的限值进行了调整，同时健全了养分、有机污染物和病原菌等项目指标，但它从根本上只对污染物最高允许排放浓度（日均值 mg/L）做了明确规定，而对污泥农用并没有太大的约束力。徐亚平等[103]对GB4284—84和CJ/T309—2009的制定时间、适用范围、控制指标和其他规定4个方面进行了详细的比较和分析，认为CJ/T309—2009在各项控制指标方面越来越趋于完善，但同时也需借鉴GB4284—84提出的一些注意事项。为了有效地控制污泥农用的风险、最大化污泥农用的价值，美国环保署于1993年采用风险分析的方法修订了城市污泥土地利用条例（40CFR：Part 503）[104]。该标准除了规定不同利用方式的污泥中重金属浓度的限值外，还对每年允许从污泥中带入土壤的重金属量以及土壤中重金属的累积总量等做了详细的规范。早在1986年，欧盟就颁布了污水污泥土地利用管理规范（86/278/EEC）[105]，除了对农用污泥中重金属浓度、土壤中重金属浓度、允许从污泥中带入单位面积土壤的重金属累积总量、单位面积土壤污泥施用量、施用频率和施用年限等作了严格限制，同时还在此基础上又制定了短期、中期和长期目标。实际上，欧盟所制定的指令是各个成员国制定适合本国国情标准时所参考的基本框架，如荷兰、丹麦等国因其土壤具有高渗透性，它们基于该规范，又制定了更为严格的标准对污泥农用进行控制与管理。澳大利亚目前尚无全国通用的污泥农用标准，但和欧盟一样，澳大利亚和新西兰农业资源管理委员会于1998年制定并通过关于污泥土地利用管理的全国性草案[106]。该草案确定了污泥农用的最低要求，各州参考草案并结合自身实际情况制定并实施相对适宜的条例。由于澳大利亚的土壤总体呈酸性且贫瘠，它对土壤污染物含量的限制和欧洲一样，较北美更为严格。由于缺乏地区性资料，早期的澳大利亚的污泥农用标准基本参考欧洲和北美的研究成果。新南威尔士州是澳大利亚第一个施行污泥农用管理条例的州，于1997年就制定了《生物有机固体利用与处置的环境管理条例》，之后南澳大利亚州也实施自己的污泥农用管理条例。昆士兰州虽然早于1993年就制定了草案，但没有相关条例可以依循。而西澳大利亚州则同时参考了全国草案及新南威尔士州的条例对自身草案进行合理有效的制定。与美国类似，澳大利亚也是根据污泥利用方式的不同对重金属含量进行限制，同时各个州又根据自己特有土壤性质等情况制定并实施了较全国草案更为严格的标准。加拿大污泥农用的比例正逐年提高。为了确保农用污泥的质量和安全性，在加拿大环境部长理事会、魁北克标准局，以及加拿大食品检验署的共同努力下，于1996年制定并实施了堆肥质量标准[107]，之后又于2005年进行了完善与修订。相似于美国和澳大利亚，加拿大根据土壤中污染物背景值最高浓度来确定污泥中该污染物的最高限量，然后再对其进行A级（无限制性使用）与B级（限制性使用）的划分。另外，作为欧盟的主要成员国代表，德国和法国均已达到了欧盟污泥农用指令中对污染物进行短中期控制的标准，而瑞典与荷兰甚至已达到对污染物长期控制的目标。这些国家都分别对污泥施用地对污染物的最大容量、污泥年累积量以及施用年限都做了明确的规定。

对世界各国现行污泥农用标准对铜的规定进行了收集与整理，如表9-3所示。结果发现，除了具有高渗透性土壤的荷兰，中国的标准值显著低于美国、欧盟等发达国家的标准值，制定得较为严格。其中CJ/T309—2009中A级污泥的标准几乎与欧盟的长期控制目标相当。尽管CJ/T309—2009根据允许施用作物范围的不同，通过对污泥进行A、B两级的划分来规定铜的含量，替代了GB4284—84中按照土壤pH划分的传统做法。而且与GB4284—84相比，CJ/T309—2009对于污泥施用的限量规定越来越严格，从一定程度上可以说明国家在对污泥农用污染物控制标准的完善过程中越来越重视污泥农用对生态环境的长期影响，但是CJ/T309—2009毕竟属于行业标准，只是对国家标准GB4284—84的补充，并没有太大的约束力或强制性，执行力度往往不够。而GB4284—84仅以土壤pH分段来控制从污泥带入土壤铜含量的科学性仍值得商榷。土壤pH值虽然是影响重金属生物有效性和毒性的重要因素[108~112]，但土壤其他性质如阳离子交换量、有机碳含量、黏粒含量等也均对铜的生物有效性和毒性产生不同程度的影响[113~117]。比如，Rooney等[99]基于18种不同性质的欧洲土壤进行了铜的植物测试，结果发现外源添加铜对番茄生长以及大麦根伸长的毒性主要受土壤可交换钙与阳离子交换量的影响。而李波等[108]在我国17种理化性质差异较大土壤中对大麦根伸长进行的研究结果表明，土壤 pH 和有机碳含量是控制土壤中铜毒性的最主要因子。同时，现行标准中只按 pH<6.5 和>6.5 进行两段式划分，还有待商榷与完善。因为在 pH<6.5 的土壤中，pH<5 的强酸性土与 6<pH<6.5 的弱酸性土的环境容量相差较大，但采用同一标准；而弱酸性土与中性土的环境容量相差不大，采用的标准却有 1 倍的差异[118]。此外，美国、欧盟、加拿大等均对污泥施用地中铜最大容量做了明确的规定，而我国只通过明确年累积污泥施用量、连续施用年限及干污泥中铜的浓度限值间接限定了允许从污泥带入土壤的铜总量，并没有明确规定土壤中铜的最大累积量，这需要结合不同土壤中铜的背景值而定。总的来说，我国现行污泥农用污染物控制标准有两方面有待完善。一方面，标准背后的基础研究，尤其是污泥农用生态与健康的风险评价较为薄弱，需要长期累积的研究成果，而我国目前很多污泥农用的数据都是基于短期的实验获得。相比之下，欧美等发达国家都是通过建立长期田间定位试验来确定不同土壤条件下污泥中污染物的环境容量、在土壤—作物间的累积与转移，以及食物链的风险等。另一方面，由于制定标准的技术方法，比如用来进行风险评价的物种敏感性分布法等起步较晚，大多还停留在理论研究阶段。

表 9-3 世界各地污泥农用标准中的铜

<table>
<tr><th rowspan="2">国家或地区</th><th rowspan="2">污泥类型</th><th rowspan="2">土地类型</th><th>最高限值</th><th>最低限值</th><th>短期控制目标</th><th>中期控制目标</th><th>长期控制目标</th><th>土壤最大累积量</th><th>土壤年最大累积量</th><th rowspan="2">污泥施用年限</th></tr>
<tr><th colspan="5">mg/kg 干污泥</th><th colspan="2">mg/kg</th></tr>
<tr><td>中国
GB4284—84</td><td colspan="2">n/a</td><td>250(pH<6.5)
500(pH>6.5)</td><td colspan="6">n/a</td><td>20</td></tr>
<tr><td rowspan="2">中国
CJ/T309—2009</td><td>A 级</td><td rowspan="2">n/a</td><td>500</td><td colspan="6" rowspan="2">n/a</td><td rowspan="2">10</td></tr>
<tr><td>B 级</td><td>1 500</td></tr>
<tr><td rowspan="3">美国
40CFR:Part 503</td><td>C 级</td><td rowspan="3">n/a</td><td>4 300</td><td colspan="7">n/a</td></tr>
<tr><td>D 级</td><td>1 500</td><td colspan="4">n/a</td><td>1 500</td><td>75</td><td>20</td></tr>
<tr><td>E 级</td><td>1 500</td><td colspan="7">n/a</td></tr>
<tr><td>欧盟
86/278/EEC</td><td colspan="2">n/a</td><td>1 750</td><td>1 000</td><td>1 000</td><td>800</td><td>600</td><td>50～140
(pH 6～7)
75～210
(pH>7)</td><td>12(pH 6～7)
18(pH>7)</td><td>10</td></tr>
<tr><td rowspan="4">澳大利亚
新南威尔士州</td><td>F 级</td><td>n/a</td><td>100</td><td colspan="7" rowspan="4">n/a</td></tr>
<tr><td rowspan="3">G 级</td><td>公共场地</td><td>375</td></tr>
<tr><td>农地</td><td>2 000</td></tr>
<tr><td>林地填筑地</td><td>2 000</td></tr>
<tr><td rowspan="2">澳大利亚</td><td>F 级</td><td rowspan="2">n/a</td><td>200</td><td colspan="7" rowspan="2">n/a</td></tr>
<tr><td>G 级</td><td>4300</td></tr>
</table>

（续）

国家或地区	污泥类型	土地类型	最高限值	最低限值	短期控制目标	中期控制目标	长期控制目标	土壤最大累积量	土壤年最大累积量	污泥施用年限
			mg/kg 干污泥					mg/kg		
加拿大	F级	n/a	400	n/a						
	G级		757	n/a				150(mg/hm^2)	n/a	
德国	n/a		1 000	n/a				1(t/hm^2)	0.33(t/hm^2)	3
法国	n/a		800	n/a				30(t/hm^2)	3(t/hm^2)	10
瑞典	n/a		600	n/a				5(t/hm^2)	1(t/hm^2)	5
荷兰	n/a		75	n/a				1～10(t/hm^2)	1～10(t/hm^2)	1

注：A 级污泥允许施用作物：蔬菜，粮食作物，油料作物，果树，饲料作物，纤维作物。
B 级污泥允许施用作物：油料作物，果树，饲料作物，纤维作物。
C 级为存放于袋子或容器中用于出售的污泥。
D 级为用于公共场地、农地、林地和填筑地的污泥。
E 级为用于草坪和花园的污泥。
F 级为无限制性使用的污泥：超市出售的用于庭院和花园。
G 级为限制性使用的污泥：通过适当的控制措施用于特定条件下。

9.3.2　研究进展

目前土壤（包括施用污泥后的土壤）环境质量标准和风险评价建立在金属总浓度的基础上，但越来越多的研究表明，仅以某一重金属的总量来衡量其污染程度是不合理的，并不能准确评估它们对生态环境与人类健康的潜在风险[119～120]，只有被生物吸收利用的那部分才是衡量重金属污染程度的关键[121～122]。近年来，不少学者采用由 Struijs 等[123]提出的外源添加法开展了与土壤重金属环境质量基准相关的研究工作[124～130]，获得了大量研究成果，但大多数都是基于外源添加水溶性重金属盐的生态毒理学实验。相对而言，污泥施用土壤中重金属环境质量基准方面的研究则显得较少。由于污泥中重金属的生物有效性并不等同于该金属水溶性盐的生物有效性，基于外源添加水溶性金属盐推导出的土壤重金属生态安全基准值并不能很好地适用于污泥施用后的土壤。Smolders 等[131]发现在添加等量的金属、相等的老化时间和维持相同的 pH 这样的田间试验条件下，污泥中金属的生物有效性和毒性低于该金属的水溶性盐。因此，若采用外源添加污泥铜的方法来确定污泥施用土壤中铜的生态安全阈值显得较为困难。基于此，Heemsbergen 等[132]建议采用污泥和土壤外源金属的生物有效性差异系数对已有的土壤重金属环境质量基准值进行校正，以适用于污泥农用的土壤。由此可见，确定金属分别以污泥及其水溶性盐的形式进入土壤后生物有效性差异的重要性，而如何评估土壤环境中重金属的生物有效性一直是环境科学领域里的热点问题之一。评价土壤中金属生物有效性的方法有很多[121]，其中主要包括化学提取法[133～134]、梯度扩散薄膜技术[135]、同位素稀释法[136～137]、生物学评价法，以及其他方法如体外消化法、体外评估法和金属原位形态分析法等。由于不同金属对于不同生物体的暴露途径以及富集能力都不尽相同，目前国际上就哪种方法能更准确地评价金属的生物有效性还没有统一的定论[138~139]。评价污泥农用土壤中铜的有效性和毒害不仅需要考虑它从污泥中的潜在释放，还要考虑它被释放后的形态及其在土壤固液相的分布[96~140]。一般而言，由于生物学评价法是根据测得的有机体吸收金属的量来判断其污染程度，它被广泛认为是一种最直观的方法。但有研究表明由于植物体在长期的进化过程中形成了一套内稳态机制来调控铜离子在细胞中的浓度，生物学评价法并不能很好地适用于铜。因此，建议选取活性作为衡量土壤中铜生物有效性的指标，采用同位素稀释法来评价污泥铜与其水溶性盐之间的活性差异[141]。而且，Ian 等发现土壤溶液中铜的活性与植物体内铜的活性基本是相同的[142]。

Smolders 等[143]对世界不同地区污泥农用土壤中铜的活性进行了研究，通过公式（1）对由同位素稀释法[144]测得的 E 值（同位素可交换性铜）进行计算得到了 21 组活性差异系数 f_{av}，如表 9-4 所示。

$$f_{av}\ (\%) = \frac{E_{AM}-E_C}{E_{FS}-E_C} = \frac{\Delta E\text{（施用污泥）}}{\Delta E\text{（添加水溶性铜盐）}} \quad (1)$$

式中，E 值分别代表污泥施用后土壤中（AM）、实验室外源添加水溶性铜盐后土壤中（FS）以及对照组土壤中（C）的同位素可交换性铜；ΔE 代表铜在土壤固相和液相之间达到分配平衡时放射性可交换部分在土壤处理前后的增量。其中，3 组来源于中国湖南省、浙江省和澳大利亚 Tallimba 的数据由于 E 值差异不显著（<0）而导致无效。另外，有 5 组分别来源于比利时 Boutersem、丹麦 Askov、中国吉林省、新疆维吾尔自治区和云南省的有效数据是基于施加堆肥和畜禽粪便的土壤样本，考虑到堆肥、畜禽粪便与城市污泥的成分接近，以及城市污泥数据的缺乏，将忽略它们对铜活性影响的差异。尽管土壤 pH、总铜含量的变化及老化效应等都会影响土壤中铜的活性，但通过对表 9-4 中对活性差异系数和与之相对应的土壤 pH、污泥施用年限以及污泥施用的土壤中总铜含量分别进行线性回归分析后发现活性差异系数与土壤 pH、污泥施用年限以及污泥施用地总铜含量均无显著关系。这可能是由于活性差异系数来源于添加水溶性铜盐土壤的 pH 以及总铜含量调整至与施用污泥土壤的相同水平后所得到的活性变量比值，而表 9-4 中活性的差异可能主要源于长期施用污泥引起的老化效应、施用污泥后土壤有机成分的改变以及污泥与铜盐中铜化学形态的不同。由于累积概率分布函数可以通过对一定范围内样本事件发生的概率进行拟合，完整地描述该范围内所有事件发生的概率分布。通过累积概率分布来确定这 18 组独立的活性差异系数的取值是比较理想的方式。

表 9-4　基于同位素稀释法测得的 E 值计算出的污泥铜与水溶性铜盐活性差异系数

地　　点	活性差异系数（%）	土壤 pH	有机肥来源	有机肥平均施用年限（a）	土壤总铜含量（mg/kg）
比利时 Boutersem	22	6.39	堆肥	4	11
丹麦 Askov	17	5.59	畜禽粪便	55	12
中国湖南	−3	6.08	畜禽粪便	4	65
中国吉林	36	6.78	畜禽粪便	9	36

（续）

地　　点	活性差异系数（%）	土壤 pH	有机肥来源	有机肥平均施用年限（a）	土壤总铜含量（mg/kg）
澳大利亚 Tallimba	－17	5.93	畜禽粪便	3	10
中国新疆	4	7.88	畜禽粪便	9	29
中国云南	13	6.92	畜禽粪便	4	177
中国浙江	－6	6.22	畜禽粪便	9	42
泰国 Chiang Mai	32	6.67	城市污泥	1	47
澳大利亚 Glenfield	39	5.42	城市污泥	19	139
德国 Hohenheim	28	6.54	城市污泥	26	61
瑞典 Igelösa	6	6.85	城市污泥	13	28
澳大利亚 Kingaroy	1	5.41	城市污泥	3	84
比利时 Leuven LH2	7	7.44	城市污泥	3	22
比利时 Leuven LR2	16	6.88	城市污泥	3	30
西班牙 Madrid S2	33	7.46	城市污泥	20	232
西班牙 Madrid V2	24	7.43	城市污泥	20	109
瑞典 Petersborg	42	6.46	城市污泥	13	20
泰国 Phra Phuttabut	31	5.55	城市污泥	1	31
澳大利亚 Sewage ash	9	7.16	城市污泥	13	32
澳大利亚 Spalding	20	6.95	城市污泥	3	70

相对于目前常用的其他 4 种函数：Log-normal、Log-logistics、Weibull 和 Gamma，BurrⅢ的拟合精度更高。因此，采用基于 BurrⅢ累积概率分布函数[145~146]的 BurrliOZ 软件（www. csiro. au/products/BurrliOZ）对从上面筛选出来的 18 组数据进行拟合并计算不同概率分位值所对应的数值。其中，BurrⅢ函数的参数方程为

$$F(x)=\frac{1}{\left[1+\left(\frac{b}{x}\right)^{c}\right]^{k}}$$

式中，x 为活性差异系数（%）；b、c、k 为函数的 3 个参数。从图 9-7 可以发现，BurrⅢ累积概率分布函数对于数据的拟合效果较好，尤其在 Y 轴 30%以上范围内。代表较为宽松水平的 25 分位值、中等水平的 50 分位值、较严格水平的 75 分位值以及严格水平的 90 分位值所对应的系数分别为 11%、21%、32%和 38%。考虑到不确定性，选用代表严格水平的 90 分位值下的 38%作为进一步推导污泥农用中铜的生态安全基准值活性差异系数。

王小庆[147]基于外源添加水溶性铜盐对中国土壤的 21 个物种通过物种敏感性分布推导出的不同土壤条件下铜 HC_5 值（Hazardous Concentration of 5%，即能够保护 95%物种

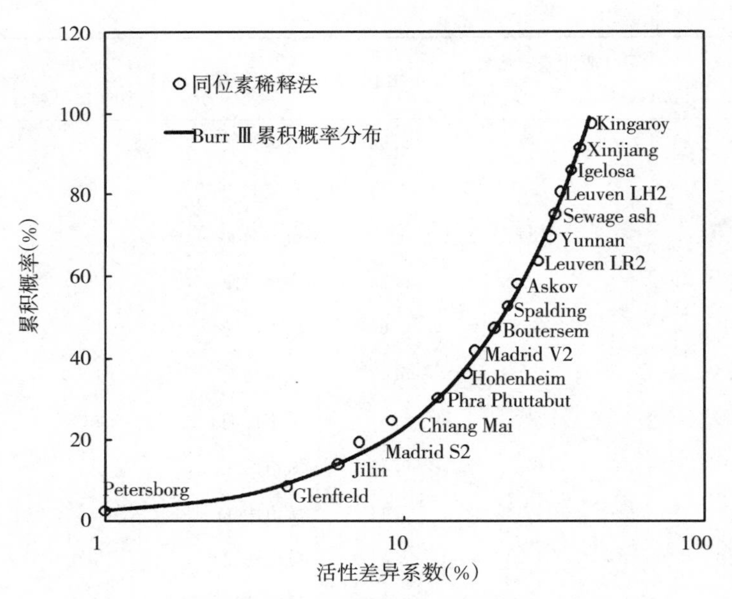

图 9-7　活性差异系数的累积概率分布

的浓度)，如表 9-5 所示。由于实验室中取得的毒理学试验结果与野外田间存在差异的原因大多来自于淋洗和老化的双重作用，为了能更接近野外田间实际污染情况，收集到的铜老化 HC_5 值是经过淋洗和老化因子校正后的值。而活性差异系数是基于未经淋洗处理，且在添加水溶性铜盐后老化 2 周左右（毒理学试验常规老化时间）的土壤样本所测得的。考虑到用活性差异系数法计算时铜盐数据的一致性，需要将收集到的铜老化 HC_5 值还原至同位素稀释法测定前的值。其中，淋洗因子（LF）的取值同样引自王小庆的研究报告[147]，即当 pH≤7.0 时，LF 的取值为 1.4；当 pH＝7～8.5 时，LF 的取值为 1.7；当 pH≥8.5 时，LF 的取值则为 1.9。由于我国目前尚无基于中国土壤的老化因子计算模型，这里老化因子（AF）的取值将通过基于欧洲土壤推导[93]的模型（2）进行计算。

$$E\text{ 值}（\%）=100-\frac{89.8}{10^{(7.7-\mathrm{pH})}+1}\times t^{\frac{1}{t}}-4.92\times \ln t \tag{2}$$

式中，t 为老化时间（d）；pH 为土壤 pH（1∶5$CaCl_2$）。由于 HC_5 值所对应的 pH 是采用 1∶5H_2O 测定的，在导入模型（2）之前需将其通过线性回归方程 pH（1∶5$CaCl_2$）＝0.835pH（1∶5H_2O）＋0.291（n＝17，R^2＝0.988）[147]进行换算。另外，HC_5 值对应的老化时间为 1 年（360d），而用于同位素稀释法测定的土壤样本其老化时间为 16d。其中，14d 为毒理学试验所需的常规老化时间，而另外 2d 则是为了将不同处理的土壤样本中铜浓度调整至同等水平而加入额外铜盐后的老化时间[98]，所以本研究中 AF 的取值为 16d 的 E 值与 360d 的 E 值的比值。

通过污泥铜和水溶性铜盐之间的 E 值增量比值（活性差异系数）对处理过的铜盐 HC_5 值进行校正，得到施用污泥后相同土壤中铜的 HC_5 值，具体过程可通过公式（3）表达：

$$\text{污泥铜 }HC_5\text{ 值}=\text{铜盐 }HC_5\text{ 值}\times\frac{\Delta E\text{（添加水溶性铜盐）}}{\Delta E\text{（施用污泥）}}=\frac{\text{铜盐 }HC_5\text{ 值}}{f_{av}} \tag{3}$$

表 9-5　不同土壤条件下的铜老化 HC_5 值

pH	有机碳（%）	阳离子交换量（cmol/kg）						pH	有机碳（%）	阳离子交换量（cmol/kg）					
		5	10	15	20	25	30			5	10	15	20	25	30
		老化 HC_5 值（mg/kg）								老化 HC_5 值（mg/kg）					
4.5	1	7.8	14.0	19.4	24.1	28.5	32.3	7.0	1	13.8	25.5	33.9	40.4	45.3	49.0
	2	8.2	15.0	21.3	27.2	32.9	38.3		2	13.4	26.2	37.4	47.2	54.7	60.7
	3	8.4	15.3	21.7	27.8	33.6	39.2		3	13.2	25.7	37.4	48.2	58.2	67.0
	4	8.5	15.5	22.0	28.2	34.0	39.5		4	13.4	25.3	36.8	47.8	58.2	68.2
5.0	1	8.6	16.0	22.0	27.3	31.9	36.0	7.5	1	15.9	27.9	36.5	42.8	47.3	50.5
	2	8.9	16.5	23.7	30.4	36.9	42.8		2	15.6	29.5	41.5	50.9	58.1	63.7
	3	9.2	16.8	24.0	30.8	37.3	43.6		3	15.1	29.1	41.9	53.6	63.9	71.6
	4	9.4	17.1	24.3	31.1	37.5	43.7		4	14.9	28.4	41.4	53.6	65.0	75.7
5.5	1	9.4	18.0	24.8	30.6	35.5	39.7	8.0	1	17.9	30.3	38.8	44.6	48.6	50.0
	2	9.6	18.2	26.4	34.0	41.2	47.4		2	17.8	32.9	45.2	54.2	60.9	65.9
	3	10.0	18.5	26.5	34.2	41.6	48.8		3	17.3	32.8	46.7	59.2	68.3	75.7
	4	10.2	18.8	26.8	34.3	41.5	48.5		4	16.9	32.2	46.5	59.8	72.1	82.1
6.0	1	10.5	20.4	27.9	34.1	39.3	43.6	8.5	1	20.2	32.9	41.1	46.4	48.1	46.7
	2	10.5	20.5	29.8	38.4	46.2	52.4		2	20.5	36.9	48.9	57.5	63.7	68.0
	3	10.9	20.5	29.7	38.5	46.9	54.9		3	20.1	37.4	52.3	64.4	73.0	79.9
	4	11.2	20.7	29.7	38.2	46.5	54.7		4	19.6	37.0	53.0	67.5	79.2	88.4
6.5	1	12.1	22.9	30.9	37.4	42.6	46.0	9.0	1	23.3	36.6	44.6	47.4	46.5	46.0
	2	11.7	23.1	33.5	42.8	50.6	56.8		2	24.2	42.1	54.2	62.5	68.2	67.5
	3	11.9	22.8	33.3	43.1	52.4	61.0		3	24.0	43.8	59.8	71.4	80.0	86.4
	4	12.2	22.8	32.9	42.6	52.2	61.2		4	23.5	43.9	62.1	77.2	88.6	97.8

式中，铜盐 HC_5 值为将收集到的铜老化 HC_5 值还原至同位素稀释法测定前的值；f_{av} 为基于90分位值下的活性差异系数。对推导出的污泥铜 HC_5 值及对应的土壤性质作图，如图9-8所示，发现影响污泥铜 HC_5 值的变化趋势主要因素是阳离子交换量，其次是土壤pH值。相对来说，有机碳含量对它的影响最小。

将推导出的污泥铜 HC_5 值与不同的土壤性质参数进行多元线性回归分析，获得了量化关系式，如表9-6所示。从决定系数 R^2 可以看出pH、log OC、log CEC分别可控制污泥铜 HC_5 值变异的8.4%、1.8%和84.6%，说明CEC是影响污泥施用土壤中铜毒性的主控因子，这可能是受到土壤pH、OC、黏粒含量等其他因素对其共同影响的显著体现。其次是pH。相对来说，OC对它的影响最小。因此，相对于pH和OC，基于CEC的单

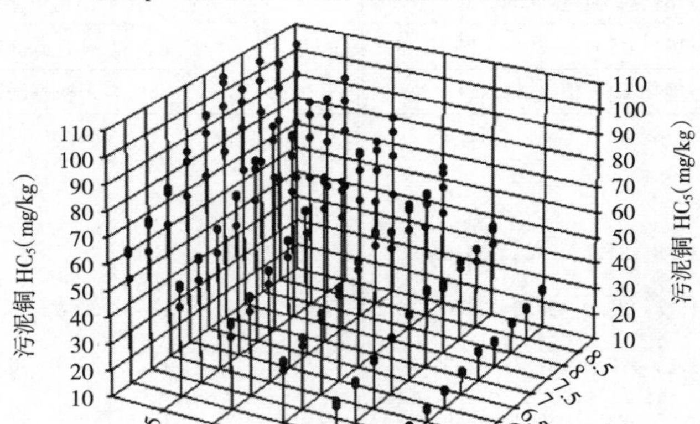

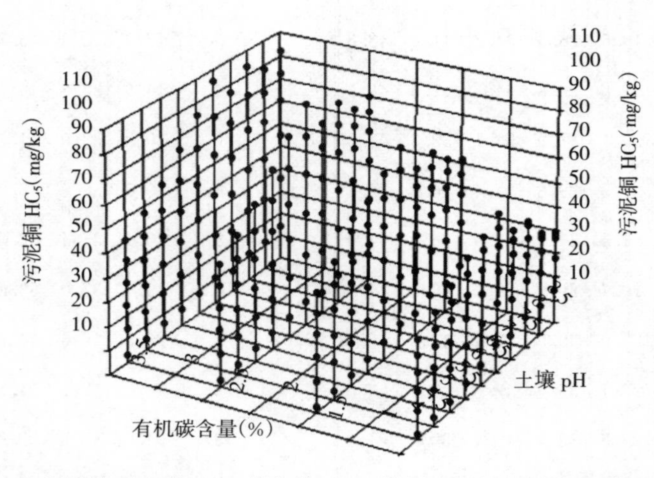

图 9-8　土壤性质参数对 90 分位值下 f_{av} 推导出的污泥铜 HC_5 值的影响

因子量化关系式即能较好地预测污泥铜 HC_5 值，而 pH 和 OC 的加入则能进一步提高预测的准确性。考虑到中国农业土壤中 OC 的含量变化范围不大（0.6%～4.3%），而且在关系式中是以 10 为底的对数，选取模型 1 和 2 作为农用污泥中铜生态安全阈值的预测模型显得较为理想。

模型 1：$\log HC_5=0.046pH+0.803\log CEC+0.401$

模型 2：$\log HC_5=0.046pH+0.136\log OC+0.803\log CEC+0.354$

模型中的 HC_5 为污泥施用后土壤中铜的 5%毒害浓度，pH 为 1∶5H_2O 土液比所测定的土壤 pH，OC 为土壤有机碳含量（%），CEC 为阳离子交换量（cmol/kg）。模型 1 和 2 中 pH、OC 和 CEC 的斜率均分别为 0.046、0.136 和 0.803。

表 9-6　基于 90 分位值下 fav 所推导出的污泥铜 HC_5 值与不同土壤性质参数的量化关系式

土壤性质参数	量化关系式	决定系数（R^2）	公式
pH	$logHC_5$ =0.046pH+1.345	0.084	5
OC	$logHC_5$ =0.136logOC+1.61	0.018	6
CEC	$logHC_5$ =0.803logCEC+0.713	0.846	7
pH、OC	$logHC_5$ =0.046pH+0.136logOC+1.298	0.102	8
pH、CEC	$logHC_5$ =0.046pH+0.803logCEC+0.401	0.93	9
OC、CEC	$logHC_5$ =0.136logOC+0.803logCEC+0.666	0.864	10
pH、OC、CEC	$logHC_5$ =0.046pH+0.136logOC+0.803logCEC+0.354	0.948	11

将模型 2 与王小庆[147] 基于水溶性铜盐推导出的铜老化 HC_5 值预测模型 $logHC_5$ = 0.077pH+0.231logOC+0.734logCEC+0.062（R^2 =0.961）相比，发现模型 2 中 pH 与 OC 的斜率均较低，但 CEC 的斜率则高些，进一步肯定了因施用污泥而发生变化的土壤性质参数共同作用于 CEC 的推测。将模型预测值与实际推导值进行比较，如可以看出：模型 1 和 2 都能够根据不同的土壤性质参数比较准确地预测污泥铜 HC_5 值。两个模型预测值与推导值之间的相关系数 R^2 分别为 0.84 和 0.9，预测的标准误差分别为 9.15 和 7.31（图 9-9）。

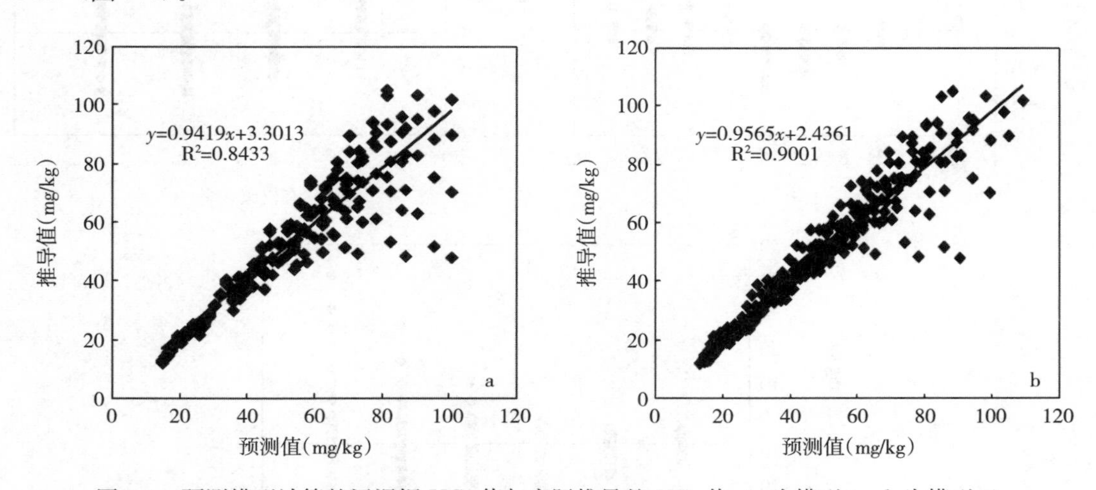

图 9-9　预测模型计算的污泥铜 HC_5 值与实际推导的 HC_5 值（a 为模型 1，b 为模型 2）

通过建立不同土壤性质参数与误差的关系，如图 9-10 与图 9-11 所示。结果表明，模型 1 在 CEC≥20cmol/kg 的土壤中预测效果较差，且随着土壤 pH 的增加，预测值逐渐从保守到宽泛，但通过对所有误差求和发现总体预测值低于总体实际推导值。而模型 2 同样在 CEC≥20cmol/kg 的土壤中预测效果较差，且随着 pH 和 OC 含量的增加，误差也越大，但相对于模型 1，其总体误差较低，且总体预测值仍低于实际推导值。值得注意的是，将这两个模型应用于碱性土壤时仍需十分谨慎，因为采用预测污泥铜 HC_5 值从总体上可能会导致过度保护。

将模型预测值与我国现行污泥农用标准值进行比较，不仅能反映目前标准的保护程

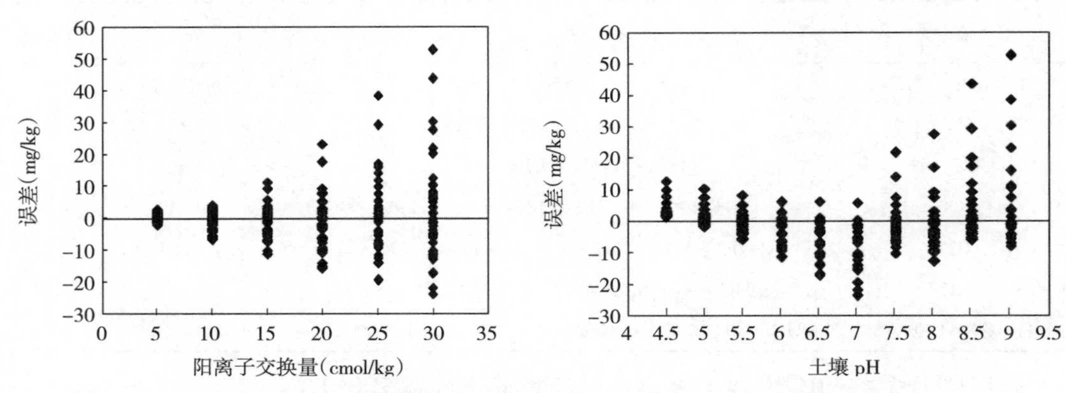

图 9-10　土壤性质参数对模型 1 预测值和推导值误差的影响

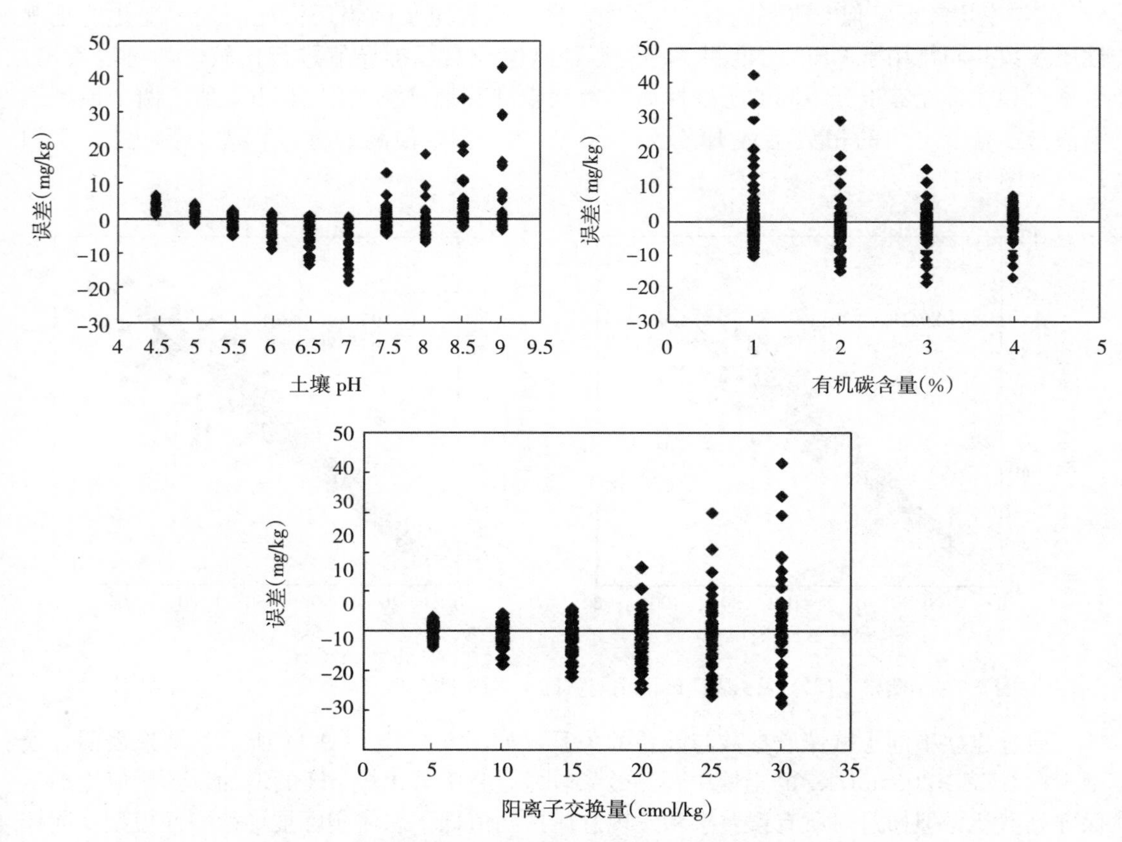

图 9-11　土壤性质参数对模型 2 预测值和推导值误差的影响

度，还能对模型预测的相对准确性有所了解。由于我国现行污泥农用标准中没有明确规定允许从污泥中带入土壤的污染物总量，因此无法直接与模型预测值进行比较。需要通过公式（4），并结合标准中已规定的年累积污泥施用量、连续施用年限及干污泥中铜的浓度限值进行推导后再进行比较。

$$\text{允许从污泥中带入土壤的污染物总量}=\frac{r\times t\times c}{\rho\times h\times s} \tag{4}$$

式中，r 为每 $667m^2$ 土壤年累积污泥施用量；t 为污泥连续施用年限；c 为每千克干污泥中污染物的限量；ρ 为土壤容重；h 为土层深度；s 为每 $667m^2$ 土壤面积。本研究中 r、t 和 c 分别按照我国现行污泥农用标准 GB4284—84[100] 以及 CJ/T309—2009[101] 中所对应的铜的限值进行计算，而 ρ、h 与 s 的取值分别为 1.35g/cm、0.2m 以及 $667m^2$。

将模型 1 和 2 的预测值分别与这两个标准的推导值进行比较，如图 9-12 与 9-13 所示。与 GB4284—84 相比，结果发现在土壤 pH＞6.5 的情况下，无论 CEC 和 OC 的含量如何，现行标准推导值均高于模型预测值，说明现行标准较为宽松，保护不足。在土壤 pH＜6.5 的情况下，现行标准推导值介于不同 CEC 含量下的模型预测值之间，即：当 CEC 的含量较高时（CEC＝30cmol/kg），现行标准推导值低于模型预测值，说明现行标准较为严格，保护过度；当 CEC 的含量较低时（CEC＝10cmol/kg），现行标准推导值又高于模型预测值，与在 pH＞6.5 的情况下一样；当 CEC 的含量中等时（CEC＝20cmol/kg），原本高于模型预测值的现行标准推导值随着 OC 含量的增加逐渐低于模型预测值。与 CJ/T309—2009 相比结果发现，无论 pH、CEC 和 OC 的含量如何，现行标准 A 级推导值均低于模型预测值，说明现行标准较为严格，保护过度；只有在 CEC 含量较低的情况下（CEC＝10cmol/kg），现行标准 B 级推导值才高于模型预测值，但会随着 OC 含量的增加逐渐低于模型预测值。由此可见，因土壤理化性质不同而导致铜生物有效性和毒性的差异会使以单一分段式来控制总铜含量的现行标准同时存在保护不足与保护过度的问题，同时也说明根据不同土壤性质参数制定相应生态安全阈值的重要性。此外，虽然污泥施用土壤中铜毒性的主控因子是 CEC，而不是 pH，但 pH 很有可能是影响其他重金属的主要因素，而 GB4284—84 的制订是为了对污泥农用过程中所有目标污染物的含量进行控制，因此仅针对土壤 pH 进行了两段划分（pH＜6.5、pH＞6.5），仍显得不够科学。

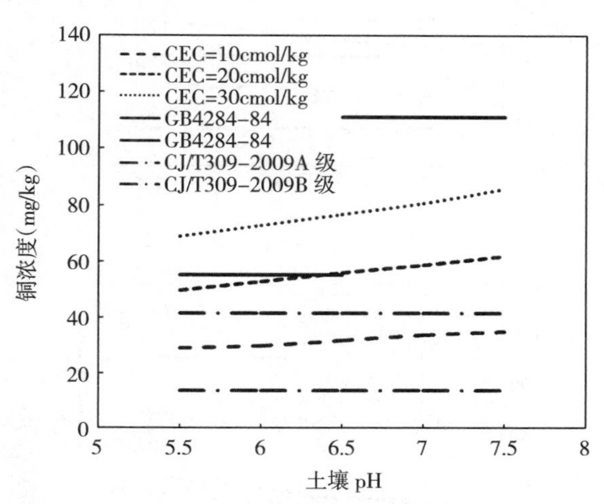

图 9-12 模型 1 预测值与现行标准推导值的比较

表 9-7 为提出的我国现行污泥农用中铜在不同土壤性质参数下的分段生态安全基准建议值以及连续标准计算公式。可以根据已知土壤性质参数的不同情况选用不同的公式。另外，以外源添加法[123]的形式对铜的生态安全阈值给出建议，该方法基于土壤重金属因来源不同而导致的活性差异，假设土壤背景值部分的重金属活性因土壤生物已对其产生适应性而可以忽略，只需考虑外源添加部分的重金属活性。如果以总量法的形式，即土壤最大累积量，对铜的生态安全阈值给出建议，还需结合不同土壤中铜的背景值含量。土壤中的铜背景值主要来自于成土母岩的风化，我国地域辽阔，土壤类型多变，不同的成土母岩铜

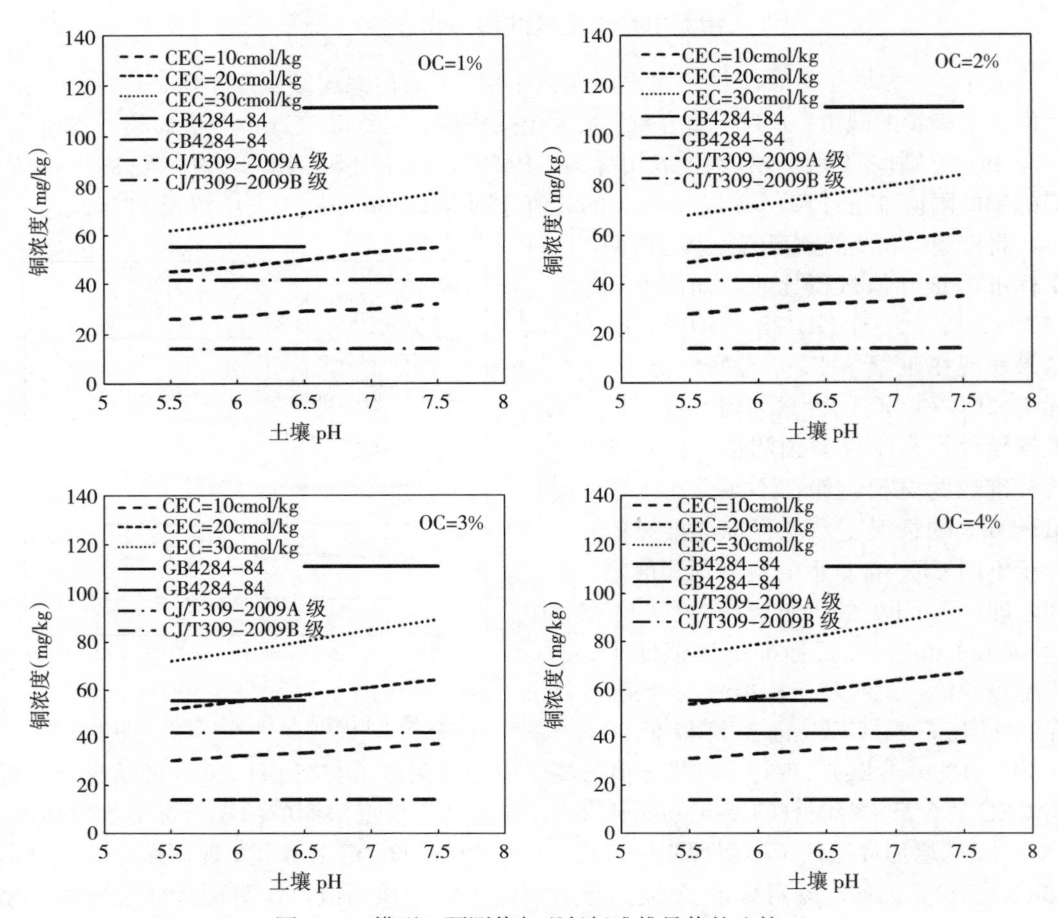

图 9-13 模型 2 预测值与现行标准推导值的比较

含量差异很大。如何确定土壤中的铜背景含量仍需进一步研究，目前已有的几种确定土壤背景值的方法有：中国环境监测总站采用的土壤地理化学调查法[148]、利用铜与原始土壤中的结构元素回归关系[149]或者频率分布法[150]。20 世纪 80 年代进行了中国土壤背景值调查，结果表明：中国土壤中铜背景值的中 50 分位值、75 分位值及 90 分位值分别为 20.7、27.3 和 36.6mg/kg。若某一土壤背景值含量无法确定，则采用 1990 年中国土壤调查的铜含量中位值 21mg/kg[147]来计算。

总的来说，污泥中铜的活性均值约为以其水溶性盐的 40%左右。从土壤 pH、logOC、logCEC 分别可控制污泥铜 HC_5 值变异的 8.4%、1.8%和 84.6%可以看出，CEC 是影响污泥施用土壤中铜毒性的主控因子。我国现行污泥农用标准 GB4284—84 与 CJ/T309—2009 中对铜限量的规定均存在不同程度的保护不足和保护过度问题。所建立的污泥铜 HC_5 值预测模型，虽然有其适用局限性，但基本上可以根据不同的土壤条件较为准确地预测污泥施用后土壤中铜的生态安全阈值。此外，在土壤性质参数充足的条件下，选取相关性达到 94.8%的基于土壤 pH、OC 和 CEC 的三因子模型进行预测更优于基于土壤 pH 和 CEC 的两因子模型。

表 9-7　农用污泥中铜的生态安全基准建议值

方法	连续标准计算公式		分段标准值[a]（mg/kg）								
			CEC<10			CEC10～30			CEC>30		
			pH<6.5[b]	pH6.5～7.5	pH>7.5	pH<6.5	pH6.5～7.5	pH>7.5	pH<6.5	pH6.5～7.5	pH>7.5
外源添加法 CEC、pH	$10^{0.046pH+0.803logCEC+0.401}$		29	34	35	50	59	62	69	81	86
外源添加法 CEC、pH、OC	$10^{0.046pH+0.136logOC+0.803logCEC+0.354}$	1[c]	26	30	32	45	53	55	62	73	77
		2	28	33	35	49	58	61	68	80	84
		3	30	35	37	52	61	64	72	85	89
		4	31	36	38	54	64	67	75	88	93
GB 4284—84	n/a		55.5	111.1		55.5	111.1		55.5	111.1	
CJ/T 309—2009	n/a	A[d]	13.9								
		B	41.6								

注：[a] 为不同土壤中的阳离子交换量（cmol/kg），CEC<10、10～30 和>30 分别按 CEC10、20 和 30 计算。

[b]pH<6.5、6.5～7.5 和>7.5 分别按 pH 5.5、7 和 7.5 计算。

[c]为不同土壤中的有机碳（%）。

[d]A 级污泥允许施用作物：蔬菜、粮食作物、油料作物、果树、饲料作物、纤维作物；B 级污泥允许施用作物：油料作物、果树、饲料作物、纤维作物。

参 考 文 献

[1] MacNicol R D, Beckett P H. The distribution of heavy metal between the principle components of digested sewage sludge [J]. Water Resources, 1989 (13): 817-837.

[2] 王凯军，贾立敏．城市污水生物处理新技术开发与应用 [M]. 北京：化学工业出版社，2001.

[3] 周立祥，沈其荣，陈同斌，等．重金属及养分元素在城市污泥主要组分中的分配及其化学形态 [J]. 环境科学学报，2000，20 (3)：269-274.

[4] US EPA. Land application of Sewage Sludge-A Guide for Land Appliers on the Requirements of the Federal Standards for the Use or Disposal of Sewage Sludge, 40CFR Part 503EPA/831-B-93-002b [S]. Office for Enforcement and Compliance Assurance, Washington DC. 1994.

[5] Gavalda D, Scheiner J D, Revel J C et al. Agronomic and environmental impacts of a single application of heat-dried sludge on an Alfisol [J]. Science of The Total Environment, 2005, 343 (1-3): 97.

[6] Harrison E Z, Eaton M M. The role of municipalities in regulating the land application of sewage and spetege [J]. Journal of Nature Resources, 2001, 41 (1): 77-123.

[7] Sonya L. Potential utilization of sewage sludge and papermill waste for biosorption of metal from polluted waterways [J]. Bioresource Technology, 2001, 79: 35-39.

[8] 龚明睿．我国污泥农用现状 [J]. 广东化工，2012，39 (10)：128-129.

[9] Richards B K, Steenhuis T S, Peverly J H, et al. Effect of sludge-processing mode, soil texture and soil pH on metal mobility in undisturbed soil columns under accelerated loading [J]. Environmental Pollution, 2000, 109 (2): 327-346.

[10] Magesan G N, Wang H. Application of municipal and industrial residuals in New Zealand forests: an overview [J]. Australian Journal of Soil Research, 2003, 41: 557-569.

[11] Gonzalez M, Mingorance M D, Sanchez L, et al. Pesticide adsorption on a calcareous soil modified with sewage sludge and quaternary alkyl-ammonium cationic surfactants [J]. Environmental Science and Pollution Research, 2008, 15 (1): 8-14.

[12] 余杰，郑国砥，高定，等．城市污泥土地利用的国际发展趋势与展望 [J]. 中国给水排水，2012，28 (20)：28-30.

[13] 李琼，华珞，徐兴华，等．城市污泥农用的环境效应及控制标准的发展现状 [J]. 中国生态农业学报，2011，19 (2)：468-476.

[14] 李艳霞，陈同斌，罗维，等．中国城市污泥有机质及养分含量与土地利用 [J]. 生态学报，2003，23 (11)：2464-2474.

[15] 王新，周启星．污泥堆肥土地利用对树木生长和土壤环境的影响 [J]. 农业环境科学学报，2005，24 (1)：174-177.

[16] 刘强，陈玲，邱家洲，等．污泥堆肥对园林植物生长及重金属积累的影响 [J]. 同济大学学报（自然科学版），2010，38 (6)：870-875.

[17] 陈曦，杨丽标，王甲辰，等．施用污泥堆肥对土壤和小麦重金属累积的影响 [J]. 中国农学通报，2010，26 (8)：278-283.

[18] 梁丽娜，黄雅曦，杨合法，等．污泥农用对土壤和作物重金属累积及作物产量的影响 [J]. 农业工程学报，2009，25 (6)：81-86.

[19] 陈祥，包兵，张晓艳，等．三种污水污泥对两种地被植物和土壤的影响 [J]. 西南大学学报（自然

科学版)，2009，31 (5)：130-133.
[20] 王新，周启星，陈涛，等．污泥土地利用对草坪草及土壤的影响 [J]. 环境科学，2003，24 (2)：50-53.
[21] Xu J K，Yang L X，Wang Z Q，et al. Toxicity of copper on rice growth and accumulation of copper in rice grain in copper contaminated soil [J]. Chemosphere，2006 (62)：602-607.
[22] 朱建国，邢光熹．土壤微量元素和稀土元素化学 [M]. 北京：科学出版社，2003.
[23] Jiang X Y. Mechanism of heavy metal injury and resistance of plant [J]. Application and Environmental Biology，2001 (1)：15-18.
[24] Wang H Y，Sun X Y. Studies on heavy metal pollution in soil-plant system [J]. China Forestry，2003 (1)：20-22.
[25] 李延，黄毅斌．缺锌对水稻蛋白质合成的影响 [J]. 福建省农科院学报，1996，11 (1)：22-24.
[26] Maksymiec W. Effect of copper on cellular processes in higher plants [J]. Photosynthetica，1998，34 (3)：321-342.
[27] 林义章，徐磊．铜污染对高等植物的生理毒害作用研究 [J]. 中国生态农业学报，2007，15 (1)：68-70.
[28] 陈丽丽，包晢婷，王兆龙．土壤铜污染对5种草坪草生长指标的影响 [J]. 草业科学，2007 (7)：56-58.
[29] 徐亚平，王跃华，王宪仁，等．我国现有污泥农业利用标准分析与比较 [J]. 农业环境与发展，2012 (3)：87-89.
[30] 周立祥，沈其荣，陈同斌，等．重金属及养分元素在城市污泥主要组分中的分配及其化学形态 [J]. 环境科学学报，2000，20 (3)：269-274.
[31] McGrath S P，Chang A C，Page A L，et al. Land application of sewage sludge：scientific perspectives of heavy metal loading limits in Europe and the United States [J]. Environ Rev，1994，2 (1)：91-107.
[32] 陈同斌，黄启飞，高定，等．中国城市污泥的重金属含量及其变化趋势 [J]. 环境科学学报，2003，23 (5)：561-569.
[33] 李琼．城市污泥农用的可行性及风险评价研究 [D]. 北京：首都师范大学，2012.
[34] 杨军，郭广慧，陈同斌，等．中国城市污泥的重金属含量及其变化趋势 [J]. 中国给水排水，2009，25 (13)：122-124.
[35] 马学文，翁焕新，章金骏．中国城市污泥重金属和养分的区域特性及变化 [J]. 中国环境科学，2011，31 (8)：1306-1313.
[36] Stumn W，Brauner P A. A chemical speciation [M]. New York：Academic Press，1975.
[37] 汤鸿霄．试论重金属的水环境容量 [J]. 中国环境科学，1985，5 (5)：38-43.
[38] 邵孝侯，邢光熹．连续提取法区分土壤重金属元素形态的研究及其应用 [J]. 土壤学进展，1994，22 (3)：40-46.
[39] Tessier A，Campbell P G C，Bisson M，et al. Sequential extraction procedure for the speciation of particulate trace metals [J]. Analytical Chemistry，1979，51 (7)：844-851.
[40] Ure A M，Quevauviller P H，Muntau H，et al. Speciation of heavy metals in soils and sediments：an account of the improvement and harmonization of extraction techniques undertaken under the auspices of the BCR of the commission of the European communities [J]. Intl. J. Environ Anal Chem，1993 (51)：135-151.
[41] Cambrell R P. Trace and toxic metals in wetland：a review [J]. Journal of Environmental Quality，

1994 (23): 883-819.
[42] Shuman L M. Fractionation method for soil microelements [J]. Soil Science, 1985 (140): 11-22.
[43] Leleyter L, Probst J L. A new sequential extraction procedure for the speciation of particulate trace elements in river sediments [J]. Intl. J. Environ Anal Chem, 1999, 73 (2): 109-128.
[44] 李宇庆，陈玲，仇雁翎，等．上海化学工业区土壤重金属元素形态分析 [J]. 生态环境，2004，13 (2): 154-155.
[45] Singh A K, Bene-ee D K. Grain size and geochemical partitioning of heavy metals in sediments of the Damodar River-A tributary of the lower Ganga, India [J]. Environ Geol, 1999, 39 (1): 91-98.
[46] 杨宏伟，王明仕，徐爱菊，等．黄河（清水河段）沉积物中锰、钴、镍的化学形态研究 [J]. 环境科学研究，2001，14 (5): 20-22.
[47] 崔妍，丁永生，公维民，等．土壤中重金属化学形态与植物吸收的关系 [J]. 大连海事大学学报，2005，31 (2): 59-63.
[48] Presley B J, Trefry J H. Heavy metal inputs to Mississippi delta sediments: a historical review [J]. Water Air Soil Poll, 1980 (13): 481-494.
[49] 吴新民，潘根兴．影响城市土壤重金属污染因子的关联度分析 [J]. 土壤学报，2003，40 (6): 921-929.
[50] 雷鸣，廖柏寒，曾清如，等．两种污染土壤中重金属 Pb，Cd，Zn 的 EDTA 萃取及形态变化 [J]. 农业环境科学学报，2005，24 (6): 1233-1237.
[51] 雷鸣，廖柏寒，秦普丰．土壤重金属化学形态的生物可利用性评价 [J]. 生态环境，2007，16 (5): 1551-1556.
[52] 罗艳丽，郑春霞，王梦颖，等．乌鲁木齐城市污泥重金属形态特征及农用可行性分析 [J]. 环境工程，2014，5 (3): 69-72.
[53] 谭启玲，胡承孝，周后建，等．城市污泥中的重金属形态及其对潮土酶活性的影响 [J]. 华中农业大学学报，2002，21 (1): 36-39.
[54] 安淼，周琪，李永秋．城市污泥中重金属的形态分布和处理方法的研究 [J]. 农业环境科学学报，2003，22 (2): 199-202.
[55] 张朝升，陈秋丽，张可方，等．大坦沙污水厂污泥重金属形态及其生物有效性的研究 [J]. 农业环境科学学报，2008，27 (3): 1259-1264.
[56] 胡忻，陈茂林，吴云海，等．城市污水处理厂污泥化学组分与重金属元素形态分布研究 [J]. 农业环境科学学报，2005，24 (2): 387-391.
[57] 陈茂林，胡忻，王超．我国部分城市污泥中重金属元素形态的研究 [J]. 农业环境科学学报，2004，23 (6): 1102-1105.
[58] 乔显亮，骆永明．我国部分城市污泥化学组成及其农用标准初探 [J]. 土壤，2001，33 (4): 205-209.
[59] 乔显亮，骆永明．污泥土地利用研究 II. 连续化学提取法研究施污泥土壤重金属的有效性和环境风险 [J]. 土壤，2001 (4): 210-213.
[60] 谢鸿志，胡友彪．不同 pH 条件对城市污泥中重金属生物有效性的影响 [J]. 安徽农业科学，2009，37 (5): 2163-2164，2207.
[61] 李瑞，周少奇，陈晓武．城市污泥的重金属生物活性及其控制 [J]. 环境污染治理技术与设备，2003，7 (4): 60-64.
[62] 徐兴华．城市污泥农用的农学和环境效应研究 [D]. 北京：中国农业科学院，2008.
[63] 周立祥，沈其荣，陈同斌，等．重金属及养分元素在城市污泥主要组分中的分配及其化学形态

[J]. 环境科学学报，2000，20（3）：269-274.
[64] 高焕梅．长期施肥对紫色土一作物重金属含量的影响［D]. 重庆：西南大学，2008.
[65] Walter I，Martínez F，Cala V. Heavy metal speciation and phytotoxic effects of three representative sewage sludges for agricultural uses [J]. Environmental Pollution，2006，139（3）：507-514.
[66] 后藤茂子，茅野充男，山岸顺子，等．长期施用污肥导致重金属在土壤中蓄积［J]. 水土保持科技情报，1999（3）：1-4.
[67] 陈秋丽，张朝升，张可方，等．城市污水处理厂的污泥农用对土壤的重金属影响［J]. 污染防治技术，2008，21（1）：23-25.
[68] 李琼，徐兴华，左余宝，等．污泥农用对痕量元素在小麦-玉米轮作体系中的积累及转运的影响［J]. 农业环境科学学报，2009，28（10）：2042-2049.
[69] 刘清，王子健，汤鸿霄．重金属形态与生物毒性及生物有效性关系的研究进展［J]. 环境科学，1996，17（1）：89-92.
[70] Xian X. Chemical partitioning of cadmium，zinc，and lead in soils near smelts [J]. J. Environ Sci Health A，1987（6）：527-541.
[71] Allen H E，Hall R H，Brisbin T D. Metals speciation effects on aquatic toxicity [J]. Environ Sci Technol，1980，14（4）：441-443.
[72] 王学锋，杨艳琴．土壤-植物系统重金属形态分析和生物有效性研究进展［J]. 化工环保，2004，24（1）：24-28.
[73] 付晓风．施用污泥堆肥对土壤中铜、锌的形态分布影响研究［J]. 江西化工，2008（4）：205-208.
[74] 付新梅，俞珊，李云飞，等．污泥土地利用中重金属铜在土壤中的迁移行为［J]. 环境科学与管理，2010，35（12）：18-21.
[75] 王月香，陈茂林，丁建文．污泥中铜、锌元素有效态和形态受酸碱度影响的研究［J]. 科学技术与工程，2014，14（18）：305-309.
[76] 李云，曹慧，孙波．施污泥土壤中铜的形态分布及其生物有效性［J]. 土壤，2009，41（5）：836-839.
[77] 俞珊，付新梅，李云飞．污泥土地利用中重金属铜污染地下水的潜在风险研究［J]. 四川环境，2010，29（4）：35-37.
[78] Peng，H Y，Yang X E. Effect of Elsholtzia splendens，soil amendments，and soil managements on Cu，Pb，Zn and Cd fractionation and solubilization in soil under field conditions [J]. Bulletin of Environmental Contamination and Toxicology，2007，78（5）：384-389.
[79] McNear D H，Chaney R L，Sparks D L. The effects of soil type and chemical treatment on nickel speciation in refinery enriched soils：A multi-technique investigation [J].Geochimicaet Cosmochimica Acta，2007，71（9）：2190-2208.
[80] Sauerbeck D. Plant element and soil properties governing uptake and availability of heavy metals derived from sewage sludge [J]. Water，Air，and Soil Pollution，1991，57（1）：227-237.
[81] McBride M B. Reactions controlling heavy metal solubility in soils [J]. Advanced Soil Science，1989（10）：1-57.
[82] Dang V B H，Doan H D，Dang-Vu T，et al. Equilibrium and kinetics of biosorption of cadmium and copper ions by wheat straw [J]. Bioresource Technology，2009，100（1）：211-219.
[83] Oliver D P，Hannam R，Tiller K Q，et al. The effects of zinc fertilization on cadmium concentration in wheat grain [J]. Journal Environmental Quality，1994（23）：705-711.
[84] 陈怀满．土壤一植物系统中的重金属污染［M]. 北京：科学出版社，1996.

[85] Chaudri A, McGrath S, Gibbs P, et al. Cadmium availability to wheat grain in soils treated with sewage sludge or metal salts [J]. Chemosphere, 2007 (66): 1415-1423.
[86] 陈凌霞，黄杰，魏峰，等．生活污泥长期施用对土壤理化性质的影响 [J]. 上海农业科技，2005 (2): 27-28.
[87] 李梦红，黄现民，诸葛玉平．污泥农用对土壤理化性质及作物产量的影响 [J]. 水土保持通报，2009, 29 (6): 95-98.
[88] 杨林章，毛景东．污泥在农业上的合理应用 [J]. 土壤学进展，1995, 23 (6): 43-47.
[89] Harter R D. Effect of soil pH on adsorption of lead, copper, zinc and nickel [J]. Soil Sci Soc Am J., 1983 (47): 47-51.
[90] Martinez C E, Motto H L. Solubility of lead, zinc and copper added to mineral soils [J]. Environ pollut, 2000 (107): 153-158.
[91] 任理想．土壤重金属形态与溶解性有机物的环境行为 [J]. 环境科学与技术，2008, 31 (7): 69-72.
[92] Alexander M. Aging, bioavailability, and overestimation of risk from environmental pollutants [J]. Environmental Science and Technology, 2000, 34 (20): 4259-4265.
[93] Ma Y B, Lombi E, Oliver I W, et al. Long-term aging of copper added to soils [J]. Environmental Science and Technology, 2006, 40 (20): 6310-6317.
[94] Oorts K, Bronckaers H, Smolders E. Discrepancy of the microbial response to elevated Cu between freshly spiked and long-term contaminated soils [J]. Environmental Toxicology and Chemistry, 2006 (25): 845-853.
[95] Ma Y B, Lombi E, Oliver I W, et al. Short-term natural attenuation of copper in soils: effects of time, temperature, and soil characteristics [J]. Environmental Toxicology and Chemistry, 2006, 25 (3): 652-658.
[96] Oliver I W, McLaughlin M J, Merrington G. Temporal trends of total and potentially available element concentrations in sewage biosolids: a comparison of biosolid surveys conducted 18 years apart [J]. Science of the Total Environment, 2005, 337 (11): 139-145.
[97] Sukkariyah B F, Evanylo G, Zelazny L, et al. Cadmium, copper, nickel, and zinc availability in a biosolids-amended piedmont soil years after application [J]. Journal of Environmental Quality, 2005 (34): 2225-2262.
[98] Oorts K, Smolders E, Lombi E, et al. Final report: fate of copper in soils amended with sludge, animal manures and urban composts [R]. Australia. 2007.
[99] Rooney C P, Zhao F J, McGrath S P. Soil factors controlling the expression of copper toxicity to plants in a wide range of European soils [J]. Environmental Toxicology and Chemistry, 2006 (25): 726-732.
[100] 中华人民共和国城乡建设环境保护部．GB 4248—84《农用污泥中污染物控制标准》[S]. 北京：中国标准出版社，1985.
[101] 中华人民共和国住房和城乡建设部．CJ/T 309—2009《城镇污水处理厂污泥处置农用泥质》[S]. 北京：中国标准出版社，2009.
[102] 中华人民共和国环境保护总局．GB18918—2002《城镇污水处理厂污染物排放标准》[S]. 北京：中国标准出版社，2002.
[103] 徐亚平，王跃华，王宪仁，等．我国现有污泥农业利用标准分析与比较 [J]. 农业环境与发展，2012 (3): 87-89.

[104] United States Environmental Protection Agency. Part-503 Standards for the use or disposal of sewage sludge [S]. Federal Register，1993 (58)：9387-9404.

[105] Council of the European Communities. Council Directive of 12 June 1986 on the protection of the environment，and in particular of the soil，when sewage sludge is used in agriculture [S]. Official Journal of the European Communities，No. L181/6-12，1986.

[106] Agriculture and Resource Management Council of Australia and New Zealand-Australian and New Zealand Environment and Conservation Council. Draft Guidelines for Sewerage Systems Sludge (Biosolids) Management [S]. National Water Management Strategy. 1998.

[107] Canadian Council of Ministers of the Environment. Guidelines for Compost Quality，PN 1340 [S]. CCME. 2005.

[108] Li B，Ma Y B，McLaughlin，M J，et al. Influences of soil properties and leaching on copper toxicity to barley root elongation [J]. Environmental Toxicology and Chemistry，2010，29 (4)：835-842.

[109] Warne，M S J，Heemsbergen，D，McLaughlin，MJ，et al. Models for the field-based toxicity of copper and zinc salts to wheat in 11 Australian soils and comparison to laboratory-based models [J]. Environmental Pollution，2008，156 (3)：707-714.

[110] Wallace A，Romney E M，Cha J W，et al. Nickel phytotoxicity in relationship to soil pH manipulation and chelating agents [J]. Communications in Soil Science and Plant Analysis，1977，8 (9)：757-764.

[111] Weng L P，Lexmond T M，Wolthoorn A ，et al. Phytotoxicity and bioavailability of nickel：Chemical speciation and bioaccumulation [J]. Environmental Toxicology And Chemistry，2003，22 (9)：2180-2187.

[112] Echevarria G，Massoura S T，Sterckeman T，et al. Assessment and control of the bioavailability of nickel in soil [J]. Environmental Toxicology and Chemistry，2006，25 (3)：643-651.

[113] 林蕾，刘继芳，陈世宝，等．基质诱导硝化测定的土壤中锌的毒性阈值、主控因子及预测模型研究 [J]. 生态毒理学报，2012，7 (6)：657-663.

[114] 陈世宝，林蕾，魏威，等．基于不同测试终点的土壤锌毒性阈值及预测模型 [J]. 中国环境科学，2013，32 (3)：548-555.

[115] Rooney C P，Zhao F J，McGrath，S P. Phytotoxicity of nickel in a range of European soils：Influence of soil properties，Ni solubility and speciation [J]. Environmental Pollution，2007，145 (2)：596-605.

[116] 马建军，于凤鸣，朱京涛，等．河北省农田土壤中的有效态镍 [J]. 生态环境，2008，17 (3)：1028-1031.

[117] Li B，Zhang H T，Ma Y B，et al. Influences of soil properties and leaching on nickel toxicity to barley root elongation [J]. Ecotoxicology Environmental and Safety，2010，74 (3)：459-466.

[118] 吴启堂．土壤重金属的生物有效性和环境质量标准 [J]. 热带亚热带土壤科学，1992，1 (1)：45-53.

[119] Li F L，Shan X Q，Zhang T H，et al. Evaluation of Plant Availability of Rare Earth Elements in Soils by Chemical Fractionation and Multiple Regression Analysis [J]. Environmental Pollution，1998 (102)：269-277.

[120] Sauve S，Hendershot W，Allen H E. Solid-Solution Partitioning of Metals in Contaminated Soils：Dependence on pH，Total Metal Burden，and Organic Matter [J]. Environmental Science and

Technology，2000（34）：1125-1131.

[121] McLaughlin M J，Zarcinas B A，Stevens D P，et al. Soil testing for heavy metals [J]. Communications In Soil Science And Plant Analysis，2000，31（11-14）：1661-1700.

[122] Li J X，Yang X E，He Z L，et al. Fractionation of lead in paddy soils and its bioavailability to rice plants [J]. Geoderma，2007，141（3-4）：174-180.

[123] Struijs J，Van de Meent D，Peijnenburg W J G M，et al. Added risk approach to derive maximum permissible concentrations for heavy metals：How to take into account the natural background levels [J]. Ecotoxicology and Environmental Safety，1997，37（2）：112-118.

[124] 周启星，罗义，祝凌燕．环境基准值的科学研究与我国环境标准的修订 [J]. 农业环境科学学报，2007，26（1）：1-5.

[125] 张红振，骆永明，夏家淇，等．基于风险的土壤环境质量标准国际比较与启示 [J]. 环境科学，2011，32（3）：795-802.

[126] 张红振．土壤中重金属的自由态离子浓度测定、作物富集预测和环境基准研究 [D]. 南京：中国科学院南京土壤研究所，2010.

[127] 张红振，骆永明，章海波，等．土壤环境质量指导值与标准研究 V. 镉在土壤—作物系统中的富集规律与农产品质量安全 [J]. 土壤学报，2010，47（4）：628-638.

[128] 周启星，安婧，何康信．我国土壤环境基准研究与展望 [J]. 农业环境科学学报，2011，30（1）：1-6.

[129] 王绛辉，陈凯，马义兵，等．土壤环境质量标准的有关问题探讨 [J]. 山东农业科学，2007（5）：131-134.

[130] 温晓倩，梁成华，姜彬慧，等．我国土壤环境质量标准存在问题及修订建议 [J]. 广东农业科学，2010（3）：89-94.

[131] Smolders E，Oorts K，Van Sprang P，et al. Toxicity of trace metals in soil as affected by soil type andaging after contamination：Using calibrated bioavailability models to set ecological soil standards [J]. Environmental Toxicology and Chemistry，2009（28）：1633-1642.

[132] Heemsbergen D A，Warne M S J，Broos K，et al. Application of phytotoxicity data to a new Australian soil quality guideline framework for biosolids [J]. Science Of The Total Environment，2009，407（8）：2546-2556.

[133] Degryse F，Broos K，Smolders E，et al. Soil solution concentration of Cd and Zn can be predicted with a $CaCl_2$ soil extract [J]. European Journal of Soil Science，2003（54）：149-57.

[134] McBride M B，Richards B K，Steenhuis T. Bioavailability and crop uptake of trace elements in soil columns amended with sewage sludge products [J]. Plant Soil，2004（262）：71-84.

[135] Davison W，Zhang H. In situ speciation measurements of trace components in natural water using thin-film gels [J]. Nature，1994，367（6463）：546（3）.

[136] Hamon R E，Bertrand I，McLaughlin M J. Use and abuse of isotopic exchange data in soil chemistry [J]. Australian Journal of Soil Research，2002（40）：1371-1381.

[137] Nolan A L，Zhang H，McLaughlin M J. Prediction of zinc，cadmium，lead，and copper availability to wheat in contaminated soils using chemical speciation，diffusive gradients in thin films，extraction，and isotopic dilution techniques [J]. Journal of Environmental Quality，2005（34）：496-507.

[138] Sauvé S，Hendershot W，Allen H E. Solid-solution partitioning of metals in contaminated soils：dependence on pH，total metal burden，and organic matter [J]. Environmental Science and

Technology，2000（34）：1125-1131.

[139] Feng M H，Shan X G，Zhang S，et al. A comparison of the rhizosphere-based method with DTPA，EDTA，$CaCl_2$，and $NaNO_3$ extraction methods for prediction of bioavailability of metals in soil to Barley [J]. Environmental Pollution，2005（137）：231-240.

[140] Merrington Q，Oliver I，Smernik R J，et al. The influence of sewage sludge properties on sludge-borne metal availability [J]. Advances in Environmental Research，2003（8）：21-36.

[141] Heemsbergen D A，McLaughlin M J，Whatmuff M，et al. Bioavailability of zinc and copper in biosolids compared to their soluble salts [J]. Environmental Pollution，2010，158（5）：1907-1915.

[142] Ian Oliver，Yibing Ma，Enzo Lombi，et al. Stable isotope techniques for assessing labile Cu in soils：development of an L-value procedure，its application，and reconcilition with E values [J]. Environ Sci Technol. 2006（40）：3342-3348.

[143] Smolders E，Oorts K，Lombi E，et al. The availability of copper in soils historically amended with sewage sludge，manure and compost [J]. Journal Of Environmental Quality，2012，41（2）：506-514.

[144] Nolan A L，Ma Y B，Lombi E，et al. Measurement of labile Cu in soil using stable isotope dilution and isotope ratio analysis by ICP-MS [J]. Analytical and Bioanalytical Chemistry，2004（380）：789-797.

[145] Shao Q X. Estimation for hazardous concentrations based on NOEC toxicity data：An alternative approach [J]. Environmental metrics，2000，11（5）：583-595.

[146] CSIRO（Commonwealth Scientific and Industrial Research Organization）. A flexible approach to species protection. http：//www. cmis. csiro. au/envir/burrlioz/. 2008.

[147] 王小庆．中国农业土壤中铜和镍的生态阈值研究 [D]. 北京：中国矿业大学，2012.

[148] 中国环境监测总站．中国土壤元素背景值 [M]. 北京：中国环境科学出版社，1990.

[149] Hamon R E，McLaughlin M J，Gilkes R J，et al. Geochemical indices allow estimation of heavy metal background concentrations in soils [J]. Global Biogeochemical Cycles，2004（18）：1-6.

[150] Zhao F J，McGrath S P，Merrington G. Estimates of ambient background concentrations of trace metals in soils for risk assessment [J]. Environmental Pollution，2007（148）：221-229.

第10章 土壤中铜的污染防治与修复措施

10.1 土壤环境中的铜

铜位于元素周期表IB族，原子量为63.55，核电荷数和电子数为29，电子层结构[Cu] 3d104S1，电负性为1.75，离子半径为0.96A（Cu^{+}），0.72A（Cu）。它既是生物的微量营养元素，又是环境污染元素，Cu^{2+}次外层电子层d轨道中的电子远离原子核，故屏蔽效应小，使得其有较强的有效正电荷，其外层有低能空轨道，易于接受配位体中的电子对而成配位键。由于铜的以上化学性质，在土壤中铜有以下化学行为：极化作用强，也易于被植物吸收，且易溶于水，在一定土壤条件下，可以产生硫化物、氧化物、碳酸盐或碱式碳酸盐沉淀；易与土壤中的有机物质形成络合物；不易发生化合价的变化，性质稳定；被土壤中的锰、铝、氧化铁吸附后很难发生迁移。

10.1.1 土壤中铜的来源

土壤中铜有自然来源和人为来源，自然来源主要来自岩石和矿物。人为来源主要有：铜等有色金属开采冶炼企业排出的三废，化石燃料特别是煤的燃烧，城市垃圾污泥，含铜农药化肥。文献[1]列出了18种主要铜肥含铜量在9%～100%。此外，配合饲料中都要加铜，使厩肥含有较高的铜，如有报道猪粪含铜可高达1 990mg/kg。

10.1.1.1 自然来源

岩石圈平均含铜量为70mg/kg，在普通矿物中，铜在铁镁矿物和长石类矿物中含量较多，如橄榄石、角闪石、辉石、黑云母、正长石，斜长石等。作为亲硫元素的铜，在含硫化合物的岩石中，通常有很多的含铜矿物。自然界中还存在着一些特殊矿物，它们的含铜量相对更高，如辉铜矿（CuS）、赤铜矿（Cu_2O）、黄铜矿（$CuFeS_2$）、蓝铜矿[$Cu_2(OH)_2(CO_2)_2$]、孔雀石[$Cu_2(OH)_2CO_2$]等含铜矿物。但含铜矿物往往在局部区域富集，在一般矿物中含量极少[1～2]。

一般情况下，土壤含铜量为2～100mg/kg，平均为20～30mg/kg。Lindsay[3]把土壤中平均铜含量估计为30mg/kg，这相当于在土壤含水10%的土壤溶液中，即使所有铜全部溶解土壤溶液中，铜的浓度也只有$10^{-2.33}$mol/L。中国主要土壤含铜量变幅为0.3～272.0mg/kg，平均为21.9mg/kg。根据另一文献，中国一些土壤含全铜在4～150mg/kg，平均为26mg/kg[4]（表10-1）。

表10-1　中国主要土壤的全铜量（mg/kg）[5]

土壤名称	全铜量	平均	土壤名称	全铜量	平均
黑土	14.1～50.3	23.0	褐土	5.8～115.0	24.3
𪣻土	18.3～32.1	24.9	暗棕壤	5.6～82.8	17.8
黑垆土	7.5～39.3	20.5	棕色针叶林土	6.3～33.5	13.8
漠土	11.6～29.6	20.8	灰色森林土	6.1～26.0	15.9
白浆土	10.6～174.0	20.1	栗钙土	5.5～53.7	18.9
黑钙土	3.4～49.3	22.1	棕钙土	7.0～6.7	21.6
潮土	3.4～116.6	24.1	灰钙土	8.1～24.5	20.3
水稻土	2.8～208.9	26.0	草甸土	2.5～137.5	19.8
砖红壤	2.0～98.7	20.0	沼泽土	2.6～51.7	20.8
红壤	1.0～177.0	24.4	盐土	0.3～78.4	23.3
黄壤	2.4～79.9	21.4	碱土	11.1～34.1	18.7
黄棕壤	5.0～144.6	23.4	石灰（岩）土	5.7～94.5	33.0
棕壤	1.0～272.0	22.4	紫色土	5.0～102.5	26.3

10.1.1.2　人为来源

土壤铜污染的主要人为来源是铜矿山和冶炼厂排出的废水，污泥，主要农业来源是农药和化肥。

（1）工业废水：冶炼、金属加工、机器制造、有机合成及其他工业排放的含铜废水是造成水体铜污染的重要原因[6]。大宝山矿区污染水体中铜的含量为0.96～13.82mg/L，最大含量超过农田灌溉水质标准（GB5084—1992）达12.82倍[7]。电解铜粉所产生的废水含铜离子高达2g/L[8]，高铜废水显著影响水的质量，并随水污染农田。我国《地表水环境质量标准》（GHZB 1—1999）Ⅲ类水体和《农田灌溉水质标准》（GB5084—1992）总铜的限值均为1.0mg/L，若用含铜废水灌溉农田，对水稻危害的临界浓度为0.6mg/L[9]。

上海、宁波等市郊污灌区铜超标，土壤中铜的含量为13.0～898.4mg/kg。主要是表层土壤被铜污染，铜锭厂硫酸铜的废液进入河水灌溉导致稻田土壤污染，全铜含量达115.8mg/kg[10]。广州市郊污灌区土壤中铜216.0～87.9mg/kg，是清灌区的4倍[11]。矿区污染土壤的全铜含量高达1 600mg/kg以上[12]，冶炼厂附近的农田土壤的全铜含量达到5 000mg/kg以上[13]。

（2）农药化肥：土壤铜污染的主要农业来源是农药和化肥。杀真菌剂含有铜，其中包括三氯酚铜、铜锌合剂、硫酸铜、王铜。相当大量的铜用于防治葡萄病害且在温室内使用，经常施用含铜试剂常常会使土壤中铜的累积达到有毒的浓度，导致植物生长恶化，并诱发失绿症[14]。据报道，国外许多果园土壤中铜含量高于背景值几倍到几百倍不等，如巴西的可可种植园因为施用波尔多液16年后表层土壤的含铜量为993mg/kg，远高于对照的18.6mg/kg；法国有些葡萄园的土壤中全铜含量高达1 280mg/kg，英国果园表土中全铜量含量更高1 500mg/kg[15]。此外，矿物质肥料的施用也是土壤铜污染的主要农业污染源之一。我国近 20 个磷肥（过磷酸钙）样品中铜的平均含量为 31.1mg/kg[16]，磷肥的大量和连续施用使得磷在土壤中累积的同时，铜的含量也相应增加。

（3）污泥：铜的另外一个重要来源是污泥，污泥中含有大量的有机质和 N、P、K 等营养元素，作为有机肥料施入到土壤中，但同时污泥中含有大量的重金属，增加了土壤环境的潜在承受能力。由于近年来电子工业的快速发展，导致污水中的铜元素大量的增加，使污泥中铜元素超过土壤的背景值甚多。随着城市污水处理的发展，大量的市政污泥进入农田，使农田中的重金属含量不断提高。污泥施肥可导致土壤中 Cu、Cd、Hg、Cr、Zn、Pb、Ni 的含量增加。因此，土壤中重金属的污染可以通过食物链对人类健康造成潜在危害。陈同斌等[17]报道，我国城市污泥平均含铜达 486mg/kg，美国 1994 年城市污泥铜含量平均为 700mg/kg，英国 1994 年污泥平均含铜 1 121mg/kg，高量的重金属使污泥的农用受到极大限制。

10.1.2　土壤中铜的生物毒性

10.1.2.1　土壤中铜对植物的毒性

铜是植物生长必需的微量营养元素，适量的铜对作物的生长发育有促进作用。但当土壤中的铜达到或超过一定浓度时，就会破坏土壤生态系统的平衡；植物的光合作用，呼吸作用，水分代谢等各项生理代谢就会发生紊乱，最终导致生长缓慢，影响作物的生长发育。此外，过量的铜还会对植物营养生长和生殖生长方面产生不良影响。根生长抑制是作物受铜毒害的首要症状，会出现生长量下降，根畸形，粗短等症状。

（1）对植物光合作用的影响：铜对光合作用的影响主要表现为抑制叶绿素的合成或引起叶绿素破坏[18～19]，诱导光合作用生物膜中类脂的过氧化，最重要的是对光合作用系统Ⅱ（PSⅡ）的影响[20～21]。铜过量的失绿症主要是由于光合作用的减弱而引起的。Cedeno-Maldonado[22]报道 25μmol/L 的铜可以使分离叶绿体中的电子转移过程受到抑制，这可能是由于叶绿素结构的改变引起的。Sandmann 等[23]报道在铜毒害下，藻类植物的光合作用及其产量都会下降。刘文彰等[24～25]研究表明，铜过量明显地降低黄瓜幼苗叶绿素 a，b 的含量。营养液培养量在 10mg/L 铜水平下，黄瓜幼苗中叶绿素 a 含量下降 84%，叶绿素 b 下降 20%，总量下降 60%。李锋民[26]报道低浓度铜使叶绿素 a 含量上升，而高浓度则使叶绿素 a 下降，但铜对叶绿素 b 的影响并不明显。此外低浓度铜处理下叶素 a/b 值会提高。Patsikka[27]研究发现，过量铜影响光抑制和光修复之间的平衡，导致受光照叶片的光系统Ⅱ活跃中心稳定的电子浓度下降。

（2）对植物养分吸收的影响：干扰植物对养分的吸收，破坏植物体内的养分平衡是重金属对植物的毒害机理之一。铜污染会使植物矮化、叶片泛黄、根系发育不良等所有外观生长指标的变化，就是说铜影响了植物的水分或养分代谢。Wallac[28]在 20 世纪 80 年代就已经发现当磷缺乏时会加重对植物的铜毒害。在低磷土壤中，柑橘幼苗叶中铜的含量与不同土壤浸提铜浓度的对数呈显著负相关[29]，而若土壤中施入磷肥，这种关系则发生变化[30]。旱地小麦根中铜、钙含量与土壤铜浓度呈正相关关系，叶中铜、铁的含量与土壤铜浓度也呈正相关，但根中铁含量随铜浓度的升高而降低[31～32]。Rhoads[33]研究表明，当土壤 pH 为 5.9～6.5 时，随外源铜浓度的增加，植株中钙的含量减少。

（3）对植物酶活性的影响：一些金属离子是植物体内酶的组成成分和活化剂，参与植物体内的许多新陈代谢过程[34,35]。重金属离子浓度过高或过低都会影响一些酶的活性。硝酸还原酶是植物氮代谢过程中的重要酶类，铜、铅、镉等重金属会抑制根系中硝酸还原酶的活性。重金属离子与酶的结合可能是其活性下降或受到抑制的原因[36]，如铜、锌与南瓜（Cucurbita maxima）子叶中 NADH 及硝酸还原酶的亲和导致酶活性的失活[37]。Fe（Ⅲ）还原酶是植物吸收铁元素营养过程中的重要酶类。Alcantara 等[38]研究表明，5μmol/L 的铜和镉，20μmol/L 的镍严重地抑制了根系 Fe（Ⅲ）还原酶的活性，进而导致植株铁素营养的缺乏。Fernando 等[39]研究表明，铜与液泡中的巯基团相结合从而抑制了细胞色素还原酶的活性。

过氧化氢酶的活性还可以作为铜过剩的生理指标，是因为铜过量会使黄瓜幼苗过氧化氢酶活性增加[40]。超氧化物歧化酶（SOD）与铜也有密切的关系，用 100mg/L 的铜处理小麦幼苗，叶片中的 SOD 先升后降，而根系 SOD 活性则一直下降。处理 24h 后，铜处理根系的 SOD 活性为对照的 38.3%，所以 SOD 可作为植物抗重金属毒害的生理指标[41]。Gupta 等报道铜处理增加菜豆幼苗中 AsA-GSH 循环中 APOD（抗坏血酸过氧化物酶）、MDHAR（单脱氢抗血酸还原酶）、DHAR（双脱氢抗坏血酸还原酶）和 GR（谷胱甘肽还原酶）的活性[42]。较高浓度铜处理增加 SOD 活性，其中在新叶中，当铜处理为 0～10mmol/L 时，随着铜浓度的升高而升高。

10.1.2.2　土壤中铜对微生物的毒性

（1）重金属对土壤微生物生化过程的影响：重金属浓度达到有毒水平时会使土壤微生物遭受严重毒害，严重破坏土壤的生化过程。值得注意的是，究竟是重金属还是生态因子导致土壤生化过程的，有时很难区分。被土壤有机质和无机胶体吸附的重金属也可显著地限制生物活动，抑制多种生物化学过程。重金属进入土壤后会和土壤微生物群作用，一部分敏感微生物死亡，另一些微生物通过不断的选择，产生耐受或抗毒元素的有机体[43]。目前细菌中有两种不同质粒控制的抗铜系统研究的比较深入。一种是在丁香假单胞菌中发现的 cop 系统；一种是从大肠杆分离得到的 pco 系统。而真菌中发现的抗铜系统主要为类金属硫蛋白[44]。显然，不同类群的微生物对重金属污染的耐性也不同，通常为真菌＞细菌＞放线菌[45]。谢朝阳等[46]研究表明，对 Cu^{2+} 有较高抗性的产气肠杆菌（Enterobacter aerogenes）对铜有很强的亲合吸附能力，即使在低 pH 条件下也能对铜进行吸附固定，使污染酸性土壤铜离子的有效性降低，减少其向植物系统转移。受污染严重的土壤（Cu 199mg/kg）比受污染轻的土壤（Cu 45mg/kg）中耐性细菌的数量多 15 倍[47]。

重金属对土壤生物活性的影响可以直接表示为土壤生态系统功能受到重金属影响的程度，包括碳的矿化、氮的转化和土壤酶活性等。

（2）碳、氮、磷的循环转化：研究显示，长期遭受重金属污染的土壤，其有机质矿化作用下降。在重金属胁迫下土壤微生物将用于群落扩展的能量转用到维持细胞功能上，微生物生物量碳和氮都下降了。受污染的土壤微生物活性的降低最终会通过凋落物的分解速度减慢反映出来。前期易被微生物利用的简单物质被分解，对重金属污染不敏感，所以重金属污染引发凋落物分解率的差异会随时间而扩大[48]。

土壤微生物是土壤有机氮转化的直接动力。研究结果表明，土壤矿化作用、硝化、反硝化作用强度以及固氮作用强度等生物化学过程均受到重金属胁迫的影响。土壤硝化作用比有机氮的矿化对重金属污染更敏感。Pahkhurst and Hawke[49]发现，土壤微生物固氮作用对铜污染特别敏感，且比呼吸强度、脲酶活性和硝化强度等指标敏感10倍以上。王淑芳[50]的研究结果也表明，固氮菌的固氮作用强度随土壤铜浓度的增加而降低。Marzadori等[51]证实当土壤中铜浓度提高时，腐殖质中的活性成分（富里酸）比例增大，水解性酸度提高，交换性阳离子减少。

（3）呼吸作用：土壤呼吸是有机碳矿化成CO_2的过程，它是微生物总活动量的重要指标，反应有机质的分解速率。土壤呼吸速率易于测定，因而土壤重金属污染引起的土壤呼吸强度的变化是最早的被用于检查土壤污染程度生化过程指标之一，也是研究重金属对土壤微生物活动影响最多的一个指标。为了判断土壤微生物在施用重金属或有毒物质的条件下的状况，常常采用CO_2释放量这一间接指标，以说明有机质分解和生化过程的强度。在大多数情况下，当重金属浓度较低时，对呼吸强度没有影响；而在高浓度下，呼吸作用受到抑制。Valsecchi[52]等认为重金属污染促进基础呼吸速率提高是因为重金属的毒性降低了微生物代谢过程中能量利用效率，维持微生物活性需要消耗更多的碳源，进而减少了微生物生物量。重金属可能会通过和底物形成复合物或杀死微生物而降低土壤呼吸所用底物的有效性。一般认为，重金属污染能引起土壤呼吸量的增加，可看作微生物对逆境的一种反应机理。

由呼吸速率引伸的微生物的代谢商（qCO_2），即单位生物量的微生物在单位时间里的呼吸作用，近年来常被用于表征土壤受污染胁迫的程度。环境胁迫下，微生物维持生存可能需要更多的能量。Brookes and McGrath[53]研究发现污染土壤的qCO_2是未污染土壤的两倍。进一步的研究表明，含高浓度重金属的土壤中微生物利用有机碳更多地作为能量代谢，以CO_2的形式释放，而低浓度重金属的土壤中微生物能更有效地利用有机碳转化为生物量碳，从而认为代谢商（qCO_2）是评价重金属微生物生态效应的敏感指标。土壤环境受到胁迫或干扰条件下，微生物需要更多的能量以维持生存，导致代谢商对环境胁迫表现出不同程度的反应，使得代谢商比单用微生物呼吸速率或微生物生物量更敏感。Brooks[54]研究表明，土壤微生物的代谢商随重金属污染程度的增加而上升。重金属污染土壤的基础呼吸速率与有机碳的比率下降，但微生物代谢商却随重金属污染浓度的提高而提高，表明重金属毒性胁迫程度的增强。

（4）土壤酶活性：土壤酶是具有催化能力的特殊蛋白质类化合物，其活性可以作为土壤生化过程的强度及评价土壤肥力的指标，常用作重金属最大允许浓度的重要判据。土壤酶活性对重金属的抑制或激活作用比较敏感，能够直接反映出土壤质量的时空变化，从而是探讨生物对重金属污染影响的有效途径之一。大量研究表明，土壤酶活性的大小与重金属污染程度存在一定的相关性[55]。土壤酶活性的降低可能主要是由于酶合成作用下降，以及由此引起的微生物生长受抑制，而不是重金属对酶的直接抑制[56]。

在众多的土壤酶中，磷酸酶、脲酶、蛋白酶和脱氢酶对重金属污染最敏感，在重金属污染土壤中均表现出下降趋势，常用这些酶活性受抑制的程度来衡量土壤中重金属的活性[57]。加里乌林[58]曾尝试以转化酶活性的下降程度对土壤污染进行分级，酶活性下降25%为轻度污染，25%～45%为中度污染，45%以上为重度污染。Kandeler 等[59]研究了土壤中的三类酶后发现，与土壤碳循环有关的酶受重金属抑制较小，而与土壤氮、磷、硫循环有关的酶受重金属抑制作用明显。可见，重金属污染对酶活性的抑制最终因降低了主要营养物的循环转化而影响植物的健康生长。

（5）重金属污染土壤的微生物区系和生物量：已有研究表明，微生物数量及区系变化与重金属的关系非常密切，说明生物区系能很好地指示重金属污染状况。平板稀释计数法研究显示，重金属一般在低浓度下对土壤微生物数量有刺激作用，高浓度有抑制作用，而且不同类群微物的敏感性不同，通常顺序为：放线菌＞细菌＞真菌。Bisessar[60]研究发现铜、铅的复合污染使土壤中的细菌、真菌和放线菌数量均显著下降。顾宗濂[61]试验表明，当向土壤添加 50～1 200mg/kg Cu 时，随铜浓度的增高，微生总数趋向增加，表明受铜刺激，细菌增高，放线菌降低，真菌变化不明显。放线菌对铜敏感。也有研究指出随重金属浓度的增加，土壤中真菌和放线菌的数量减少，但某些对重金属耐性较强的细菌的数量则相对增加[62]。不过，土壤中可培养的微生物一般只占总数的 0.1%～1%，最多不超过10%[63]，造成经典的培养计数法在近年来受到了冷遇。

土壤微生物生物量指土壤中体积小于 $5\times10^3\mu m^3$ 的活有机体生物总量，包细菌、真菌、放线菌和小型动物，但不包括植物体[64]。土壤中微生物生物量占土壤有机质的比例虽然不足 5%[65]，但执行土壤生态系统中许多关键的功能，既是营养物质的源，也是营养物质的汇，参与土壤中 C、N、P 和 S 的循环转化，是有机质降解和转化的动力，也是重要的植物养分储备库，参与土壤结构的形成，对植物养分转化、有机碳代谢和重金属污染物的固定具有十分重要的作用[66]。通常重金属导致土壤微物量大量下降和活性降低。Fliebbach 等[67]研究结果表明，低浓度的重金属可以刺激生物的生长，增加微生物生物量碳。

10.2　土壤中铜的有效性影响因素

10.2.1　土壤中铜的形态

土壤元素的形态分级研究是一种相对成熟的方法，对土壤微量元素形态的区分，主要根据浸提剂和提取条件的不同，采用连续浸提法，把元素分为多种不同的形态，国内外多见相关的报道。在土壤环境科学中应用较多的是 Tessler 法[68]和 Shuman 法[69]，或是由其延伸出来的改进法[70]。土壤中的铜主要分为以下几种形态：交换态铜（EX-Cu，包括水溶态铜）、有机结合态铜（OC-Cu，包括松结有机态铜和紧结有机态铜）、铁锰氧化物结合态铜（Fe-MnOX-Cu）、碳酸盐结合态铜（CAB-Cu）和矿物残留态铜（RES-Cu），不同的分级方法在形态划分上略有不同。

交换态铜是有效铜的重要组成部分，在自然土壤中约占全铜的 1%。其含量受全铜和土壤性质的影响较大。有机结合态铜对有效铜的含量也有很大的贡献，是有效铜的直接补充来源，与有效铜的含量有明显的相关性，约占全铜含量的 10%～15%。土壤有机质对铜有一定的活化作用，能提高土壤中铜的有效性，同时也是固定土壤中铜的重要物质[71]，其作用机理有待进一步研究。铁锰氧化物结合态铜含量较高，一般在30%以上，对生物有效性低，毒害小。碳酸盐结合态是pH较高的石灰性土壤上特有的土壤铜形态，含量为20%～30%。残留态铜是上述各形态铜提取后残余的铜，是暂时无效的铜，一般占全铜的20%～60%，甚至更高，是土壤中铜的主要存在形态。土壤中铜的各种形态相互转化，维持一个动态的平衡。

10.2.2 不同土壤性质的影响

土壤铜的有效性决定于铜的形态。进入土壤中的外源铜并非都能被植物吸收利用。土壤中有效态铜对农作物产生影响，一般认为水溶态和交换态铜较易被植物所吸收利用，对植物的危害最大。铜的形态和有效性因土壤有机质含量、土壤pH、土壤质地等不同而有很大的不同[72]。土壤铜的形态含量也受土壤理化性质、施肥及灌溉、耕作方式的影响[73]。因而，铜污染的危害程度随环境条件而变化。

（1）pH：铜在土壤中的化学行为是由吸附—解吸平衡、沉淀—溶解平衡、络合—解离平衡及氧化—还原平衡综合决定的，它们共同制约着铜在土壤中的分布及土壤对外源铜污染的缓冲能力。其中，土壤元素的吸附—解吸过程是控制土壤溶液中铜离子浓度的主要化学过程之一。大量的研究结果表明，土壤中铜的吸附—解吸平衡由土壤的性质、土壤溶液环境、pH、黏粒含量、阳离子代换量以及铜本身的化学特性所决定[74]。对大多数农田土壤，土壤铜的生物有效性受土壤吸附—解吸过程的调控，而土壤pH是铜化合物的溶解和铜吸附最为重要的影响因子。一般认为铜在强酸性土壤中移动性较强，在弱酸性或中性土壤中移动性差[75]。土壤pH下降一个单位可使铜的吸附量下降43%[76]。俞慎[77]报道，黄筋泥和红砂土吸附铜离子后，溶液pH高者下降达0.8单位，并且pH下降值与铜吸附量呈显著的线性相关。当土壤pH大于7时，绝大部分的Cu^{2+}被OH^-沉淀。石灰性土壤含大量游离碳酸钙，在HCO_3^-参与下，能生成碳酸铜沉淀，降低铜的有效性。杨忠芳等[78]通过模拟实验，研究了土壤pH对水稻土、紫色土和黄壤的水溶态、可交换态、碳酸盐态、铁锰氧化态、有机结合态和残渣态镉含量的影响。结果表明，在中碱性条件下，水溶态镉质量分数比值小于3%，但pH＜6.5时，水溶态镉含量随着pH减小迅速增加，pH为4.57时，水稻土水溶态镉质量分数比值最高达48.39%；可交换态镉含量在碱性条件下，随着土壤pH增大迅速下降，在酸性区域内，可交换态镉含量随pH增加呈上升趋势；碳酸盐态和铁锰氧化态镉含量随土壤pH增大而增加；有机结合态镉含量随土壤pH增加而增大，但变化幅度不大。对镉污染的土壤进行治理时，控制土壤pH大于6.5以及增施有机肥等是减少镉对生态系统危害的关键。孙卫玲等[79]发现随pH升高，土壤胶体所带电荷增加，H^+的竞争作用减弱，使铁锰氧化物和有机质与铜结合更牢固，增强对铜的吸持。需要特别关注的是，当过量铜导致土壤pH下降时，土壤中的铜会溶解出来，对植物的危害也随之增强，成为低pH导致植物受害的原因之一。

（2）有机质含量：有机质含量也是影响土壤铜形态的主要因素之一。铜在土壤中的吸附是其重要的物理化学行为，在一定程度上影响土壤铜的生物有效性。因此，土壤溶液中铜浓度很大程度上受土壤有机质和氧化物含量的调控，有机质丰富的土壤，有机结合态铜含量可以达到 40%～50%，即使低浓度的氧化物也可有效降低土壤溶液中铜浓度，减轻对土壤生物活性的影响。许多研究表明，土壤对 Cu^{2+} 的吸附量随土壤有机质含量的增加而增大。因此，富含有机质的土壤，常出现缺铜现象。原因可能是大分子的固相有机物铜与土壤中的黏土矿物一起吸附重金属限制其移动性。有机质加入土壤可以影响铜的化学形态分布，而土壤有机质含量下降 11%可使土壤对铜的吸附量下降为原来的 97%[80]。陆晓辉等[81]研究发现腐殖酸含量高的泥炭和风化煤能显著降低铜污染土壤的有效铜含量。陈世俭等[82]研究了添加有机物质对土壤铜化学形态与活性的影响发现，不同类型有机物质都对土壤铜的化学活性有控制作用。

（3）CEC：一般认为 CEC 与重金属生物有效性是负相关的，即 CEC 越高土壤重金属生物有效性越低。其原因是由于阳离子交换容量上升，土壤对于重金属离子吸附固持作用增大，使得其有效性降低。但是 CEC 对重金属的影响与重金属的种类有较大关系[83]。

（4）土壤质地：土壤质地，特别是黏粒含量与土壤铜吸附量、铜的有效性和土壤铜总量呈正相关。龙新宪等[84]研究了不同质地的菜园土对铜的吸附—解吸特性发现，菜园土壤吸附铜的顺序为：黄松土＞江涂土＞粉泥土。倪才英等[85]研究表明，相同母质不同质地土壤对铜的吸附量的大小是：重壤土＞中壤土＞轻壤土。Baath 等[86]报道，重金属污染对不同质地土壤的微生物生物量的影响是不同的，对砂质、砂壤土的微生物生物量的抑制作用要比壤质、黏性土壤大得多。Yao 等[87]报道铜污染下，砂质红壤的微生物生物量下降的幅度高于黏质红壤。Gu 等[88]研究了三种土壤加铜后水溶态铜和 0.1mol/LHCI 可提取态铜对发光细菌的影响，以黑土缓解金属生物毒性的能力最强，黄棕壤次之，红壤最弱。

10.3　土壤酸化对土壤中铜有效性的影响

土壤酸化过程是土壤形成和发育过程中普遍存在的自然过程。在多雨的自然条件下，降水量大大超过蒸发量，土壤中的淋溶作用非常强烈，使得土壤溶液中的盐基离子易随渗滤水向下移动，土壤中易溶盐减少。土壤溶液中的氢离子取代土壤阳离子交换位上的盐基离子，土壤的盐基饱和度下降，氢饱和度增加。土壤酸化过程中氢离子主要来源于水的离解、碳酸的离解、有机酸的离解、酸性沉降及生理酸性肥料的施用等[89]。由于氢质黏土不稳定，当土壤有机矿质复合体或铝硅酸盐黏粒矿物表面吸附的氢离子达到一定限度后，这些粒子的晶格结构就会遭到破坏，铝氧八面体就会解体，使铝离子脱离了八面体晶格的束缚，转变成交换性铝离子。土壤交换性铝的水解使土壤表现出酸度特征，依据水解程度的不同，一个铝离子（Al^{3+}）水解可以产生 1～3 个氢离子。

郭朝晖等[90]研究了模拟酸雨连续浸泡下污染红壤和黄红壤中重金属释放及形态转化，结果表明，随着模拟酸雨 pH 下降，污染土壤中重金属释放强度明显增大。在模拟酸雨作用下，污染红壤和黄红壤中镉均以交换态为主；铜则以有机结合态和氧化锰结合态为主；锌在污染红壤中以残留态和交换态为主，在污染黄红壤中以残留态和有机结合态为主。土壤有机质含量和阳离子交换量对镉、铜、锌的释放产生一定的影响并影响镉、锌的形态转化，但对铜形态转化影响不明显。

表 10-2　模拟酸雨对土壤铜形态影响[91]

土壤类型	淋溶 pH	Cu 形态（%）				
		水溶态	交换态	有机态	氧化铁包被态	硫化态
黄棕壤	6	0.5	16.9	35.4	1.4	45.7
	4	0.7	19.0	34.6	1.2	44.5
	2	1.0	38.0	26.0	0.3	34.8
黑土	6	0.8	4.0	73.8	0.3	21.1
	4	0.8	3.8	73.6	0.2	21.7
	2	0.6	12.4	67.9	0.2	18.9
红壤	6	0.3	46.9	35.3	0.3	17.2
	4	0.4	48.0	33.7	0.4	17.5
	2	31.1	34.4	23.5	0.4	10.7

由表 10-3 可知，土壤中金属形态组分因土壤类型、金属元素而不同。模拟酸雨对土壤铜影响较为明显。在不同酸度沉降下，铜虽然在土壤中优势形态没有变，但各形态组分有着明显的改变。黄棕壤和黑土中，随着沉降酸度的增大，交换态铜增加，从 pH6 至 pH2，交换态铜由 16.9%上升到 38%和交换态铜由 4%上升到 12.4%。然而该两类土壤有机结合态、铁锰氧化物结合态和残渣态基本上呈相反趋势，有机态最为显著，有机态铜由 35.4%下降至 26.0%，黑土有机态铜由 73.8%下降至 67.9%。而在红壤中，水溶态铜随降水酸度增加而增加，铜由 0.3%增加到 31%，而交换态铜显著地呈相反趋势，铜由 47.0%下降至 34.0%。其他形态也有不同程度的变化。总的来说，在不同酸度沉降下，对铜形态影响显示出随着降水酸度增加，黄棕壤和黑土中部分铜形态向着交换态转移，红壤中部分铜形态向着水溶态转移。这一结果符合饭村康二曾提出的重金属在土壤中的吸附平衡模式，也符合 Mclaren 所述的随着 pH 下降平衡向左移动[92]。

上述结果还可看出，随着酸雨 pH 下降，同一金属不同形态的转化量在供试的三类土壤中，红壤中金属形态转化最为活跃，且转化形式的均为水溶态铜，这可能导致红壤在酸雨下所产生的金属毒性最强，而在黄棕壤和黑土转化形成的则均为交换态铜，这有可能使它们在酸雨下产生的铜毒性相对减轻。

10.4　土壤铜的污染防治与修复

重金属污染土壤的修复方法有两大类：物理化学修复和生物修复。物理化学修复包括客土法、化学固化、电动修复、土壤淋洗等，生物修复是指利用某些特定的动、植物和微生物降低土壤中重金属污染物而达到净化土壤的目的。生物修复包括土著动物修复、微生物修复和植物修复[93]。植物修复技术近年来备受人们的关注，被学术界称为“绿色修复”。对铜污染土壤的植物修复主要是对铜超积累植物的研究。自从 1977 年 Brooks 等[94]

提出“超积累植物”的概念以后，有关耐金属与超富集植物的研究逐渐增多。迄今为止，已发现铜超积累植物 24 种，其中 Aeolanthus biformifolius 含铜高达 13 500 μg/g，是当前已知的铜积累量最高的植物[95]。但超积累植物的耐铜机理以及如何提高植物的修复效率还有待进一步研究。

近年来，人们在植物修复的同时，通过在土壤中接种蚯蚓或添加螯合剂（EDTA、DTPA、HEDTA、NTA 等）等方式，使被土壤固相键结合的重金属重新释放并进入土壤溶液，增强土壤中重金属的生物有效性，继而提高植物修复效率已经取得了显著效果。成杰民等[96]在研究蚯蚓在植物修复铜、镉污染土壤中的作用结果表明，添加蚯蚓显著提高了高砂土各浓度 Cu^{2+} 处理和红壤中 Cu^{2+} 浓度低于 100mg/kg 的处理中黑麦草对铜的吸收总量。宋静等的研究表明，向土壤中施入 3mmol/kg 和 6mmol/kg 的 EDDS 均可诱导印度芥菜叶中超量积累铜[97]。植物修复技术投资少，不会造成二次污染，可以说是一种经济的、相对安全的环境友好修复技术。

目前土壤重金属污染治理方法可归纳为物理工程措施、生物措施、改良措施、农业措施四种。每种方法都存在其优缺点：用工程措施来治理重金属污染土壤，具有效果彻底、稳定等优点，但工程量大、治理费用高和易引起土壤肥力降低[98]。生物措施实施较简便、投资较少，但治理效率低（如超积累植物通常都矮小、生物量低、生长缓慢且周期长），不能治理重污染土壤（因高耐重金属植物不易寻找）。而加入到修复现场土壤环境中的微生物抗性差、难以很快适应，在土壤环境中的移动性能差，易受污染物毒性效应的抑制[99]。用农业措施来治理重金属污染土壤，具有可与常规农事操作结合起来进行、费用较低、实施较方便等优点，但存在有些方法周期长和效果不显著等缺点[100]。

在大多数情况下采用添加改良剂原位固定的措施来治理重金属污染土壤更能体现其优越性，人们也急需一种低投入快速原位修复重金属污染土壤的方法，尤其对于农业生产活动中所造成的面源污染。土壤重金属污染的原位化学固定修复研究始于 20 世纪 50 年代，人们最早用吸附剂固定水体中的重金属，随后逐渐应用到土壤重金属的吸附固定[101]。该技术的关键是寻找价格低廉且环境友好的改良剂。因黏土矿物在重金属污染土壤中使其具有超强的自净能力，且具有储量丰富、价格低廉[102]、高的比表面积、良好的化学机械稳定性、特殊的晶层结构、良好的环境兼容性等优点，近年来受到国内外学者的重视，开展了大量将其应用于重金属污染土壤修复的研究[103]。

黏土矿物为低浓度下农业面源污染问题的治理提供了可能，在最近几年备受科学家的关注，主要是因为下面几个优点：①黏土矿物资源丰富，用于修复重金属污染土壤的处理费很低，与常规的填埋法等相比具有明显的优势；②黏土矿物修复重金属污染土壤属于原位处理技术，作为土壤胶体的组成成分将其用于治理土壤重金属污染，对土壤的破坏最小，对环境影响最小；③黏土矿物能处理的重金属种类相对较多，是一种“广谱”的处理技术；④中国黏土矿物资源丰富，在这方面的起步较晚，因此具有很好的发展前景[104~107]。

在各类环境要素中，土壤是污染物的最终受体，大量的水、气、固废污染陆续转化为土壤污染，进而威胁陆地生态安全和人体健康，并对社会经济的可持续发展造成损害。针对近几年土壤重金属污染事件的频发及农产品质量安全问题的突出，国务院已正式批复和颁布了《重金属污染综合防治"十二五"规划》，对土壤污染防治领域做了详细部署。近年来，随着"三废"的排放、铜矿的开采、含铜杀菌剂长期大量使用及城市污泥堆肥农用等，已经造成部分地区土壤铜量远远超过土壤环境容量，对植物、动物和土壤微生物构成威胁，也严重威胁着人体的健康[108]。针对土壤铜污染的防治，也必须贯彻"预防为主"的方针，一是"防"，即采取对策防止土壤铜污染；二是"治"，即对已污染的土壤进行治理修复。

10.4.1 土壤铜污染的预防

控制和消除土壤污染源，是防治污染的根本措施。控制土壤中污染物的数量和速率，使其在土壤中钝化稳定，而不致大量积累造成土壤污染。因此，治理土壤铜污染也应从源头控制，减少土壤中铜的来源途径和数量。

10.4.1.1 土壤Cu的来源控制

土壤中含铜量一般为2～100mg/kg，平均为20～30mg/kg。但由于人为原因，导致土壤中铜的含量过高。土壤铜污染的主要人为来源包括铜矿山和冶炼厂排出的废水，污泥，农药和化肥等。据研究表明，大宝山矿区污染水体中铜的含量为0.96～13.82 mg/L，最大含量超过《农田灌溉水质标准》(GB5084—1992) 达12.82倍[7]。电解铜粉所产生的废水含铜离子高达2g/L[8]，高铜废水显著影响水的质量，并随水污染农田。据农业部统计，我国目前因污水灌溉而引起土壤重金属污染面积已经高达217万hm^2[109]。因此，控制含铜污水灌溉农田、林地、草地可以控制土壤铜的增加。

城市固体垃圾及城市污泥等也是土壤中铜的一个重要来源。现在电子行业的快速发展，也是城市固体垃圾中电子废弃物增加，一粒纽扣电池废弃后能够污染60万L水，一节1号电池可使$1m^2$的土地丧失农用价值[110]。同时，城市污泥中也含有大量的重金属，大量有机肥施入土壤会增加了土壤环境的潜在承受能力。陈同斌等[17]报道，我国城市污泥平均含铜达486mg/kg，美国1994年城市污泥铜含量平均为700mg/kg，英国1994年污泥平均含铜1 121mg/kg，高浓度的重金属使污泥的农用受到极大限制。

农药、化肥以及动物的饲料等长期不合理的利用，也导致了部分土壤的重金属含量增高。如杀真菌剂含有铜，其中包括三氯酚铜、铜锌合剂、硫酸铜、王铜。大量的铜用于防治葡萄病害且在温室内使用，经常施用含铜试剂常常会使土壤中铜的累积达到有毒的浓度，导致植物生长恶化，并诱发失绿症[14]。据报道，国外许多果园土壤中铜含量高于背景值几倍到几百倍不等，如巴西的可可种植园因为施用波尔多液16年后表层土壤的含铜量为993mg/kg，远高于对照的18.6mg/kg；法国有些葡萄园的土壤中全铜含量高达1 280mg/kg,英国果园表土中全铜量含量更高1 500mg/kg[15]。此外，矿物质肥料的施用也是土壤铜污染的主要农业污染源之一。我国近20个磷肥（过磷酸钙）样品中铜的平均含量为31.1mg/kg[16]，磷肥的大量和连续施用使得磷在土壤中累积的同时，铜的含量也相应增加。

因此，要从源头控制土壤铜污染，需从土壤铜来源进行控制和消除：

（1）控制和消除工业“三废”（废水、废气、废渣）的排放，加强综合治理。
（2）控制化学农药和化肥的使用，研制低毒、低残留的高效农药新品种。
（3）加强粪便、垃圾和生活污水的无害化处理。
（4）加强污水灌溉区的监测、管理与控制等。

10.4.1.2　土壤保护政策法规体系的建立

土壤污染防治，不仅要从来源上控制，更要提高人们的土壤污染防治意识。土壤污染防治意识，是指人们在一定的历史条件下对土壤保护、土壤污染、土壤污染的预防和治理等现象的心理体验和价值评价[111]。它包括人们对土壤污染防治的看法、态度和对自己在土壤污染防治方面的权利和义务的认识等等。目前，我国现行法律规范中已有一些关于土壤污染防治方面的规定。从《中华人民共和国环境保护法》、《中华人民共和国土地管理法》到《中华人民共和国水污染防治法》、《中华人民共和国大气污染防治法》、《中华人民共和国固体废物污染环境防治法》，从国务院的有关行政法规到地方性法规和部门规章，对土壤污染的防治均有所涉及。我国针对土壤污染防治的专门性的法律还未出台，更没有形成积极有效的土壤污染防治体系，这对有效的控制和规范土壤污染防治是个严峻的考验。为此，环保部已于 2012 年启动了土壤环境保护法规的起草工作。作为土壤污染防治的专门性法律，建议建立土壤污染标准、污染风险评估、污染检测、污染治理与修复、公众参与等制度，明确土壤污染的民事、行政、刑事责任。这样以法律责任来约束土壤污染者与治理者的行为规范，达到预防、改善、修复治理土壤污染的目的[111～113]。

我国于 1995 年制定了《土壤环境质量标准》，其作为环境法规的一部分，是通过对土壤中有害物质含量进行限制，进而达到保护土壤环境质量和生态平衡、维护人体健康的目的。《土壤环境质量标准》的制定为我国土壤污染的防护、土壤环境质量的评价与预测、土壤资源的管理与监督等提供了科学依据，也做出了相对重要的贡献。但随着土壤污染的日益严重、污染类型的复杂多样性及制定时条件的限制，已经无法适应当前新形势下的土壤环境保护工作[114]。土壤中重金属等污染物对植物的毒害作用只是重金属活性部分，即有效态部分，而我国土壤环境质量标准是以污染物的总量为基准的[115～116]。如李波等[115～117]研究表明，土壤 pH、有机碳含量的高低对铜的生物有效性具有显著的影响，并得出了铜在非淋洗土壤上对番茄毒性阈值的经验预测模型：$\log_{10}(EC_{50})=0.170+0.155pH+0.165OC$（$R^2=0.808$）。王小庆[118]也研究了中国土壤中铜的生态阈值，利用物种敏感性分布法（SSD）建立铜土壤生态阈值。我国土壤环境质量标准虽然已经制定，但还没有污染土壤修复标准，这使得污染环境的修复或应急环境事故的处理，没有相应的标准和相关法规作为法律依据和行动指南[119]。这对于铜污染土壤的修复治理没有统一的标准来衡量，而采用环境质量标准来判断环境修复工作是否达到要求又不太现实，因此结果常常事与愿违，与经济发展产生严重冲突，达不到环境保护的目的[120]。因此，要有效治理土壤铜污染及其他土壤污染，应开展全面的环境标准制定与修订工作。

10.4.2　土壤铜污染的治理措施

土壤重金属污染是指由人类活动使重金属在土壤中的累积量明显高于土壤环境背景

值，导致土壤环境质量下降和生态恶化的现象。由于土壤重金属污染的隐蔽性、长期性、不可降解性和不可逆转性而使得重金属污染更为严峻。因此，土壤重金属污染的控制与防治具有特别重要的意义。

铜是植物生长必需元素之一，但当土壤含铜量大于 50μg/g 时，柑橘幼苗生长就受到阻碍；含铜量达到 200μg/g 时，小麦会枯死；含铜量为 250μg/g 时，水稻也会枯死[121]。Patsikka[27]发现，过量铜影响光抑制和光修复之间的平衡，导致受光照叶片的光系统Ⅱ活跃中心稳定的电子浓度下降。Fernando 等[39]研究表明，铜与液泡中的巯基团相结合从而抑制了细胞色素还原酶的活性。Bisessar[60]研究发现铜、铅的复合污染使土壤中的细菌、真菌和放线菌数量均显著下降。顾宗濂[61]试验表明，当向土壤添加铜 50～1 200mg/kg 时，随铜浓度的增高，细菌增高，放线菌降低，真菌变化不明显。可见，铜污染对土壤生态系统产生了破坏，因此，土壤铜污染的修复治理也显得十分迫切。

当前重金属污染土壤的治理修复策略包括：①去除，即将重金属从土壤中去除，达到清洁土壤的目的；②固定，即将重金属通过一定措施固定于土壤中而限制其释放和有效性，从而降低重金属的风险。当前重金属的修复措施主要是利用物理、化学和生物方法治理的。

10.4.2.1 物理/化学修复技术

物理/化学修复技术主要是基于土壤理化性质和重金属的不同特性，通过物理/化学方法分离或固定土壤中的重金属，以达到修复土壤降低重金属环境风险的技术手段。主要包括：改土法、土壤淋洗法、电动修复法、热处理法、玻璃化法、固化/稳定化法等。

改土法是治理土壤重金属污染的简单且广泛应用的技术，主要包括客土、换土、去表土和深耕翻土法等[122～123]。这种方法在日本修复土壤镉污染时首先措施。客土法是将未污染的土壤置于污染土壤表层或与污染土壤混匀，使得污染土壤的重金属浓度降低到临界危害浓度一下。换土法是将污染的土壤全部或部分移除，换入未被污染的土壤。土壤移除的深度依据土壤受镉污染的程度而定。但客土和换土法的厚度应该大于土壤耕层厚度。去表土法是将污染的表层土壤移除，并活化下层土壤进行耕作。深耕翻土法是将上下层土壤翻动，使底层未污染土壤或污染程度低的土壤翻到表层。虽然这种技术能够起到良好的修复效果，但需要消费大量的人力、物力、财力，并且不能从根本上清除重金属，存在去除的污染土壤占地、泄露、二次污染风险等问题。因此，这不是一种理想的土壤重金属修复治理措施。

土壤淋洗是指利用淋洗剂或者化学助剂与土壤中的重金属污染物结合，并通过淋洗液的淋洗、螯合、络合、溶解或固定等化学作用，达到修复污染土壤的目的。该方法的关键在于高效的淋洗剂的选择，且淋洗效果受淋洗剂种类、土壤性质、污染程度、污染物形态等影响。研究表明，以每千克土壤添加 15mmol 的 EDTA 淋洗铜污染的土壤（400mg/kg），可以使铜的总量降低 41%，且主要的淋洗形态是碳酸盐结合态、铁锰氧化物结合态和有机物结合态[124]。土壤淋洗技术按场地可分为原位土壤淋洗技术和异位土壤淋洗技术。原位淋洗技术是指在田间直接将淋洗剂加入土壤，进过必要的混合，使土壤污染物溶解进入淋洗溶液，然后使淋洗液往下渗透或水平排出，并将含有重金属等污染物的淋洗液收集、在处理的过程。如荷兰曾经采用该技术处理 Cd 污染的土壤，用 0.001mol/L 的 HCl 对 6 000m^2的土地上大约 30 000m^3的砂质土壤进行处理，使土壤 Cd 的浓度从原来的 20mg/kg 以上降低到 1mg/kg 以下[125]。异位土壤淋洗技术是指将污染土壤取出，用水或淋洗液进行清洗，使重金属等污染物从土壤分离的一种技术。如美国新泽西州曾用此技术治理受重金属污染的土壤，处理前重金属 Ni、Cu、Cr 的浓度超过 10 000mg/kg，处理后土壤中 Ni 的平均浓度是 25mg/kg，Cu 是 110mg/kg，Cr 是 73mg/kg[125]。土壤淋洗技术最关键的在于淋洗剂的选择。常采用的淋洗剂有 3 种：螯合剂（如，EDTA、NTA、DTPA、ECTA、酒石酸、草酸等）；酸、碱、盐（如，HCl、HNO_3、NaOH 等）；表面活性剂（包括化学表面活性剂和生物表面活性剂）。有研究发现，柠檬酸、酒石酸和草酸 3 种低分子有机酸溶液对 Cu、Pb、Cd 和 Zn 重金属污染土壤都具有较好的淋洗作用，其中对 Cu 的淋洗能力顺序为柠檬酸＞草酸＞酒石酸[126]。邬思丹等[127]研究了表面活性剂 Tween-80 淋滤污泥中 Cu、Zn 的效果，结果表明，Tween-80 为 6.0g/L 时淋滤 8d 后，Cu 和 Zn 的淋滤效果达到最佳，分别为 91.9％和 90.4％。但是化学表面活性剂的添加对环境存在危害且不能生物降解，在淋洗过程中极易残留，因此一些生物表面活性剂逐渐被人们重视[128]。蒋煜峰等[129]用生物表面活性剂皂角苷络合洗脱污灌土壤中重金属，发现皂角苷在 3％浓度条件下对 Cu、Pb、Cd、Zn 淋洗量分别达到 43.87％、83.54％、95.11％、20.35％。Wasay 等[130]研究了不同种类有机酸对不同质地土壤中重金属的去除率，结果表明，对于砂质土壤柠檬酸和酒石酸对重金属 Cd、Cu、Pb、Zn 的去除率分别为 84％～91％，73％～84％，56％～70％，72％～81％。

电动力学修复技术是指利用电化学和电动力学的原理，向土壤施加直流电场，在电解、电迁移、扩散、电渗透、电泳等作用下，使土壤污染物富集在电解附近从而被去除的技术。电动力学修复技术是由美国路易斯安那州立大学研究出来的一种净化土壤污染的原位修复技术，在欧美一些国家发展较快，已经进入商业化阶段[123]。胡宏韬等采用此方法修复铜单一污染的土壤，结果表明阳极附近土壤的铜去除率达 71.1％[131]。同样有人采用此技术修复铬化砷酸铜（CCA）污染的土壤，可以去除 65％的 Cu、72％的 Cr、和 77％的 As[132]。电动力学修复技术目前还主要停留在实验室研究阶段，在污染场地的应用案例比较少。

热处理技术是指利用直接或间接的方法（蒸汽、微波、红外辐射和射频）使污染土壤升温，利用高温使土壤中的污染物质挥发、热解、燃烧等从而去除或破坏有毒物质。热处理技术最常用于处理有机污染的土壤，也可以适用于部分重金属（如 As、Hg）。由于铜的熔点、沸点很高，此技术并不适应与铜污染土壤的修复。玻璃化技术是通过高温高压和冷却使重金属污染的土壤形成玻璃体或凝聚成团的技术。玻璃化技术最早在核废料处理方面应用。但由于该技术形成的玻璃类物质结构稳定很难被降解，可以使重金属永久固定，同时也使土壤完全失去生产力。因此，玻璃化技术一般应用于污染特别严重的土壤上。

固化/稳定化技术是指通过运用物理或化学的方法是土壤中的重金属污染物固定或降低其释放，使重金属离子在土壤中转化为不活泼的形态，从而降低重金属在土壤中的毒害。固化是通过添加药剂将土壤中的重金属等污染物包被起来，使其形成稳定的形态，从而限制或减少重金属在土壤中的释放、迁移。稳定化是在土壤中添加稳定性试剂，通过其对重金属的吸附，沉淀、络合等作用，将重金属转化成为难容的、毒性小的形态，从而降低重金属的毒性。当前广泛应用的固化/稳定化材料有磷酸类（磷矿粉、羟基磷灰石、重过磷酸钙等）、黏土矿物（膨润土、沸石、高岭石、海泡石等）、工业副产物（赤泥、飞灰等）等无机钝化剂，还有如有机堆肥、城市污泥、畜禽粪便等有机钝化剂，还包括新型的纳米材料。研究显示，土壤黏土物质对重金属阳离子的吸附顺序，一般是$Cu^{2+}>Pb^{2+}>Ni^{2+}>Ba^{2+}>Rb^{2+}>Sr^{2+}>Ca^{2+}>Mg^{2+}>Na^{+}>Li^{+}$。不同矿物胶体对$Cu^{2+}$的专性吸附能力分别为：氧化锰（68300）>氧化铁（8010）>海洛石（810）>伊利石（530）>蒙脱石（370）>高岭石（120）（括号内数字为最高吸附量，μg/g）[133]。张淑琴等[134]研究了活性炭对重金属铜、镉、铅的吸附效果，结果表明，在100mLpH值为4.8的溶液，活性炭用量为0.29g时，对Cu^{2+}、Cd^{2+}和Pb^{2+}的最大吸附容量分别为57.05mg/g、35.65mg/g和52.54mg/g。石灰对污染土壤中铜、锌的钝化及对蔬菜安全性影响的盆栽试验结果表明，石灰的施入使得土壤有效铜含量降低了81%，有效锌含量降低了64%[135]。钱海燕等[136]研究了钙镁磷肥和石灰对菜园土壤中铜锌的钝化作用，盆栽试验结果表明，土壤中添加钙镁磷肥和石灰后，小白菜生长基本不受重金属毒害影响，土壤中有效态铜、锌含量显著降低，这主要是由于施用改良剂提高了土壤pH，磷酸盐类重金属沉淀的形成降低了土壤重金属的生物有效性。郝秀珍等[137]研究了沸石对黑麦草在铜矿尾矿砂上生长影响发现，沸石的加入显著降低了尾矿砂的有效态铜和锌的含量和黑麦草根中的铜锌吸收。有研究表明，1g纳米零价铁可吸附250mg的Cu^{2+}[138]，改性纳米黑炭（MBC）在30min可使铜的吸附量达到最大吸附量的90%，且铜在MBC上的最大吸附量为417mmol/kg[138~139]。

10.4.2.2 生物修复技术

生物修复技术是指利用某些特定动物、植物和微生物的生命代谢活动，吸收或吸附重金属，或者通过改变重金属在土壤中的化学形态，从而减少重金属的含量或降低其毒性。目前主要的生物修复包括：动物修复、植物修复和微生物修复。由于生物修复技术的修复效果好、投资小、费用低、易于管理与操作、不产生二次污染等特点，日益受到人们的关注，成为了重金属污染土壤修复的研究热点，今后铜污染土壤的修复治理，也应从生物修复技术上深入研究。

10.4.2.2.1 动物修复技术

动物修复技术主要是利用土壤中的某些低等动物（如蚯蚓和鼠类）吸收富集重金属，并收集这些动物，进而减少土壤中重金属的含量或降低其毒害。有相关研究发现，蚯蚓在被重金属污染的土壤中可以生存，且对重金属具有一定的耐性和富集能力。蚯蚓富集重金属可能是通过摄食和被动扩散进入蚯蚓体内的[140]。Edwards等[141]研究表明蚯蚓可以富集Cu和Hg。徐轶群等[142]研究了蚯蚓对污泥中重金属去除的影响，结果表明，蚯蚓可有效吸收、富集污泥中的重金属，对重金属Cd有较强的富集能力；污泥中重金属含量在蚯蚓处理下出现不同程度的下降，重金属Cd、Cu、Cr、Zn、Pb、Ni分别减少13.85%、23.86%、27.98%、31.46%、32.81%和22.92%。然而，已有研究表明，土壤动物（如蚯蚓）生命代谢活动对外界条件的依赖度很高，不适宜用来去除土壤中的重金属[123]。因此，利用动物修复重金属污染的技术并不成熟，还需要进一步深入研究。

10.4.2.2.2　植物修复技术

植物修复技术是指利用植物及其根际微生物对土壤污染物吸收、提取、分解、挥发、转化和固定作用而除去土壤中污染物的修复技术。一般包括植物提取、植物挥发、植物固定和植物降解四方面，与重金属污染土壤有关的植物修复技术主要是植物提取、植物挥发和植物固定。植物提取是指利用能积累或超积累重金属的植物吸收土壤中的有毒重金属，并通过收割植物除去土壤中的重金属，以达到修复污染土壤的目的。植物挥发是指利用植物的根系吸收重金属（如 Hg、As、Se），并将其转化为挥发形式以使其挥发到大气中，从而降低土壤中重金属的毒害。目前较多的研究集中在 Hg 和 As，且植物挥发到大气中的重金属易引起二次污染，因此要合理处理植物挥发出的有害气体成分。因此，此方法在铜污染土壤的修复中并不适用。植物固定是指利用耐重金属或超积累植物根的吸收或根系分泌物的作用，使重金属积累或固定在植物根部或根表，从而降低土壤重金属的有效性。如根系的分泌物可以改变根际周围的土壤性质（如 pH 和 Eh），从而影响重金属在土壤中的化学形态，促使重金属的固化与稳定。

植物修复技术的关键是寻找高富集、高产的超富集植物。超富集植物（Phyperaccumulator）是相对于普通植物来说，能够在高浓度重金属污染的土壤上生长，并在植株体内积累高浓度的重金属能力的植物。目前一般所用的临界值是，Zn、Mn 为 10 000mg/kg，Pb、Cu、Ni、Co、As 均为 1 000mg/kg，Cd 的为 100mg/kg，Au 为 1mg/kg。迄今为止，已发现 24 种铜超积累植物中，以 *Aeolanthus biformifolius* 含铜量最高，高达 13 500μg/g，是已知的铜积累量最高的植物[143]。至今我国原生的铜耐性/富集植物有海州香薷（*Elsholtzia harchowensis* Sun）、鸭跖草（*Commelina communis*）、酸模（*Rumex acetosa* Linn）、紫花香薷（*Elsholtzia argyi*）、星香草（*Haumaniastrum robertii*）等[144~145]。有研究表明，海州香薷在开花初期对铜污染土壤（400mg/kg）的清除量最大值为 27.2mg/盆，其去除率仅为 1.30%，而在盛花期，清除量最大值是 143mg/盆，其对铜的去除率达 6.85%[146]。唐世荣等[147]对长江中下游安徽、湖北的一些铜矿区域分布的富铜植物进行系统的调查研究时，发现海州香薷、鸭跖草、酸模样本叶片含铜（干重）平均为 157μg/g、102μg/g 和 596μg/g，变化范围分别为 18～391μg/g、19～587μg/g 和 340～1 102μg/g。沈德中[148]指出，高山甘薯（*Ipomoea alpina*）地上部分超量富集铜含量为 12 300mg/kg。李影等[149]研究了 4 种蕨类草本植物对铜的吸收，试验结果表明，节节草和蜈蚣草是较为理想的铜污染土壤的修复物种，当开展对铜污染土壤的植被恢复时，可选择种植耐性强，覆盖率快的节节草，但如果要对污染土壤中重金属进行生物净化时，应考虑选择种植生物量大的蜈蚣草。研究者发现铜矿区废弃地蓖麻体内铜含量随土壤铜含量的增高而增高，其中叶的铜含量平均为 550.9mg/kg，最高达到 717.9mg/kg；茎的铜含量平均为 394.4mg/kg，最高达 572.3mg/kg；根的铜含量平均为 2 346.2mg/kg，最高达 3 495.1mg/kg[150]。这说明铜矿区的野生蓖麻可以作为生物量大且有经济价值的新型超积累植物，未来在土壤修复上具有广阔的应用前景。

植物修复技术中超积累植物的最大缺点是生物量很小，为此需要寻求一些强化措施来提高植物修复的效果。随着基因工程技术的发展，可以将异源基因导入到生物量大且经济价值高的植物上，从而强化植物的修复作用。有研究表明，在把动物金属硫蛋白（MTs）基因导入超积累植物拟南芥（*Arabidopsis thaliana*）并有效表达后，较野生型拟南芥铜的吸收能力提高了37倍[151]。研究者将水稻铜转运子基因*OsCtr*5导入水稻，可明显增强水稻对铜的吸收和积累能力，具有修复土壤铜污染的能力[152]。根际微生物对超积累植物的强化，不仅可以增加植物的生物量，还大幅度提高植物对铜的吸收，而且不造成二次污染。已有研究发现，丛枝菌根真菌与植物联合作用在铜污染土壤上，使玉米地上部和根系铜浓度分别降低了24.3%和24.1%，吸铜量分别提高了28.2%和60.0%[153]。

10.4.2.2.3 微生物修复技术

微生物修复技术是利用土壤中的细菌、真菌、放线菌和藻类等微生物对重金属的吸收、氧化—还原、络合和沉淀等作用，降低重金属在土壤中的有效性和毒性。已有研究表明菌根真菌*Glomus mosseae*可以通过与水稻根作用，改变根部细胞的细胞壁的组分，减少铜在水稻地上部的积累[123]。研究发现从香蒲（*Typha latifolia*）根际中分离出的一些菌株能钝化固定土壤中的铜和镉，降低它们在土壤中的可交换态含量[154]。盆栽试验和田间试验的结果表明，接种丛枝真菌极大地提高了鬼针草和龙珠果对污染土壤中铜、铅和锌的吸收积累[155]。曹德菊等[156]研究了大肠杆菌、枯草杆菌、酵母菌对铜的修复试验，表明铜在低浓度（1.0，5.0mg/L）下被去除的比率皆在25%～50%之间。

10.4.2.3 生态修复技术

生态修复技术是因地制宜地调整一些耕作管理制度以及在污染土壤中种植不进入食物链的植物等，从而改变土壤重金属的活性，降低其生物有效性，减少重金属从土壤向作物的转移，达到减轻重金属危害目的的技术。一般包括控制土壤水分、改变耕作制度、合理施用农药和肥料、调整作物种类等。

重金属的形态不同，其毒性随之也变化，如三价As比五价As毒性高。重金属形态的变化受到土壤氧化还原状态的影响，在不同的氧化还原条件下重金属表现出不同的毒性和迁移性。而水分是控制土壤氧化还原的重要因子，因此，可以通过调节土壤水分的变化来改变重金属在土壤中的性质，使其毒性和活性降低。当土壤处于还原状态下时，大部分重金属容易形成硫化物沉淀，从而降低重金属的移动性和生物有效性。因此，可以通过灌溉等措施来调节土壤的氧化还原状况，进而降低重金属在土壤-植物系统中的迁移。

化肥农药在农业生产中不合理的施用，也是引起土壤重金属污染的一个来源。由此，可以从以下两个方面来降低肥料和农药施用对土壤重金属污染的负荷：一方面，通过改进化肥和农药的生产工艺，最大程度地降低化肥和农药产品本身的重金属含量；另一方面，指导农民合理施用化肥和农药，在土壤肥力调查的基础上通过科学的测土配方施肥和合理的农药施用，这不仅增强土壤肥力、提高作物的防病害能力，还有利于调控土壤中的重金属的环境行为[123]。有研究发现，土壤添加石灰、钙镁磷肥、硅肥、紫云英、猪粪和泥炭后水溶态铜含量分别降低了83.1%～93.4%、8.9%～39.8%、73.0%～92.9%、22.5%～69.7%、51.3%～86.6%和24.9%～49.7%；土壤交换态铜含量分别降低了3.2%～13.6%、5.5%～86.9%、12.1%～35.4%、33.4%～66.5%和9.7%～18.5%[157]。Clemente等[158]采用牛粪、堆肥、石灰分别进行田间试验，结果表明，石灰可以控制土壤酸化，有机物可以加速重金属的固定，铜的生物有效性受有机物的影响尤其显著。因此，可以通过增施有机肥来降低铜的有效性，而达到修复铜污染土壤的目的。在农业生产中，还可以种植对重金属具有抗性且不进入食物链的植物品种，从而可以明显地降低重金属的环境风险和健康风险。

用农业措施来治理重金属污染土壤具有可与常规农事操作结合起来、费用较低、实施较方便等优点，但存在有些方法周期长和效果慢等缺点。农业措施适合于中、轻度污染土壤的治理。投资小，无副作用。但治理效果较差，周期长，应与生物措施、改良剂措施配合使用。

参 考 文 献

[1] De Schamphelaere K A C，Heijerick D G，Janssen C R. Refinement and field：Validation of a biotic ligand model predicting acute copper toxicity to *Daphnia magna* [J]. Comparative Biochemistry and Physiology Part C，2002，133 (2)：243-258.

[2] Smolders E，Buekers J，Oliver I，et al. Soil properties affecting toxicity of zinc to soil microbial properties in laboratory-spiked and field-contaminated soils [J]. Environmental Toxicology and Chemistry，2004，23 (11)：2633-2640.

[3] Broos K，Warne M St J，Heemsbergen D，et al. Soil factors controlling the toxicity of copper and zinc to microbial processes in Australian soils [J]. Environmental Toxicology and Chemistry，2007，26 (4)：583-590.

[4] Morel F M. Principles of aquatic chemistry [M]. New York：John Wiley& sons，1983，300-309.

[5] Pagenkopf G K. Gill surface interaction model for trace-metal toxicity to fishes：Role of complexation，pH and water hardness [J]. Environmental Science & Technology，1983，17 (6)：342-347.

[6] Meyer J S，Santore R C，Bobbitt J P，et al. Binding of nickel and copper to fish gills predicts toxicity when water hardness varies，but free-ion activity does not [J]. Environmental Science & Technology，1999，33 (6)：913-916.

[7] Niyogi S，Wood C M. Biotic ligand model，a flexible tool for developing site-specific water quality guidelines for metals [J]. Environmental Science & Technology，2004，38 (23)：6177-6192.

[8] 黄圣彪. 水环境中铜形态与其生物有效性/毒性关系及其预测模型研究 [D]. 北京：中国科学院生态环境研究中心，2003.

[9] Santore B. Information of symposium on biotic ligand model & environmental (ecological) risk assessment [C]，Beijing，2006.

[10] 宋吉英，候明. 水体中重金属的生物有效性 [J]. 净水技术，2006，25 (2)：19-23.

[11] 朱毅，胡小玲. 重金属对鱼类毒性效应研究进展 [J]. 水产养殖，1998 (2)：22-23.

[12] 孙晋伟，黄益宗，石孟春，等. 土壤重金属生物毒性研究进展 [J]. 生态学报，2008，28 (6)：2861-2869.

[13] Paquin P R，Robert C，Santore R C，et al. The biotic ligand model：A model of the acute toxicity of metals to aquatic life [J]. Environmental Science & Policy，2000 (3)：S175-S182.

[14] Campbell P G C. Interactions between trace metals and aquatic organisms：a critique of the free-ion activity model [M]. In：Tessier A，Turner D R. (Eds.) . Metal speciation and bioavailability in aquatic systems. Wiley，1995，45-102.

[15] Bingham F T，Strong J E，Sposito G. Influence of chloride salinity on cadmium uptake by Swiss chard [J]. Soil Science，1983，135 (3)：160-165.

[16] Sauvé S，Cook N，Hendershot W H，et al. Linking plant tissue concentrations and soil copper pools in urban contaminated soils [J]. Environmental Pollution，1996，94 (2)：153-157.

[17] Markich S J，Brown P L，Jeffree R A，et al. The effects of pH and dissolved organic carbon on the toxicity of cadmium and copper to a freshwater Bivalve：Further support for the extended Free Ion Activity Model [J]. Archives of Environmental Contamination and Toxicology，2003，145 (4)：479-491.

[18] McLaughlin M J，Tiller K G，Smart M K. Speciation of cadmium in soil solutions of saline-sodic soils and relationship with cadmium concentrations in potato tubers (*Solanum tuberosum* L.) [J]. Australian Journal of Soil Research，1997，35：183-198.

[19] Smolders E，Lambregts R M，McLaughlin M J，et al. Effect of soil solution chloride on cadmium availability to Swiss chard [J]. Journal of Environmental Quality，1998，27 (2)：426-431.

[20] Saeki K，Kunito T，Oyaizu H，et al. Relationships between bacterial tolerance levels and forms of copper and zinc in soils [J]. Journal of Environmental Quality，2002，31 (5)：1570-1575.

[21] Poldoski J E. Cadmium bioaccumulation assays. Their relationship to various ionic equilibriums in lake superior water [J]. Environmental Science & Technology，1979，13 (6)：701-706.

[22] Li B，Ma Y B，McLaughlin M J，et al. Influences of soil properties and leaching on copper toxicity to barley root elongation [J]. Environmental Toxicology and Chemistry，2010，29 (4)：835-842.

[23] Li B，Zhang H T，Ma Y B，et al. Influences of soil properties and leaching on nickel toxicity to barley root elongation [J]. Ecotoxicology and Environmental Safety，2011，74 (3)：459-466.

[24] Rooney C P，Zhao F J，McGrath S P. Soil factors controlling the expression of copper toxicity to plants in a wide range of European soils [J]. Environmental Toxicology and Chemistry，2006，25 (3)：726-732.

[25] Rachlin J W，Grosso A. The growth response of the green alga *chlorella vulgaris* to combined divalent cation exposure [J]. Archives of Environmental Contamination and Toxicology，1993，24 (1)：16-20.

[26] Parrott J L，Sprague J B. Patterns in toxicity of sublethal mixtures of metals and organic determined by microtox and by DNA，RNA，and protein content of fathead minnows (*Pimephates promelas*) [J]. Canadian Journal of Fisheries and Aquatic Sciences，1993，50 (10)：2245-2253.

[27] 张晋，张妍，吴星．天然水中重金属化学形态研究进展 [J]. 现代生物医学进展，2006，6 (5)：38-40.

[28] Zhang H，Zhao F J，Sun B，et al. A new method to measure effective soil solution concentration predicts Cu availability to plants [J]. Environmental Science & Technology，2001，35 (1)：2602-2607.

[29] Hunn J B. Role of calcium in gill function in freshwater fishes [J]. Comparative Biochemistry and Physiology，1985，82 (3)：543-547.

[30] Erickson R J，Benoit D A，Mattson V R，et al. The effects of water chemistry on the toxicity of copper to Fathead minnows [J]. Environmental Toxicology and Chemistry，1996，15 (2)：181-193.

[31] De Schamphelaere K A C，Janssen C R. A biotic ligand model predicting acute copper toxicity for *Daphnia magna*：The effects of calcium，magnesium，sodium，potassium，and pH [J].

Environmental Science & Technology，2002，36 (1)：48-54.

[32] De Schamphelaere K A C，Janssen C R. Development and field validation of a biotic ligand model predicting chronic copper toxicity to *Daphnia magna* [J]. Environmental Toxicology and Chemistry，2004. 23 (6)：1365-1375.

[33] Lauren D J，Mcdonald D G. Effects of copper on branchial ionoregulation in the *Rainbow trout*，*Salmo gairdneri Richardson* [J]. Journal of Comparative Physiology B，1985，155 (5)：636-644.

[34] Ponizovsky A A，Thakali S，Allen H E，et al. Effect of soil properties on copper release in soil solutions at low moisture content [J]. Environmental Toxicology and Chemistry，2006，25 (3)：671-682.

[35] Paquin P R，Gorsuch J W，Apte S，et al. The biotic ligand model：A historical overview [J]. Comparative Biochemistry and Physiology Part C，2002，133 (1-2)：3-35.

[36] Di Toro D M，Allen H E，Bergman H L，et al. Biotic ligand model of the acute toxicity of metals. 1. Technical basis [J]. Environmental Toxicology and Chemistry，2001，20 (10)：2383-2396.

[37] Santore R C，Di Toro D M，Paquin P R，et al. Biotic ligand model of the acute toxicity of metals. 2 Application. to acute copper toxicity in freshwater fish and Daphnia [J]. Environmental Toxicology and Chemistry，2001，20 (10)：2397-2402.

[38] McGeer J C，Playle R C，Wood C M，et al. A physiologically based biotic ligand model for predicting the acute toxicity of waterborne silver to *Rainbow trout* in freshwaters [J]. Environmental Science & Technology，2000，34 (19)：4199-4207.

[39] Schwartz M L，Playle R C. Adding magnesium to the silver-gill binding model for rainbow trout (*Oncorhynchus mykiss*) [J]. Environmental Toxicology and Chemistry，2001，20 (3)：467-472.

[40] Slaveykova V I，Wilkinson K J. Predicting the bioavailability of metal complexes：Critical review of the biotic ligand model [J]. Environmental Chemistry，2005，2 (1)：9-24.

[41] Paquin P R，Di Toro D M，Santore R C，et al. A biotic ligand model of the acute toxicity of metals Ⅲ Application to fish and Daphnia magna exposure to silver [R]. Integrated approach to assessing the bioavailability and toxicity of metals in surface waters and sediments，Section 3，a submission to the EPA Science Advisory Board，Office of Water. Office of Research and Development，Washington DC，USA，1999，59-102. USEPA-822-E-99-001.

[42] Bury N R，Shaw J，Glover C，et al. Derivation of a toxicity-based model to predict how water chemistry influences silver toxicity to invertebrates [J]. Comparative Biochemistry and Physiology Part C，2002，133 (1-2)：259-270.

[43] Santore R C，Mathew R，Paquin P R，et al. Application of the biotic ligand model to predicting zinc toxicity to *Rainbow trout*，*Fathead minnow* and *Daphnia magna* [J]. Comparative Biochemistry and Physiology Part C，2002，133 (1-2)：271-285.

[44] Heijerick D G，De Schamphelaere K A C，Janssen C R. Predicting acute zinc toxicity for *Daphnia magna* as a function of key water chemistry characteristics：Development and validation of a biotic ligand model [J]. Environmental Toxicology and Chemistry，2002，21 (6)：1309-1315.

[45] De Schamphelaere K A C，Janssen C R. Bioavailability and chronic toxicity of zinc to juvenile Rainbow trout (*Oncorhynchus mykiss*)：Comparison with other fish species and development of a biotic ligand model [J]. Environmental Science & Technology，2004，38 (23)：6201-6209.

[46] Water Environment Research Foundation. Development of a Biotic Ligand Model for Nickel [J].

Hydroqual：Mahwah N J. Hydroqual Project WERF0040，2002.

[47] Playle R C，Dixon D G，Burnison K. Copper and cadmium binding to fish gills：Estimates of metal-gill stability constants and modelling of metal accumulation [J]. Canadian Journal of Fisheries and Aquatic Sciences，1993，50 (12)：2678-2687.

[48] MacDonald A，Silk L，Schwartz M，et al. A lead-gill binding model to predict acute lead toxicity to Rainbow trout (*Oncorhynchus mykiss*) [J]. Comparative Biochemistry and Physiology Part C，2002，133 (1-2)：227-242.

[49] Richards J G，Playle R C. Cobalt binding to gills of Rainbow trout (*Oncorhynchus mykiss*)：An equilibrium model [J]. Comparative Biochemistry and Physiology Part C，1998，119 (2)：185-197.

[50] Playle R C，Gensemer R W，Dixon D G. Copper accumulation on gills of *Fathead minnows*：Influence of water hardness，complexation and pH of the gill micro-environment [J]. Environmental Toxicology and Chemistry，1992，11 (3)：381-391.

[51] Tipping E. WHAMC-A chemical equilibrium model and computer code for waters，sediments and soils incorporating a discrete site/electrostatic model of ion-binding by humic substances [J]. Computers and Geosciences，1994，20 (6)：973-1023.

[52] Santore R C，Driscoll C T. In chemical equilibrium and reaction models [M]. In：Loeppert R，Schwab A P，Goldberg S (Eds.) . Soil science society of America special publication 42. Madison WI：American Society of Agronomy，1995，357-375.

[53] Martell A E，Smith R M，Motekaitis R J. Critical stability constants of metal complexes database，version 4.0，NIST standard reference database 46 [Z]. National Instituteof Standardsand Technology：Gaithersburg MD，1997.

[54] Janes N，Playle R C. Modeling silver binding to gills of Rainbow trout (*Oncorhynchus mykiss*) [J]. Environmental Toxicology and Chemistry，1995，14 (11)：1847-1858.

[55] Alsop D H，Wood C M. A kinetic analysis of zinc accumulation in the gills of juvenile Rainbow trout：The effects of zinc acclimation and implications for biotic ligand modeling [J]. Environmental Toxicology and Chemistry，2000，19 (7)：1911-1918.

[56] McGeer J C，Wood C M. Protective effects of water Cl^- on physiological responses to waterborne silver in *Rainbow trout* [J]. Canadian Journal of Fisheries and Aquatic Sciences，1998，55 (11)：2447-2454.

[57] Wood C M，Hogstrand C，Galvez F，et al. The physiology of waterborne silver toxicity in freshwater Rainbow trout (*Oncorhynchus mykiss*) 1. The effects of ionic Ag^+ [J]. Aquatic Toxicology，1996，35 (2)：93-109.

[58] Morgan I J，Henry R P，Wood C M. The mechanism of acute silver toxicity in freshwater Rainbow trout (*Oncorhynchus mykiss*) is inhibition of gill Na^+ and Cl^- transport [J]. Aquatic Toxicology，1997，38 (1-3)：145-163.

[59] Grosell M，Nielsen C，Bianchini A. Sodium turnover rate determines sensitivity to acute copper and silver exposure in freshwater animals [J]. Comparative Biochemistry and Physiology Part C，2002，133 (1-2)：287-303.

[60] Hoang T C，Tomasso J R，Klaine S J. Influence of water quality and age on nickel toxicity to Fathead minnows (*Pimephales promelas*) [J]. Environmental Toxicology and Chemistry，2004，23 (1)：86-92.

[61] Pane E F, Haque A, Goss G G, et al. The physiological consequences of exposure to chronic, sublethal waterborne nickel in Rainbow trout (*Oncorhynchus mykiss*): Exercise vs resting physiology [J]. The Journal of Experimental Biology, 2004, 207: 1249-1261.

[62] Pane E F, Richards J G, Wood C M. Acute waterborne nickel toxicity in the Rainbow trout (*Oncorhynchus mykiss*) occurs by a respiratory rather than an ionoregulatory mechanism [J]. Aquatic Toxicology, 2003, 63 (1): 65-82.

[63] Heijerick D G, Janssen C R, De Coen W M. The combined effects of hardness, pH, and dissolved organic carbon on the chronic toxicity of Zn to *D. magna*: Development of a surface response model [J]. Archives of Environmental Contamination and Toxicology, 2003, 44 (2): 210-217.

[64] Di Toro D M, McGrath J A , Hansen D J , et al. Predicting sediment metal toxicity using a sediment biotic ligand model : Methodology and initial application [J]. Environmental Toxicology and Chemistry, 2005, 24 (10): 2410-2427.

[65] Voigt A, Hendershot W H, Sunahara G I. Rhizotoxicity of cadmium and copper in soil extracts [J]. Environmental Toxicology and Chemistry, 2006, 25 (3): 692-701.

[66] Zhao F J, Rooney C P, Zhang H, et al. Comparison of soil solution speciation and diffusive gradients in thin-films measurement as an indicator of copper bioavailability to plants [J]. Environmental Toxicology and Chemistry, 2006, 25 (3): 733-742.

[67] Thakali S, Allen H E, Di Toro D M, et al. A terrestrial biotic ligand model. 1. Development and application to Cu and Ni toxicity to barley root elongation in soils [J]. Environmental Science & Technology, 2006a, 40 (22): 7085-7093.

[68] Thakali S, Allen H E, Di Toro D M, et al. A terrestrial biotic ligand model. Terrestrial biotic ligand model. 2. Application to Ni and Cu toxicities to plants, invertebrates, and microbes in soil [J]. Environmental Science & Technology, 2006, 40 (22): 7094-7100.

[69] Parker, D. R. , Pedler, et al. Alleviation of copper rhizotoxicity by calcium and magnesium at defined free metal-ion activities [J]. Soil Science Society of America Journal, 1998, 62 (4): 965-972.

[70] Cheng T. , Allen H. E. Predicted of uptake of copper from solution by lettuce (*lactuca sativa romance*) [J]. Environmental Toxicology and Chemistry, 2001, 20 (11) 2544-2551.

[71] Steenbergen N T, Iaccino F, de Winkel M, et al. Development of a biotic ligand model and a regression model predicting acute copper toxicity to the earthworm *Aporrectodea caliginosa* [J]. Environmental Science & Technology, 2005, 39 (15): 5694-5702.

[72] Luo X S, Li L Z, Zhou D M. Effect of cations on copper toxicity to wheat root: Implications for the biotic ligand model [J]. Chemosphere, 2008, 73 (3): 401- 406.

[73] Wang X D, Ma Y B, Hua L, et al. Identification of hydroxyl copper toxicity to barley (*hordeum vulgare*) root elongation in solutionCulture [J]. Environmental Toxicology and Chemistry, 2009, 28 (3): 662-667.

[74] Wang X D, Hua L, Ma Y B. A biotic ligand model predicting acute copper toxicity for barley (*Hordeum vulgare*): Influence of calcium, magnesium, sodium, potassium and pH [J]. Chemosphere, 2012, 89 (1): 89-95.

[75] Lock K, Van Eeckhout H, De Schamphelaere K A C, et al. Development of a biotic ligand model (BLM) predicting nickel toxicity to barley (*Hordeum vulgare*) [J]. Chemosphere, 2007, 66 (7): 1346-1352.

[76] Li B, Zhang X, Wang X D, et al. Refining a biotic ligand model for nickel toxicity to barley root elongation in solution culture [J]. Ecotoxicology and Environmental Safety, 2009, 72 (6): 1760-1766.

[77] Lock K, De Schamphelaere K A C, Because S, et al. Development and validation of an acute biotic ligand model (BLM) predicting cobalt toxicity in soil to the potworm *Enchytraeus albidus* [J]. Soil Biology and Biochemistry, 2006, 38 (7): 1924-1932.

[78] Lock K, De Schamphelaere K A C, Because S, et al. Development and validation of a terrestrial biotic ligand model predicting the effect of cobalt on root growth of barley (*Hordeum vulgare*) [J]. Environmental Pollution, 2007, 147 (3): 626-633.

[79] Mico C, Li H F, Zhao F J, et al. Use of Co speciation and soil properties to explain variation in Co toxicity to root growth of barley (*Hordeum vulgare* L.) in different soils [J]. Environmental Pollution, 2008, 156 (3): 883-890.

[80] Li H F, Gray C, Mico C, et al. Phytotoxicity and bioavailability of cobalt to plants in a range of soils [J]. Chemosphere, 2009, 75 (7): 979-986.

[81] Slaveykova V I, Dedieu K, Parthasarathy N, et al. Effect of competing ions and complexing organic substances on the cadmium uptake by the soil bacterium *sinorhizobium meliloti* [J]. Environmental Toxicology and Chemistry, 2009, 28 (4): 741-748.

[82] Li L Z, Zhou D M, Luo X S, et al. Effect of major cations and pH on the acute toxicity of cadmium to the Earthworm *Eisenia fetida*: Implications for the biotic ligand model approach [J]. Archives of Environmental Contamination and Toxicology, 2008, 55 (1): 70-77.

[83] Norvell WA, Wu J, Hopkins D G, et al. Association of cadmium in durum wheat grain with soil chloride and chelate extractable soil cadmium [J]. Soil Science Society of America Journal, 2000, 64 (6): 2162-2168.

[84] Wu J, Norvell WA, Hopkins D G, et al. Spatial variability of grain cadmium and soil characteristics in a durum wheat field [J]. Soil Science Society of America Journal, 2002, 66 (1): 268-275.

[85] López-Chuken U J, Young S D, Guzmán-Mar J L. Evaluating a 'biotic ligand model' applied to chloride-enhanced Cd uptake by Brassica juncea from nutrient solution at constant Cd^{2+} activity [J]. Environmental Technology, 2010, 31 (3): 307-318.

[86] Wang X D, Li B, Ma Y B, et al. Development of a biotic ligand model for acute zinc toxicity to barley root elongation [J]. Ecotoxicology and Environmental Safety, 2010, 73 (6): 1272-1278.

[87] Mertens J, Degryse F, Springael D, et al. Zinc toxicity to nitrification in soil and soilless culture can be predicted with the same biotic ligand model [J]. Environmental Science & Technology, 2007, 41 (8): 2992-2997.

[88] McGrath S P, Micó C, Curdy R, et al. Predicting molybdenum toxicity to higher plants: Influence of soil properties [J]. Environmental Pollution, 2010, 158 (10): 3095-3102.

[89] McGrath S P, Micó C, Zhao F J, et al. Predicting molybdenum toxicity to higher plants: Estimation of toxicity threshold values [J]. Environmental Pollution, 2010, 158 (10): 3085-3094.

[90] Antunes P M C, Hale B A, Ryan A C. Toxicity versus accumulation for barley plants exposed to copper in the presence of metal buffers: progress towards development of a terrestrial biotic ligand model [J]. Environmental Toxicology and Chemistry, 2007, 26 (11): 2282-2289.

[91] Hudson R J M, Morel F M M. Trace metal transport by marine microorganisms: implications of metal coordination kinetics [J]. Deep Sea Research, 1993, 40 (1): 129-150.

[92] Hudson R J M. Which aqueous species control the rates of trace metal uptake by aquatic biota? Observations and predictions of non-equilibrium effects [J]. Science of the Total Environmen, 1998, 219: 95-115.

[93] Hassler C S, Wilkinson K J. Failure of the biotic ligand and free-ion activity models to explain zinc bioaccumulation by *Chlorella kesslerii* [J]. Environmental Toxicology and Chemistry, 2003, 22 (3): 620-626.

[94] Fortin C, Campbell P G C. Silver uptake by the green alga *chlamydomonas reinhardtii* in relation to chemical speciation: influence of chloride [J]. Environmental Toxicology and Chemistry, 2000, 19 (11): 2769-2778.

[95] Antunes P M C, Hale B A. The effect of metal diffusion and supply limitations on conditional stability constants determined for durum wheat roots [J]. Plant Soil, 2006, 284 (1-2): 284-291.

[96] Marschner H. Mineral nutrition of higher plants [M]. London: Academic Press, 1995, 889.

[97] Antunes P M C, Berkelaar E J, Boyle D, et al. The biotic ligand model for plants and metals: Technical challenges for field applications [J]. Environmental Toxicology and Chemistry, 2006, 25: 875-882.

[98] MacDonald J D, Belanger N, Hendershot W H. Column leaching using dry soil to estimate solid-solution partitioning observed in zero-tension lysimeters. 1. Method development [J]. Soil and Sediment Contamination, 2004, 13 (4): 361-374.

[99] Wang P, Zhou D M, Kinraide T B, et al. Cell membrane surface potential (Ψ_0) plays a dominant role in the phytotoxicity of copper and arsenate [J]. Plant Physiol, 2008, 148 (4): 2134-2143.

[100] 周东美，汪鹏．基于细胞膜表面电势探讨 Ca 与毒性离子在植物根膜表面的相互作用 [J]. 中国科学：化学，2011，41 (7)：1190-1197.

[101] MacDonald J D, Belanger N, Hendershot W H. Column leaching using dry soil to estimate solid-solution partitioning observed in zero-tension lysimeters. 2 Trace metals [J]. Soil and Sediment Contamination, 2004, 13 (4): 375-390.

[102] Guo X Y, Ma Y B, Wang X D, et al. Re-evaluating the effects of organic ligands on copper toxicity to barley root elongation in culture solution [J]. Chemical Speciation and Bioavailability, 2010, 22 (1): 51-59.

[103] Amery F, Degryse F, Cheyns K, et al. The UV-absorbance of dissolved organic matter predicts the fivefold variation in its affinity for mobilizing Cu in an agricultural soil horizon [J]. European Journal of Soil Science, 2008, 59 (6): 1087-1095.

[104] Mason R P, Reinfelder J R, Morel F M M. Uptake, toxicity, and trophic transfer of mercury in a coastal diatom [J]. Environmental Science & Technology, 1996, 30 (6): 1835-1845.

[105] Norwood W P, Borgmann U, Dixon D G, et al. Effects of metal mixtures on aquatic biota: A review of observations and methods [J]. Human and Ecological Risk Assessment, 2003, 9 (4): 795-811.

[106] Hatano A, Shoji R. Toxicity of copper and cadmium in combinations to duckweed analyzed by the biotic ligand model [J]. Environmental Toxicology, 2008, 23 (3): 372-378.

[107] Chen Z Z, Zhu L, Wilkinson K. Validation of the Biotic Ligand Model in Metal Mixtures: Bioaccumulation of Lead and Copper [J]. Environmental Science & Technology, 2010, 44 (9): 3580-3586.

[108] Brun L A, Maillet J, Hinsinger P, et al. Evaluation of copper availability to plants in copper-

contaminated vineyard soils [J]. Environmental Pollution，2001，111 (2)：293-302.
[109] 冯磊. 几种材料对重金属 Cu 污染土壤的修复 [D]. 武汉：华中农业大学，2011.
[110] 蒋先军，骆永明，赵其国，等. 重金属污染土壤的植物修复研究 I. 金属富集植物 *Brassica juncea* 对铜，锌，镉，铅污染的响应 [J]. 土壤，2000，32 (2)：71-74.
[111] 王树义. 关于制定《中华人民共和国土壤污染防治法》的几点思考 [J]. 法学评论，2008 (3)：73-78.
[112] 罗吉. 我国土壤污染防治立法研究 [J]. 现代法学，2007，29 (6)：99-107.
[113] 邱秋. 我国土壤污染防治的立法构想 [J]. 中国地质大学学报（社会科学版），2007，4 (2).
[114] 周启星，安婧，何康信. 我国土壤环境基准研究与展望 [J]. 农业环境科学学报，2011，30 (001)：1-6.
[115] 李波. 外源重金属铜，镍的植物毒害及预测模型研究 [D]. 北京：中国农业科学院，2010.
[116] Nolan A L，Lombi E，McLaughlin M J. Metal bioaccumulation and toxicity in soils—Why bother with speciation [J]. Australian Journal of Chemistry，2003，56 (3)：77-91.
[117] 李波，马义兵，刘继芳，等. 番茄铜毒害的土壤主控因子和预测模型研究 [J]. 土壤学报，2010，47 (4)：665-673.
[118] 王小庆，韦东普，黄占斌，等. 物种敏感性分布法在土壤中铜生态阈值建立中的应用研究 [J]. 环境科学学报，2013，33 (6)：1787-1794.
[119] 周启星，罗义，祝凌燕. 环境基准值的科学研究与我国环境标准的修订 [J]. 农业环境科学学报，2007，26 (1)：1-5.
[120] 周启星. 环境基准研究与环境标准制定进展及展望 [J]. 生态与农村环境学报，2010，26 (1)：1-8.
[121] 戴树桂. 环境化学 [M]. 2 版. 北京：高等教育出版社，2006.
[122] 顾继光，林秋奇，胡韧. 土壤—植物系统中重金属污染的治理途径及其研究展望 [J]. 土壤通报，2005，36 (1)：128-133.
[123] 黄益宗，郝晓伟，雷鸣，等. 重金属污染土壤修复技术及其修复实践 [J]. 农业环境科学学报，2013，32 (3)：409-417.
[124] Udovic M，Lestan D. Fractionation and bioavailability of Cu in soil remediated by EDTA leaching and processed by earthworms (Lumbricus terrestris L.) [J]. Environmental Science and Pollution Research，2010，17 (3)：561-570.
[125] 洪坚平. 土壤污染与防治 [M]. 2 版. 北京：中国农业出版社，2005.
[126] 胡浩，潘杰，曾清如，等. 低分子有机酸淋溶对土壤中重金属 Pb Cd Cu 和 Zn 的影响. 农业环境科学学报，2008，27 (4)：1611-1616.
[127] 邬思丹，刘云国，曾光明，等. 表面活性剂强化污泥生物淋滤 Cu，Zn 的研究 [J]. 中国环境科学，2010 (6)：791-795.
[128] Banat I M，Makkar R S，Cameotra S S. Potential commercial applications of microbial surfactants [J]. Applied microbiology and biotechnology，2000，53 (5)：495-508.
[129] 蒋煜峰，展惠英，张德懿，等. 皂角苷络合洗脱污灌土壤中重金属的研究 [J]. 环境科学学报，2006，26 (8)：1315-1319.
[130] Wasay S A，Barrington S，Tokunaga S. Organic acids for the in situ remediation of soils polluted by heavy metals：soil flushing in columns [J]. Water，Air，and Soil Pollution，2001，127 (1-4)：301-314.
[131] 胡宏韬. 铜污染土壤电动修复研究 [J]. 环境工程学报，2009，3 (11)：2091-2094.

[132] Buchireddy P R，Bricka R M，Gent D B. Electrokinetic remediation of wood preservative contaminated soil containing copper，chromium，and arsenic [J]. Journal of hazardous materials，2009，162 (1)：490-497.

[133] 林肇信．环境保护概论 [M]. 修订版．北京：高等教育出版社，1999.

[134] 张淑琴，童仕唐．活性炭对重金属离子铅镉铜的吸附研究 [J]. 环境科学与管理，2008，33 (4)：91-94.

[135] 王新，吴燕玉，梁仁禄，等．各种改性剂对重金属迁移，积累影响的研究 [J]. 应用生态学报，1994，5 (1)：89-94.

[136] 钱海燕，王兴祥，黄国勤，等．钙镁磷肥和石灰对受 Cu Zn 污染的菜园土壤的改良作用 [J]. 农业环境科学学报，2007，26 (1)：235-239.

[137] 郝秀珍，周东美，王玉军，等．不同改良剂对铜矿尾矿砂的改良效果研究 [J]. 农村生态环境，2002，18 (1)：11-15.

[138] 曹心德，魏晓欣，代革联，等．土壤重金属复合污染及其化学钝化修复技术研究进展 [J]. 环境工程学报，2011，5 (7)：1141-1453.

[139] 成杰民，王汉卫，周东美．Cu^{2+}和Cd^{2+}在改性纳米黑炭表面上的吸附-解吸 [J]. 环境科学研究，2011，24 (12)：1409-1415.

[140] 唐浩，朱江，黄沈发，等．蚯蚓在土壤重金属污染及其修复中的应用研究进展 [J]. 土壤，2013，45 (1)：17-25.

[141] Edwards S C，MacLeod C L，Lester J N. The bioavailability of copper and mercury to the common nettle (Urtica dioica) and the earthworm Eisenia fetida from contaminated dredge spoil [J]. Water，Air，and Soil Pollution，1998，102 (1-2)：75-90.

[142] 徐轶群，周璟，董秀华，等．蚯蚓活动对城市生活污泥重金属的影响 [J]. 农业环境科学学报，2010，29 (12)：2431-2435.

[143]Malaisse F，Gregoire J，Brooks R R，et al. Aeolanthus biformifolius De Wild.：ahyperaccumulator of copper from Zaire [J]. Science，1978，199 (4331)：887-888.

[144] 荆林晓，成杰民，于光金．土壤铜污染的影响因素及其修复技术研究 [J]. 环境科学与管理，2008，33 (10)：47-49.

[145] 彭红云，杨肖娥．香薷植物修复铜污染土壤的研究进展 [J]. 水土保持学报，2005，19 (5)：195-199.

[146] 李宁，吴龙华，李法云，等．不同铜污染土壤上海州香薷生长及铜吸收动态 [J]. 土壤，2006，38 (5)：598-601.

[147] Tang S，Wilke B M，Huang C. The uptake of copper by plants dominantly growing on copper mining spoils along the Yangtze River，the People's Republic of China [J]. Plant and Soil，1999，209 (2)：225-232.

[148] 沈德中．污染环境的生物修复 [M]. 北京：化学工业出版社，2002.

[149] 李影，王友保．4 种蕨类草本植物对 Cu 的吸收和耐性研究 [J]. 草业学报，2010，19 (3)：191-197.

[150] 金勇，付庆灵，郑进，等．超积累植物修复铜污染土壤的研究现状 [J]. 中国农业科技导报，2012，14 (4)：93-100.

[151] Kärenlampi S，Schat H，Vangronsveld J，et al. Genetic engineering in the improvement of plants for phytoremediation of metal polluted soils [J]. Environmental Pollution，2000，107 (2)：225-231.

[152] 王石平，袁猛．水稻铜转运子基因 *OsCtr5* 和它在铜污染土壤和水体修复中的应用 [P]．中国，200910063141.7，2011.

[153] Wang S P，Yuan M. The copper transporter gene *OsCtr5* in rice and the application of remediate in copper contaminated soils and water [P]. China，200910063147.7，2011.

[154] 申鸿，刘于，李晓林，等．丛枝菌根真菌（*Glomus caledonium*）对铜污染土壤生物修复机理初探 [J]．植物营养与肥料学报，2005，11 (2)：199-204.

[155] Tiwari S，Kumari B，Singh S N. Evaluation of metal mobility/immobility in fly ash induced by bacterial strains isolated from the rhizospheric zone of *Typha latifolia* growing on fly ash dumps [J]. Bioresource technology，2008，99 (5)：1305-1310.

[156] Tseng C C，Wang J Y，Yang L. Accumulation of Copper，Lead，and Zinc by In Situ Plants Inoculated with AM Fungi in Multicontaminated Soil [J]. Communications in Soil Science and Plant Analysis，2009，40 (21-22)：3367-3386.

[157] 曹德菊，程培．种微生物对 Cu、Cd 生物吸附效应的研究 [J]．农业环境科学学报，2004，23 (3)：471-474.

[158] 李平，王兴祥，郎漫，等．改良剂对 Cu，Cd 污染土壤重金属形态转化的影响 [J]．中国环境科学，2012，32 (7)：1241-1249.

[159] Clemente R，Walker D J，Roig A，et al. Heavy metal bioavailability in a soil affected by mineral sulphides contamination following the mine spillage at Aznalcóllar (Spain) [J]. Biodegradation，2003，14 (3)：199-205.